肖奇 编著

纳米半导体
材料与器件

化学工业出版社

·北京·

纳米半导体具有常规半导体无法媲美的奇异特性和非凡的特殊功能，在信息、能源、环境、传感器、生物等诸多领域具有空前的应用前景，成为新兴纳米产业，如纳米信息产业、纳米环保产业、纳米能源产业、纳米传感器以及纳米生物技术产业等高速发展的源泉与动力。

本书力求以最新内容，全面、系统阐述纳米半导体特殊性能及其在信息（纳米光电子、纳米电子学）、能源、环境、传感器技术以及生物技术领域中的应用，反映当前纳米半导体材料与器件研究国际上最新成果与技术。

本书可作为广大材料科学与工程、凝聚态物理、微电子学与固体电子学等相关专业的本科生、研究生教学参考书，也可供从事纳米半导体科研、开发、教学的研究人员和工程技术人员使用和参考。

图书在版编目（CIP）数据

纳米半导体材料与器件/肖奇编著 . —北京：化学工业出版社，2013.4
ISBN 978-7-122-16655-5

Ⅰ．①纳…　Ⅱ．①肖…　Ⅲ．①纳米材料-半导体材料②纳米技术-半导体器件　Ⅳ．①TN303②TN304

中国版本图书馆 CIP 数据核字（2013）第 044604 号

责任编辑：朱　彤　　　　　　　　文字编辑：颜克俭
责任校对：宋　夏　　　　　　　　装帧设计：关　飞

出版发行：化学工业出版社（北京市东城区青年湖南街 13 号　邮政编码 100011）
印　　装：天津盛通数码科技有限公司
787mm×1092mm　1/16　印张 16½　字数 419 千字　　2013 年 7 月北京第 1 版第 1 次印刷

购书咨询：010-64518888　　　　　　售后服务：010-64518899
网　　址：http://www.cip.com.cn
凡购买本书，如有缺损质量问题，本社销售中心负责调换。

定　价：58.00 元

前　言

纳米半导体具有许多常规半导体无法媲美的奇异特性和非凡的特殊功能，在信息、能源、环境、传感器、生物等诸多领域具有空前的应用前景，相应就产生新兴纳米产业，如纳米信息产业、纳米环保产业、纳米能源产业、纳米传感器以及纳米生物技术产业等，这是纳米半导体材料高速发展的市场动力。

本书力求以最新的内容全面系统阐述纳米半导体的特殊性能及其在信息（纳米光电子、纳米电子学）、能源、环境、传感器技术以及生物技术领域中的应用。本书是作者根据国内外有关科研成果和作者自身的科研成果编写而成。从材料学角度力求反映当前国际上纳米半导体材料与器件研究的最新成果。

全书共 7 章，主要内容如下。第 1 章绪论，简单介绍了纳米半导体的基本概念、基本效应和特殊性能及纳米半导体技术对各个领域的影响。第 2 章介绍低微纳米半导体激光器材料与器件，主要包括激射波长覆盖从紫外波段至中红外波段的量子阱（包括应变量子阱）激光器材料与器件、中远红外波段量子级联激光器材料与器件以及紫外波段 ZnO 量子线阵列激光器。第 3 章介绍纳米电子材料与器件，主要包括纳米硅基 CMOS 器件和基于量子效应的固态纳米电子器件，其中后者重点介绍共振隧穿器件、单电子器件以及碳纳米管互连及其场效应晶体管。第 4 章纳米半导体气敏传感器，首先重点介绍纳米 SnO_2 薄膜气敏传感器，然后分别简单介绍新型纳米半导体气敏材料与传感器，其中主要有纳米 In_2O_3 气敏传感器、纳米 TiO_2 气敏传感器、纳米 ZnO 气敏传感器、纳米 CdO 气敏传感器、尖晶石型铁酸盐（MFe_2O_4）纳米材料气敏传感器、纳米铜氧化物气敏传感器、纳米 WO_3 气敏传感器和纳米 ZnS 气敏传感器。第 5 章基于半导体纳米材料的染料敏化太阳能电池，内容主要包括基于 TiO_2 纳米结构光阳极的染料敏化太阳能电池和基于 ZnO 纳米结构光阳极的染料敏化太阳能电池。第 6 章纳米半导体光催化材料与光催化技术，首先简单介绍光催化技术应用和半导体光催化原理，然后分别重点讨论 TiO_2 微纳米空心球、TiO_2 介孔材料和几种典型分级纳米结构半导体光催化材料。第 7 章荧光量子点纳米探针及其在生物医学领域的应用，首先介绍了荧光量子点纳米探针的构建技术，包括荧光量子点的合成技术与表面修饰技术，然后介绍了量子点在生物医学领域的应用，其中主要有量子点应用于细胞成像及活细胞动态过程的实时示踪、量子点应用于活体动物标记成像、量子点在微生物检测中的应用以及量子点在生物大分子相互作用及相互识别中的应用。

本书可作为大专院校材料科学与工程、凝聚态物理、微电子学与固体电子学等相关专业的本科生、研究生教学参考书，也可供从事纳米半导体教学、科研、开发的研究人员和工程技术人员参考。

在本书编写过程中，姚池、朱高远、童秋桃、王涛、陈枫、袁培等研究生做了大量工作，本书的出版也得到了化学工业出版社的大力支持，作者在此一并表示衷心感谢！

鉴于作者水平有限，书中不妥之处敬请广大读者批评指正。

编著者

2013 年 3 月

目　录

第 3 章　纳米电子材料和器件 / 57

第 6 章　纳米半导体光催化材料与光催化技术 / 175

第7章　荧光量子点纳米探针及其在生物医学领域的应用 / 216

第 1 章

绪　论

纳米科学技术是研究由尺度在 0.1～100nm 之间（也有定义在 1～100nm 之间）物质组成体系的运动和变化规律以及在该特征尺度水平上对其操纵、加工制造具有全新功能物质的科学技术。所谓"全新功能"指的是块体材料所不具备的功能。本书则主要指基于量子特性的功能。下面将讨论纳米科学技术家族中最重要的成员之一：纳米半导体科学技术。

1.1　纳米半导体材料的定义

维是几何学及空间理论的一个基本概念，构成空间的每一个因素（如长、宽和高）叫做一维，普通的空间是三维的，理想的平面是二维的，直线是一维的；而理想的点则是零维的。纳米半导体材料，也称为半导体低维结构材料或量子工程材料，通常是指除三维块体材料外的二维（2D）半导体超晶格、量子阱材料，一维（1D）半导体量子线和零维（0D）半导体量子点材料。在超晶格量子阱材料中，载流子仅在与生长平面垂直的方向上的运动受到约束，而在其他两个生长平面内的方向的运动则是自由的。所谓约束是指材料在这个方向上的特征尺寸与电子的德布罗意波长或电子的平均自由程相比拟或更小时，电子沿这个空间方向不能自由运动，即它在这个方向运动的能量是量子化的。一维量子线材料，是指载流子仅在一个方向可以自由运动，而在另外两个方向的运动受到约束；零维量子点材料，是指载流子在三个方向上运动都要受到约束的材料体系，载流子在三个维度上运动的能量都是量子化的。

1.2　纳米半导体材料的基本特性

纳米半导体材料是一种人工可改性的（通过能带工程实施）新型半导体材料，具有与三维块体材料截然不同的优异性能。随着材料维度的降低和材料结构特征尺寸的减小（≤50nm），量子尺寸效应、量子隧穿效应、库仑阻塞效应、量子干涉效应、多体相关和非线性光学效应以及表面、界面效应等都会表现得越来越明显，这将从更深的层次揭示出纳米半导体材料所特有的新现象、新效应，构成新一代量子器件的基础。

1.2.1 量子尺寸效应

1970 年江琦和朱兆祥在寻找负微分电阻新器件时，提出了超晶格概念。他们设想，如果把两种晶格匹配很好，但禁带宽度不同的半导体材料（如 AlGaAs 和 GaAs 等）交替生长成周期结构，则会在生长轴方向产生一个附加周期，由于这个周期比天然材料的晶格常数大许多倍，故称为超晶格。1971 年，卓以和首先利用分子束外延（MBE）技术，生长出 AlGaAs/GaAs 这种周期结构。超晶格概念的提出和超晶格结构材料生长的实现，不仅推动半导体物理和材料科学的发展，而且以全新的概念改变光电器件的设计思想，使半导体器件的设计与制造从过去的所谓"杂质工程"发展到"能带工程"，为研制光电性质"可剪裁"的新型量子器件打下基础。图 1-1 是 AlGaAs/GaAs/AlGaAs 超晶格、量子阱结构导带边和价带边能带的空间变化示意。AlGaAs/势垒层和 GaAs/势阱层的禁带宽度和层厚分别用 E_{g1}、E_{g2} 和 L_w、L_b 表示。若 L_w 足够厚，处于相邻阱中的电子和空穴的波函数之间无重叠，即两者之间没有相互作用，仍保持其各自的分离能值，称这种量子结构为量子阱。相反，若势垒层 L_w 很薄，相邻阱中电子和空穴的束缚能级相互耦合形成微带，则称为超晶格结构。

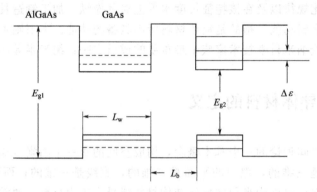

图 1-1 AlGaAs/GaAs/AlGaAs 超晶格、量子阱结构导带边和价带边能带的空间变化示意

当量子阱的宽度 L_w 等于或小于电子的德布罗意波长 λ_d 时（对硅和 GaAs 等半导体材料的 λ_d 分别在几纳米到几十纳米之间），处于量子阱中的电子沿量子阱生长方向的运动受到限制而不能自由运动，这时，电子的能态由块体材料的连续分布变为一系列的离散量子能级（见图 1-1 中的虚线所示）。按量子力学计算，量子能级间的能量差 $\Delta\varepsilon$ 与量子阱的宽度 L_w 的平方成反比。L_w 越小，$\Delta\varepsilon$ 越大，即电子受约束的程度越强。通称纳米半导体材料中电子运动因受约束而出现的量子能级分裂、带隙增大等效应为量子尺寸（约束）效应。量子尺寸效应会导致材料的光、电、磁学等性质的显著改变。比三维块体材料大得多的低维激子束缚能和振子强度、量子约束斯塔克效应等为新一代量子器件（如半导体量子阱、量子点激光器、半导体光双稳器件和光调制器等）的研制打下理论基础。

1.2.2 小尺寸效应

由于颗粒尺寸变小所引起的宏观物理性质的变化称为小尺寸效应。当超微粒子的尺寸与光波的波长、传导电子的德布罗意波长以及超导态的相干长度或透射深度等物理特征尺寸相当或更小时，周期性的边界条件将被破坏；非晶态纳米微粒的颗粒表面层附近原子密度减小，导致声、光、电磁、热力学等特性呈现新的特性。对纳米颗粒而言，尺寸变小，同时其比表面积亦显著增加，从而产生一系列新奇的性质。

纳米半导体材料与器件

1.2.2.1 特殊的光学性质

当黄金被细分到小于光波波长的尺寸时,即失去了原有的富贵光泽而呈黑色。事实上,所有的金属在超微颗粒状态都呈现为黑色。尺寸越小,颜色越黑,银白色的铂(白金)变成铂黑,金属铬变成铬黑。由此可见,金属纳米颗粒对光的反射率很低,通常低于1%,大约几微米的厚度就能完全消光。相反,一些非金属材料在接近纳米尺度时,出现反光现象。纳米 TiO_2、纳米 SiO_2、纳米 Al_2O_3 等对大气中紫外光很强的吸收性。利用这种特性可以制造高效率的光热、光电转换材料,可以高效率地将太阳能转变为热能、电能。此外又有可能应用于红外敏感元件、红外隐身技术等。

1.2.2.2 特殊的热学性质

固态物质在其形态为大尺寸时,其熔点是固定的,颗粒越细熔点越低,当颗粒越细微化后,熔点显著降低。当颗粒小于10nm量级时尤为显著。例如,金的常规熔点是1064℃,当颗粒尺寸减小到10nm时,则降低27℃,2nm时的熔点仅为327℃左右;银的常规熔点为670℃,而超微银颗粒的熔点可低于100℃。因此,超细银粉制成的导电浆料可以进行低温烧结,此时元件的基片不必采用耐高温的陶瓷材料,甚至可用塑料。采用超细银粉浆料,可使膜厚均匀,覆盖面积大,既省料又具高质量。日本川崎制铁公司采用 $0.1\sim1\mu m$ 的铜、镍超微颗粒制成导电浆料可代替钯与银等贵金属。超微颗粒熔点下降的性质对粉末冶金工业具有一定的吸引力。例如,在钨颗粒中附加 $0.1\%\sim0.5\%$(质量比)的超微镍颗粒后,可使烧结温度从3000℃降至1200~1300℃,以致可在较低的温度下烧制成大功率半导体管的基片。

1.2.2.3 特殊的磁学性质

人们发现鸽子、海豚、蝴蝶、蜜蜂以及生活在水中的趋磁细菌等生物体中存在超微的磁性颗粒,使这类生物在地磁场导航下能辨别方向,具有回归的本领。磁性超微颗粒实质上是一个生物磁罗盘,生活在水中的趋磁细菌依靠它游向营养丰富的水底。电子显微镜的研究表明,在趋磁细菌体内通常含有直径约为 $2\times10^{-2}\mu m$ 的磁性氧化物颗粒。小尺寸磁性超微颗粒与大块材料显著不同。大块的纯铁矫顽力约为80A/m,而当颗粒尺寸减小到 $2\times10^{-3}\mu m$ 以下时,其矫顽力可增加1000倍。若进一步减小尺寸,大约小于 $6\times10^{-3}\mu m$ 时,其矫顽力降低到零,呈现出超顺磁性。利用磁性超微颗粒具有高矫顽力的特性,已制成高存储密度的磁记录磁粉,大量应用于磁带、磁盘、磁卡以及磁性钥匙等。利用超顺磁性,人们已将磁性超微颗粒制成用途广泛的磁性液体。

1.2.2.4 特殊的力学性质

陶瓷材料在通常情况下呈脆性,然而由纳米超微颗粒压制成的纳米陶瓷材料却具有良好的韧性。因为纳米材料具有大的界面,界面的原子排列相当混乱,原子在外力变形的条件下很容易迁移,因此表现出甚佳的韧性和一定的延展性,使陶瓷材料具有新奇的力学性质。据美国学者报道,氟化钙纳米材料在室温下可以大幅度弯曲而不断裂。研究表明,人的牙齿之所以具有很高的强度,是因为它是由磷酸钙等纳米材料构成的。呈纳米晶粒的金属要比传统的粗晶粒金属硬3~5倍。至于金属-陶瓷等复合纳米材料则可在更大范围内改变材料的力学性质,其应用前景十分宽广。

超微颗粒的小尺寸效应还表现在超导电性,介电性能、声学特性以及化学性能等方面。

1.2.3 表面与界面效应

纳米材料的表面与界面效应即纳米微粒表面原子与总原子数之比随纳米微粒尺寸的减小

而大幅度增加，粒子的表面能及表面张力也随之增加，从而引起纳米材料性质的变化。这样大的比表面积使处于表面的原子数大大增加，这些表面原子所处的晶体场环境及结合能与内部原子有所不同，存在大量表面缺陷和许多悬挂键，具有高度的不饱和性质，因而使这些原子极易与其他原子相结合而稳定下来，具有很高的化学反应活性。这种表面原子的活性不但易引起纳米粒子表面原子输运和构型的变化，同时也会引起表面电子自旋构象和电子能谱的变化。纳米材料由此具有了较高的化学活性，使得纳米材料的扩散系数大，大量界面为原子扩散提供高密度的短程快扩散路径；还有如纳米金属粒子室温下在空气中便可强烈氧化而发生燃烧等。可以这么说，纳米材料的许多特性是和其表面与界面的效应有关的。纳米粒子所具有的大比表面积使键态严重失配，出现许多活性中心，表面台阶和粗糙度增加，出现非化学平衡、非整数配位的化学键，从而导致纳米体系的化学性质与化学平衡的体系有很大差异。若用高倍电子显微镜对金属超微粒进行观察，会发现这些颗粒没有固定的形态，且随着时间的变化而自动变成各种形状（如立方八面体、十面体、二十面体多孪晶等），它既不同于一般固体，又不同于液体，可视为一种准固体。在电子显微镜的电子束照射下，表面原子仿佛进入"沸腾"状态。超微颗粒的表面具有很高的活性，在空气中金属颗粒会迅速氧化而燃烧。如要防止自燃，可采用表面包覆或有意识地控制氧化速率，使其缓慢氧化生成一层极薄而致密的氧化层，确保表面稳定化。利用表面活性，金属超微颗粒可望成为新一代的高效催化剂和贮气材料以及低熔点材料。此外，由于纳米微粒表面原子的畸形也引起表面电子自旋构象和电子能谱的变化，所以纳米材料具有新的光学及电学性能。

1.2.4　量子隧穿效应

假定具有一定能量的粒子由势垒的左方向右方运动。在经典力学中，只有能量大于势垒的粒子才能越过势垒运动到势垒的右方，而小于势垒能量的粒子则被反射回去，不能透过势垒。在量子力学中，情况则不同，考虑到粒子具有的波动性，不仅能量大于势垒的粒子可越过势垒，而且能量小于势垒的粒子也有一定的概率穿透势垒运动到势垒的右边。称能量小于势垒高度的粒子仍能穿透势垒的现象为量子隧穿效应。量子隧穿的概率与势垒的高度、厚度和粒子的有效质量有关；在共振隧穿中，还与势阱的宽度、材料的能带结构有关。共振量子隧穿现象的实验证明是在超晶格、量子阱材料研制成功后的 1974 年，由张立纲等在 Al-GaAs/GaAs 双势垒结构中首先观察到的。基于量子隧穿效应的共振隧穿二极管、三极管及其集成在超高频振荡器和高速电路等方面有着重要应用前景。

1.2.5　库仑阻塞效应

如果一个量子点与其所有相关电极的电容之和足够小（如小于 10^{-18}F），这时只要有一个电子进入这个量子点，引起系统增加的静电能就会远大于电子热运动能量 k_BT。这个静电能将阻止随后第二个电子进入同一个量子点，这种现象叫做库仑阻塞（Coulomb blockade）效应。在实验上，可以利用电容耦合通过外加栅压来控制双隧道结连接的量子点体系的单个电子的进出。如果施加在双势垒结两端的电压小于某一个阈值电压，栅电压为零时，电子输运被禁止，处于库仑阻塞状态；当增加栅压直到一个电子可以隧穿到量子点上时，即电源所做的功足以抵偿电子隧穿到量子点时导致的静电能增加，库仑阻塞不起作用，有电流流过器件；继续增加栅压，另一个电子隧穿进入量子点，静电能增加，器件再次处于库仑阻塞状态，无电流流过。如此反复，库仑阻塞随由 e/C_g（e 为电子电荷，C_g 为栅电容）决定的栅压间隔周期改变，可以期望，双结的电导则随以 e/C_g 为间隔的栅压增加而振荡，称为库仑阻塞振荡。在一定的栅压下，提高源-漏电压，使量子点上对应的能态数增加，通过量子点的电子数目随之增加，源-漏电流随源-漏电压阶梯上升，即通常所说的库仑台阶。基于库仑阻塞效应可以制造多种量子器件，如单电子器件和量子点旋转门等。单电子器件不仅在超大规模集成电路制造上有重要应用前景，而且还可用于研制超快、超高灵敏静电计。其分辨率可高达 $1.2 \times 10^{-5} e/\sqrt{Hz}$，可用来检测小于万分之一电子电荷的电量。

1.2.6 量子干涉效应

由量子力学的基本原理得知，微观粒子具有波粒双重特性。电子波的位相是由它的相速度而建立起来的，相速度可用电子的能量和动量之比来描述。具有相同相速度的两束波，在相遇时将总有一个固定的和可预测的相位关系，即使它们以不同的路径到达同一点时也是如此，称这两束波的相位是相干的。相反，当两束中的任何一束波，在传输过程中，它的相速度经历一个无序或不连续的改变，那么，在它们相遇时的位相也将是无序的。电子相速度的改变主要来自于电子在输运过程中受到的非弹性散射，这将导致电子的能量和动量的改变。

当样品的特征尺寸与电子的德布罗意波长相近或者更小时，在处理输运问题时则必须考虑电子的波动性。如果样品的特征尺寸等于或小于相位相干长度，也就是小于电子非弹性散射平均自由程，那么电子通过样品时只发生弹性散射，储存在电子波函数里面的信息不会被破坏，而只是发生一定的相移。电子从不同路径通过样品时发生弹性散射的情况不同，相位的积累也不同。实验表明，在声子的散射可以忽略的低温下（小于 2K），电子可保持相位相干的时间约为 10ps，相应的电子相位相干长度约为 $0.7 \mu m$。显然，要保持电子的相位相干，量子器件的临界尺寸应远小于 $1 \mu m$。利用电子相位相干效应，可制造多种量子器件，如量子干涉晶体管，它有着高速和高增益的优越性能，但在目前工艺技术条件下，要实现器件的室温工作，尚需时日。

1.2.7 二维电子气和量子霍耳效应

在高纯 GaAs 衬底上用分子束外延技术生长一层掺硅的 n 型 $Al_{1-x}Ga_xAs$ 形成所谓的"Ⅱ"型超晶格，其特点是两种半导体材料的带隙完全交叠，两者导带底和价带顶的能量不连续值（带阶）分别为 ΔEc 和 ΔEv，其中 ΔEv 反号，带阶主要在导带。对 $x=0.7$ 的 $Al_{1-x}Ga_xAs$ 体系 ΔEc 大约为 300meV。显然，来自 n 型 $Al_{1-x}Ga_xAs$ 中电离施主的电子将流向 GaAs 一侧；由于 AlGaAs/GaAs 界面的不连续性，加之电离杂质的空间电荷效应，在靠近 GaAs 界面处形成三角量子阱，杂质电子在阱中形成二维电子气 2DEG（图1-2）。局限在三角势阱中的电子，在平行于界面的平面内 (x, y) 的运动是自由的，而在垂直于界面方向 (z) 的运动则因受到约束，形成一系列分立的量子能级 E_1，E_2……（图1-2）。处于界面三角势阱中的二维电子气，在空间上与 AlGaAs 中的电离施主隔开，有时还在 GaAs 和掺杂 AlGaAs 之间生长一薄层不掺 AlGaAs 的隔离层，这样使掺硅 AlGaAs 层中的电离施主对沟道中电子的散射进一步减弱，从而使 2DEG 的电子迁移率增高。尤其在低温下，由于晶格散射作用的减弱，低温（0.3K）电子迁移率可高达 $2 \times 10^7 cm^2/(V \cdot s)$。p-AlGaAs/GaAs 二维空穴气 4.2K 空穴迁移率也达到了 $1 \times 10^5 cm^2/(V \cdot s)$。基于二维电子气结构材料所具有的高电子迁移率特性，已经研制出多种新型超高速、超高频微电子器件和电路，并得到广泛应用。

二维电子气最早是在硅 MOS 场效应晶体管器件上实现的，在硅（Si）和 SiO_2 界面可形成 Si 反型层，这个反型层对电子来说它就像一个势阱，电子只能在层平面内运动，其（二

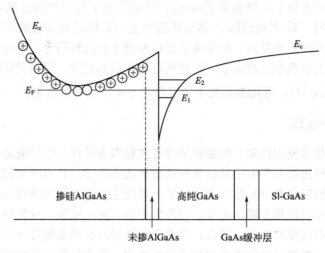

掺硅AlGaAs 高纯GaAs Sl-GaAs

未掺AlGaAs GaAs缓冲层

图 1-2 AlGaAs/GaAs 二维电子气样品结构（下）和导带结构示意（上）

维电子气）浓度可由栅压调控。随后，人们对二维电子气在磁场下的量子输运行为进行了大量的实验和理论研究，发现了磁阻随栅压周期地振荡，称为舒布尼可夫-德哈斯（Shubnikov-de Haas）振荡。1980 年，克利青（von Klitzing）等在测量 MOS 器件 Si/SiO$_2$ 界面反型层中二维电子气的霍耳效应时，发现随 MOS 器件栅压改变的霍耳电阻按 h/ne^2 量子化（其中 n 为正整数），出现霍耳电阻平台，其绝对数值在 10^{-8} 精度内，只与普朗克常数 h 和电子电荷 e 相关，称为量子霍耳（Hall）效应。克利青也为此获得 1985 年诺贝尔物理学奖。随后在调制掺杂异质结上，改变磁场测得的霍耳电阻与上述量子霍耳效应的典型现象是一致的。至于为什么会出现平台是一个很费解的问题，目前一般公认，量子霍耳平台是由于存在界面的无序势使朗道能级展为窄带，在其上下边形成局域态而导致的。

1.3 纳米半导体材料的特殊性质

1.3.1 光学特性

  半导体纳米粒子的尺寸与物理的特征量相差不多，如纳米粒子的粒径与玻尔半径或德布罗意波长相当时，纳米粒子的量子尺寸效应就十分显著。另外，纳米粒子拥有很大的比表面积，有相当一部分的原子处于颗粒表面。处于表面态的原子、电子与处于颗粒内部的原子、电子的行为有很大的差别。量子尺寸效应和表面效应对纳米半导体粒子的光学特性有很大影响，而且导致纳米半导体粒子拥有一些新的光学性质。

  (1) 宽频带强吸收 许多纳米半导体化合物粒子，例如，ZnO、Fe$_2$O$_3$ 和 TiO$_2$ 等，对紫外光有强吸收作用，而微米级的 TiO$_2$ 对紫外光几乎不吸收。这些纳米氧化物对紫外光的吸收主要因为它们的半导体性质，即在紫外光照射下，电子被激发，由价带向导带跃迁而引起的。

  (2) 吸收边的移动现象 与块体材料相比，纳米粒子的吸收边普遍有"蓝移"现象，即吸收带向短波方向移动，对于纳米粒子吸收边"蓝移"现象有两种说法。①由量子尺寸效应引起：已被电子占据分子轨道能级与未被电子占据的分子轨道之间的禁带宽度（能隙），由于粒子粒径的减小而增大，而使吸收边向短波方向移动，这种解释比较普遍，而且对半导体和绝缘体都适用。②表面效应导致：由于纳米粒子颗粒小，大的表面张力使晶格畸变，晶格常数变小。

（3）量子限域效应 正常条件下，纳米半导体材料界面的空穴浓度比常规材料高得多。当半导体纳米粒子的粒径小于激子玻尔半径时，电子运动的平均自由程缩短，并受粒径的限制，被局限在很小的范围内，空穴约束电子很容易形成激子。导致电子和空穴波函数的重叠，这就容易产生激子吸收带。随着粒径的减小，重叠因子（在某处同时发现电子和空穴的概率）增加，也就是激子的浓度越高。在能隙中靠近导带底形成一些激子能级，这些激子能级的存在就会产生激子发光带。纳米材料的激子发光很容易出现，而且激子发光带的强度随着粒径的减小而增加并蓝移，这就是量子限域效应。激子发光是常规材料在相同实验条件下不可能被观察到的发光现象，因此，纳米半导体微粒增强的量子限域效应，使它的光学性能不同于常规的半导体。

（4）纳米粒子的发光效应 近期研究结果表明，纳米半导体粒子表面经过化学修饰后，粒子周围的介质可以强烈地影响其光学性质，表现为吸收光谱和荧光光谱的红移，这种现象初步认为是由于偶极效应和介电限域效应导致的。对十二烷基苯磺酸钠（DBC）修饰的 TiO_2 纳米粒子的荧光光谱和激发光谱研究发现，室温下，样品在可见光区存在很强的光致发光，峰值位于 560nm；而 TiO_2 体相材料在相同温度下却观察不到任何发光现象。这是由于体相半导体激子束缚能很小，对于经表面化学修饰的纳米半导体粒子，其屏蔽效应减弱，电子-空穴库仑作用增强，从而使激子结合能和振子强度增大，介电效应的增加，会导致纳米半导体粒子表面结构发生变化，使原来的禁戒跃迁变成允许，因而室温下就可以观察到较强的光致发光现象。

1.3.2 光催化特性

（1）纳米半导体粒子优异的光电催化活性 纳米半导体优异的光电催化活性吸引众多科学家进行大量研究，得出一些有意义的结论。纳米半导体粒子能够催化体相半导体所不能进行的反应，而且纳米粒子的光催化活性均明显优于相应的体相材料，主要由以下原因所致。①纳米半导体粒子所具有的量子尺寸效应使其导带和价带能级变成分立的能级，能隙变宽，导带电位变得更负，而价带电位变得更正。这意味着纳米半导体粒子获得了更强的还原及氧化能力，从而催化活性随尺寸量子化程度的提高而提高。②对于纳米半导体粒子而言，其粒径通常小于空间电荷层的厚度，空间电荷层的任何影响都可忽略，光生载流子可通过简单的扩散从粒子内部迁移到粒子表面而与电子给体或受体发生还原或氧化反应。计算表明：在粒径为 $1\mu m$ 的 TiO_2 粒子中，电子从体内扩散到表面的时间约为 100ns，而在粒径为 10nm 的微粒中只有 10ps。因此粒径越小，电子与空穴复合概率越小，电荷分离效果越好，从而导致催化活性的提高。

（2）纳米半导体粒子奇特的选择性

①粒径不同，则反应的选择性亦不同。铂化的 TiO_2 粒子光催化丙炔与水蒸气的反应进行了研究结果表明：反应产物为甲烷、乙烷和丙烷，反应的选择性（定义为丙烷与乙烷的摩尔比）随着粒径的减小而降低，当粒子尺寸由 200nm 降为 5.5nm 时，反应的选择性降低 10倍。②纳米半导体粒子光催化反应的选择性与在电极分离的 PEC 电池的进行不同。这是由于粒子尺寸小，其表面氧化和还原位置距离很近所致。例如 TiO_2 与铂电极组成的电池，光分解醋酸生成乙烷和 CO_2，而 Pt/TiO_2 纳米粒子光催化分解的产物是甲烷和 CO_2。导致选择性不同的原因在于：Pt/TiO_2 纳米半导体粒子粒径很小，其氧化还原位置距离很近，氧化

产生的 $CH_3 \cdot$ 自由基立即与还原产生的 $H \cdot$ 自由基结合而生成甲烷。③不同种类的纳米半导体粒子催化反应的选择性不同。利用纳米 TiO_2 和 ZnS 半导体粒子光催化分解甲醇水活液制氢，前者产物为 H_2，而后者反应的产物为丙三醇和 H_2。

(3) 纳米半导体粒子的吸收特性 对于纳米半导体悬浮体系，分散在溶液中粒子的粒径很小，单位质量的粒子数目多，吸收效率高，故不易达到光吸收饱和的程度。另一方面，反应体系的比表面积很大，同时也有利于反应物的吸附，纳米半导体粒子强的吸附效应甚至允许光生载流子优先与吸附的物质进行反应而不管溶液中其他物质的氧化还原电位顺序。

(4) 纳米半导体粒子体系中高的光致电荷分离及转移效率 研究光催化过程中的电荷转移，对于理解光催化反应的机理是至关重要的。纳米半导体粒子，粒径越小，光生电荷分离效率越高，则电子空穴对复合越少。Li 等的研究显示四面体配位 Ti^{4+} 与晶相转变及催化剂活性之间存在正相关关系。他们认为混晶中四面体配位 Ti^{4+} 是捕获光生电子的活性位点，有利于促进光生载流子的有效分离。Tamaki Y 等采用飞秒光谱技术，对比俘获态空穴在不同空穴清除剂存在时的吸收光谱衰减情况，测定出俘获态空穴与甲醇、乙醇和异丙醇反应的时间分别为 300ps、1000ps 和 3000ps。

(5) 光照作用下纳米半导体粒子电位的浮动效应 纳米半导体悬浮体系的一个特殊性质是光照下粒子的电位可以浮动。这可导致原本不能发生的反应得以进行，如 TiO_2 的导带电位不足以还原氢，因此在 PEC 电池中不加偏压是不能析出氢的，然而在 TiO_2 纳米粒子上可以收集到氢。

1.3.3 光电转换特性

近年来，由于纳米半导体粒子构成的多孔大比表面 PEC 电池具有优异的光电转换特性而备受瞩目。Grätzel 等于 1991 年报道了经三双吡啶钌敏化的纳米 TiO_2 PEC 电池的卓越的性能，在模拟太阳光源照射下，其光电转换效率可达 12%，光电流密度大于 $12mA/cm^2$。这是由于纳米 TiO_2 多孔电极表面吸附的染料分子数比普通电极表面所能吸附的染料分子数多 50 倍以上，而且几乎每个染料分子都与 TiO_2 分子直接接触，光生载荷子的界面电子转移很快，因而具有优异的光吸收及光电转换特性。继该工作之后，众多科学家对纳米晶体光伏电池进行了大量研究，发现 ZnO、CdSe、CdS、WO_3、Fe_2O_3、SnO_2、Nb_2O_5 和 Ta_2O_5 等纳米晶光伏电池均具有优异的光电转换性能。尽管如此，昂贵的染料敏化仍然是必需的，除此之外，由染料敏化的纳米晶光伏电池的光谱响应、光稳定性等有待进一步研究。

1.3.4 电学特性

介电压电特性是材料的基本物性之一。纳米半导体材料的介电行为（介电常数、介电损耗）及压电特性同常规的半导体材料有很大不同，概括起来主要有以下几点。

① 纳米半导体材料的介电常数随测量频率的减小呈明显上升趋势，而相应的常规半导体材料的介电常数较低，在低频范围内上升趋势远远低于纳米半导体材料。

② 在低频范围，纳米半导体材料的介电常数呈现尺寸效应，即粒径很小时，其介电常数较低，随粒径增大，介电常数先增加然后有所下降，在某一临界尺寸呈现极大值。

③ 介电常数温度谱及介电常数损耗谱特征：纳米 TiO_2 半导体的介电常数温度谱上存在一个峰，而在其相应的介电常数损耗谱上呈现一个损耗峰。一般认为前者是由于离子转向极化造成的，而后者是由于离子弛豫极化造成的。

④ 压电特性：对某些纳米半导体而言，其界面存在大量悬键，导致其界面电荷分布发生变化，形成局域电偶极矩。若受外加压力使电偶极矩取向分布等发生变化，在宏观上产生电荷积累，从而产生强的压电效应，而相应的粗晶半导体材料粒径可达微米数量级，因此其界面急剧减小（<0.01%），从而导致压电效应消失。

1.3.5 表面活性与敏感特性

纳米半导体粒子由于尺寸小，表面积大，表面能高，因此其活性极高，极不稳定，很容易与其他原子结合，因此纳米半导体粒子具有极高的表面活性。它对外界环境因素如温度、光、湿气等相当敏感，外界环境的改变会迅速引起表面或界面离子价态和电子输运的变化，利用其电阻的明显变化可做成传感器，其特点是响应速度快、灵敏度高、选择性优良。纳米半导体粒子的高比表面积、高活性量子尺寸效应等使之成为应用于传感器方面最有前途的材料。

1.4 纳米半导体技术对各个领域的影响

几十年来半导体技术持续快速发展，20 世纪 70 年代线宽为微米级，到 90 年代初就进入亚微米级，随着历史进入 21 世纪，半导体技术跨入纳米时代，线宽缩小到几十纳米；并能够制备多种组分的导体、半导体和绝缘体等各种薄膜，膜厚可薄至几纳米，在直径为 30cm 的晶圆范围内，薄膜厚度的不均匀性小于 1.5%，并可以将多层不同性质的薄膜交叠淀积在一起，上下层对位精度仅为几个纳米。在大规模生产中，仍能稳定地保持这样高精度的指标。经过半个世纪的发展，半导体技术不仅在制造功能强大的 IC 及各式各样的半导体分立器件方面，对社会发展起到不可估量的推动作用，而且对其他技术领域也产生深刻的影响。

1.4.1 纳米电子学与纳米半导体电子器件

纳米电子学（Nanoelectronics）是纳米技术的重要组成部分，是纳米技术发展的主要动力；是 20 世纪 80 年代中期初露端倪、90 年代崛起的崭新科学技术。纳米电子学是指在纳米尺寸范围内研究物质的物理、化学、声学和电子学现象及其运动规律，构筑纳米和量子器件，集成实现纳米电路，从而建立量子基计算机和量子通信系统的信息计算、传输、处理的一门科学和技术。纳米电子学正处在蓬勃发展时期。纳米电子学立足于最新的物理理论和最先进的工艺手段，按照全新的概念来构造电子系统。它将突破传统的极限，开发物质潜在的信息和结构潜力，使单位体积物质的储存和处理信息的能力提高百万倍以上，实现信息采集和处理能力的革命性突破。纳米电子学将成为 21 世纪信息时代的核心。因此，自 20 世纪 90 年代起，许多国家都先后把纳米电子学作为"国家关键技术之一"，并投入巨资进行研究和开发。经过几年的努力，已经取得了一系列震动世界的成果，目前正处在重大突破的前夜。

纳米电子器件可分为两大类。第一类为纳米 CMOS 器件，它主要有：绝缘层上硅 MOSFET 即（SOI-MOSFET）、硅-锗异质结 MOSFET、低温 MOSFET、双极 MOSFET、本征硅沟道隧道型 MOSFET 等。第二类为量子效应器件，它包括单电子器件、量子点器件和谐振隧道器件等。以下简单介绍量子效应器件。

(1) 量子点器件 量子点是由在三个方向上尺寸都小的岛组成的，从而限定电子具有零维自由度——电子态在三个方向上都是量子化的。利用以上阐述的物理概念，可观察到制作三个方向上尺寸都小的岛会导致岛上电子的量子能级离化加强，即 $\Delta\varepsilon_x$、$\Delta\varepsilon_y$ 和 $\Delta\varepsilon_z$ 都变大。由于一对电子彼此无法分离更远，充电能量 U 也变大。结果，QD 上电子之间的相互作用和每个独立电子的能级，对通过该量子点的电流流动产生影响。

(2) 谐振隧穿器件 谐振隧穿器件常常具有最小尺寸为 5～10nm 的长而窄的岛（即"量子线"或"pancake"），岛由含有许多移动电子的半导体组成。谐振隧穿器件主要包括两种类型：其中一个准经典的谐振隧穿器件是谐振隧穿二极管（RTD）；另一种谐振隧穿器件是谐振隧穿晶体管（RTT），也是一种电压控制器件，小的栅压可以控制流过器件的大电流。它是通过改变第三端（栅）上的电压，把量子阱相对源的能级进行调整的。就像常规 MOSFET 一样，RTT 也能用于开关和放大器。实际上，这样的纳米尺度的量子效应器件确实具有比 MOSFET 更优越的开关特性。谐振隧穿器件的进展，可追溯到 20 世纪 70 年代早期，当时 Esaki 和他的助手第一次报道了在器件中观察到并利用了谐振隧穿效应。然而这种器件由于谐振下电流密度低等原因而被限制了近 10 年，直到 MIT Lincoln 实验室的 Sollner 及其合作者用其他方法论证了谐振隧穿器件。同时，Reed 研究的突破和结果，使 Capasso 和 Kiehl 开发了早期 RTT，许多研究者进行了谐振隧穿器件的研究工作，特别是 Seabaugh 和他在 Texas 研究所的同事们在混合 RTT 和电路方向的进展。而且值得注意的是 MIT Lincoln 实验室，它生产了在高速电路中包含大量谐振隧穿器件的超大规模集成电路芯片，应用于数字信号处理。

(3) 单电子晶体管 单电子晶体管常常是一个具有栅、源和漏的三端器件，而不像量子点和谐振隧穿器件那样是无栅的两端器件。它随着栅上共计一个单个电子或更小（因此命名）的电荷的微小变化而开启或关断源漏电流。早在 20 世纪 50 年代初期，人们就发现了库仑阻塞效应和单电子隧道效应。80 年代末期，在成功地观测到库仑阻塞效应和单电子隧道效应后，1993 年，Nature 杂志的副主编在该杂志上再次发表评论时指出，以单电子隧道效应为基础的单电子晶体管很可能在 2000 年以后问世。可是，就在他发表评论的一年后，日本的科学家就率先在实验室里研制成功了单电子晶体管，该晶体管中使用的硅和二氧化铁材料的结构尺寸都达到了 10nm 左右的尺度。近几年来，单电子晶体管的研制已逐步走向成熟，成为纳米电子学器件研究的热点。美国普渡大学、加州大学伯克利分校也研制出不同尺度和结构的单电子晶体管基型器件。稍后，同样利用单电子隧道效应和库仑阻塞效应的单电子存储器也已经开发出来。随着纳米加工技术的飞速发展，单电子晶体管不仅在尺寸上已经达到了数纳米的尺度，其工作温度也达到室温的条件。不少人相信，单电子晶体管将很可能成为纳米电子学的核心器件之一。

1.4.2 纳米半导体光电子器件

光电子技术正向光电子集成和纳米光电子集成方向发展。纳米光电子学是在纳米半导体材料的基础上发展起来的，是纳米电子学发展的方向。纳米光电子学是研究纳米结构中电子与光子的相互作用及其器件的一门高技术学科。光电子技术与纳米电子技术相结合，产生纳米光电子技术。光学、光电子学、纳米光学与纳米电子学相结合，产生一门崭新的学科——纳米光电子学。纳米光电子学将成为纳米光通信技术发展的基础。

纳米光电子学的发展模式是光学→光电子学→纳米光学→纳米电子学→纳米光电子学→纳米光电子技术→纳米光电子工程→纳米光电子产业。

目前，已面世的纳米光电子器件有纳米激光器（如量子阱激光器、量子线激光器、量子点激光器）、量子点红外光电探测器、InGaAs/GaAs 多量子阱自电光效应器件（MQW-SEED）、CMOS/SEED 光电子集成器件、AlGaAs/GaAs 超晶格多量子阱红外光电探测器阵列、垂直腔面发射激光器阵列（VCSEL）、聚合物发光二极管、谐振腔增强型光电探测器（RCE-PD）、纳米级薄膜制作的红外摄像器件（如纳米级硅化铂薄膜肖特基势垒红外焦平面阵列）等。据计算机世界网披露，日本 NTT 公司尖端技术综合研究所开发成功制作光导集成电路芯片的基础技术。这家研究所采用先进的纳米技术在硅片上制作出可通过极细光束的通道（光导通路），使光束按直角方向转弯，将其封闭在极为狭小的范围内。由于不将光信号转换成电信号，故这是直接处理光信号的光导集成电路。

2010 年左右，半导体蚀刻线条的宽度将小到 100nm 以下。在这些电路中穿行的将只有少数几个电子，因此增加一个或者减少一个电子都会造成很大差异，这就明确地把芯片制造商放到量子世界中。借助纳米技术，科学家对新一代微型激光器的研究与开发方兴未艾。

(1) 量子阱激光器 由直径小于 20nm 的一物质堆构成或者相当于 60 个硅原子排成一长串的量子点，可以控制非常小的电子群运动而不与量子效应发生冲突。如果这一物质堆是由有适当性质的原子构成，它就能对一个自由电子产生一种约束力。除非外界能量施加一个大小很精确的推力，否则这个电子就无法逃逸出去。这种"量子约束"产生一些有趣的现象，应用这一现象可制造出光盘播放机中小而高效的激光器。这些所谓的量子阱激光器是由两层其他材料夹着一层超薄的半导体材料制成的。处在中间的电子被圈在一个量子平台上，只能够在二维空间中移动。这使得为产生激光而向这些电子注入能量变得容易一些。其结果是，用较少的能量可以产生较强的激光。

(2) 量子线激光器 这种微型激光器是耶鲁大学、朗讯科技公司贝尔实验室以及德国德累斯顿马克斯·普朗克物理研究所的科学家们共同研制出来的微型激光器，将使制造计算机的厂家能够在某些部件中用光器件来代替电子器件。这种微型激光器与目前所采用激光器的区别在于研究人员捕获、控制和发射激光束的方法不同。以前，科学家们捕获、控制和发射激光是在一个非常圆的圆柱中进行。其不利之处在于激光束的功率不够大，而且很难控制。新的方法是：在其内部电子只能在一个方向上移动。量子线激光器能够以超过量子阱激光器实际极限的功率发射激光，这可能对通信有极大的好处。这些较高功率的激光器也许会减少对昂贵的中继器的要求，这些中继器需要每隔 50 英里（1 英里＝1.609km）在通信线路上安装一个，以再次产生激光脉冲，因为脉冲在光纤中传播时强度会减弱。

(3) 量子点激光器 科学家们希望用量子点方法代替量子线方法以获得更大的收获，但是研究人员已制成的量子点激光器却不尽如人意。专家预言，有朝一日数以 10 亿计的量子点可能会堆在平常传统的硅片上，这有望成为一台尖端的超级计算机，这一前景使得量子点激光器成为最热门的研究开发课题。

(4) 微碟激光器 微碟激光器是贝尔实验室的 Richart E. Slusher 及其同事们开发出来的。运用先进的蚀刻工艺（类似于制造芯片时使用的光刻技术），使它的外形结构看来像一张微观的圆桌。这些半导体碟的周围是空气，下面靠一个微小的底座支撑。由于半导体和空气的折射率相差很大，微碟内产生的光在此结构内发射，直到所产生的光波积累足够多的能量后，沿着它的边缘掠射出去。这种激光器工作效率很高、能量阈很低，工作时大约只需 $100\mu m$ 的电流。长春光机所科技人员打破常规，以独特的科学思维和先进的实验方式、方法，解决了许多关键技术难题，在国内首次研制出直径分别为 $8\mu m$、$4.5\mu m$ 和 $2\mu m$ 的光泵浦 InGaAs/InGaAsP 微碟激光器。因此，微碟激光器的研制成功，对推进光电信息技术的发展具有重要意义。

(5) 微环激光器 微环激光器是微蝶激光器的一个变种，实际上就是一根弯曲成极薄面包圈形状的半导体丝。利用微光刻技术刻蚀形成直径 $4.5\mu m$、横截面为 $400nm \times 200nm$ 的矩形，为了改善它的发射光质量，用一个"U"形的玻璃结构包绕微环，引导光沿着"U"的两条边以两束平行光的形式从激光器中射出。

1.4.3 纳米能源技术

能源和环境是目前人类面临的两大全球问题，人类既要开发能源技术、扩大能源获取途径，同时还要避免引起环境污染。近年来纳米科技越来越热，研究成果也越来越重要，除了可预期的前景，我们的确看到了纳米技术在提高能源利用效率、开拓源泉、改善环境方面具有很多实实在在的应用。为了开发更清洁、廉价和有效的工艺，需要跨学科的努力，其中包括各个不同的技术领域，如能源、化学工程、生物技术、传感器、信息技术、材料科学、半导体技术等。在这些领域中，纳米技术和半导体技术被认为很有潜力，对能源系统将产生重大影响。

1.4.3.1 纳米半导体光催化分解制氢

传统的石油和化石能源的消费引起地球温暖化、环境污染和能源短缺等问题，是当前人类所面临的重大挑战。在此背景下，以低能耗、低污染为基础的"低碳经济"正成为全球关心和研究的热点。氢气作为一种高效清洁的二次能源载体，被誉为"未来的石油"。因此，开发和利用无污染的氢能源是实现低碳经济的一种途径。开发无污染、低成本的制氢技术日益受到各国的高度关注。早在 1971 年，日本东京大学的 Fujishima 和 Honda 发现在 n 型半导体 TiO_2 单晶光电极上分解水制得氢气的现象，这意味人们可以直接利用太阳能和光催化材料分解水制备清洁的氢能源。

光催化分解水制氢过程从能量转化的角度看，是将可再生的太阳能转化为清洁的（氢能）化学能，实现太阳能的储存。氢作为清洁能源，其能量释放后最终的产物是水，此过程是没有污染物和温室气体 CO_2 产生。因此，它也被认为是"人类的梦技术"，是人类寄望于解决目前面临的能源和环境问题的途径之一。

通过对光催化分解水基本原理的分析，可以发现光催化分解水制氢依赖于光催化材料本身和光源。由于光源为外部条件，因此半导体光催化研究的焦点和核心是光催化材料。在早期传统的 TiO_2 以及钛酸盐光催化材料的基础上，人们对光催化材料的研究进行了较深入探索，并且随着多学科的交叉发展，多种制备方法以及先进表征手段的引入，使光催化材料的研究取得了较大的进展。从目前的研究来看，将光催化材料颗粒微细纳米化，可以有效降低光生电子-空穴从体内到表面的传输距离；相应它们被复合的概率也大大降低。提高电子-空穴分离能力，也极大地提高催化效率，因此纳米材料光催化在新型光催化剂研究中占有优势。因此，采用纳米半导体光催化材料分解水制氢将有效缓解目前人类面临的能源危机。

1.4.3.2 纳米半导体太阳能电池

目前发展较为成熟、应用比较多的是硅基太阳能，主要分为单晶硅太阳能电池、多晶硅太阳能电池和非晶硅太阳能电池。单晶硅太阳能电池的主要原料是纯度较高的半导体单晶硅，目前最高的转化效率达 25%。但由于原材料对于硅的纯度要求较高、价格昂贵，使得电池成本过高。多晶硅太阳能电池一般采用低等级的半导体多晶硅或太阳能电池专用的铸造多晶硅等材料。与单晶硅太阳能电池相比，多晶硅太阳能电池的成本相对较低，而且两者的转化效率较为接近。非晶硅太阳能电池所采用的非晶态硅是一种不定形晶体结构的半导体，对光能吸收系数高。但非晶硅在结构上的缺陷较多，所制得的电池效率偏低而且存在衰减问题。虽然硅系太阳能电池是目前研究和应用最广泛的太阳能电池，但硅系电池原料成本高、原料纯化要求高、生产工艺复杂，限制其民用化，急需开发低成本的太阳能电池。为了满足工生产需求，开发易得的薄膜材料、降低成本价格、研发易于加工生产的新型太阳能电池已成为迫切的需求。

在20世纪60年代，德国科学家Tributsch在半导体材料上吸附染料，他发现在一定条件下吸附在染料上的半导体会有电流产生，为染料敏化太阳能电池的发展奠定理论基础。20世纪90年代初期，瑞士洛桑高等工业学院的Grätzel和Regan等教授以多孔TiO_2纳米晶膜做阳极材料，联毗陡钌（Ⅱ）配合物做敏化染料，I^{-1}/I_3^{-1}做氧化还原电解质，组装出光电转换效率在7%左右的染料敏化纳米晶太阳能电池（Nano-crystalline Dye sensitized Solar Cells，DSSCs），开创太阳能电池研究和发展的全新领域。之后，Grätzel研究小组一直致力于提升染料敏化纳米晶太阳能电池的光电转化效率，目前能将该类电池的光电转换效率稳定在11%左右。染料敏化电池所采用的薄膜材料价格相对低廉、制作工艺简单、环境友好，成为继硅系太阳能电池之后又一令人瞩目的太阳能电池。

1.4.4 环境纳米技术

自Fujishima等人发现受辐射后的TiO_2电极上能发生水的持续氧化还原反应以来，以TiO_2光催化反应为代表的半导体光催化效应引起人们广泛关注，目前光催化技术在环境领域应用主要包括以下几个方面。

(1) 空气净化方面 当前解决空气污染主要有物理吸附法（活性炭）、臭氧净化法、静电除尘法、负氧离子净化法等，但是这些方法自身都有难以克服的弊端。所以，一直难以大范围推广使用。与其相比，利用纳米光催化净化空气则有很多优点：降解有机物的最终产物是CO_2和H_2O，没有其他毒副产物出现，不会造成二次污染；纳米微粒的量子尺寸效应导致其吸收光谱的吸收边蓝移，促进半导体催化剂光催化活性的提高；纳米材料比表面积很大，增强半导体光催化剂吸附有机污染物的能力。

(2) 水处理方面 传统的水处理方法效率低、成本高、存在二次污染等问题，污水治理一直得不到好的解决。纳米光催化技术的发展和应用有可能彻底解决这一难题。纳米TiO_2能处理多种有毒化合物，可以将水中的烃类、卤代烃、酸、表面活性剂、染料、含氮有机物、有机膦杀虫剂、木材防腐剂和燃料油等很快地完全氧化为CO_2、H_2O等无害物质。此外，纳米TiO_2在降解毛纺染料废水、有机溴（或磷）杀虫剂等方面也有一定效果。迄今为止，已经发现有3000多种难降解的有机化合物可以在紫外线的照射下通过纳米TiO_2或ZnO而迅速降解，特别是当水中有机污染物浓度很高或用其他方法很难降解时，这种技术有明显优势。

(3) 杀菌消毒方面 研究表明将纳米TiO_2涂覆在陶瓷、玻璃表面，经室内荧光灯照射1h后可将其表面99%的大肠杆菌、绿脓杆菌、金黄色葡萄球菌等杀死。

(4) 自清洁涂层 TiO_2膜层经过太阳光中的紫外线照射后，能够将表面附着的油污等有机污染物高效降解为CO_2和H_2O。同时，无机污染物也不易附着在涂层表面，经紫外线照射的涂层表面具有良好的亲水性，雨水落在上面时，形成一层薄的水膜，而不是水珠，雨水不会聚集在一处而是扩散到整个表面，均匀地冲刷掉浮在表面上的污迹，不会留下难看的条痕。在雨水稀少时，降解后的污迹颗粒能够被风吹掉。这种技术可以使用在卫生陶瓷、平板玻璃、水泥、外墙瓷砖、建筑用铝材、纤维装饰材料以及空气净化器等产品中。

1.4.5 纳米传感技术

纳米材料具有巨大的比表面积和界面，对外部环境的变化十分敏感。温度、光、湿度和气氛的变化均会引起表面或界面离子价态和电子输出的迅速改变，而且响应快，灵敏度高。因此，利用纳米固体的界面效应、尺寸效应、量子效应，可制成传感器。传感器的研究开发与纳米材料的研究相比，主要体现在应用得更加具体化。传感器上所用的纳米材料主要是陶瓷材料。

(1) 气敏性 许多纳米无机氧化物都具有气敏特性，对某种或某些气体有极佳的敏感性能。气体传感器材料有如下要求：对测定对象气体具有高的灵敏度；对被测定气体以外的其他气体不敏感；长期使用性能稳定。半导体纳米传感器的灵敏度高、性能稳定、结构简单、体积微小，近年来得到迅速发展，在一些发达国家已进入实用性阶段。半导体纳米气体传感器是利用半导体纳米陶瓷与气体接触时电阻的变化来检测低浓度气体。半导体纳米陶瓷表面吸附气体分子时，根据半导体的类型和气体分子的种类不同，材料的电阻率也随之发生不同变化。半导体纳米材料表面吸附气体时，如果外表原子的电子亲和能大于表面逸出功，原子将从半导体表面得到电子，形成负离子吸附；相反，形成正离子吸附。半导体纳米气体传感器的气敏特性同气体的吸附作用和催化剂的催化作用也有很大关系，纳米材料极大的表面积和界面为此提供条件。另外，利用纳米材料制成的气体传感器，其气体的吸附和脱离速度快，赋予传感器更加优异的性能。

(2) 湿敏性 湿度传感器，可以将湿度的变化转换为电信号，易于实现湿度指示、记录和控制的自动化。湿度传感器的工作原理是半导体纳米材料制成的陶瓷电阻随湿度的变化关系决定的。纳米固体具有明显的湿敏特性。纳米固体具有巨大的表面积和界面，对外界环境湿气十分敏感，环境湿度迅速引起其表面或界面离子价态和电子运输的变化。例如 $BaTiO_3$ 纳米晶体电导随水分变化显著，响应时间短，2min 即可达到平衡。湿度传感器的湿敏机制有电子导电和质子导电等。

(3) 压敏性 在压敏传感器中研究和应用日渐活跃的是氧化锌系纳米传感器，由于其具有均匀的晶粒尺寸，它不但适用于低电压器件，而且更适用于高电压电力站，其能量吸收容量高，在大电流时非线性好，响应时间短，电学性能极好且寿命长。

(4) 其他性能 纳米材料在传感器上体现的性能还有很多，如热敏性、磁敏性、多功能敏感等。

纳米传感器的特征是比表面积大，随着接触面积的增大，便出现了许多特异的性能，可满足传感器功能要求的敏感度、应答速度、检测范围等。

1.4.6 纳米生物技术

近年来，半导体纳米微粒（量子点）的研究引起国内外研究者的广泛兴趣，其研究内容涉及物理、化学、材料等多学科，已成为一门新兴的交叉学科。量子点特殊的光学性质使得它在生物化学、分子生物学、细胞生物学、基因组学、蛋白质组学、药物筛选、生物大分子相互作用等研究中有极大的应用前景。

与普通荧光染料分子相比，用半导体纳米粒子作标记物具有的优点是：可进行多色标记，并且发光强度高，光化学稳定性好。量子点的另一个优点是可以耐受更长的光激励和光发射周期，染料荧光分子的周期通常是几分钟，连续的激发将使荧光分子发生光化学分解

（即光漂白 photobleaching），这在几个荧光分子或单个荧光分子检测时也是灵敏度提高的主要问题。而量子点标记物则具有良好的光化学稳定性，激发和发射周期可持续几小时。如 CdS 包裹的 CdSe 量子点，光强度比荧光分子提高 20 倍，光化学稳定性则提高 100 倍。量子点的特点将会在生物学研究中得到重要的应用。生物系统的复杂性时常需要同时观察多个成分，量子点丰富的标记颜色、高的发光强度和较长的可观察时间将使许多荧光分子标记不能实现的要求成为可能。

参 考 文 献

[1] 王占国. 材料科学与工程手册，第 10 篇，半导体材料篇 [M]. 北京：化学工业出版社，2004，6，10，55-79.

[2] 张立德，牟季美. 纳米材料和纳米结构 [M]. 北京：科学出版社，2001.

[3] 王占国，陈涌海，叶小玲等. 纳米半导体技术 [M]. 北京：化学工业出版社，2006.

[4] 黄昆. 黄昆文集 [M]. 北京：北京大学出版社，2004：542.

[5] 高濂，郑姗，张青红. 纳米氧化钛光催化材料及应用 [M]. 北京：化学工业出版社，2002.

[6] 李新勇，李树本. 纳米半导体研究进展 [J]. 化学进展，1996，8（3）：231-239.

[7] Li G，Dimitrijevic N，Chen L，et al. The important role of tetrahedral Ti^{4+} sites in the phase transformation and photocatalytic activity of TiO_2 nanocomposites [J]. J. Am. Chem. Soc.，2008，130（16）：5402-5403.

[8] Tamaki Y，Furube A，Murai M，et al. Direct observation of reactive trapped holes in TiO_2 undergoing photocatalytic oxidation of adsorbed alcohols：evaluation of the reaction rates and yields [J]. J. Am. Chem. Soc. 2006，128（2）：416-417.

[9] Regan B O，Grätzel M. A low-cost high efficiency solar cell based on dye-sensitized colloidal TiO_2 films [J]. Nature，1991，353（3）：737-740.

[10] 董大为. 光学光刻的过去、现在和未来 [J]. 中国集成电路，2004，62（7）：65-69.

[11] 郭维廉. 固体纳米电子器件和分子器件 [J]. 微纳电子技术，2002，39（4）：1-7.

[12] 王太宏. 纳米器件与单电子晶体管 [J]. 微纳电子技术，2002，39（2）：12-14，17.

[13] 王占国. 纳米器件研究进展 [J]. 微纳电子技术，2002，39（2）：1-5.

[14] 程开富. 纳米光电子器件的最近进展及发展趋势 [J]. 纳米器件与技术，2004，41（8）：14-20.

[15] 温福宇，杨金辉，宗旭等. 太阳能光催化制氢研究进展 [J]. 化学进展，2009，21（11）：2285-2302.

[16] Kroon J M，Bakker N J，Grätzel M，et al. Nanocrystalline dye-sensitized solar cells having maximum performance [J]. Prog. Photovoltaics，2007，15（1）：1-18.

[17] 许志. 解决能源环境问题的新途径 [J]. 高科技与产业化，2007，6：30-31.

[18] 石劲松，李晓男，张继红. 纳米材料及其在传感器中的应用 [J]. 新技术新工艺，2001，1（6）：35-36.

[19] 陈扬，陆祖宏. 生物分子的纳米粒子标记和检测技术 [J]. 中国生物化学与分子生物学报，2003，19（1）：1-2.

[20] Chan C W，Nie S. Quantum dot bioconjugates for ultrasensitive nonisotopic detection [J]. Science，1998，281（5385）：2016-2018.

第2章

低维纳米半导体激光器
材料与器件

2.1 半导体激光器发展的简要回顾

半导体激光器是光纤通信、光盘存储、激光印刷、激光医疗等方面的重要光源,以其高效、小型化、可集成等优异性能在半导体光电子学和信息科学技术中占据举足轻重的地位。自从第一个半导体激光器 1962 年问世以来,经历 50 余年的发展已取得辉煌成绩。以下简要回顾一下半导体激光器历史上的重大突破。本章重点关注的是从材料维度方面来初步总结半导体激光材料与器件方面的研究进展。从半导体激光材料维度发展看,经历三维同质、异质结构材料、二维量子阱材料、一维量子线材料和零维量子点材料。

2.1.1 三维同质、异质结构的半导体激光器

2.1.1.1 三维同质结激光器

20 世纪 60 年代开创半导体激光理论、半导体激光材料和半导体激光器领域。1961 年前苏联科学家 Basov 提出了半导体激光的概念,即在半导体 p-n 结材料上,通过电注入 p-n 结的两种载流子(电子和空穴)的复合产生受激辐射,实现激射。激射波长是由半导体材料的带隙决定,且只有直接带隙半导体材料才能实现激射。1962 年美国麻省理工学院、IBM 公司等用 GaAs p-n 结材料做出第一批双极型半导体激光器,解决间接带隙硅材料无法产生光激射的难题,从而翻开化合物半导体的新篇章。第一只 GaAs 激光器只是由 n 型 GaAs 和 p 型 GaAs 组成同质 p-n 结,把电子和光子限制在发光区的能力很弱,功率和效率都很低,且阈值电流密度非常高(J_{th} 约 $19kA/cm^2$),只能在低温工作,室温阈值电流密度的估计值约为 $50kA/cm^2$,所以这种同质结激光器很难实用。

2.1.1.2 三维异质结激光器

1963 年,德国科学家 Kroemer 和前苏联科学家 Alfernov 提出异质结构激光器的概念。1968~1970 年间,美国贝尔实验室研究成功 AlGaAs/GaAs 单异质结激光器,室温阈值电流密度为 $8.6kA/cm^2$。同时美国 RCA 公司也发表了类似结构的激光器文章。该半导体激光器属于单异质结注入型激光器,它们是利用异质结提供的势垒把注入电子限制在 GaAs p-n

结的 P 区之内，以此来降低阈值电流密度 J_{th}，其数值比同质结激光器降低一个数量级。正当美国的学者们致力于单异质结激光器的研究时，1970 年前苏联科学家 Alfernov 宣布研制成功双异质结构的半导体激光器，该结构是把 p-GaAs 半导体夹在 n-Al$_x$Ga$_{1-x}$As 层和 p-Al$_x$Ga$_{1-x}$As 层之间，这两个异质结势垒能有效地把载流子和光场限制在 p-GaAs 薄层有源区内，使器件的室温工作电流密度降至约 $1.6kA/cm^2$ 的较低水平，是单异质结激光器 J_{th} 的大约 20%。这标志半导体激光器属于双异质结注入型激光器。双异质结激光器不论对自由载流子还是光学模式都有很好的限制作用。正是这种设计，使得半导体激光器从实验室走向市场和应用。

2.1.2 二维量子阱结构的半导体激光器

2.1.2.1 p-n 结注入双极型量子阱半导体激光器

1969 年 IBM 公司的江崎玲于奈、朱兆祥提出超晶格概念，美国贝尔实验室卓以和提出和发展分子束外延概念和技术，新一代人工超晶格量子阱材料就此诞生，并在 20 世纪 70 年代后期研制成功量子阱结构激光器。由于成功地将电子-空穴对限制在非常狭小的量子阱区域，阈值电流密度降至约 $500A/cm^2$。在 20 世纪 80 年代后期，人们又提出了应变量子阱激光器的结构，以进一步提高器件性能，采用应变量子阱结构的激光器阈值电流密度可降至约 $65A/cm^2$。

与半导体双异质结激光器相比较，量子阱激光器有两个显著优点。第一，量子阱激光器中的载流子被更好地限制在量子阱中，这样就使得注入的电流具有更高的发光效率；而且半导体量子阱激光器也具有更大的光学限制因子，从而可以更进一步降低阈值电流密度。分别限制量子阱结构是指在有源区的两侧再各加上一个宽禁带势垒层，从而更进一步提高了自由载流子的限制，从而提高发光效率。第二，量子阱激光器是量子限制效应使人们在一定程度上可以通过调节势阱宽度来调节跃迁能量，从而调节激射波长。半导体量子阱激光器的设计使激光器的阈值电流密度降低到 $500A/cm^2$。这种把电子-空穴对压缩在很小的空间（量子阱）中的设计大幅度提高激光器的性能，因而自其被提出开始就为科学家们所大量采用。

但不论是同质结构激光器、异质结构激光器还是量子阱激光器，这类 p-n 结激光器激射机理都是建立在两种载流子（电子和空穴）辐射复合产生光子的基础上，其激射波长由半导体材料的带隙决定。

2.1.2.2 单极型量子级联激光器

随着信息科学技术的进步和发展需求，要求提供工作于 $5\sim14\mu m$ 中远红外波段的半导体激光器材料和激光器，但自然界缺少中远红外波段的理想的半导体激光材料。于是，人们企图突破半导体激光器传统的激射机理，提出新的概念，以期开拓 $5\sim14\mu m$ 中远红外波段半导体激光材料。1971 年前苏联科学家提出了只有一种载流子参加的光助隧穿的思想。它只有一种载流子参加，带间子带的发光能量及激射波长由隧穿初态和终态电子能级能量差决定。这一思想经美国贝尔实验室的长期研究，1986 年贝尔实验室的科学家 Capasso 提出隧穿电子在有源区阱内导带子带跃迁共振发光的思想，并发展为量子级联激光理论，即隧穿电子在有源区阱内导带子带间跃迁发光，并通过隧穿一级一级传递到下一个有源区量子阱。1994 年美国贝尔实验室公布发明了量子级联激光器，他们采用三阱耦合 InAlAs/InGaAs/InP 材料，用分子束外延技术成功地生长出了由约 500 层外延超薄层材料，最薄外延层厚度为 0.8nm 组成的 AlInAs/GaInAs/InP 量子级联激光材料，用该材料制备工作于 $4.3\mu m$ 波长的中红外量子级联激光器。量子级联激光器的激射波长由量子阱导带子能级激发态和基态的能量差决定，而与半导体材料的带隙无关。量子级联激光器是量子物理应用于器件结构材料设计的典范，也是原子层可控分子束外延生长技术的典范。它开创中远红外量子级联材料和量子级联激光器领域，使高效率、高可靠、高特征温度的中远红外激光器的实现成为可能。目前国际上已采用晶格匹配和应变补偿 InP 基 InGaAs/AlInAs 材料，已生长 $3.3 \sim 24.5 \mu m$ 器件质量 QC 激光器结构材料；采用 InP 基 InGaAs/AlSbAs 体系已生长 $3.0 \sim 3.3 \mu m$ 器件质量 QC 激光器结构材料；采用 InAs 基 InAs/AlSb 体系已将中红外 QC 激光器波长推至 $2.63 \mu m$ 中红外短波端；采用 MBE GaAs/AlGaAs 材料已研制出 $67 \sim 250 \mu m$ 的远红外量子级联激光器。

2.1.3 一维量子线、零维量子点半导体激光器

零维量子点半导体激光材料和量子点激光器在 20 世纪 90 年代中后期得到长足发展，已做出瓦级功率的激光器。

2.1.3.1 量子线激光器

这种微型激光器是耶鲁大学、朗讯科技公司贝尔实验室以及德国德累斯顿马克斯·普朗克物理研究所的科学家们共同研制出来的微型激光器，将使制造计算机的厂家能够在某些部件中用光器件来代替电子器件。这种微型激光器与目前所采用的激光器区别在于研究人员捕获、控制和发射激光束的方法不同。量子线激光器能够以超过量子阱激光器实际极限的功率发射激光，这可能对通信有极大好处。这些较高功率的激光器也许会减少对昂贵的中继器的要求。这些中继器需要每隔 50 英里在通信线路上安装一个，以再次产生激光脉冲，因为脉冲在光纤中传播时强度会减弱。

2.1.3.2 量子点激光器

科学家们希望用量子点方法代替量子线方法以获得更大的收获，但是研究人员已制成的量子点激光器却不尽如人意。专家预言，有朝一日数以 10 亿计的量子点可能会堆在平常传统的硅片上，这有望成为一台尖端的超级计算机，这一前景使得量子点激光器成为最热门的研究开发课题之一。

2.2 半导体激光器基础

2.2.1 态密度和量子限制效应

光跃迁就是半导体导带和价带的电子-空穴对的产生和复合过程，并以光子的形式吸收或释放能量。为了表征这一过程，必须知道在跃迁能量处可获得的载流子数量。载流子的浓度由半导体材料的态密度和费米函数决定。随着量子限制维度的增加，能态密度的分布变得越来越尖锐，尤其是一维量子线和一维量子点的能态密度分布，如图 2-1 所示。低维结构中，能态分布的上述特性意味着载流子的能量分布在更窄的范围。所以在给定的注入载流子浓度下，低维结构激光器可以获得更高的光学增益。在子能级处，量子线和量子点比量子阱有着更高的态密度，因此可以获得更大的光学增益。

2.2.2 光吸收、联合态密度、准费米能级和粒子数分布反转

吸收一个光子将伴随着一个电子从较低的能态位置激发到较高的能态位置。这个跃迁过

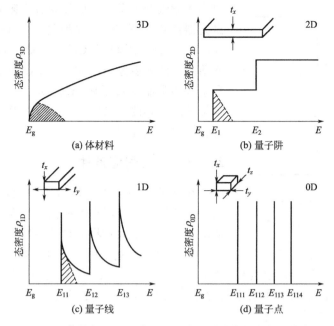

图 2-1　体材料、量子阱、量子线及量子点的态密度分布

程的产生取决于低能态被电子占据的概率和高能态不被占据的概率。因此，光吸收过程主要是从有大量电子占据的价带到几乎为空的导带之间产生。不难理解，随着光子能量由小变大并接近材料的禁带宽度，吸收系数将显著增强，形成陡峭的吸收边。当光子能量超过禁带宽度后，吸收系数依旧维持较大的数值。实际上，吸收系数正比于联合态密度。

图 2-2（a）表示体材料吸收系数与光子能量的关系。由于杂质所引起的能带填充效应，使得实际的吸收边变软。图 2-2（b）表示量子阱结构中吸收系数与光子能量的关系。由于量子阱结构的限制效应，使得量子阱和空穴形成一系列分裂的子能带，因此，吸收系数谱呈阶跃性质。

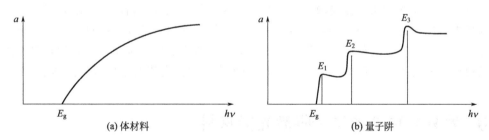

图 2-2　吸收系数与光子能量的关系

要形成粒子数分布反转，必须有大量的注入载流子，使得费米能级偏离平衡状态。随着电流的注入，将产生大量同等数量的电子和空穴。非平衡电子和空穴的浓度可分别用导带和价带的准费米能级表示。半导体激光器中载流子的注入是通过在有源层两边采用合适的掺杂层形成 p-n 结实现的。当施加正向电压时，由电子和空穴组成电流注入有源层中，在满足粒子数分布反转的同时，维持电中性。

2.2.3　载流子和光波的限制

为了以低的注入电流取得粒子数反转，同时改善光波模式，必须限制载流子和光波。为

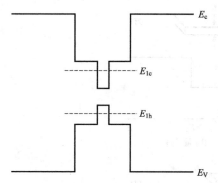

图 2-3　AlGaAs/GaAs SCH
单量子阱激光器能带结构简图

提高光学限制因子，人们发展分别限制（SCH）量子阱激光器结构。图 2-3 是典型的 $Al_{0.4}Ga_{0.6}As/Al_{0.2}Ga_{0.8}As/GaAs$ 分别限制（SCH）单量子阱激光器的能带结构简图。注入载流子限制在 GaAs 单量子阱中，对电子和空穴的限制由量子阱 $Al_{0.2}Ga_{0.8}As$ 势垒提供。GaAs 单量子阱及其两边 $Al_{0.2}Ga_{0.8}As$ 层作为波导层。光波大部分集中在波导层中。

2.2.4　激光阈值条件

在半导体中，要获得激光输出，辐射必须是相干的，并且增益至少不小于损耗。在半导体激光器中，阈值增益是一个不太容易测量的参数。因此，一般用阈值电流密度描述激光器的阈值。在双异质结激光器中，透明电流密度在阈值电流密度中占主要地位。在量子阱激光器中，形成粒子反转所需的载流子浓度略有增加，但有源层体积大大减小。因此，透明电流在阈值中所占的比重大大减小，增益的非线性效应变得十分重要，所以，增益采用非线性更为合适。

2.2.5　半导体激光器主要性能参数及其表征

对半导体激光器的要求主要是低的工作电流、高的输出功率、高电光转换效率及较佳的温度特性。因此，表征半导体激光器的主要性能参数为阈值电流（I_{th}）或阈值电流密度（J_{th}）、输出功率（P_{out}）、外量子效率（η_d）及特征温度（T_0）。

阈值电流和输出功率可以直接由测试获得。给激光器注入一定大小的脉冲或直流电流，用光功率计或经标定的探测器接收激光器输出的光信号。当注入电流较小时，激光器的输出功率随注入电流增加得很缓慢。但当注入电流达到一特征值时，输出功率 P 会突然增大，与之对应的注入电流即为阈值电流。当注入电流大于阈值以后，输出光功率随注入电流增加很快。阈值电流是衡量激光器受激难易程度的主要参数。在许多情况下，激光器的这一性能也用阈值电流密度标志。外量子效率定义为从激光器端面出射的光子数目与注入的载流子数目之比，它直接反映注入载流子转换成光子的效率。激光器的特征温度反映激光器性能（主要是阈值电流）与工作温度的依赖关系，T_0 越大说明阈值电流的温度敏感性越小。

2.3　紫外至可见光量子阱激光器材料

近年，随着光盘工业化和数字化技术的发展，大容量的光存储光盘 DVD 技术已进入市场。随着信息技术的发展，人们对海量信息存储技术的需求也迅猛增长，家用 DVD 和光盘驱动市场的需求量也是逐年增加的。然而现有的 DVD 技术已很难满足逐渐增加的高密度图像信息的存储要求。除了继续发展新的图像压缩技术以外，更重要的是发展新的高密度存储技术或在已有的 DVD 技术上提高现有的光盘存储密度。而提高光盘存储密度有多种途径，可以通过缩短激光波长来缩小记录光斑尺寸，这是一种有效获得高密度存储的途径。例如，现在市场流行的以 635～650nm 的 AlGaInP 红光激光器作为光源的 DVD，其光盘存储容量达到单面单层 4.7GB，而采用 GaN 基 405nm 的蓝光 DVD，其光盘的存储容量可达到单面

纳米半导体材料与器件

单层27GB，单面双层50GB。因此，光源短波化是实现高精细DVD的关键，短波长LD取代红外光等激光器作为DVD激光头的光源是必然趋势。GaN基激光器除了可用于信息的高密度存储外，还在激光打印、投影显示、水下通信、医疗诊断和生物技术等领域有广泛的应用。

为了获得蓝光和绿光激光器，人们试验了不同的材料。美国3M公司首先在Ⅱ-Ⅵ化合物上取得突破，实现蓝光激射。虽然人们对Ⅱ-Ⅵ化合物寄予了极大的希望，但进展一直较为缓慢。至1998年，日本索尼公司报道获得500h寿命的Ⅱ-Ⅵ族蓝光激光器。1993年，日本日亚化学工业公司成功地研制了GaN基发光二极管，并很快将其商业化。1995年底，该公司又研制出GaN基紫蓝色激光器，在全世界掀起了一股"蓝光热"。1999年，日亚公司宣布实现商品化的GaN蓝光激光器，寿命达到10000h。索尼和Cree等公司也相继实现商品化的产品。

2.3.1 GaN基激光器材料与器件

2.3.1.1 GaN基材料的基本性能

（Al、Ga、In）N基材料的禁带宽度可以从1.9eV（InN）、3.4eV（GaN）到6.2eV（AlN）。Ⅲ-N材料的能带结构为直接带隙。因此，Ⅲ-N材料的发光波段可以覆盖整个可见光波段。Ⅲ-N材料具有一些优异的物理性质，包括低的介电常数和高的热导率。Ⅲ-N材料也具有较高的键合能和很高的熔化温度。大的键合能可以有效地阻止位错移动，从而可以获得比其他Ⅱ-Ⅵ族和Ⅲ-Ⅴ族材料更为稳定的材料与器件性能。除了光学性质和结构外，电子的输运性质也是衡量材料性能的重要参数。迄今为止，非掺GaN材料的最高迁移率为$900cm^2/(V \cdot s)$。GaN/AlGaN异质结构二维电子气的迁移率最高已达$5000cm^2/(V \cdot s)$，表明异质结构具有陡峭的界面。

2.3.1.2 GaN基材料的外延生长

目前在国际上GaN生长基本是采用异质外延制备，在蓝宝石衬底上外延GaN材料，是制作光电子器件的通用办法，并且正在逐步产业化。目前国际上采用金属有机气相外延（MOCVD）、分子束外延技术（MBE）和卤化物气相外延（HVPE）这三种技术来制备GaN外延层。其中MOCVD法技术层次高，生长的外延层平整性好、纯度高、外延层薄、量产能力大，目前为止所有Ⅲ-N激光器都是采用MOCVD方法研制成功，因此本文重点介绍MOCVD外延生长技术。

(1) GaN MOCVD设备的概述 根据GaN材料的特点，用来外延生长GaN的MOCVD设备与其他材料（GaAs和InP等）的外延设备有很大不同，最大的区别是GaN的生长温度高达1050℃，而其他材料的生长温度大约在800℃。

国际上MOCVD设备制造商主要有德国的AIXTRON公司、美国的EMCORE公司（Veeco），法国的Riber公司和英国的Thomas Swan公司（AIXTRON收购）。但国际上这些设备商也只是1994年以后才开始生产适合GaN的MOCVD设备。这些公司生产的MOCVD系统的气体输运和控制系统大同小异，主要区别在于反应器结构和气体混合注入方式。目前生产GaN中最大MOCVD设备一次生长24片（AIXTRON公司产品）。国际上对GaN研究的最成功的单位是日本Nichia公司和丰田合成，恰恰这些公司不出售GaN生产的MOCVD设备。这些公司生产的MOCVD系统的气体输运和控制系统大同小异，主要区别在于反应器结构和气体混合注入方式。

如图2-4所示，整个MOCVD系统一般包括气体输运系统、反应器、真空系统、尾气处理系统和控制系统等部分。另外，根据装片方式的不同，还包括预备室、手套箱、负载锁等。

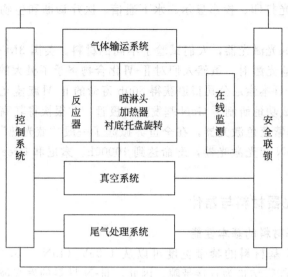

图 2-4　GaN MOCVD 设备系统组成

以下简单介绍几个代表性公司研发的 GaN MOCVD 设备。

① 德国 Axitron 集团　德国 Axitron 集团是最早开始 MOCVD 设备研发和生产的国际主流供应商，其优势在于大批量生产，以其专利"行星式双注入反应器（Planetary Reactor）"为代表，源气体从反应腔顶喷嘴底部和侧面分别注入，通过大量高速载气推动被均匀散布在石墨盘上方。大石墨盘上有若干卫星盘，卫星盘采用飞利浦气体推进专利技术进行自转运动，大石墨盘通过电机带动进行公转，使气体充分混合，提高外延生长的均匀性，石墨盘自转速度通常为每分钟 10 转以下。加热方式采用射频加热，通过石墨盘吸收射频能量而升温，反应腔顶部通过石英板进行气冷热隔离，减少附加反应。Aixtron 这种反应腔结构石墨盘结构复杂，石墨件和石英件更换频繁，维护费用高，其优点是气体源利用率高，片与片之间均匀性好。之后又吸收 Tomas Swan 立式生长与 CCS 反应器的优点，使其成为优质外延片生产规模最大的设备。目前拥有的 GaN MOCVD 设备主流型号有：AIX2400G3 HT，AIX2600G3 HT，以及 2007 年面市的最新型 AIX2800G4 HT。

② 美国 Veeco 公司　Veeco 公司是美国生产半导体集成电路生产制造设备的大公司之一，其外延设备以 MBE 见长，其 MOCVD 业务是 2003 年从美国 EMCORE 公司接转过来的，其 MOCVD 系统以专利技术"TurboDisc"而著称。1992 年开始开发 GaN MOCVD 设备，1995 年发布其商用 GaN 生长系统。Veeco 公司采用垂直反应腔结构，反应气体在反应腔顶部高速注入，通过大流量的气体注入和石墨盘的高速旋转进行混合。反应腔顶部距离石墨盘较远，气体利用率较低，石墨盘旋转速度达到每分钟上千转，机械传动复杂。其反应腔加热方式也采用电炉丝加热，与 Thomas Swan 加热方式类似。石墨盘高速旋转，会带来加热均匀性和甩片等问题。其 GaN MOCVD 设备分为实验室用和大批量生产设备两种。目前主要 GaN MOCVD 设备有 D180 GaN、E300 GaNzilla。通过购买 Emcore 公司 MOCVD 生产制造部门，Veeco 成为世界上少数能够同时生产工业用 MBE 和 MOCVD 设备的厂家之一。Veeco MOCVD 系统采用专利目前 Veeco 的主流机型是 21 片机，最新产品为 2007 年推出的 K465 系列设备，产量可达每批 45 片。

　纳米半导体材料与器件

③ 日本 Nichia 公司　日本 Nichia 公司是 MOCVD 设备研制及材料和器件开发的先驱，其代表性的双/多束气流（TF）反应器加上衬底旋转加热、侧向外延生长技术等，可以生长晶体质量非常高的外延材料，使其生长的 LED 和 LD 材料和器件处于世界领先水平。世界上首次实现蓝光激光器激射的氮化镓基材料就是由 Nichia 自制的双气流注入 MOCVD 系生长出来的。它的特点是一路或多路反应气体源以水平方式注入反应腔，另有一路大流量氢气或氮气垂直注入，将水平注入的反应气体压向外延生长表面，同时又通过石墨盘的旋转来进一步混合反应气体，提高外延生长的均匀性。日本 Nichia 公司的 MOCVD 系统为单片型，且因为专利保护和技术保密目的，这种 MOCVD 并没有实现大规模的生产和销售，仅限于其国内实验室使用（日本国内有 100 多台单片设备，如 Toyoda Gosei 等），国际市场上鲜见其商用批量生产设备。

(2) MOCVD 技术生长 GaN 的基本原理与特点　MOCVD 是一项制备化合物半导体薄片晶体的新技术，最早由美国洛克威尔公司的 Manasevit 等于 1968 年提出，该技术采用Ⅲ、Ⅱ族元素的金属有机化合物及Ⅴ族、Ⅵ族元素的氢化物等作为生长晶体的源材料，以热分解反应在衬底上进行气相沉积，生成Ⅲ-Ⅴ族、Ⅱ-Ⅵ族化合物半导体及其多元固溶体的薄层单晶。

MOCVD 技术制备 GaN 过程中，三甲基镓作为 MO 源，NH_3 作为 N 源并以 H_2 和 N_2 或者这种两种气体的混合气体为载气，将反应物载入反应腔并在一定温度下发生反应，生成相应薄膜材料的分子团，在衬底表面上吸附、成核、生长，最后形成所需的外延层。衬底通常为蓝宝石或 SiC，衬底温度通常为 $600 \sim 1100\,^{\circ}\mathrm{C}$。

Ga MOCVD 过程涉及一系列化学反应。MO 源（三甲基镓）流入反应室后，发生分解、聚合等 6 种气相反应：三甲基镓受热后依次分解为二甲基镓和一甲基镓；在室温下反应物三甲基镓和氨气即可生成白色晶体状加合物 $(CH_3)_3Ga:NH_3$；加合物 $(CH_3)_3Ga:NH_3$ 在高温下不稳定，分解为气相热稳定的加合物 $(CH_3)_2Ga:NH_2$ 和 CH_4；三个气相热稳定的加合物 $(CH_3)_2Ga:NH_2$ 分子可以聚合成一个三分子聚合物 $[(CH_3)_2Ga:NH_2]_3$。在高温下这些反应生成物分解成 Ga 原子与 N 原子，通过扩散在衬底表面生成 GaN 单晶，如果其中掺入其他 MO 源（TMAl 或 TMIn），则可能形成 AlGaN 或 InGaN 等三元化合物；而掺入含 Si 或含 Mg 化合物则可以改变其导电类型（n 型或 p 型）。

MOCVD 法的气相生长为 GaN 晶体生长技术带来了质的飞跃。由于利用 MOCVD 技术制备薄膜的生长速度比 MBE 技术快，因而采用 MOCVD 技术更有利于批量生长，因此，经过 20 世纪 70～80 年代的发展，到 90 年代它已经成为 GaAs、InP、GaN 等光电子材料的核心生长技术，特别是制备发光二极管和激光器用 GaN 材料的主流技术。迄今为止，从 GaN 外延层质量和相应器件的性能、生产成本等方面来看，还没有其他方法能与之相比。

(3) MOCVD 异质外延 GaN 材料的工艺技术进展

① 衬底材料选择　作为实现半导体激光器的前提条件，材料生长学以及相关技术的研究与开发极其重要。在目前的技术水平下，获得一定尺寸和厚度的实用化的 GaN 体单晶十分困难，并且价格昂贵。因此，寻找和选择最适合的 GaN 的衬底材料一直是国际研究的热点之一。如果没有合适的晶格匹配的衬底，就难以得到高质量的外延生长。为此，人们对各种各样衬底及在其上进行晶体生长的技术进行系统研究和开发。无论是在哪种衬底上生长 GaN 外延层，进行异质外延时不可避免的晶格失配和热失配所产生的应力会诱生大量位错及微缺陷，位错密度高达 $10^8 \sim 10^{10}\,\mathrm{cm}^{-2}$。国际上常使用蓝宝石、SiC、Si 作为衬底材料，在蓝宝石衬底上外延 GaN 材料，是目前制作蓝光器件的通用办法，并且已产业化。另外，

王占国院士提出的柔性衬底概念，开拓大失配材料体系研制的新方向。柔性衬底技术也可大大提高外延层的质量。柔性衬底技术作为一种降低应力的技术，正越来越得到人们的重视。

② 异质外延生长工艺技术 改进异质外延的核心是如何解决在制备 GaN 过程中产生的应力问题。迄今为止，提出并实施缓冲层技术、过渡层技术、插入层技术和复合缓冲层技术、横向外延技术，特别是无掩膜横向外延，包括"悬挂"外延等，有效降低 GaN 外延层中的位错密度。过渡层技术通过在 AlN 缓冲层和 GaN 外延层之间插入过渡层的方法，控制 GaN 外延层的生长模式，进而提高 GaN 外延层的晶体质量，主要包括 Si_xN_y、高压 GaN、高组分 AlGaN 等。插入层技术中，预应变插入层的水平晶格参数小于后续生长的外延层，使后续生长的外延层处于压应变状态，以抵消张应力。常见的预应变插入层技术包括 AlN 插入层、AlGaN 组分渐变插入层、AlN/GaN 超晶格等。外延侧向过生长（ELOG）是在蓝宝石衬底上生长低位错外延层而导致蓝光激光器取得重大突破的关键技术。其技术要点是在蓝宝石衬底上形成局部 SiO_2 薄膜，通过 MOCVD 外延生长，在无掩膜的垂直生长区，位错密度为 $10^8 \sim 10^9\,cm^{-2}$；而在掩膜上的横向生长区却是低位错的，一般认为，ELOG 的平均位错密度为 $1 \times 10^6\,cm^{-2}$。

2.3.1.3 GaN 基激光器

日本 Nichia 公司的成功以及 GaN 基激光器的巨大市场潜力使许多大公司、高校和科研机构纷纷加入到开发 Ⅲ 族氮化物蓝紫光 LD 的行列之中，并陆续有几家公司、高校和科研机构成功地实现 GaN 基激光器的室温激射，比如 Cree、UCSB、Fujitsu、Sony、NEC、Matsushita、Xerox 等。

GaN 基激光器的突破性进展是由 Nichia 化学公司的 Nakamura 小组率先完成的，并且在最初的几年里 Nichia 公司的 GaN 基激光器研究一直遥遥领先。1995 年底 Nakamura 小组首次实现室温下电注入 GaN 基蓝光激光器脉冲工作，它是世界上第一支电注入 GaN 基激光器。该激光器结构采用双气流 MOCVD 常压下生长，衬底用蓝宝石的（0001）面。其具体结构由以下部分组成：30nm 厚的低温 GaN 缓冲层；3μm 厚的 n 型 GaN 接触层；0.1μm 厚的 n 型 $In_{0.1}Ga_{0.9}N$ 作为 n 型限制层的应力释放层；0.4μm 厚的 n 型 $Al_{0.15}Ga_{0.85}N$ 光限制层；0.1μm 厚的 n 型 GaN 层波导层；26 周期的 $In_{0.2}Ga_{0.8}N/In_{0.05}Ga_{0.95}N$ 多量子阱（MQWs）有源区，其中 $In_{0.2}Ga_{0.8}N$ 阱层的厚度为 2.5nm，$In_{0.05}Ga_{0.95}N$ 垒层的厚度为 5.0nm；20nm 厚的 p 型 $Al_{0.2}Ga_{0.8}N$ 电子阻挡层；0.1μm 厚的 p 型 GaN 层波导层；0.4μm 厚的 p 型 $Al_{0.15}Ga_{0.85}N$ 光限制层以及 0.5μm 厚的 p 型 GaN 接触层。该激光器为条形边发射结构，其腔的尺寸为：30μm×1500μm，能实现脉冲激射。激射波长为 417nm，阈值电流密度 4kA/cm^2，电压为 34V，光功率为 215mW，量子效率为 13%，发光峰半高宽为 1.6nm。该激光器有明显不足之处：量子阱数过多，导致波导厚度达 400nm，其光场分布会出现高阶模；条宽也较宽，侧向多模也不可避免。

1997 年 9 月，Nakamura 采用两项技术改进上述激光器以防止 AlGaN 层中产生裂纹和降低激光器的工作电压：第一是将侧向外延技术（ELOG）引入 InGaN 多量子阱激光器中，第二是限制层用调制掺杂应变超晶格（$Al_{0.14}Ga_{0.86}N$/GaNMD-SLS）代替厚的 AlGaN 层。LD 采用双气流 MOCVD，首先在蓝宝石（0001）面上生长 2μm 的 GaN，然后沉积 0.1μm 厚的二氧化硅作掩膜，再沿 GaN 的 [1-100] 方向刻出 4μm 的窗口区（周期为 11μm）；接着继续生长 10μm 厚的 GaN，得到 ELOG 衬底。LD 性能有显著改善，阈值电流密度下降为 4kA/cm^2，阈值电压降为 3V 左右，激光器的寿命超过 1150h。随后在 ELOG 衬底上调整结构位置，避开 SiO_2 掩模上方外延形成的微裂缺陷，使得 LD 性能再度改善，寿命可达 10000h，但其寿命测量都是在低的输出功率（2～3mW）下测量的。

1999 年 10 月，Nakamura 在日本宣布 GaN 激光器实现商品化。其特性为：输出功率为 5mW，发射波长 400nm，工作电流 40mA，工作电压 5V，寿命在室温下已达到 10000h，成为 GaN 发展的一个里程碑。2001 年，Nichia 公司在蓝宝石衬底上采用 ELOG 技术生长 15μm 的 GaN 后，采用 HVPE 技术生长 200μm 的 GaN，然后把衬底和一部分 GaN 外延片除去，获得 150um 左右的 GaN 的衬底。在这个衬底上采用 ELOG 技术，制作出的激光器在大功率 30mW 的输出下，寿命达到 15000h。在 GaN 的衬底上采用 ELOG 技术获得的激光器输出功率最大可达 150mW。

2001 年 Nakamura 在前面研究的基础上又成功制备蓝光 GaN 基激光器。他采用 ELOG 技术生长 ELOG-GaN 衬底，并将量子阱的阱层中 InGaN 的 In 含量调到 0.3，并且进一步优化量子阱数，此结构的 GaN 基激光器激射波长为 450nm，阈值电流密度为 $4.6kA/cm^2$，电压为 6.1V，室温 5mW 输出功率时寿命为 200h。由于高 In 组分的 InGaN 难以生长，当蓝光 InGaN 基激光器的量子阱中 In 含量增加时，InGaN 晶体质量就会变差，还发现激射波长为 435nm 时，单量子阱比多量子阱具有更低的阈值电流密度。Nakamura 的同事 Nagahama 通过 ELOG 技术进一步改善 GaN 的质量，降低阈值电流密度，增加蓝光激光器件的寿命。Nagahama 还研制了四元合金 $Al_x In_y Ga_{(1-x-y)}N$ 的激光器，采用了四元合金 $Al_x In_y Ga_{(1-x-y)}N$ 作 LD 量子阱的阱层材料，通过调节 Al 和 In 的组分改变激射波长。发现随着 Al 组分增加，In 组分减少时激光器的阈值电流密度增加，获得在脉冲电注入情况下最短波长 366.4nm 的 $Al_x In_y Ga_{(1-x-y)}N$ 的激光器。

2001 年，美国 Xerox 公司的 W. S. Wong 等用两步激光搬走技术（LLO）将 InGaN 多量子阱激光器从 Sapphire 衬底转到 Cu 衬底上，采用这种方法实现垂直电极的结构，并且容易获得解理的腔面，获得较低的阈值电流 87mA 和高于 100mW 的输出功率，成功实现键合到 Cu 衬底上的激光器的高温连续激射。此外，夏普公司采用离子注入手段也获得室温连续激射的激光器。而 UCSB 的研究小组则利用键合技术制作出 GaN 的垂直腔面发射激光器。

2002 年，Cree 公司宣布在 SiC 衬底上获得室温下工作寿命超过 10000h 的激光器，其波长为 405nm，输出功率为 3mW。

2003 年，索尼公司用 GaN 作为衬底，制作脊形宽度为 10μm 的激光器，室温连续激射，获得 0.94W 的输出功率，而由 11 支该激光器组成的激光器阵列的输出功率更是达到 6.1W。至此，索尼公司宣布正式销售公司研制的世界第一款蓝色激光 DVD 刻录机，激射波长为 405nm 的 InGaN/GaN 紫外激光器，信息存储量高达 23GB。

2005 年，中国科学院半导体研究所在我国内地首次研制成功室温连续工作的氮化镓基激光器。GaN 外延膜和激光器结构是用金属有机化合物气相外延（MOCVD）设备生长。以 (0001) 面蓝宝石为衬底，用金属有机物化学气相外延方法生长如图 2-5 所示结构的激光器外延片。首先，550℃生长低温 GaN 缓冲层；4μm GaN：Si n 型欧姆接触层；0.7μm 掺 Si 的 $Al_{0.2}Ga_{0.8}N$/GaN 短周期超晶格光场限制层；0.1μm GaN：Si n 型波导层；5 个周期的 $In_{0.15}Ga_{0.85}$/$In_{0.02}Ga_{0.98}N$ 多量子阱，其中势阱层厚 3nm，势垒层厚 8nm；20nm $Al_{0.2}Ga_{0.8}N$ 电子阻挡层；0.1μm GaN：Mg P 型波导层；0.6μm 掺 Mg 的 $Al_{0.2}Ga_{0.8}N$/GaN 短周期超晶格光场限制层；最后，生长 0.2μm GaN：Mg 的 P 型欧姆接触层。脊形结构是用反应离子刻蚀（RIE）形成的，激光器腔面是沿 GaN 外延膜的 [11-20] 面解理形成的。解理前先将蓝宝石衬底减薄到约 $80\mu m$，然后在衬底的背面，沿蓝宝石的 [10-10] 方向，在激光器的解理位置划片。激光器脊形面积为 $2.5\mu m\times800\mu m$。在 p 型 GaN 层上蒸 Ni/Au，n 型 GaN 层上蒸 Ti/Al 以形成欧姆接触。该激光器条宽和条长分别为 $2.5\mu m$ 和 $800\mu m$，测试激光器在室温下的直流电学和光学特性，激光波长 410nm，阈值电流 110mA，阈值电流密度 $5.5kA/cm^2$。在 150mA 工作电流时，激光器的输出功率 9.6mW，为研制实用化的激光器打下坚实基础。

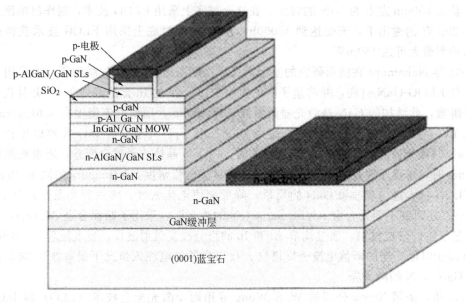

图 2-5　GaN 激光器示意

2008 年，厦门大学在我国内地首次实现了室温光泵条件下 GaN 基垂直腔面发射激光器的受激发射。首先采用金属有机物化学气相沉积（MOCVD）技术在蓝宝石衬底上进行高质量氮化物增益区的外延生长，然后在表面沉积高反射介质膜分布布拉格反射镜（DBR），将样品键合到其他支撑片上后，采用激光剥离技术将蓝宝石衬底去除，再在去除蓝宝石后露出的氮化物表面沉积第二组介质膜 DBR 制成 VCSEL。在室温光泵条件下，观察到 VCSEL 的激射（如图 2-6 所示），激射波长 449.5nm，阈值 $6.5mJ/cm^2$，激射峰的半高宽小于 0.1nm。

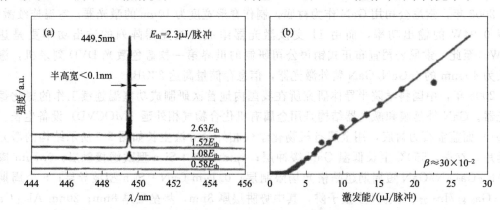

图 2-6　（a）在不同激发光强度下的 VCSEL 发射光谱激射峰的半高宽小于 0.1nm；
（b）激射峰强度随激发光能量的变化
（点代表测量结果，实线代表拟合结果）

2.3.2　AlGaInP 红光激光器材料与器件

激光波长在 660nm 波段的 AlGaInP/GaAs 激光器是最先取得突破的可见光激光器。1985 年，AlGaInP 激光器已能在室温下连续工作，目前已经商用化。

采用金属有机气相外延和分子束外延都成功地研制出量子阱 AlGaInP 激光器，其光学限制采用阶跃折射率分别限制异质结构（SCH）或渐变折射率分别限制异质结构（GRIN-SCH）。在给定限制层与波导层组分差的情况下，最佳的 SCH 层厚度是使光学限制因子 Γ 达到最大。举一个简单例子：10nm $Ga_{0.5}In_{0.5}P$ 单量子阱为有源层，$(Al_{0.6}Ga_{0.4})_{0.5}In_{0.5}P$ 为势垒层，$Al_{0.5}In_{0.5}P$ 为限制层，对于阶跃折射率 SCH 结构，最佳的 SCH 结构厚度为 170nm；而对于渐变折射率结构，相应最佳厚度约为 300nm。数值模拟结果显示，对阶跃折射率 SCH 结构，光学限制因子略高一些，但渐变折射率 SCH 结构降低限制层中的态密度。

低阈值电流是量子阱（QW）激光器追求的主要目标之一。低阈值 AlGaInP 激光器可以采用单量子阱结构获得。比较 $(Al_xGa_{1-x})_{0.5}In_{0.5}P$（$0.2 \leqslant x \leqslant 0.6$）渐变折射率 SCH SQW 结构和 $GaInP/(Al_{0.6}Ga_{0.4})_{0.5}In_{0.5}P$ 双异质结激光器可以发现，SQW 激光器的室温脉冲阈值电流密度为 $J_{th} = 1.15kA/cm^2$（200ns 脉冲，1kHz 频率）；而 DH 结构激光器 $J_{th} = 2.6kA/cm^2$，显示量子阱结构有源层的优越性。而 SQW 激光器的量子效率为 30%。目前，$Ga_{0.5}In_{0.5}P/AlGaInPQW$ 激光器 J_{th} 最低已达到 $250A/cm^2$，而采用应变量子阱结构，J_{th} 电流可以进一步降低。

2.4　近红外波段量子阱激光器材料

目前，感兴趣的近红外波段激光器主要为 808nm AlGaAs/GaAs 和 GaInP（As）/GaAs 激光器、980nm GaInAs/GaAs 激光器和 1.3～1.55μm InP 基长波长激光器。808nm 波段激光器主要用于泵浦大功率固态激光器，1.3～1.55μm 激光器是高速大容量光纤通信的光源，而 980nm 波段激光器主要作为光纤放大器的泵浦源。

2.4.1　短波长 AlGaAs/GaAs 激光器材料

在 GaAs 衬底上生长的异质结量子阱结构是研究得最为深入和广泛的 Ⅲ-Ⅴ 化合物材料体系。GaAs 与 AlAs 有几乎相同的晶格常数（两者相差小于 0.14%）。高质量、大直径的 GaAs 衬底为发展 $Al_xGa_{1-x}As/GaAs$ 异质结材料体系提供基础。对于激光器有源区材料，不仅要求它是直接带隙材料，并且要求直接带隙能量与任何间隙能量有较大差异（约 100meV）。因此，$Al_xGa_{1-x}As/GaAs$ 体系的发射波长主要在 808nm 附近。

最早的室温连续工作双异质结激光器是由液相外延 $Al_xGa_{1-x}As/GaAs$ 研制而成。但是液相外延技术难于生长超薄层量子阱材料。因此，分子束外延（MBE）和金属有机化学气相沉积（MOCVD）技术成为发展量子阱激光器的首选。第一只注入型 $Al_xGa_{1-x}As/GaAs$ 量子阱激光器是 1978 年报道的。1980 年，成功研制分别限制量子阱激光器，随后又研制组分渐变势垒层的量子阱激光器，使 AlGaAs/GaAs SCH 激光器达到很低的阈值电流密度（小于 $250A/cm^2$）。目前，绝大多数量子阱激光器均采用分别限制的组分渐变量子阱结构作为有源区。目前 808nm AlGaAs/GaAs 大功率激光器阵列已商品化。但在大电流注入和高温工作下，由于含 Al，导致激光器严重退化。20 世纪 80 年代末国际上开始采用应变补偿 In-GaAsP 结构，做成 808nm 的长寿命无 Al 大功率激光器，并商品化。

2.4.2　长波长 InP 基激光器材料

近红外长波长（$1.3 \sim 1.55 \mu m$）激光器是光纤通信系统中十分关键的元件，因为在 $1.3 \mu m$ 波长石英光纤的色散最小，在 $1.55 \mu m$ 波长损耗最低。20 世纪 70 年代兴起的光纤通信革命成为化合物半导体光电子器件发展的原动力，尤其是波段符合光纤传输特性的光电子器件。尽管 AlGaAs/GaAs 体系早已发展得相当成熟，但由于发射波长的限制，该体系并非光通信系统的最佳选择。因此，人们将目光集中到 InP 基材料体系上。与 InP 衬底晶格匹配的 InGaAs、InGaAsP、AlGaInAs 合金材料的禁带宽度正好覆盖 $1.3 \mu m$ 和 $1.55 \mu m$ 这两个重要光纤通信窗口。

在材料生长方面，由于传统的固态源分子束外延技术难以生长含 P 化合物，因此，Ga-InAsP 四元合金的生长主要采用 MOCVD 技术，以及在 20 世纪 80 年代发展起来的气态源分子束外延技术（GSMBE）和化学束外延技术（CBE）。GSMBE 和 CBE 技术均用高温裂解 AsH₃ 和 PH₃ 来获得 V 族源。GSMBE 采用传统的固态 III 族源，而 CBE 采用金属有机源来获得 III 族元素。这两种改进的分子束外延技术既保持分子束外延高真空的特点，又解决含 P 化合物生长的难题，为 InP 基含磷化合物材料的生长开辟新的途径。

InP 基长波长激光器主要用在高速大容量光纤通信中。为了尽量减小光波在传输过程中的色散，要求激光器实现窄谱线单纵模工作，为了使激光器与光纤有最大的耦合效率，希望激光的模式为基横模（TE₀₀）。由于 InP 基材料比 GaAs 具有较小的增益和微分增益，该体系激光器具有较高的阈值电流和较小的调制带宽。尽管如此，InP 基激光器的阈值电流已降至 1mA，30GHz 的调制带宽也已获得。该材料体系激光器的另一缺陷是特征温度较小，T_0 约为 60K $[I_{th}(T) = I_{th}(0)^{T/T_0}]$。因此，激光器的性能对温度的依赖性较大，使用中常常需要带热电制冷器工作，非常不便。引起 T_0 值小的因素主要有：①$\Delta E_c : \Delta E_v$ 值小，对电子的限制作用弱；②俄歇复合；③价带间吸收。为了提高激光器性能，人们发展了新的材料体系。与 InP 衬底不匹配的 InAsP/InGaAsP 应变及应变补偿结构是很有前途的 $1.3 \mu m$ 激光器材料，它们的 $\Delta E_c : \Delta E_v$ 值约为 70 : 30。自 1992 年报道第一只 InAsP/InP 应变量子阱激光器以来，InAsP 体系 $1.3 \mu m$ 激光器的 T_0 已经达到 $72 \sim 80K$。

2.4.3　980nm InGaAs/GaAs 应变量子阱激光器材料

发展波长处于 AlGaAs/GaAs 近红外短波长量子阱激光器和 InP 基长波长量子阱激光器之间（$0.9 \sim 1.1 \mu m$）的激光材料，是因为该波段激光器是掺 Er^{3+} 光纤放大器（EDFA）的有效泵浦源。EDFA 在 980nm 波段有高效的泵浦跃迁，对 $1.55 \mu m$ 波段有很高的增益。所以，980nm 波段激光器成为 EDFA 的首选。

在 980nm 波段激光器中，AlGaAs/GaAs/InGaAs 发展较早，并取得较好成果，阈值电流密度小于 $100A/cm^2$，内量子效率大于 90%。作为 EDFA 的泵浦源，要求激光器有较大的输出功率。与 808nm 波段 AlGaAs/GaAs 激光器一样，Al 的存在会导致激光器在大功率应用中性能退化、寿命缩短。因此，用无 Al 的 GaInAsP-GaAs-InGaAs 体系替代 AlGaAs 体系是发展的重要方向。目前，无 Al 980nm 波段宽波导激光器的 CW 输出功率可以达到 8W；InGaAs/AlGaAs 激光器阵列的 CW 输出功率达到 9.5W。

2.5 2～3μm中红外波段量子阱激光器材料

2～3μm中红外波段是十分重要的大气窗口。该波段激光在痕量气体探测、大气污染监控、化学传感、高分辨分子光谱及医学等方面有重要应用价值。在实际系统测试和应用中，为降低仪器成本及便于携带，十分希望该波段激光器在室温或接近室温条件下工作。由于材料生长难度大和器件工艺不成熟，这一波段半导体激光器的进展滞后于近红外波段激光器，很长一段时间内只能在低温下获得该波段的激光。GaInAsSb/AlGaAsSb/GaSb 量子阱结构材料是 2～3μm 波段激光器的优选材料。此外，随着应变量子阱概念的提出及超薄应变层材料生长技术的提高，人们也尝试在 InP 衬底上生长 InGaAs/InGaAsP 应变量子阱结构，研制 2μm 波长的激光器。

2.5.1 GaInAsSb/AlGaAsSb 量子阱激光器材料

GaInAsSb 四元合金的带隙波长可覆盖 2～4μm 中红外波段。1986 年，贝尔实验室首次用 MBE 方法生长出了带隙波长为 2.1μm 的，并成功地研制出 GaInAsSb/AlGaAsSb 双异质结激光器。1992 年，美国林肯实验室用 MBE 方法研制出了 2.1μm InGaAsSb/AlGaAsSb 多量子阱激光器，其阈值电流密度仅为 260A/cm²，微分量子效率达 70%，之后又进一步将电流密度降低到 143A/cm²，连续波输出功率达 1.3W。近几年来，分子束外延 GaInAsSb/AlGaAsSb 量子阱激光器一直处于飞快的发展中。发射波长已推至 2.78μm，室温下阈值电流密度已降至 50A/cm²，内量子效率达 95%。

2.5.2 InGaAs/InGaAsP 应变量子阱激光器材料

用分子束外延技术生长 GaInAsSb/AlGaAsSb 量子阱结构研制 2～3μm 波段激光器无疑是非常成功的，但 GaSb 基有它固有的弱点，如 GaSb 基化合物尚无理想的腐蚀液体、具有较低的热导率和热分解温度。从 20 世纪 90 年代开始，人们尝试用 InGaAs/InGaAsP/InP 应变体系研制 2μm 波段激光器。InP 衬底比 GaSb 衬底具有更优良的热导特性，同时 InP 基体系的材料生长和器件工艺也较为成熟，使得用该体系材料制作 2μm 波段激光器很具吸引力，尤其是可以制作具有横向限制效应的器件（如隐埋异质结构）及进行外延再生长（如 DFB 激光器）。1992 年报道第一只 InGaAs 应变量子阱结构 2μm 激光器。5μm 条宽、800μm 腔长激光器的阈值电流密度为 2.5kA/cm²（10℃）。1993 年，阈值电流密度便降至 380A/cm²。对于 2～3μm 波段激光器，实际应用要求器件单纵模工作及有高的输出功率。因此，近年来人们对分布反馈（DFB）2μm 波段 InGaAs 应变量子阱激光器给予很大关注。目前，波长 2.05μm 的 DFB 激光器已经实现，边模抑制比达到 32dB，连续波输出功率达到 10.5mW。

2.6 中远红外量子级联激光器材料

2.6.1 量子级联激光器的发展现状与趋势

随着信息科学技术的进步和发展需求，要求提供工作于 5～14μm 中远红外波段的半导体激光器材料和激光器，但自然界缺少中远红外波段的理想的半导体激光材料。于是，人们企图突破半导体激光器传统的激射机理，提出新的概念，以期开拓 $5 \sim 14 \mu m$ 中远红外波段半导体激光材料。1986 年贝尔实验室的科学家 Capasso 提出了隧穿电子在有源区阱内导带子带跃迁共振发光的思想，并发展为量子级联激光理论，即隧穿电子在有源区阱内导带子带间跃迁发光，并通过隧穿一级一级传递到下一个有源区量子阱。1994 年美国贝尔实验室公布发明量子级联激光器，他们采用三阱耦合 InAlAs/InGaAs/InP 材料，用分子束外延技术成功地生长出由约 500 层外延超薄层材料，最薄外延层厚度为 0.8nm 组成的 AlInAs/GaIn-As/InP 量子级联激光材料；用该材料制备工作于 $4.3 \mu m$ 波长的中红外量子级联激光器。量子级联激光器开创了中远红外量子级联材料和量子级联激光器领域，使高效率、高可靠、高特征温度的中远红外激光器实现成为可能。量子级联激光器的出现开创利用宽带隙材料研制中、远红外半导体激光器的先河，成为中、远红外半导体激光器发展史上的新的里程碑。以量子级联激光器为代表的新型量子阱、超晶格子带/微带激光器，以其优越的性能及其在材料选取、器件设计等方面前所未有的自由度，为新一代中、远红外半导体激光器的研制注入新的活力，展示诱人的发展前景。

2.6.1.1 量子级联激光器的特点

与 1962 年发明的 p-n 结双极型半导体激光器相比较，1994 年发明的单极型 QC 激光器具有下述特点。

① 受激辐射实现光放大激射理论　QC 激光器是基于电子在导带子能级间跃迁和共振声子辅助隧穿实现光激射，受激辐射过程只有电子参加而没有空穴参加，是单极型半导体激光器。其激射波长由有源区阱层和垒层的厚度决定而与材料带隙无关，理论预测可覆盖几个微米至 $250 \mu m$ 以上很宽的波长范围，从根本上解决自然界缺少带隙位于中远红外波段理想的半导体激光材料所导致的中远红外半导体激光领域研究长期处于停滞不前的状态，是半导体激光理论的革命里程碑发展。

② 在光放大机制上　QC 激光器的级联效应允许一个电子产生多个光子，其光子数目等于 QC 激光器的级数，由此提高量子效率，并成为目前唯一实现瓦级大功率室温脉冲，室温连续工作的多模中红外半导体激光器，功率比商用注入型铅盐激光器高 $3 \sim 4$ 个数量级。由于 QC 激光器的受激辐射机制是光学声子发射而不是俄歇复合效应，因此具有高特征温度 T_0 和高工作温度特点。

③ 宽调谐、高增益特性　量子级联分布反馈激光器（QC-DFBL）是第一个实现室温脉冲运转、室温连续运转的单模中红外半导体激光器，其温度波长调谐范围宽达 150nm，其边模抑制比达 30dB。QC-DFBL 是目前唯一适用于宽光谱范围连续单模调谐的中红外半导体激光器，是高分辨吸收光谱十分重要和首选的理想光源。而通过带间辐射复合实现粒子数反转的传统 p-n 结激光器，增益谱很宽。

④ 既然 QC 激光器的受激发射过程是发生在导带（或价带）的子带间，弛豫时间远比带间复合寿命短，因此它是一种超高速响应的激光器。

⑤ 材料体系选择自由度大　这种子带间的受激发射与所用材料的带隙结构的类别（直接或间接带隙）无直接关系，因此在制备材料的选取方面具有更大的自由度。QC 激光器用同一种材料体系如 InGaAs/InAlAs/InP，AlGaAs/GaAs，只需改变有源区阱层和垒层的厚度就可覆盖很宽的光谱范围，而不像传统的半导体 p-n 结激光二极管，不同波长激光二极管需要换不同材料体系。另外，对于 Si/GeSi 异质结材料体系，可以设计 $20 \sim 50 \mu m$ 的 QC 激光器，并可以和现有的 Si 基技术相兼容。

2.6.1.2　量子级联激光器的发展现状

1994 年美国贝尔实验室用 MBE 材料研制的第一批 InP 基量子级联激光器是基于与 InP 衬底晶格匹配的 $Ga_{0.47}In_{0.53}As/Al_{0.48}In_{0.52}As$ 材料体系,它属于第一类量子级联激光器。1995 年加拿大杨瑞青提出基于 InAs/GaSb/AlSb 体系的第二类量子级联激光器的概念,并于 1997 年被美国休斯敦大学首先研制成功。所谓第一类、第二类量子级联激光器,是根据构成激光器的超晶格是属于第一类超晶格还是第二类超晶格来区分的。

目前国际上已研制出波长覆盖 $2.63\sim360\mu m$ 中远红外波段单极型 QC 激光器。中红外波段 QC 激光器首选的主要材料体系是 InP 基 InGaAs/AlInAs 体系和 InAs 基 InAs/AlSb 体系,远红外波段 QC 激光器首选的主要材料体系是 GaAs 基 GaAs/AlGaAs 体系。其中采用晶格匹配和应变补偿 InP 基 InGaAs/AlInAs 材料,已生长 $3.3\sim24.5\mu m$ 器件质量 QC 激光器结构材料;采用 InP 基 InGaAs/AlSbAs 体系已生长 $3.0\sim3.3\mu m$ 器件质量 QC 激光器结构材;InAs 基 InAs/AlSb 体系主要应用于发展中红外短波端 QC 激光器。采用 InAs 基 InAs/AlSb 体系已将中红外 QC 激光器波长推至 $2.63\mu m$ 中红外短波端。采用 MBEGaAs/AlGaAs 材料已研制出 $67\sim250\mu m$。另外,波长大于 $50\mu m$ 的太赫兹(THz)级 QC 激光器,光子晶体量子级联激光器和 Si/GeSi 材料体系 QC 激光器等,也都是目前人们感兴趣的研究方向。

我国中远红外 QC 激光器研究始于 1995 年,中国科学院半导体研究所已研制出 $3.5\sim3.6\mu m$ 应变补偿中红外固态源分子束外延(SSMBE)QC 激光器、中红外中波端单模分布反馈 QC 激光器以及 3.2THz-QC 激光器进入应用演示试验研究。

2.6.1.3　中远红外 QC 激光器的应用领域

中远红外波段位于电磁波谱 $2.5\sim1000\mu m$,大多数分子在该波段具有很强的基频特征指纹吸收谱线,涵盖揭示波谱本质的原子振动激励、分子振动激励;中远红外电磁波辐射与半导体自由载流子的相互作用引发一系列的红外物理新现象、新效应,有相当丰富的物理内涵。这些特点决定工作于中远红外波段光谱区透射窗口和吸收带、吸收线的 QC 激光器的重大科学、技术意义和战略性应用价值。中远红外 QC 激光器以它的小型、相干、可调谐优良性能在光谱、成像、空间通信有重要的应用。作为高分辨、高灵敏度在线实时检测痕量气体的可调谐中红外光源吸收光谱受到环境与资源、高分辨分光光谱、声子光谱、医学临床诊断的密切关注与跟踪。

① 在痕量气体检测应用领域,中红外 QC 激光器具有独特的优越性　全球关注的温室效应气体,酸雨等大气污染气体,还包括神经毒气、糜烂毒气等气体特征基频吸收谱线均落在 $2\sim14\mu m$ 中红外光谱区内。中红外半导体激光器对这些气体的检测灵敏度高达 10^{-9} 量级,比近红外半导体激光器光源高 $2\sim4$ 个数量级。与其他检测方法如电化学方法、固体光源、气体光源相比,具有在线、实时、远程、体积小、质量轻、宽光谱范围连续单模调谐的优势。因此,单模、宽波长调谐中红外激光器痕量气体检测在环保、气候变化和气体探测、化学战、生物战、爆炸、化工生产过程监控、无损害医疗诊断学、分子光谱等方面的应用占有十分重要的地位,被认为是最理想的半导体吸收光谱仪光源。

② 在大气通信应用方面　处于 $2\sim14\mu m$ 中红外大气窗口和 THz 波段的 QC 激光器具有对雾、尘埃不敏感的优点,信息强度强、分辨率高,是自由空间无线光通信、保密通信的理想光源,有重要实用价值。

③ 非侵入式医学诊断和红外成像是中远红外 QC 激光器的重要应用方向　与疾病相关

的医学波长如通过分析呼吸呼出的气体所反映的哮喘、溃疡、肾、肝、胸、肺、糖尿病、器官排异、精神分裂等特征气体医学波长处于中红外波段。此外，大功率中红外激光器在红外制导有重要应用。

2.6.1.4　量子级联激光器的生长方法

20世纪70年代初，美国贝尔实验室卓以和博士对GaAs生长时的表面构造进行系统研究，并开始提出分子束外延（Molecular Beam Epitaxy，简称MBE）这个名词和概念，一直沿用至今。目前，MBE不仅用于生长Ⅲ-Ⅴ族，而且也用于生长Si/Ge Ⅳ-Ⅳ族和Ⅱ-Ⅵ族、Ⅳ-Ⅵ族，不仅用于生长半导体材料，也用于生长金属超晶格、半绝缘、绝缘材料、超导材料。MBE不仅在砷化镓基、氮化镓基Ⅲ-Ⅴ族化合物及其在微波器件、光电器件领域获得相当成功，而且在Ⅱ-Ⅵ族HgCdTe，ZnSe基光激光器的生长上也获得相当成功，在Ge/Si方面MBE也取得新结果。目前基本上所有的量子级联激光器都是用分子束外延法（MBE）生长的，下面就简单介绍一下这种方法。

(1) 分子束外延原理（MBE）的特点　与经典的常规液相外延、气相外延生长技术相比，MBE具有如下特点：①它的生长机制受动力学控制而非热力学控制，可生长受热力学机理控制的外延技术无法生长的处于不互溶隙范围内的多元系材料；②它在超高真空下生长，生长室的背景杂质低，可以获得高纯度的外延单晶材料；③生长温度低，消除体扩散对组分和掺杂浓度分布的干扰，而且可通过控制束源炉快门的开启或关闭达到突然喷射或终止分子束，因而可得到超突变的界面和陡变的掺杂浓度分布；④生长速率可调范围广，生长厚度可从单原子层至微米量级；⑤通过快门控制各束源炉的开关，因此可以获得突变的异质结或p-n结界面，并能精确地控制材料的生长厚度、掺杂浓度和组分，获得大面积均匀的单原子层控制精度。所以，MBE可以广泛应用于制备具有人工裁剪的纳米量子精细结构的电子和光电子器件材料。

(2) 分子束外延原理（MBE）原理　MBE的过程是加热组元的原子束或分子束入射到加热的衬底表面，与衬底表面进行反应的过程，其步骤包括：①组元原子或分子吸附在衬底表面；②吸附的分子在表面迁移和离解为原子；③该原子与近衬底的原子结合，成核并外延成单晶薄膜；④在高温下部分吸附在衬底薄膜上的原子脱附。

2.6.2　量子级联激光器的工作原理

2.6.2.1　第一类量子级联激光器的工作原理

QC激光器是一个量子工程用于设计新型激光材料和相应光源的典范，它是一种基于子带间电子跃迁的中远红外波段单极光源，其工作原理与通常的半导体激光器截然不同。量子级联激光器的激射方案是利用垂直于纳米级厚度的半导体异质结薄层内由量子限制效应引起的分离电子态，在这些激发态之间产生粒子数反转。QC激光器的有源区由多级耦合量子阱串接组成，从而实现电子注入的倍增光子输出，每一级由注入区、耦合阱激光跃迁区（有源区）和弛豫区三部分构成，而每一级的弛豫区又是下一级的注入区。

图2-7是典型的$In_{0.53}Ga_{0.47}As/In_{0.42}Al_{0.48}As$第一类量子级联激光器有源区在正向偏压下导带能级示意图，注入/弛豫区设计成梯度带隙超晶格结构。该示意图显示两个注入区和一个耦合量子阱激光跃迁区，匹配于InP衬底的$In_{0.53}Ga_{0.47}As$量子阱和$In_{0.42}Al_{0.48}As$势垒在低温下的导带带阶为520meV。外加电场使导带结构发生线性倾斜，通过解薛定谔方程可求出各个能级和波函数模平方，图中仅给出人们最感兴趣的每个有源区的前三个量子态。注入区的波函数和能级簇（微带）仅通过阴影多边形来表示。通过掺杂Si提供注入区的电

子，每个周期内有源区和注入区的掺杂面密度大致在 $(1\sim5)\times10^{11}\,cm^{-2}$，相当于 $(3\sim5)\times10^{16}\,cm^{-3}$ 的体掺杂水平。在图 2-7 的特例中，选定耦合量子阱的厚度为 6.0nm 和 4.7nm 中间势垒的厚度为 1.6nm。这导致能级 3 和能级 2 之间的能量间隔为 207meV（对应 6.0nm 的波长），能级 2 和能级 1 的间隔特意选择为接近 InGaAs/InAlAs/有源区材料 LO 声子模式的能量，即是 36meV。该图中所加电场 62kV/cm，相当于每一级有源区和注入区的偏压 0.29V。电子从注入区隧穿进入有源区的能级 3（产生激光跃迁的上能态），电子可从这个能级快速地发射 LO 声子而散射到两个低能级 2 和能级 1。利用 Froehlich 互作用模型，可计算出散射时间 $\tau_{32}=2.2ps$，$\tau_{31}=2.1ps$，高能态的寿命 $\tau_3=1/(1/\tau_{32}+1/\tau_{31})=1.1ps$；类似地，可计算出 $\tau_{21}\approx\tau_2=0.3ps$。由于能级 2 和能级 1 的间距为 LO 声子能量，其共振弛豫特征使散射时间 τ_{21} 超短。由于 $\tau_{32}\gg\tau_2$，这就提供能级 3 和能级 2 之间的粒子数反转条件，从而可能产生激光。梯度带隙超晶格结构弛豫/注入区的作用相当于 $n=3$ 态电子波的布拉格（Bragg）反射器而具有抑制电子从耦合阱的 $n=3$ 激发态的逃逸和促使电子从耦合阱的低能态（$n=1$）顺序隧穿抽运的双重作用。从前一级注入区隧穿进入能级 3 的电子应足够快，通过发射一个光子 $h\nu=E_3-E_2$ 跃迁至能级 2，从能级 2 和能级 1 高速率隧穿抽运至下一级注入区。在注入区内电子因外加电场而再次增加能量并注入下一级有源区。注入电子在每一个耦合阱激光跃迁区产生一个光子，这种注入区、耦合阱激光跃迁区的多级（通常为 20~30 级，有的可达 100 级）串接之后就可实现电子注入的倍增光子输出。

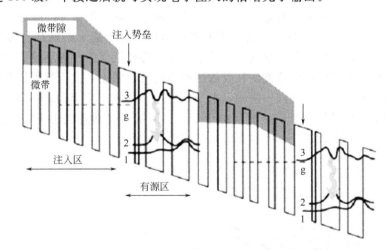

图 2-7　正向偏压下 $In_{0.53}Ga_{0.47}As/In_{0.42}Al_{0.48}As$
第一类量子级联激光器有源区导带能级示意
（为了减小因注入而产生的空间电荷效应，弛豫/注入区为部分 n 型掺杂；虚线是梯度带隙超晶格结构弛豫/注入区
的有效导带底 g，标有"微带"的区域表示一簇间距很近的能态的能量范围，这种超晶格又设计成一个"微带隙"
阻止电子从 $n=3$ 态的逃逸，波浪线代表激光跃迁，图中显示两个有源区和中间的一个注入区）

　　由于 QC 激光器的有源区每层层厚在 0.5~10nm 范围，须依次生长 500~1000 层，具有原位监控的 MBE 技术比较适用于这种结构的生长。下面将对 QC 激光器的载流子输运、器件的增益与损耗和有源区的设计做简单介绍。

　　(1) 第一类量子级联激光器的载流子输运　图 2-7 给出 QC 激光器有源区不同过程的示意图，包括这些不利的电流路径，在 QC 激光器优化设计时，应使这些不利的电流途径的效应最小。首先，作为激光跃迁 3→2 的旁路，电子自注入区基态直接散射到低能态 2 和 1，这可以看成与真正产生激光的电流并联的电流，常用注入能态 3 的注入效率 η 来表述。类似，电子可以直接从能态 3 散射进入注入区的低能态，这将减小上激光能态的寿命 τ_3 而降低增益系数。因此，将注入区设计成高能态电子的布拉格反射器同时又是低能态电子的增透膜。这种设计有效抑制电子从高能态 3 的共振隧穿逃逸。其次，在短波长激光器中，激光能态 3 在能量上是定域在能带的高处，并接近势垒以上的准连续态，电子可以经过热激发从限制态进入连续态。

(2) 第一类量子级联激光器的有源区设计 一种性能良好的量子级联激光器，应具备下述几个主要技术指标：较低的阈值电流密度，较大的功率输出，能够实现单模的连续激射，可以在室温条件下工作，在中红外到远红外范围能实现波长可调。这就需要利用能带工程对器件有源区形式进行优化设计和对谐振腔结构进行最佳化研究。

目前有许多种 QC 激光器有源区的设计形式。基本上可按有源区中量子阱数目（一般是 1~8 个量子阱）和有源区中波函数的空间范围来分类，主要有斜跃迁有源区、三阱垂直跃迁有源区、超晶格有源区/束缚-连续跃迁有源区和四阱双声子共振有源区五种结构。

① 斜跃迁有源区 1994 年贝尔实验室提出了第一种 QC 激光器的斜跃迁有源区结构，斜跃迁有源区采用上、下能态波函数局域在空间上不同区域的方式，因偏压导致的斯塔克效应使这种有源区的量子级联激光器的波长表现出对外加电场强烈的依赖性。图 2-8 是简单斜跃迁有源区 QC 激光器的导带结构示意图，在适当偏压下，激射发生在能级 G＋到能级 1 之间，因为两态之间的交叠减少，所以经过单光子辅助隧穿或斜跃迁（图中的波浪线）来完成。能级 1 是有源区量子阱的基态，而 G＋在超晶格注入区中是微带的基态。微带的设计思想是在适当的外加电场下将 G＋限制在注入势垒附近。对于基于斜跃迁有源区的 QC 激光器，给定的有源区量子阱，所发射的光子能量由注入势垒近邻的注入层厚度和外加电场来控制。对于基于电子受激辐射跃迁发生在有源区相邻的两个阱中，由于行程长有利于粒子数反转。但由于跃迁上下能级不在同一阱中，电子在穿越不同量子阱界面时，QC 激光器性能受量子阱界面缺陷、粗糙散射影响，而且由于处在不同阱产生跃迁的上下能级波函数交叠较少，降低声子散射和受激跃迁概率的影响，获得大的增益。

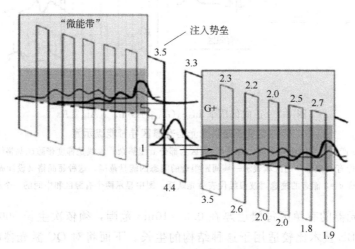

图 2-8 正外加电场 90kV/cm（约相当于激光器阈值）下两个注入区和一个有源区的导带图
（波浪状箭头表示 G＋→1 的激射跃迁）

② 三阱垂直跃迁有源区 1995 年贝尔实验室提出耦合三阱垂直跃迁有源区结构。图 2-9 为三阱耦合垂直跃迁有源区导带示意。三阱垂直跃迁有源区是由薄 InAlAs 势垒紧密耦合的三个 InGaAs 量子阱组成相应的注入区由梯度带隙超晶格构成，注入区中的"微能带"（间

距很近的平行能级簇）完成连续的有源区之间的共振载流子输运，在注入区内没有显著的载流子弛豫。前一个有源区的能级 1 与下一个有源区的能级 3 共振。其激射行为中的波函数（高、低激射态）实际上在空间的同一区域，因此称为"垂直"跃迁。两个波函数的配置具有几个特征的效果。首先，从能级的观点看，两个能级间距在很大偏压范围内不依赖于外加电场，外加电场可以在所设计的电场附近很大范围内波动。这种垂直跃迁激光器很明显的特点是波长随偏压及温度的变化相对稳定（通常当热沉温度上升时，激光器阈值电压先降后升，前者是因温度诱导导带带阶的变化，后者由于电流密度的增加以及微分电阻）。这个设计的优点是它避免由于偏压过大共振隧穿抑制而造成的激光器过早地"停止"，电流较宽的动态范围，在阈值电压之上，即使能级 1 和 3 之间的共振被破坏，仍然存在从注入区基态向有源区的有效注入。有源区的级联级数 N_p 变化对 QC 性能有很重要影响。

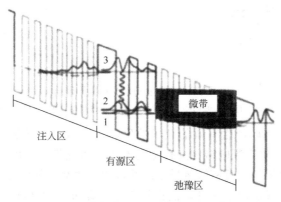

图 2-9　三阶耦合垂直跃迁有源区导带示意

　　③ 超晶格（SL）有源区　1997 年贝尔实验室提出超晶格有源区结构，它是由多个强耦合的量子阱组成。激光跃迁发生在微带之间，由于在有源区和注入区的微带输运，超晶格量子级联激光器具有大的电流承载能力及相伴的高功率输出。其他优点包括本征的粒子数反转（这与大的微带间/微带内弛豫时间比有关）以及在布里渊区边界处激光跃迁的高振子强度。这种振子强度要比通常双阱耦合量子级联激光器的子带间的振子强度大得多，特别是在长波长（$\geqslant 10 \mu m$）时更是这样。图 2-10 是超晶格量子级联激光器的概念示意图。超晶格低掺杂（$\leqslant 10^{17} cm^{-3}$）或不掺，这保证电子的费米能级远在第一微带顶之下（$E_{fn} \leqslant 10 meV$），因此，直到室温，第一微带的顶部是空的。电子是从靠近第二微带的底部注入，电子从第二微带底部产生光学跃迁至第一微带的顶部（波浪线所示）。在 K 空间，这种跃迁发生在微布里渊区边界。电子从第二微带的底部通过在平行于薄层内的光学声子发射（具有大的动量转移，散射时间 $\tau_{tint} \approx 10 ps$）和一系列微带内散射而弛豫到第一微带的顶部。电子在微带内只包含小波矢的光学声子发射，因此微带内的弛豫非常快（约 0.1ps），微带间、微带内这种大弛豫时间比保证微带隙的固有的（内禀的，intrinsic）粒子数反转。目前有两种设计方案避免有源区掺杂并且不导致电压诱导的超晶格态的局域化：a. 调制掺杂产生一个空间电场正好补偿没掺杂的超晶格有源区的电压降；b. 超晶格有源区设计成厚度变化的量子阱，在外场下，局域量子阱态相互交叠，形成微带。这两种措施可以大大降低阈值电流密度，增加功率输出及提高工作温度。超晶格有源区 QC 激光器的优点在于高增益、大载流能力、更弱的温度灵敏性。

　　④ 束缚-连续跃迁有源区　研制高性能 QC 激光器的主要目的是降低阈值电流密度，提高工作温度和增加峰值输出功率；而其中的技术关键是如何利用能带工程设计具有最佳结构

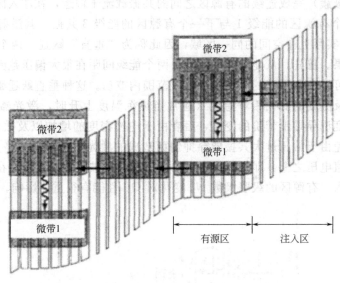

图 2-10　超晶格有源区 QC 激光器导带结构示意

（阴影区表示微带，用波浪线箭头表示发生在第一个微带隙 2-1 之间的激光跃迁过程）

形式的有源区与谐振腔，以产生有效的粒子数反转、高的光学增益和低的光学损耗。2001年，Faist 小组分析量子阱有源区结构具有高注入效率的优势，但电子隧穿时间长、排空速度慢，而超晶格有源区结构则具有微带排空时间极快的优势。他们在三阱垂直跃迁有源区和超晶格有源区的基础上又提出了一种新的设计方案，即束缚-连续跃迁有源区结构。图 2-11是具有一个周期的束缚-连续跃迁有源区 InGaAs/InAlAs QC 激光器的导带结构，它由一个跨越整个周期的超晶格微带组成，在有源区的中心部位超晶格微带较宽，而在接近注入势垒区的两侧将逐渐变窄。相应的波函数在接近注入势垒区具有最大值，而进入有源区时将平缓衰减。这种微带结构形式和波函数组态，将使电子在激光跃迁发生时被散射到微带中去，并将它们直接输运到下一个周期，因此降低电子被散射到跃迁基态的概率。可以说，这种有源区既具有三阱垂直有源区有效共振隧穿注入的特点，又体现出超晶格有源区高粒子数反转效率的长处。

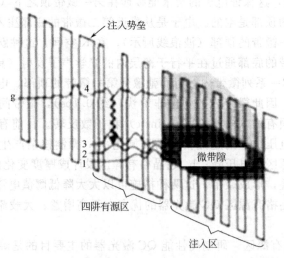

图 2-11　一个具有束缚-连续跃迁有源区的 InGaAs/InAlAs QC 激光器的导带剖面

纳米半导体材料与器件

⑤ 四阱双声子共振有源区 如果在三阱垂直跃迁有源区的第一个量子阱之前再设置一个薄阱层,可以构成另一种新的有源区结构,即四阱双声子共振有源区。图 2-12 给出一个典型的双声子共振增益区的能带结构。该有源区由 4 个量子阱组成,图中的 4 和 3 分别表示阱中上激射态和下激射态的波函数,1,2,3 是三个耦合的低能态,在能态 3 和 2,能态 2 和 1 之间恰好具有一个 LO 声子的能量。这种声子共振的特点将产生一个短的内子带电子散射寿命,因此将导致电子到注入区的有效激发。而上激射态将产生一个很大的内子带电子散射寿命,它包括电子的发射与吸收两个过程。相对较大的光学偶极矩阵元证实,激射跃迁过程主要以垂直形式发生,由于第一个薄阱的设置减弱注入基态同低激射态波函数 1,2,3 之间的相互重叠,故可以提高注入效率。也就是说,这种有源区设计同时兼有三阱垂直跃迁有源区高注入效率和超晶格有源区低激发态短寿命的特点。

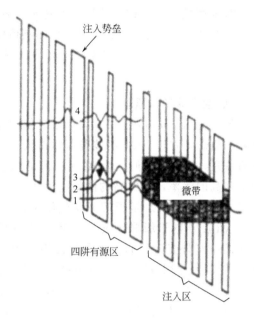

图 2-12 一个四阱双声子共振有源区 QC 激光器的导带剖面

(3) 第一类量子级联激光器的谐振腔设计 为了提高 QC 激光器的光增益和光放大特性,谐振腔的设计也是至关重要的。量子级联激光器子带跃迁的选择定则使模式的极化方向垂直于薄层,因此这类激光器的增益过程极适合于由自然解理面构成的 Fabry-Perot 腔实现。由于这种光学谐振腔模式在工艺上最容易实现,因此第一只量子级联激光器采用 Fabry-Perot 腔结构。Fabry-Perot 腔量子级联激光器在工艺上的极大方便,使其发展具有无法比拟的生命力。然而,以解理面为反射腔面的 Fabry-Perot 腔激光器的激光谱线有较宽的半高全宽(FWHM),并且是多纵模的。在实际应用中,如化学传感、痕量气体分析,要求激光器单纵模工作且谱线较窄。在绝大多数传感应用中,要求激光的谱线比探测气体在室温下压力展宽的谱线窄,一般为 1 个波数左右,并且要求激光的波长是可调的。

为了获得激光器的单模工作,人们在量子级联激光器结构中引入分布反馈机制,可以实现单纵模的分布反馈(DFB)。分布反馈量子级联激光器有两种:"损耗耦合"分布反馈量子级联激光器和"折射率耦合"分布反馈量子级联激光器。分布反馈量子级联激光器通过在激光器波导层或有源区刻蚀布拉格光栅产生材料参数(反射系数、损耗系数)的周期性调制。与 Fabry-Perot 腔量子级联激光器相比,分布反馈结构的光栅周期而不是增益谱的峰位决定单模发射的波长。光栅对布拉格波长的重复散射增强边模抑制比。根据分布布拉格光栅刻蚀位置的不同，分布反馈量子级联激光器可分为顶光栅分布反馈量子级联激光器和掩埋光栅分布反馈量子级联激光器。顶光栅结构光栅直接刻蚀在波导层的表面，如果波导的高掺杂最顶层做得非常薄或者完全被除去，可以直接覆盖图形化的金属层作光栅。最近也有采用非常薄的高掺杂层，这些掺杂层在光栅的沟槽处能够被完全除去，这种方法提高光栅强度。掩埋光栅结构将光栅做在波导核心区，然后在光栅顶部生长波导限制层。顶光栅结构简化处理工艺，也取得不错结果，但由于布拉格光栅刻蚀在波导模式的指数衰减翼，限制最大光栅强度的获得。掩埋光栅结构的光栅层接近波导核心区，模式密度大，有利于制造出最好的单模量子级联激光器。

微腔量子级联激光器提供另外一种降低器件阈值电流密度并且提高热消散的谐振腔设计途径。微腔结构的谐振腔常常采用微柱形结构。这样"低音廊（WMGMs）"模式的内部散射率接近 1，降低镜面损耗，由此降低采用这种腔模式器件的阈值电流密度。同时微柱形腔结构发射的全方向性以及大的发射面积提高结构的热耗散，因此具有比脊型 Fabry-Perot 结构更高的工作温度。

2.6.2.2　第二类量子级联激光器工作原理

受第一类量子级联激光器的启发，1995 年加拿大杨瑞青提出基于 InAs/GaSb/AlSb 体系的第二类量子级联激光器的概念，并于 1997 年被美国休斯敦大学首先研制成功。之所以要开展第二类 QC 激光器的研究，是因为他们认为第一类 QC 激光器因其子带间跃迁的工作机制而导致了低的辐射效率和高的漏率，导致高的阈值电流密度。Yang 等认为，子带间的光学声子散射导致的非辐射弛豫（ps 级）是子带间跃迁激射激光器的最主要障碍，而无辐射跃迁又会产生大量热从而阻碍量子级联激光器的高温连续模工作。破隙型的 InAs/GaInSb/AlSb 超晶格是天然的中红外光源材料。这种超晶格的大的导带不连续提供自然的自由载流子限制，因此不再需要特别设计的 Bragg 反射镜来提供自由载流子限制。另外，从理论上来说，带间跃迁的机制也可以降低阈值电流密度。图 2-13 是典型的第二类 QC 激光器能带结构，电子子能级 E_e 处在 GaSb 材料的禁带中，而足够厚的 GaSb 提供子能级 E_e 的载流子限制作用，从而形成粒子数反转。与 InAs 阱相邻的 GaInSb 阱被设计得很窄，这样 GaInSb 阱中的轻空穴态就有很大一部分扩展到近邻的 InAs 阱中，使得 InAs 阱中 E_e 的波函数同 GaInSb 阱中 E_h 的波函数有较大交叠，这样 E_e 中的电子就能跃迁到 E_h 态从而发射光子。E_h 态的电子通过一个弛豫/注入区到达下一个有源区形成级联。设计的时候需要注意的一个事项是 E_e 能级必须设计得高于 GaInSb 的价带顶，以提供足够载流子限制；而 E_h 能级必须高于 InAs 导带底，以利于形成辐射跃迁。这种激光器依靠阱间的斜跃迁，电子进入价带与一个空穴复合并发射光子。受到外加电场的加速，电子在Ⅱ型带对准的半导体有源材料中从价带转移回到导带，导致电子再隧穿至导带的效率非常高，使电子能够重复利用，这是第二类 QC 激光器的最主要特征。

2.6.3　量子级联激光器的结构与特性

2.6.3.1　InP 基 AlInAs/GaInAs 第一类量子级联激光器

1994 年，美国贝尔实验室首次报道了 InP 基 AlInAs/GaInA 第一类量子级联激光器，整个结构由 25 级构成，由分子束外延生长完成。每一级包括两个部分，即有源层和数字合金层。有源层由 3 个厚度分别为 0.8nm、3.5nm 和 2.8nm 的 GaInAs 耦合量子阱组成，由

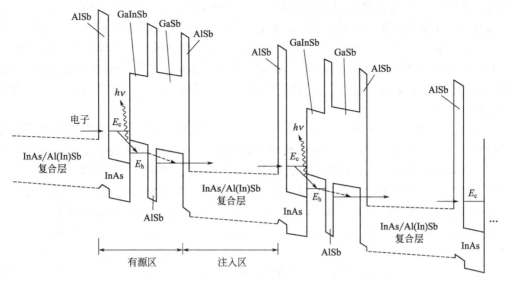

图 2-13　第二类 QC 激光器工作原理示意

厚度分别为 3.5nm 和 3nm 的 AlInAs 势垒所隔离。数字合金层是 n 型掺杂，掺杂浓度约 $1.5 \times 10^{17} \, \text{cm}^{-3}$。电子的注入是通过厚度为 4.5nm AlInAs 势垒隧穿到的电子能级上的。整个有源区实际是一个 4 能级激光系统，粒子分布在 $n=3$ 与 $n=2$ 之这两个激发态上形成。从 $n=3$ 到 $n=2$ 的跃迁在实空间是斜角的（光助隧穿跃迁）。由于约化的电子波函数交叠以及较大的动量变化，光学声子所决定的 $n=3$ 到 $n=2$ 的弛豫时间为 $\tau_{32} = 4.3\text{ps}$（90kV/cm）。由于同时存在由光学声子参加的很强非弹性散射及弹性散射，从 $n=2$ 到 $n=1$ 的弛豫时间相当短，约 0.6ps。这保证粒子分布反转的时间，最后从 $n=1$ 隧穿进入数字合金层的量子时间很短，小于或等于 0.5ps。在外加 90kV/cm 电场后，经计算的各子能级的能量差为 $E_1 - E_2 = 295\text{meV}$，$E_2 - E_1 = 30\text{meV}$。25 级有源层夹在作为波导层的两层 AlInAs 厚层中间，整个材料结构共有 500 多层，外延生长时需精确控制各层，尤其是量子级联有源层的厚度、组分及掺杂浓度。器件的光学谐振腔长度为 $0.5 \sim 3\mu\text{m}$，晶格解理面作为反射腔面。激光器的发射波长 $\lambda = 4.3\mu\text{m}$，脉冲运行于 10K 下，输出功率仅 8mW，阈值电流密度高达 11kA/cm^2。它采用的是斜跃迁方式，斜跃迁有较大的能级空间，因而可以获得较高的注入效率。但是电子行程较长，导致粒子数反转率不高，而且它对材料界面质量要求极为严格。

贝尔实验室在 1995 年重新设计有源区，使上下激发能级位于同一个阱内，在同一个阱中产生光跃迁，即所谓的的垂直跃迁。1995 年贝尔实验室采用垂直跃迁模式有源区的量子级联激光器首次实现低温连续（Continuous Wave，简称 CW）工作和室温脉冲工作。1996年，贝尔实验室把漏斗注入机制引入到量子级联激光器，所谓漏斗注入就是在靠近有源区时，注入区的微带变窄，使得电子被驱赶到有源区的 $n=3$ 上激发态中。由于微带的形状像漏斗，所以这种方式叫漏斗注入方式。同时，他们还首次采用热阻更低的 InP 替代 AlInAs 作为波导、包覆层。由于其生长有源区的 MBE 系统没有磷源，所以把生长完有源区和上限制层的外延片取出，放进装有固态磷源的另一台 MBE 系统中继续生长 InP 层。这些优化设计和材料更换大幅度提升器件的工作温度和功率，并降低阈值电流密度。1996 年贝尔实验室采用 25 级耦合三阱垂直跃迁机制，研制成功第一种室温脉冲多模 $5.2\mu\text{m}$ 中红外 QC 激光器，300K 下的阈值电流密度 $J_{\text{th}} = 8 \sim 10\text{kA/cm}^2$，光功率 200mW，连续运行模式工作温度 140K。QC 激光器性能取得实质性突破。另外，三阱耦合垂直跃迁、漏斗注入区和低掺杂有源区的量子级联结构成功地应用于微盘激光器、分布反馈（Distributed Feedback）激光器和面发射分布反馈激光。微盘激光器是微腔（Micro Cavity）激光器的一种，它的谐振腔尺寸是光在半导体介质中的波长量级（μm 量级）。由于它的尺寸非常小，在光电子器件集成、光计算和光存储等方面有广阔的应用前景。分布反馈量子级联激光器采用折射率周期性变化的结构实现谐振腔反馈功能，可以输出可调谐的单模激光，是痕量化学传感和环境污染监测急需的光源。

1997 年，贝尔实验室的 Scanarcio 等研究用超晶格作为量子级联激光器的有源区取代三阱耦合有源区，取得成功。这种超晶格有源区量子级联激光器的优点是：它可以允许很大的注入电流获得较高的功率，并能形成双色激射。其缺点是：要获得平整的微带，就必须在有源区中掺杂来补偿外加电场，但在较高的温度下，掺杂会展宽激射波长，破坏粒子数反转。这种超晶格有源区被 Tredicucci 等所改进，他们利用渐变的超晶格周期长度获得的准电场来平衡外加电场。这种超晶格（Chirped SL）有源区使 QC 激光器的 CW 工作温度提升到了160K。应用这种有源区结构，在 1999～2001 年间，量子级联激光器的激射波长被扩展到了$17\mu m$、$19\mu m$，并首次被扩展到了远红外波段的 $21.5\mu m$ 和 $24\mu m$。其中对金属波导的研究和使用为以后的太赫兹波段 QC 激光器的发展铺平了道路。美国西北大学 Razeghi 小组在 1999 年实现了室温脉冲激射，他们在优化材料生长质量，采用折射率导引结构（腐蚀深入有源区）的同时，对波导结构进行了优化：用低掺杂的 InP 波导层降低自由载流子吸收，用高掺的 InGaAs 厚包覆层削弱表面等离子模与激射模的耦合，把 $8\mu m$ QC 激光器的 CW 工作温度提升到了140K。此外，他们还获得了当时超晶格结构 QC 激光器最低的阈值电流密度 $3.4kA/cm^2$（在 300K）。

1998 年，贝尔实验室的 Faist 等将应变补偿（strain compensation）概念引入 QC 激光器有源区，应变补偿结构使 InGaAs/InAlAs 体系的导带不连续性获得大大的拓展，晶格匹配体系的 ΔE_c 为 0.52eV，势阱中 InAs 摩尔组分为 70%（$In_{0.7}Ga_{0.3}As/In_{0.4}Al_{0.6}As$）的应变补偿体系的 ΔE_c 增加到了 0.74eV。他们利用这种设计，研制出激射波长为 $3.4\mu m$ 的中红外短波端 QC 激光器，将 QC 激光器的激射波长发展到 $3～5\mu m$ 大气窗口。目前，应变补偿结构的第一类 QC 激光器的最短波长已经达到 $3.05\mu m$。

1998 年，贝尔实验室还研制了具有混沌谐振腔的微柱 QC 激光器。这种微腔激光器远场方向性极好，能在降低阈值电流的同时实现高输出功率。同年，埋层异质结构也首次被应用于 QC 激光器器件，Beck 等用 MBE 二次外延的方法，在 QC 激光器脊条的顶部和侧面生长了 InP，降低器件的光模损耗，并提高热导率。1999 年，Gmachl 等还设计一种可以双向工作的量子级联激光器，它既可以在正偏压下工作，又可以在反偏压下工作，既可以设计成正负偏压下工作波长相同，也可以设计成激射波长不同。它可以在交流驱动下作为两个量子级联激光器使用。到 2000 年，三阱耦合 QC 激光器已经能在很高的温度（$T\geqslant425K$）下实现脉冲激射，但是 CW 工作温度却进展缓慢。Gmachl 等采用倒装的器件结构，将 QC 激光器的 CW 工作温度提高 20K（175K）。Beck 优化埋层结构，用 MOCVD 二次选择外延 InP，获得更高的室温脉冲工作占空比（约 10%）。较大的热逸散影响量子级联激光器的连续工作，在高占空比下，其有源区温度大大高于热沉温度。2001 年，瑞士 Neuchatel 大学 Faist 研究组提出四阱耦合有源区结构，利用双声子辅助共振隧穿大大改善注入和抽取效率，同时结合了当时各种能提高 CW 工作温度的方法，包括 InP 上波导、包覆层，倒装结构和 MOVPE 二次外延埋层结构，使 CW 工作温度提升到了246K。这些新的物理概念以及材料和器件工艺的改善，为这方面取得突破性进展奠定基础。

2001 年，Faist 等设计了一种新的束缚-连续（Bound-to-continuum）有源区结构，它是 QC 激光器发展中又一个里程碑式的创新，也是目前被广泛采用的最佳的有源区结构。束缚-连续有源区由超晶格构成下能级微带，在两个微带之间建立一个激发态能级与前一个周期的下能级微带耦合。该结构是通过在超晶格有源区前插入一个势阱，在微带隙中产生一个激发态，这个激发态也就是上能级与有源区超晶格的下能级微带相分离。这样，载流子就能像三阱耦合有源区那样有效地注入上能级，低能级微带保证载流子的快速抽取。这种结构没有明确的有源区和注入区之分，它同时继承三阱耦合共振隧穿机制的高注入效率和超晶格微带的高抽取效率，可以实现高温大功率输出，并且能像超晶格有源区那样同时实现多个波长激射。

2002 年瑞士 Neuchatel 大学的 Beck 和 Faist 等终于在 QC 激光器领域取得了里程碑式的突破，研制成功室温连续激射量子级联激光器。四阱耦合双声子辅助共振隧穿机制大大提高有源区电子注入和抽取效率，有效地降低室温阈值电流密度。器件结构采用埋层异质结构波导，减小脊条的宽度，使得有源区的热量能迅速向各个方向传导，并且减小有源区材料的热应变。材料的生长采用了二次外延，InGaAs/InAlAs 有源核和 InGaAs 上下波导由 MBE 方法生长，$12\mu m$ 宽的埋层脊条由湿法腐蚀和 SiO_2 做掩膜的 MOVPE 选择外延制作而成。器件倒装在金刚石热沉上，并在腔面采用了 ZnSe/PbTe 高反膜。量子级联激光器实现了室温（312K）连续工作，激射波长为 $9.1\mu m$。采用四阱耦合有源区以及上述器件优化设计的 DF-BQC 激光器的 CW 工作温度也随之上升到了 260K。

近年来，InP 基 QC 激光器获得了蓬勃发展，各种新的物理概念被引入到 QC 激光器中，超宽带 QC 激光器和面发射光子晶体 QC 激光器向人们展现从化学探测、医学成像、红外制导到光通信等领域广阔的应用前景。众多科研机构争相报道高性能的 QC 激光器研制成果。瑞士 Neuchatel 大学应用束缚-连续有源区结构，使室温连续 DFBQC 激光器实现多个波长（$7.7\sim8.3\mu m$）的同时激射，并结合类似结构的双波长 QC 激光器与外腔技术使 EC-QC 激光器的可调谐范围达到 $2.2\mu m$（$8.2\sim10.4\mu m$）。此外，他们还把 InP 基 QC 激光器的激射波长推广到了 THz 波段。美国西北大学运用 GSMBE 二次外延技术，研制的室温连续 DF-BQC 激光器已经涵盖 $4.8\mu m$，$7.8\mu m$ 和 $9.6\mu m$ 等多个波长。QC 激光器最高工作温度达到 90℃ 以上，已经符合了美国国防部关于通信光源及微电路器件的可操作性和可靠性保证所规定连续工作温度标准（85℃）。同时，他们还保持着目前 InP 基室温连续 QC 激光器的中红外最短波长（$3.8\sim4\mu m$）记录。2007 年 5 月的 MIOMD 国际际会议上，报道了采用 InAs/GaSb 体系的 QC 激光器已将中红外短波端波长推至 $2.75\mu m$。

在我国，中国科学院上海冶金研究所（2001 年易名为中国科学院上海微系统与信息技术研究所）信息功能材料国家重点实验室于 1998 年 MBE 国际会议和 1999 年报道了国内第一个量子级联激光器材料和器件验证的结果，2005 年和 2006 年还分别研制成功了 $5\sim10\mu m$ 室温脉冲激射 QC 激光器和 $7.4\mu m$、$7.6\mu m$、$8.4\mu m$ 低阈值电流密度的室温脉冲 DFBQC 激光器。中科院半导体所于 2000 年报道了 $3.6\sim3.7\mu m$ 室温脉冲激射应变补偿 QC 激光器的结果，2005 年还分别研制成功了室温脉冲工作或更高温度脉冲工作的 $8\mu m$ 和 $5.5\mu m$ 应变补偿 QC 激光器。

2.6.3.2 GaAs 基 AlGaAs/GaAs 第一类量子级联激光器研究

1998 年，Sirtori 和他的合作者研制出第一种基于 GaAs 材料体系的 GaAs/AlGaAs 量子级联激光器，随后这种材料体系的研究在器件的材料设计方面（如有源区、波导、光学谐振腔）以及器件的结构和工艺方面都有了很大进展。第一种 AlGaAs/GaAs 体系的 QC 激光器有源区仍然采用三阱耦合的斜跃迁机制，激射波长为 $9.4\mu m$。由于 GaAs 衬底的折射率比有源区高，不能被用于下波导的覆盖层，所以 $Al_{0.9}Ga_{0.1}As$ 被用于波导覆盖层；同时为了降低损耗，还在有源区两侧生长低掺的 GaAs，以减少 $Al_{0.9}Ga_{0.1}As$ 层的厚度。

1999 年，Strasser 等用超晶格有源区研制 GaAS 基 QC 激光器，所观察到的 $13\mu m$ 激射波长已经超过当时大部分 InP 基 QC 激光器。同年微腔结构也被应用到该类激光器中，Gianordoli 等研制的微柱 QC 激光器工作温度上升到 165K，这种谐振腔降低阈值电流，并且微柱形腔结构发射的全方向性以及大的发射面积提高散热效率，因此比普通的脊波导 F-P 腔结构有更高的工作温度，同时它还具较好的单模特性（边模抑制比＞20dB）。但是它的出射功率较低并且没有方向性，他们仿照已经在 InP 基微柱 QC 激光器上成功应用的蝴蝶结型非对称谐振腔，改善这个不足。

2000 年，Becker 等人采用 AlAs/GaAs 体系设计 QC 激光器有源区。它具有很大的 Γ 带不连续性（约 1eV）。这个结构中 AlAs 层比 GaAs 层薄很多，限制效应使它的 X 谷量子阱的基态材料几乎达到了 GaAs X 带的最小值。而且，厚的 GaAs 层像一个隧穿势垒阻止 X 谷的垂直跃迁。这种结构明显提高器件的热性能，成功地应用于首个低温（30K）连续工作的 GaAs 基 DFBQC 激光器，激射波长为 $11.8\mu m$。但是在稍高的偏压下，注入区基态能级无法与下一个激发态能级对准，产生负微分电阻，限制器件的工作范围。Indjin 等人的研究证实 AlAs 摩尔组分较高的 QC 激光器因为较高的势垒高度，而具有更好的温度性能。但它超过 45％时就变成了间接带隙，发生 Γ-X 跃迁，影响激光器的性能。低 AlAs 组分 QC 激光器相对来说，具有更宽的工作电流范围。

2001 年，Page 等采用 $Al_{0.45}Ga_{0.55}As/GaAs$ 三阱耦合有源区首次实现了室温脉冲激射（$9\mu m$）。Anders 等人采用同样的组分研制啁啾超晶格有源区 GaAs 基 QC 激光器，获得更高温度（$40℃$）的脉冲激射（$12.6\mu m$）。应用这种有源区结构，使 GaAs 基 DFBQC 激光器首次能在室温下工作（$12.5\mu m$）。Pflugl 等人将束缚-连续有源区结构运用到 GaAs 基 QC 激光器上，在高温（$100℃$，$11\mu m$）工作的同时，获得更大的输出功率，室温下的输出功率达到了 340mW。

2002 年，Cambridge 大学 Cavendish 实验室 Kohler 等用 $Al_{0.15}Ga_{0.85}As/GaAs$ 体系有源区制作出了第一个太赫兹激光器，激射波长为 4.4THz（$67\mu m$）。它采用直接的电子-纵向光学声子散射机制获得粒子数反转。激光器的粒子数反转条件，主要靠高效的低能级电子抽取和延长高能级的电子寿命来达到。以往的太赫兹 QC 激光器的设计局限于窄微带，窄的注入微带抑制高能级电子通过发射纵向光学声子的散射并阻止激发光的吸收，但是减小有源区子带和注入区的隧穿耦合，从而阻碍低能态的电子抽取。所以他们选择了宽微带的超晶格，其低能级与宽注入微带强烈耦合形成了跨越 17meV 的 7 个子带。这为电子从第 2 子带或直接从注入区散射提供了相当大的相空间，同时使第 1 子带获得了较大的抽取速率。而且宽微带即使在大电流密度下也能进行有效的电输运，同时阻止载流子热回填。太赫兹辐射的另一个重要的问题是，长波长导致大的光学模式，结果是小的增益介质和光场之间的耦合作用很弱，并且由于材料中的自由载流子吸收，存在大的光学损耗（损耗与波长的平方成正比）。这都使得传统的激光器波导在太赫兹波段不再适用。

2003 年，纵向光学声子散射机制被引入太赫兹 QC 激光器有源区，获得更高的工作温度和占控比。这种结构利用纵向光学声子来减少基态粒子数，它有两个优点：①当注入区微带与低能态能量间隔最小为纵向光学声子能量时，基态粒子数减少得非常快并且不依赖于温度和电子分布；②较大的能量间隔防止了较低辐射态电子的热回流。这两点对于长波长激光器的高温工作具有重要意义。2003年，Williams和Hu等用双面金属波导结合共振声子结构，双面金属波导的使用使太赫兹QC激光器的脉冲和连续工作温度就上升到137K；随后2005年，他们稍微改进这种有源区结构，减薄注入势垒，允许更大的峰值电流通过；同时加厚注入区内的势垒防止寄生电流的增加，这个改进获得明显效果，所获得的164K的脉冲工作温度和117K的CW工作温度仍然是目前太赫兹QC激光器的最高纪录。

同时，Scalari等报道了基于束缚-连续机制的太赫兹QC激光器。这种结构也显示其一贯良好的温度特性，CW工作温度达到90K，并有mW级的脉冲峰值输出功率，其优秀的性能来源于高效的上能级注入效率和下微带抽取效率。采用的这种有源区结构，Kohler等人成功地研制出首个突破$100\mu m$（2.8THz）激射波长的太赫兹QC激光器。2004年，这种结构的QC激光器脉冲峰值功率达到56mW，激射波长扩展到$130\mu m$，CW工作最高温度达到70K。

2006年，采用束缚-连续机制的太赫兹QC激光器激射波长已经达到了2THz。但是对于低频激光，由于它的下能级微带间距与光子能量相当，电子可能在低能级上驻留，这种子带间吸收就难以避免。Kumar等采用单阱注入区设计太赫兹QC激光器，这种注入区没有子能级，大大降低子带间吸收，获得1.9THz激射频率和95K CW工作温度。但是单阱注入区很有可能与下一个周期的基态能级产生寄生耦合。Walther等吸收了单阱注入的思想，改进了束缚-连续机制，设计了有两个子能级的注入层，加宽收集层和注入层势垒，并采用斜跃迁的方式避免寄生耦合，获得了$1.6\sim1.8$THz激射。这也是目前在无外加磁场下情况下，波长最长的太赫兹QC激光器。同年，Scalari等人还报道了一种双色太赫兹QC激光器，它通过外加磁场来抑制波导损耗，通过调节驱动电流分别可以获得1.39THz和2.3THz激光。此外，还有$30A/cm^{-2}$的超低阈值电流。

在国内，中科院半导体所率先开展了GaAs基QC激光器方面的研究，成功研制中红外低温脉冲工作的QC激光器，激射波长约为$9\mu m$，最高工作温度165K。2007年，中科院上海微系统与信息技术研究所信息功能材料国家重点实验室与加拿大国家研究院微结构所合作，研制成功3.4THz的量子级联激光器。

2.6.3.3 InAs/GaSb/AlGb 第二类量子级联激光器

$3\sim4\mu m$波段也是一个重要的能应用于气体探测的大气窗口。但是这个波段对于电子-空穴跃迁来说来长了，对第一类QC激光器的子带间跃迁来说又太短。晶格匹配的$In_{0.53}Ga_{0.47}As/In_{0.52}Al_{0.48}As$体系的$\Delta E_c$为0.52eV，采用应变补偿体系的$In_{0.72}Ga_{0.28}As/In_{0.3}Al_{0.7}As$结构，$\Delta E_c$也仅仅被扩展到0.72eV。所以，要获得波长更短的QC激光器，就必须寻找ΔE_c更高的替代材料。另外，由于第一类QC激光器中两个电子态之间的波函数重叠很小，因此光跃迁率很低，需要很高的电子注入才能获得足够大的增益来克服系统损耗，这需要非常高的阈值电流。同时，子带间的光声子辐射引起的非辐射弛豫非常快，处于子带中的大多数电子在辐射跃迁之前就已经发生非辐射光声子激射，因而辐射效率非常低（小于10^{-3}）。为了得到产生激射的粒子数反转，需要很高的注入电流，从而导致大量热，限制第一类QC激光器的性能和高温工作。

受QCL的启发，杨瑞青等于1997年提出并研制成功基于带间跃迁的第二类量子级联激光器，其优点在于：①由于它是带间跃迁发射光子，有效消除了由子带间光声子辐射引起的非辐射弛豫，具有较高的辐射效率，能够显著降低阈值电流密度；②在特定波长的选择上，第二类QC激光器允许裁剪层的厚度和组分存在较大的偏差，在器件的设计和制作上具有很大的灵活性；③通过能带工程可以显著抑制俄歇复合，因此可以获得较高的输出功率；④带间设计消除了由子带间跃迁引起的偏振选择定则限制，可以制作成面发射结构。第二类 QC 激光器的概念提出以后，理论预测它能够在室温下以连续波（CW）模式激射，且具有高的输出功率和低的阈值电流密度。许多研究机构对第二类 QC 激光器进行了大量研究，其中包括休斯敦大学真空外延中心、美国海军实验室、美国陆军实验室和加利福尼亚技术研究所喷气推进力实验室等。

1997 年，Chih-Hsiang Lin 等报道第一种中红外第二类 QC 激光器，它是通过分子束外延（MBE）生长在 P 型 GaSb 衬底上，包含 20 个有源区/注入区周期，有源区各层依次为 2.3nm AlSb、2.55nm InAs、3.4nm InGaSb、1.5nm AlSb。注入区为数字化分级的 InAs/Al(In)Sb 量子阱。在脉冲模式下，80K 时激射波长在 $3.8\mu m$ 处，阈值电流密度为 $4.17kA/cm^2$，平均输出功率为 $250\mu W$，最大工作温度为 170K。同年 8 月，他们又报道一种含有 23 个级联周期的第二类 QC 激光器，此激光器具有较高的输出功率（0.5W/面），斜率效率为 211mW/A，相当于外微分量子效率为 131%。

1998 年，美国海军实验室的 C. L. Felix 等采用双量子阱 W 形有源区结构设计，即在 $Ga_{0.7}In_{0.3}Sb$ 空穴量子阱的两边各有一个 InAs 电子量子阱。八能带有限元模型计算表明，这种结构能够提高光增益。在脉冲模式下，采用这种结构设计的脊形波导第二类 QC 激光器的最高工作温度为 225K，100K 时的最大输出功率和斜率效率分别为 532mW/面和 342mW/A，80K 时的阈值电流为 $170A/cm^2$。但是，有源区中的 InAs 量子阱与注入区中的第一个 InAs 量子阱之间的泄漏，导致很高的阈值电流。为了减小这种泄漏，美国海军实验室的 L. J. Olafsen 等采用 3 个空穴量子阱 W 形有源区设计，这种设计引入第 3 个空穴量子阱，显著增加泄漏电子隧穿经过势垒的厚度。在脉冲模式下，这种结构设计的第二类 QC 激光器的最大工作温度提高到 286K。在 200K 以上，此激光器的阈值电流密度低于双量子阱 W 形有源区激光器的值。

2002 年 Rui. Q. Yang 等采用非对称的 AlSb/InAs/GaInSb/InAs/AlSb 耦合双量子阱代替以前有源区中单一的导带量子阱。这种导带耦合双量子阱类似于 W 形结构，可以使位于导带和价带中的两个跃迁态的波函数有非常大的重叠，从而提高光增益。此外，这种耦合量子阱第二类 QC 激光器在较低的注入载流子浓度下可以获得激射所需的阈值增益，因此，可以显著降低阈值电流密度，提高工作温度。在连续和脉冲模式下，采用这种设计的器件的最高工作温度分别达到了 160K 和 300K。80K 时的阈值电流密度分别为 $13.2A/cm^2$ 和 $11.7A/cm^2$，功率效率达到 17%。然而，高温时的阈值电流密度仍然很高。

为了获得单模激射，2004 年 Rui. Q. Yang 等在第二类 QC 激光器中引入了分布反馈布拉格（DFB）光栅。为了制作简便，采用厚度为 $0.3\mu m$ 的上光包层。与厚的（$>1.2\mu m$）上光包层相比，薄的上包层能够使（DFB）布拉格光栅的整合具有足够的模耦合，同时避免深腐蚀。但是，由于上包层很薄，上金属接触将更加接近有源区，导致很大的波导损耗。为了减小这个损耗，在台面条形波导的边墙上沉积一层 SiO_2 层，金属接触连接在台面条形波导的顶部。在连续模式 REVIEW 下，这个 DFB 带间级联激光器激射波长为 $3.3\mu m$，最高工作温度为 175K，输出功率大于 6mW。

虽然第二类 QC 激光器具有许多明显优点，但是之前报道的室温激射波长均小于 $3.6\mu m$。这部分归因于在长波长波段自由载流子吸收损耗和俄歇复合的显著增加。增加非对称 AlSb/InAs/GaInSb/InAs/AlSb 耦合量子阱有源区中 InAs 层的厚度，能够降低导带中的电子能级，从而可以将激射波长延伸到 $5\mu m$。然而，加宽的 InAs 层将导致量子阱中的电子波函数很大分散，降低两个带间跃迁能态之间的波函数重叠。为了保持激发态之间有足够的波函数，2004 年喷气推进力实验室的 C. J. Hill 等在有源区引进 In 原子数分数为 40％的高应变 GaInSb 层，从而不需要应用厚的 InAs 层就能减少禁带宽度，实现激射波长超过 5.1μm。在脉冲和连续模式下，器件的工作温度分别达到 240K 和 163K。随后，C. J. Hill 等采用非对称的 AlSb/InAs/GaInSb/InAs/AlSb 耦合双量子阱作为有源区，研制出一批级联周期数为 15 的第二类 QC 激光器。在脉冲和连续模式下，最大工作温度分别为 325K 和 200K。80K 时的阈值电流密度为 8.9A/cm^2，输出功率为 170mW/面。

2005 年 Rui. Q. Yang 等在 P 型 GaSb（001）衬底上生长含有 12 个级联周期的台面条形第二类 QC 激光器。在脉冲模式下，宽台面条形激光器在 300K 时的阈值电流密度为 630A/cm^2，80K 时的功率效率为 26％，82K 时的输出功率为 253mW/面，最高工作温度为 320K。然而，它的单位热阻 R_{sth}（specific thermal resistance）非常大（172K 时为 56K·cm^2/kW，部分原因是与 Cu 热沉的黏结不良），限制连续最高工作温度和输出功率。为了提高连续工作温度，Rui. Q. Yang 等制作窄台面条形激光器。在连续模式下，此激光器工作温度为 237K，阈值电流为 622A/cm^2，单位热阻 R_{sth} 降低到 10K·cm^2/kW。

为了进一步降低热阻，美国海军实验室的 W. W. Bewley 等在器件上电镀一层 8μm 厚的 Au。在连续模式下，W. W. Bewley 等报道的窄脊形波导第二类 QC 激光器的最大工作温度达到 257K，激射波长为 3.7μm，在 250K 时，输出功率为 10mW。M. Kim 等报道的窄脊形波导第二类 QC 激光器的最大工作温度为 250K，激射波长为 3.7μm，但是在 200K 时取得的输出功率为 100mW。

2007 年美国海军实验室的 C. L. Canedy 等报道含有 5 个级联周期的脊宽不同的脊形波导第二类 QC 激光器。在 80K 和 200K 时，脊宽为 22μm 的脊形波导第二类 QC 激光器的连续输出功率分别为 264mW/面和 100mW/面，取得最高连续工作温度为 257K。随后，他们又报道含有 10 个级联周期的第二类 QC 激光器。在连续模式下，在 78K 时，条宽为 150μm 的条形波导第二类 QC 激光器的阈值电流密度为 4.8A/cm^2，脊宽为 11μm 的脊型波导第二类 QC 激光器的功率效率为 27％，最大工作温度达到 269K，最大连续输出功率为 200mW。在脉冲模式下，300K 时条形波导第二类 QC 激光器的阈值电流密度为 1.15kA/cm^2。

虽然第二类 QC 激光器已经取得了很大进展，但是阈值电流密度仍然很高，工作温度还有待提高，需要更进一步的研究和发展才能达到理论值。首先是波导的设计，波导必须能够有效地限制光模，表现出很低的光损耗，并能有效地将载流子从电极传输到级联区。其次是俄歇复合的限制，俄歇复合对第二类 QC 激光器的工作性能影响非常大，俄歇复合过程的深入研究有助于改善器件的性能。此外，与 InP 基和 GaAs 基 QCL 等半导体激光器技术相比，第二类 QC 激光器的器件制作和 MBE 生长参量都尚未最优化。因此，第二类 QC 激光器还有很大的发展空间。

2.7 紫外波段氧化锌量子线阵列激光器

由于蓝紫光光电子器件谱在市场的刺激，宽带隙半导体材料氮化镓（GaN）及氧化锌（ZnO）等已经受到人们的广泛关注。而 ZnO 的激子束缚能为 60meV，远高于 GaN 激子束缚能（21～25meV），强激子束缚能有利于获得有效的激子复合，所以它易于产生室温下的低阈值紫外激光。纳米结构 ZnO 在带边附近的高态密度以及量子限域效应的存在，预示阈值还有望进一步降低。随着纳米结构 ZnO 在室温下受激辐射现象的发现，它在短波光电器件领域，如紫外发光二极管、紫外激光二极管以及紫外传感器等方面展示出巨大的应用谱力。最近几年，对不同结构的 ZnO 纳米材料紫外激光行为的研究已经取得重要进展，人们已经在纳米粉末、纳米薄膜、纳米线、纳米棒、纳米带中实现激光辐射。目前涉及纳米结构产生的激光，主要包括两类，一类是无序纳米激光，它产生于随机分布的纳米增益介质中，激光的形成是在纳米结构间隙中而不是纳米结构的内部；另一类纳米激光是由规则的纳米结构产生的。激光的形成是在纳米结构内部，它要求纳米结构有良好的形貌，两个端面必须是较理想的平面，目前能实现这类激光的纳米材料多见于 ZnO 单纳米线或纳米线阵列。本节重点介绍氧化锌量子线阵列在激光器领域中应用。

2.7.1 纳米氧化锌激子发光理论

激子（exciton）指固体中的元激发态或束缚电子-空穴波函数的量子。电子从价带被激发到导带，通常是自由的，在价带自由运动的空穴和在导带自由运动的电子，有可能重新束缚在一起，形成束缚的电子空穴对，即激子。激子作为一个实体，可以在半导体中运动，被称为自由激子；激子也可能被杂质和缺陷态束缚，被称为束缚激子。根据激子束缚半径的大小提出两种模型：导带电子和价带空穴的束缚半径较大，库仑作用较弱，这种激子称为Wannier 激子；导带电子和价带空穴的束缚半径较小，库仑作用较强，这种激子称为 Frenkel 激子。半导体中激子束缚能较低，属于 Wannier 激子范畴。

ZnO 具有大的激子束缚能（60meV），远大于室温离化能（26meV），理论上可以观察到激子发光。但是，在早期块状 ZnO 晶体的研究工作中，未能观察到 ZnO 室温下的激子发光，有两个可能的原因：第一，由于当时晶体生长技术的限制，块状 ZnO 晶体中存在大量缺陷，特别是氧空位缺陷，自由激子很容易被这些高密度的缺陷散射而离化；第二，块状 ZnO 晶体本身的激子振子强度比较小，使得 ZnO 激子的发光效率很低。对足够纯的半导体材料，低温下本征辐射复合的主要特征可以是激子复合导致的狭窄谱线发光光谱。光激发载流子首先通过发射声子弛豫到带边缘，然后形成自由激子，它在晶体中运动并最终通过辐射复合给出特征发光谱线。

2.7.2 氧化锌量子线阵列的外延生长

根据生长和控制方式的不同，ZnO 量子线阵列的制备方法有气相生长法、溶液生长法、模板生长法和自组装生长法。使用不同的制备方法、生长条件和工艺过程，所得到的 ZnO 量子线（NW）阵列形貌、结构差别很大，对其性能影响也很大。

2.7.2.1 气相生长法

气相生长法是在适宜的气氛中通过简单的热蒸发、激光烧蚀法及化学气相沉积等技术来制备纳米材料。气相合成法是一类十分庞大的合成方法，根据通入气体种类、是否使用催化剂、合成条件等可以有不同的分类方法和很多分支。这里仅仅介绍几种典型的可用于制备 ZnO 纳米线/棒阵列的气相合成方法及其原理。

(1) 汽-液-固（VLS）生长法　采用 VLS 机制的气相生长法合成纳米线阵列的主要工艺步骤是：首先在衬底表面上沉积一薄层具有催化作用的金属（例如 Au、Fe、Ni 等），然后进行升温加热，利用金属与衬底的共晶作用形成合金液滴。此后，通过源气体的气相输运或者固体靶的热蒸发，使参与生长纳米线的原子在液滴处凝聚成核。当这些原子数量超过液相中的平衡浓度以后，结晶会在合金液滴的下部析出并生长成纳米线，而合金则留在其顶部。也就是说，须状的结晶是从衬底表面延伸，并最终形成纳米线结构的。采用 VLS 机制形成纳米线的主要优点是工艺简单，只要合理控制起催化作用的金属微粒尺寸、合金液滴形成以及纳米线生长条件，便可以制备出直径细达约 20nm 和长度为数微米的纳米线。但是，由于金属催化剂的采用会对纳米线生长造成一定程度污染。此外，纳米线生长位置的控制尚有一定难度。迄今，已采用 VLS 机制在 Si、蓝宝石和 GaN 等衬底上成功生长高质量的 ZnO 纳米线阵列。

Zhang 等利用 MOCVD 方法，以 Au 为催化剂在 Si（001）衬底上生长垂直排列的 ZnO 纳米线。场发射扫描电子显微镜（FE-SEM）的测量证实，当 Au 层厚度为 6nm 时，ZnO 纳米线的密度为 $2.97 \times 10^{10} cm^{-2}$，长度约为 800nm 和平均直径为 60nm。然而值得注意的是，他们认为 Au 层在 ZnO 纳米线的生长中不具有催化性质，而是起一种掩膜作用。其实验证据是，Au 不是位于 ZnO 纳米线的顶部，而是处于 Si 衬底与 ZnO 纳米线之间的界面处。此外，当以 Au 作为催化剂并由 VLS 机制支配纳米线生长时，其工艺温度应为 900℃左右，而他们使用的生长温度仅有 500℃。由此看来，均匀分布在 Si 衬底表面的 Au 岛所起的纳米掩膜作用至关重要。该 ZnO 纳米线的基本生长过程是：在一定的温度下，首先在由 Au 掩膜层覆盖的 Si 衬底上形成一个较薄的 ZnO 非晶层，其后 ZnO 按一定晶向成核，最后完成具有择优取向的 ZnO 纳米线生长。

除了 Si 之外，蓝宝石也是生长 ZnO 纳米线的重要衬底材料。Zhang 等的研究小组采用高功率飞秒激光器，以 Au 催化剂实现了 ZnO 纳米线的脉冲激光沉积（PLD），并观测到波长约为 380nm 的强蓝光激射。作为该纳米线的生长机制，他们给出了如下具体表述：ZnO 纳米线的生长起源于具有纳米尺度 Au-Zn 合金团簇。在生长温度下，Au-Zn 合金保持在液相状态，该合金团簇的尺寸受两个因素的影响，即脉冲激光能量和生长温度。脉冲激光能量决定大量 Zn 原子如何达到预先生长好的 Au 层，并与 Au 原子以一定组分比形成 Au-Zn 合金簇。而生长温度则制约着合金表面的自由能，因为表面自由能的大小又直接影响具有固定 Au 和 Zn 组分的液相合金团簇的直径。

Levin 等人报道了 GaN 衬底上的外延 ZnO 纳米线生长，在无 Au 液滴存在的情形下，未发现 GaN 表面上 ZnO 纳米线的生长，而在有 Au 液滴的催化作用下观测到了 ZnO 纳米线的生长。随着 Au 液滴从 GaN 衬底表面的逐渐分离，ZnO 纳米线的生长模式从开始的蠕动长生转变为垂直生长。与 Si 和蓝宝石衬底有所不同，这种蠕动纳米线生长会导致一定程度上 ZnO 和 GaN 之间的热弹性失配和晶格失配。

(2) 气-固（VS）生长法　VS 生长法是一种将一种或几种反应物在反应容器的高温区加热形成蒸气，然后利用惰性气体的流动输送到低温区或者通过快速降温使蒸气沉淀下来，从而制备出不同种类纳米结构的方法。固体粉末物理蒸发法和化学气相沉积法都属于这种机制的分支。

Ham 等在没有任何催化剂参与的情况下，利用气-固生长机制在多晶氧化锌膜覆盖的硅基底上于 600℃下成功生长出氧化锌纳米棒阵列。产物为单晶纤锌矿结构，结晶良好，平均直径约 70nm，平均长度约 $10\mu m$。进一步场发射特性研究表明，其性能完全满足场发射显示和真空微电子设备的应用需要。

Lyu S C 等以 NiO 为催化剂，在氧化铝基片上，利用氩气作为载流气体，于 450℃下生长出排列良好的 ZnO 纳米线阵列。单晶 ZnO 纳米线具有六方纤锌矿结构，平均直径 55nm，长度可以达到 $2.6\mu m$。

2.7.2.2　液相生长法

液相法具有反应条件相对温和、设备简单、成本低廉的优点，但受溶液环境（如 pH

值、各组分浓度）的影响，组分比较复杂，产物形貌难控制，极易团聚与相互缠绕。根据生长方式和环境的不同，液相法主要有水热法、微乳液法、电化学沉积法、溶剂热法等。

要形成阵列结构，仅仅开始成核和生长是不够的，更为重要的是要使其具有定向生长的趋势。因此，可以总结出形成阵列结构的条件包括均相成核和一维生长。一方面，ZnO 晶粒生长仅仅发生在顶部，侧面上基本不生长。为此，必须降低溶液的过饱和度，只有当过饱和度低于形成块状晶体所要求的过饱和度时，才有可能形成阵列结构。另一方面，在水热法生长 ZnO 阵列之前，需要对基底做一定处理，使其表面覆盖一层 ZnO 薄膜，作为晶种，诱导 ZnO 朝一个方向生长。

Y. Sun 等在涂有 ZnO 薄膜的 Si 衬底上制备了 ZnO 纳米管/NW 阵列，通过控制前驱体的浓度，可以控制 ZnO 的含量。ZnO NW 的直径为 $10 \sim 30nm$，长数微米。作者还研究 ZnO NW 分别在 O_2 和真空中退火和未退火的 PL 光谱。真空中退火的 ZnO 的 UV 发光强度急剧增加（约 4 倍），而可见光发光强度相应减弱；在 O_2 中退火的 ZnO 两个峰的强度都同时减弱。ZnO NW 表面有一损耗层，是由表面吸附的氧通过夺取 ZnO 导带中电子从而形成氧离子而造成的。损耗层抑制光生载流子的复合，从而使 UV 发射峰减弱。真空中退火的 ZnO NW 由于表面吸附的氧或含氧物质的去除使得损耗层减小，从而造成 UV 发射峰增强。而在 O_2 中退火正好相反。真空中退火的 ZnO 长波长发射峰强度减弱说明可见光发射是与氧有关的缺陷相联系的。

2.7.2.3 模板生长法

模板法通过使用具有固定结构的材料（孔径为 $nm \sim \mu m$ 级的多孔膜）作为模板，结合电化学沉淀法、溶胶-凝胶法等让生长晶种沉淀在模板的孔壁上，并在模板孔道的限制作用下生长，形成所需的一维纳米结构。模板法具有良好的可控性，可利用其空间限制作用对 NW 生长的尺寸、形貌、结构和排布等进行控制。模板合成法制备纳米结构材料具有下列特点：所用模板容易制备，合成方法简单；通过改变模板制备条件，如溶液成分、膜材料性质等，可优化模板如孔洞分布、孔径大小等结构，从而可合成形貌可控的一维纳米结构的材料；在模板孔中形成的 NW 容易分离。模板法也有不足，使用较多的是无机氧化物（如多孔氧化铝）模板，去除困难，会存留一定杂质。Y. D. Wand 等结合模板和水热法，制备垂直基体生长、直径约 65nm，长度 $2\mu m$、具有良好紫外发光性能的 ZnO NW。首先在 GaN 薄膜上沉积一层 50nm 的 SiO_2 薄膜，再沉积一层 $1\mu m$ 的 Al；用两步法先对 Al 进行阳离子氧化，然后使用等离子刻蚀成小孔直径约为 65nm 的模板。ZnO 先 SiO_2/GaN 点上成核，然后生长成排列整齐的 ZnO NW。

2.7.2.4 自组装生长法

化学反应自组装法是以含有极性基团的高分子长分子链作为自组装网络，利用高分子络合反应在 Si 衬底上自组装 ZnO 一维纳米结构材料。在不加任何金属催化剂时，采用极性高分子 PVA 作为自组装载体，将 Zn^{2+} 通过配位络合反应络合在 PVA 侧链上，即吸收到聚合物网络里，再经过低温氧化烧结，以可控的方式在衬底表面生长出均匀分布的 ZnO 纳米粒子。然后利用高分子链的网络骨架结构限制 ZnO 纳米粒子的空间生长方向，得到均匀分布、直径为 $20 \sim 80nm$、长度达 $1\mu m$ 的 ZnO NW 阵列。这种软模板方法使得 NW 阵列的生长对衬底不具有选择性，同时可以实现在低温环境下的制备。对 ZnO NW 自组装定向生长动力学进行了研究表明，以极性高分子（如聚丙烯酰胺）长分子链作为自组装网络，利用高分子软模板控制 ZnO 纳米点成核和 ZnO NW 定向生长，从而使 ZnO NW 在半导体硅衬底上进行自组装生长。

2.7.3　氧化锌量子线阵列的激光发射

ZnO 的高激子束缚能使其非常适合制造在室温甚至高温下工作的高量子效率的激光器，因此，实现 ZnO 室温紫外激光一直是研究者所梦寐以求的。按照抽运源的不同，一般可以把 ZnO 激光分为三类：电子束抽运 ZnO 激光、光抽运 ZnO 激光和电抽运 ZnO 激光。下面将分别介绍这三类 ZnO 激光的研究进展。

2.7.3.1　电子束抽运 ZnO 激光

电子束抽运 ZnO 激光是这三类 ZnO 激光中研究最早的。早在 20 世纪 60 年代，用电子束抽运 ZnO 晶片，在低温下得到紫外激光，但是激光强度随着温度升高而迅速减弱。这主要是由于在当时的条件下很难制备出高质量的 ZnO 晶体，材料中存在的大量缺陷使得发光效率不高，光损耗严重，所以只能在低温下才能观察到 ZnO 的紫外激光。

2.7.3.2　光抽运 ZnO 激光

光抽运 ZnO 激光在近十年来取得了很大进展，根据谐振腔的不同，可以把光抽运 ZnO 激光分为两类：常规激光和随机激光。其中，常规激光存在确定的谐振腔，而随机激光的谐振腔则是随机形成的。

1997 年 5 月，Science 对光抽运 ZnO 紫外激光进行专题评述 "Will UV Lasers Beat the Blues?"，肯定 ZnO 作为新型光电子材料的巨大应用潜力，引发 ZnO 激光的研究热潮。此后，在多种 ZnO 纳米结构（如纳米线、纳米带、纳米四针状等）中都得到光抽运紫外激光。2001 年，Yang 等首次报道了室温光抽运 ZnO 纳米线阵列激光器，激光波长 383nm，线宽仅为 0.3nm，光抽运阈值是 $40kW/cm^2$。

2.7.3.3　电抽运 ZnO 纳米线阵列激光器的激光发射

迄今为止，关于 ZnO 电抽运激光（无论是常规激光还是随机激光）的报道还非常少。2006 年，E. S. P. Leong 等将 ZnO 粉末分散在 SiO_2 溶胶中，然后旋涂在 p-SiC（4H）单晶片上，在 110℃ 下烘干 30min，使得 ZnO 纳米颗粒镶嵌在 SiO_2 凝胶基体中，最后用 FCVA 方法在表面沉积 n-ZnO：Al 薄膜，从而制备结构为 p-SiC(4H)/i-ZnO-SiO_2 nanocomposite/n-ZnO：Al 的异质 p-i-n 结二极管。利用这种结构，他们首次实现室温电抽运 ZnO 纳米颗粒的随机激光。在比较小的正向注入电流下，器件只能产生可见发光；当注入电流增大时，出现紫外自发辐射发光，并随着正向电流的增大而逐渐增强，进而转化为随机激光。他们对出现激光时的 EL 谱进行傅立叶变换，结果表明薄膜中存在闭环随机腔，最短谐振腔的长度大约为 $6.2\mu m$。此后，他们又在 Al_2O_3 衬底上先生长一层 p-GaN 薄膜，然后在上面用同样的方法制备 ZnO/SiO_2 纳米复合体，形成 p-GaN/i-ZnO-SiO_2 nanocomposite/n-ZnO：Al 异质结，也在室温正向偏压下实现了电抽运 ZnO 纳米颗粒随机激光。

2007 年，Y. R. Ryu 等用 HBD 方法制备 ZnO/BeZnO 多量子阱（在多量子阱中 ZnO 的激子束缚能很大，约为 263meV，在光抽运下可以得到 ZnO 的室温激光）。然后以此多量子阱作为有源层，制备结构为 n-BeZnO/(ZnO/BeZnO MQW)/p-BeZnO 的双异质结二极管，两侧的 n-BeZnO 和 p-BeZnO 的作用是将载流子限制在多量子阱中，同时形成 Fabry-Perot 谐振腔。该器件在注入足够大的连续和脉冲电流时，可以产生来自于 ZnO 的室温电抽运紫外激光，阈值电流密度为 $420A/cm^2$。

2007 年，Yang 等在 n$^+$ 硅衬底上用磁控溅射和溶胶-凝胶等比较简单的方法制备以 ZnO 薄膜为半导体层，以 SiO$_x$ 为绝缘层和以 Au 薄膜为电极的 Au-SiO$_x$-ZnO 多晶薄膜 MIS 器件，实现了室温电抽运 ZnO 薄膜的随机激光。结合 ZnO 多晶薄膜的平面和截面 FESEM 图，可以将取向性生长的 ZnO 多晶薄膜看成是由阵列化生长的 ZnO 纳米柱紧密排列而成，光可以在这些纳米柱之间发生散射，从而形成在垂直于纳米柱方向的二维光散射系统。上述 ZnO-MIS 器件在不同正向偏压下的 360～400nm 波长范围内的 EL 谱测试结果表明，当正向偏压为 3.5V 时，EL 谱中只存在一个源于 ZnO 近带边自发辐射的发光峰，发光峰位于约 381nm 处，其半高宽约为 24.5nm；当电压增大到 6.3V 时，自发辐射发光峰的强度增大，同时半高宽减小到约 17nm；当电压为 7.0V 时，在 EL 谱中出现尖锐的发光峰，并且整体发光强度迅速增大；当电压继续增大到 8.3V 时，发光继续增强，同时尖锐发光峰数目增多。ZnO-MIS 器件在 360～400nm 范围内发光峰的积分强度随注入电流的变化曲线测试结果表明，存在一个激光阈值电流（这里的阈值电流约为 68mA）。当注入电流大于此阈值时，发光积分强度随电流的增长更为迅速，由此可知电致发光行为具有随机激光的特性。

2011 年，Liu 等制备基于 ZnO/MgO 核壳结构纳米线阵列的 MIS 器件，实现室温电抽运 ZnO/MgO 核壳结构纳米线阵列的随机激光。他们首先采用低温水热合成法在 ITO 导电玻璃上生长 ZnO 纳米线阵列［如图 2-14 （a）、（c）］，纳米线在衬底上垂直生长，其直径和长度分别为 75 和 1000nm，图 2-14 （b）显示 ZnO 纳米线为单晶且沿 <0001> 方向优先生长。然后，采用电子束蒸发法在 ZnO 纳米线表面沉积 70nm 厚度的 MgO 形成 ZnO/MgO 核壳结构［如图 2-14 （d）所示］。图 2-15 （a）是上述 ZnO-MIS 器件在不同正向偏压下的 300～500nm 波长范围内的 EL 谱。从图中可以看到，当正向偏压注入电流为 10mA 时，EL 谱中只存在一个源于 ZnO 近带边自发辐射的发光峰，发光峰位于约 407nm 处；当注入电流为 20mA 时，在 EL 谱中出现尖锐的发光峰，并且整体发光强度迅速增大；当注入电流为 26mA 时，发光继续增强，同时在 390～415nm 范围内尖锐发光峰数目增多，其半高宽低于 0.6nm。图 2-15 （b）是 ZnO-MIS 器件在 390～415nm 范围内发光峰的积分强度随注入电流的变化曲线。从图中可以清楚地看到，存在一个激光阈值电流（这里的阈值电流约为 20mA，对应的阈值电流密度为 2.3A/cm^2）。当注入电流大于此阈值时，发光积分强度随电流的增长更为迅速，可以看出图 2-15 （b）所显示的电致发光行为具有激光特性。

2012 年，Shan 等制备基于 ZnO 纳米线锥阵列的 Au-MgO-ZnO 器件，实现室温电抽运 ZnO 纳米线阵列的随机激光。他们首先采用 MOCVD 法在蓝宝石衬底上生长 ZnO 纳米线阵列（如图 2-16），纳米线锥在衬底上垂直生长，锥的底部和顶部直径分别约为 25nm 和 15nm，长度约为 700nm。然后，采用射频磁控溅射技术在 ZnO 纳米线表面沉积一层 MgO，再采用真空蒸发的方法沉积金阳极得到 Au-MgO-ZnO 结构。图 2-17 是上述基于 ZnO 纳米线锥阵列的 Au-MgO-ZnO 器件在不同正向偏压下的 EL 谱，从该图中可以看到，当正向偏压注入电流为 3.8mA 时，EL 谱中只存在一个源于 ZnO 近带边自发辐射的发光峰，发光峰位于约 392nm 处，其半高宽低于 16nm；当注入电流为 7.6mA 时，在 EL 谱中出现尖锐的发光峰，其半高宽为 1nm；当注入电流为 9.4mA 时，发光继续增强，尖锐发光峰数目增多。从该图中可以清楚地看到，存在一个激光阈值电流（这里的阈值电流约为 7.6mA）。当注入电流大于此阈值时，发光积分强度随电流的增长更为迅速，显示的电致发光行为具有激光特性。

图 2-14 （a）、（c）ZnO 纳米线的 SEM 图，（b）ZnO 纳米线的高分辨 TEM 图，
插图为选区电子衍射图；（d）ZnO/MgO 核壳结构纳米线的 TEM 图

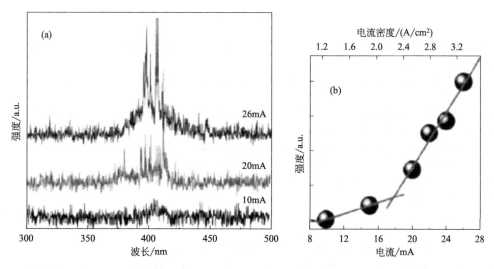

图 2-15 （a）基于 ZnO/MgO 核壳结构纳米线阵列的 ZnO-MIS 器件在不同正向
偏压下的室温 EL 谱；（b）ZnO-MIS 器件发光峰的积分强度随注入电流的变化曲线

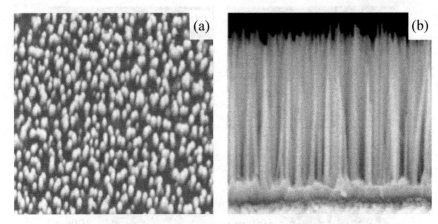

图 2-16　ZnO 纳米线锥阵列的 SEM 图

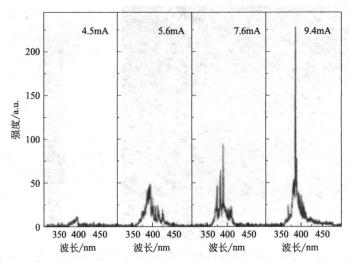

图 2-17　基于 ZnO 纳米线锥阵列的 Au-MgO-ZnO 器件在不同正向偏压注入电流下的室温 EL 谱

参 考 文 献

［1］ Bai Y，Slivken S，Kuboya S，et al. Quantum cascade lasers that emit more light than heat ［J］. Nat. Photonics，2010，4（2）：99-102.

［2］ Razeghi M，Slivken S，Bai Y，et al. High power quantum cascade lasers ［J］. New J. Phys.，2009，11（12）：125017/1-13.

［3］ Colombelli R，Capasso F，Gmachl C，et al. Far-infrared surface-plasm on quantum-cascade lasers at 21.5μm and 24μm wavelength ［J］. Appl. Phys. Lett.，2001，78（18）：2620-2622.

［4］ Semtsiv M P，Wienold M，Dressler S，et al. Short-wavelength（$\lambda \approx$3.05μm）InP-based strain-compensated quantum-cascade laser ［J］. Appl. Phys. Lett.，2007，90（5）：051111/1-3.

［5］ Cathabard O，Teissier R，Dvenson J，et al. Quantum cascade lasers emitting near 2.6μm ［J］. Appl. Phys. Lett.，2010，96（14）：141110/1-3.

［6］ Walther C，Fischer M，Scalari G，et al. Quantum cascade laser operating from 1.2 to 1.6 THz ［J］. Appl. Phys. Lett.，2007，91（13）：131122/1-3.

［7］ 王占国．信息功能材料的研究现状和发展趋势 ［J］．化工进展，2004，23（2）：117-126.

［8］ Raghavan S，Weng X，Dickey E，et al. Correlation of growth stress and structural evolution during metalorganic chemical vapor deposition of GaN on Si（111）［J］. Appl. Phys. Lett.，2006，88（4）：041904/1-3.

［9］ Liu W，Zhu J J. Jiang D S，et al. Influence of AlN the interlayer crystal quality on the strain evolution of GaN layer grown on Si (111) [J]. Appl. Phys. Lett., 2007, 90 (1): 011914/1-3.

[10] 陈良惠, 叶晓军, 种明. GaN基蓝光半导体激光器的发展 [J]. 物理, 2003, 32 (5): 302-308.

[11] Nakamura S, Seoh M, Nagahama S, et al. Room-temperature continuous-wave operation of InGaN multi-quantum-well structure laser diodes [J], Jpn. J. Appl. Phys. Part2, 1996, 35 (1B): L74-L76.

[12] Nakamura S, Senoh M, et al. InGaN/GaN/AlGaN based laser diodes with modulation-doped strained-layer superlattices grown on an epitaxial laterally overgrown GaN substrate [J]. Appl. Phys. Lett., 1998, 72 (2): 211-213.

[13] Nakamura S, Senoh M, et al. Blue InGaN based laser diodes with an emission wavelength of 450nm [J]. Appl. Phys. Lett., 2000, 76 (1): 22-24.

[14] Kuramoto M, Sasaoka C, et al. Reduction of internal loss and threshold current in a laser diode with a ridge by selective regrowth [J]. Phys. Stat. Sol. (A), 2002, 192 (2): 329-334.

[15] Goto S, Ohta M, Yabuki Y, et al. Super high-power AlGaInN based laser diodes with a single broad-area stripe emitter fabricated on a GaN substrate [J]. Phys. Stat. Sol. (A), 2003, 200 (1): 122-125.

[16] Yang H, Chen L H, Zhang S M, et al. Material growth and device fabrication of GaN-Based blue-violet laser diodes [J]. Chinese Journal of Semiconductors, 2005, 26 (2): 414-417.

[17] 张保平, 蔡丽娥, 张江勇, 等. GaN基垂直腔面发射激光器的研制 [J]. 厦门大学学报 (自然科学版), 2008, 47 (5): 617-619.

[18] 干福熹. 信息材料 [M]. 天津: 天津大学出版社, 2000.

[19] Yang R Q. Infrared laser based on intersubband transitions in quantum wells [J]. Superlattices Microstruct., 1995, 17 (1): 77-83.

[20] Li C H, Yang R Q, Zhang D, et al. Type-II interband quantum cascade laser at 3.8μm [J]. Electron. Lett., 1997, 33 (7): 607-639.

[21] Köhler R, Tredicucci A, Beltram F, et al. Terahertz semiconductor heterostructure laser [J]. Nature, 2002, 417 (6885): 156-158.

[22] Dehlinger G, et al. Intersubband electroluminescence from Silicon-based quantum cascade structures [J]. Science, 2000, 290 (5500): 2277-2280.

[23] Xu G Y, Li A Z, Li Y Y, et al. Low threshold current density distributed feedback quantum cascade lasers with deep top gratings [J]. Appl. Phys. Lett., 2006, 89 (16): 161102/1-3.

[24] Zhang Y G, Xu G Y, Li A Z, et al. Pulse wavelength scan of room temperature mid-infrared distributed feedback quantum cascade lasers for N_2O gas detection [J]. Chin. Phys. Lett., 2006, 23 (7): 1780-1782.

[25] 王占国, 陈涌海, 叶小玲等. 纳米半导体技术 [M]. 北京: 化学工业出版社, 2006.

[26] Faist J, Capasso F, Sirtori C, et al. Vertical transition quantum cascade with Bragg confined excited state [J]. Appl. Phys. Lett., 1995, 66 (5): 538-540.

[27] Scamarcio G, Capasso F, Sirtori C, et al. High-power infrared (8-micrometer wavelength) superlattice lasers [J]. Science, 1997, 276 (5313): 773-776.

[28] Faist J, Beck M, Lellen T, et al. Quantum-cascade lasers based on a bound-to-continuum transition [J]. Appl. Phys. Lett., 2001, 78 (2): 147-149.

[29] Faist J, Hofstetter D, Beck M, et al. Bound-to-continuum and two-phonon resonance quantum-cascade lasers for high duty cycle, high-temperature operation [J]. IEEE J. Quantum Electron., 2002, 38 (6): 533-546.

[30] Gianordoli S, Hvozdara L, Strasser G, et al. GaAs/AlGaAs based microcylinder lasers emitting at 10μm [J]. Appl. Phys. Lett., 1999, 75 (8): 1045-1047.

[31] Faist J, Capasso F, Sirtori C, et al. High power mid-infrared (λ~5μm) quantum cascade lasers operating above room temperature [J]. Appl. Phys. Lett., 1996, 68 (26): 3680-3682.

[32] Scamarcio G, Capasso F, Sirtori C, et al. High-power infrared (8-micrometer wavelength) superlattice lasers [J]. Science, 1997, 276 (5313): 773-776.

[33] Tredicucci A, Gmachl C, Capasso F, et al. A multiwavelength semiconductor laser [J]. Nature, 1998, 396 (6709): 350-352.

[34] Slivken S, Matlis A, Jelen C, Rybaltowski A, Diaz J, Razeghia M. High-temperature continuous-wave operation of λ~8μm quantum cascade lasers [J]. Appl. Phys. Lett., 1999, 74 (2): 173-175.

[35] Faist J, Capasso F, Sivco D L, et al. Short wavelength (λ≈3.4μm) quantum cascade laser based on strained com-

pensated InGaAs/AlInAs [J]. Appl. Phys. Lett. , 1998, 72 (6): 680-682.

[36] Semtsiv M P, Wienold M, Dressier S, Masselink W T. Short-wavelength (λ~3.05μm) InP-based strain-compensa-ted quantum-cascade laser [J]. Appl. Phys. Lett. , 2007, 90 (5): 051111/1-3.

[37] Gmachl C, Capasso F, Narimanov E E, et al. High-power directional emission from microlasers with chaotic resona-tors [J]. Science, 1998, 280 (5369): 1556-1564.

[38] Gmachl C, Tredicucci A, Sivco D L, et al. Bidirectional semiconductor laser [J]. Science, 1999, 286 (5440): 749-752.

[39] Hofstetter D, Beck M, Aellen T, et al. Continuous wave operation of a 9.3μm quantum cascade laser on a peltier cooler [J]. Appl. Phys. Lett. , 2001, 78 (14): 1964-1966.

[40] Faist J, Beck M, Aellen T, Gini E. Quantum-cascade lasers based on a bound-to-continuum transition [J]. Appl. Phys. Lett. , 2001, 78 (2): 147-149.

[41] Beck M, Hofstetter D, Aellen T, et al. Continuous wave operation of a mid-infrared semiconductor laser at room temperature [J]. Science, 2002, 295 (5553): 301-305.

[42] Aellen T, Blaser S, Beck M, et al. Continuous-wave distributed-feedback quantum-cascade lasers on a peltier cooler [J]. Appl. Phys. Lett. , 2003, 83 (10): 1929-1931.

[43] Gmachl C, Sivco D L, Colombelli R, et al. Ultra-broadband semiconductor laser [J]. Nature, 2002, 415 (6874): 883-886.

[44] Colombelli R, Srinivasan K, Troccoli M, et al. Quantum cascade surface-emitting photonic crystal laser [J]. Sci-ence, 2003, 302 (5649): 1374-1377.

[45] Wittmann A, Giovannini M, Faist J, et al. Room temperature, continuous wave operation of distributed feedback quantum cascade lasers with widely spaced operation frequencies [J]. Appl. Phys. Lett. , 2006, 89 (14): 141116/1-3.

[46] Maulini R, Mohan A, Giovannini M, et al. External cavity quantum-cascade laser tunable from 8.2 to 10.4μm using a gain element with a heterogeneous cascade [J]. Appl. Phys. Lett. , 2006, 88 (20): 201113/1-3.

[47] Ajili L, Scalari G, Hoyler N, et al. InGaAs-AlInAs/InP terahertz quantum cascade laser [J]. Appl. Phys. Lett. , 2005, 87 (14): 141107/1-3.

[48] Evans A, Nguyen J, Slivken S, et al. Quantum-cascade lasers operating in continuous-wave mode above 90℃ at λ~ 5.25μm [J]. Appl. Phys. Lett. , 2006, 88 (5): 051105/1-3.

[49] Xu G Y, Li A Z, Zhang Y G, Li H. Continuous-wave operation quantum cascade lasers at 7.95μm [J]. J. Cryst. Growth, 2005, 278 (1-4): 780-784.

[50] Xu G Y, Li A Z, Li Y Y, et al. Low threshold current density distributed feedback quantum cascade lasers with deep top gratings [J]. Appl. Phys. Lett. , 2006, 89 (16): 161102/1-3.

[51] Liu F Q, Ding D, Xu B, et al. Strain-compensated quantum cascade lasers operating at room temperature [J]. J. Cryst. Growth, 2000, 220 (4): 439-443.

[52] Guo Y, Liu F Q, Liu J Q, et al. 8μm strain-compensated quantum cascade laser operating at room temperature [J]. Semicond. Sci. Technol. , 2005, 20 (8): 844-846.

[53] Lu X Z, Liu F Q, Liu J Q, et al. High temperature operation of 5.5μm strain-compensated quantum cascade lasers [J]. Chin. Phys. Lett. , 2005, 22 (12): 3077-3079.

[54] Gianordoli S, Hvozdara L, Strasser G, et al. GaAs/AlGaAs superlattice quantum cascade lasers at λ~13μm [J]. Appl. Phys. Lett. , 1999, 75 (10): 1345-1347.

[55] Becker C, Sirtori C, Page H, et al. AlAs/GaAs quantum cascade lasers based on large direct conduction band discon-tinuity [J]. Appl. Phys. Lett. , 2000, 77 (4): 463-465.

[56] Schrenk W, Finger N, Gianordoli S, et al. Continuous-wave operation of distributed feedback AlAs/GaAs superlat-tice quantum-cascade lasers [J]. Appl. Phys. Lett. , 2000, 77 (21): 3328-3330.

[57] Indjin D, Harrison P, Kelsall R W, Ikonic Z. Influence of leakage current on temperature performance of GaAs/Al-GaAs quantum cascade lasers [J]. Appl. Phys. Lett. , 2002, 81 (3): 400-402.

[58] Page H, Becker C, Robertson A, et al. 300K operation of a GaAs-based quantum-cascade laser at λ~9μm [J]. Appl. Phys. Lett. , 2001, 78 (22): 3529-3531.

[59] Anders S, Schrenk W, Gornik E, Strasser G. Room-temperature emission of GaAs/AlGaAs superlattice quantum-cascade lasers at 12.6μm [J]. Appl. Phys. Lett. , 2001, 80 (11): 1864-1866.

[60] Strasser G, Schrenk W, Anders S, Gornik E. Single mode GaAs quantum cascade laser [J]. Microelectron. Eng., 2002, 63 (1~3): 179-184.

[61] Pflugl C, Schrenk W, Anders S, et al. High-temperature performance of GaAs-based bound-to-continuum quantum-cascade lasers [J]. Appl. Phys. Lett., 2003, 83 (23): 4698-4670.

[62] Williams B S, Kumar S, Callebaut H, et al. 3.4-THz quantum cascade laser based on longitudinal-optical-phonon scattering for depopulation [J]. Appl. Phys. Lett., 2003, 82 (7): 1015-1017.

[63] Williams B S, Kumar S, Callebaut H, et al. Terahertz quantum-cascade laser operating up to 137 K [J]. Appl. Phys. Lett., 2003, 83 (25): 5142-5144.

[64] Williams B S, Kumar S, Hu Q. Operation of terahertz quantum-cascade lasers at 164K in pulsed mode and at 117K in continuous-wave mode [J]. Opt. Express, 2005, 13 (9): 3331-3339.

[65] Scalari G, Ajili L, Faist J, et al. Far-infrared ($\lambda \approx 87 \mu m$) bound-to-continuum quantum-cascade lasers operating up to 90k [J]. Appl. Phys. Lett., 2003, 82 (19): 3165-3167.

[66] Kohler R, Tredicucci A, Beltram E, et al. Quantum cascade lasers emitting at lambda greater than $100 \mu m$ [J]. IEE. Electron. Lett., 2003, 39 (17): 1254-1255.

[67] Ajili L, Scalari G, Faist J, et al. High power quantum cascade lasers operating at $\lambda \sim 87$ and $130 \mu m$ [J]. Appl. Phys. Lett., 2004, 85 (18): 3986-3988.

[68] Barbieria S, Alton J, Beere H E, et al. 2.9THz quantum cascade lasers operating up to 70K in continuous wave [J]. Appl. Phys. Lett., 2004, 85 (10): 1674-1676.

[69] Worrall C, Alton J, Houghton M, et al. Continuous wave operation of a superlattice quantum cascade laser emitting at 2THz [J]. Opt. Express, 2006, 14 (1): 171-181.

[70] Kumar S, Williams B S, Hu Q, Reno J L. 1.9THz quantum-cascade lasers with one-well injector [J]. Appl. Phys. Lett., 2006, 88 (12): 121123/1-3.

[71] Walther C, Scalari G, Faist J, et al. Low frequency terahertz quantum cascade laser operating from 1.6 to 1.8THz [J]. Appl. Phys. Lett., 2006, 89 (23): 231121/1-3.

[72] Scalari G, Walther C, Faist J, et al. Electrically switchable, two-color quantum cascade laser emitting at 1.39 and 2.3THz [J]. Appl. Phys. Lett., 2006, 88 (14): 141102/1-3.

[73] Liu J Q, Liu F Q, Lu X Z, et al. Quasi-continuous-wave operation of AlGaAs/GaAs quantum cascade lasers [J]. Physica. E, 2005, 30 (1-2): 21-24.

[74] Luo H, Laframboise S R, Wasilewski Z R, et al. Terahertz quantum-cascade lasers based on a three-well active module [J]. Appl. Phys. Lett., 2007, 90 (4): 041112/1-3.

[75] Felix C L, Bewley W W, After E H, et al. Low threshold $3 \mu m$ interband cascade "W" laser [J]. J. Electron. Mater., 1998, 27 (2): 77-80.

[76] Olafsen L J, After E H, Vurgaftman I, et al. Near-room-temperature mid-infrared interband cascade laser [J]. Appl. Phys. Lett., 1998, 72 (19): 2370-2372.

[77] Bradshaw J L, Bnmo J D, Pham J T, et al. Midinfrared type-II interband cascade lasers [J]. J. Vac. Sci. Technol. B, 2000, 18 (3): 1628-1632.

[78] Yang R Q, Hill C J, Yang B H, et al. Room-temperature type-II interband cascade lasers near $4.1 \mu m$ [J]. Appl. Phys. Lett., 2003, 83 (11): 2109-2111.

[79] Yang R Q, Hill C J, Yang B H, et al. Continuous-wave operation of distributed feedback interband cascade lasers [J]. Appl. Phys. Lett., 2004, 84 (18): 3699-3701.

[80] Hm C J, Mwong C, Yang B, et al. Type-II interband cascade lasers emitting at wavelengths beyond $5.1 \mu m$ [J]. Electron. Lett., 2004, 40 (14): 878-879.

[81] Cory J H, Yang B H, Yang R Q. Low-threshold interband cascade lasers operating above room temperature [J]. Phys. E, 2004, 20 (3-4): 486-490.

[82] Yang R Q, Cory J H, Yang B H. High-temperature and low-threshold midinfrared interband cascade lasers [J]. Appl. Phys. Lett., 2005, 87 (15): 151109 (1-3).

[83] Bewley W W, Nolde J A, Larrabee D C, et al. Interband cascade laser operating CW to 257K at $3.7 \mu m$ [J]. Appl. Phys. Lett., 2006, 89 (16): 161106 (1-3).

[84] Kim M, Larrabee D C, Nolde J A, et al. Narrow-ridge interband cascade laser emitting high CW power [J]. Elec-

tron. Lett., 2006, 42 (19): 1097-1098.

[85] Canedy C L, Kim C S, Kiln M, et al. High-power narrow-ridge mid-infrared interband cascade lasers [J]. J. Cryst. Growth, 2007, 301-302: 931-934.

[86] Canedy C L, Bewley W W, Kim M, et al. High-temperature interband cascade lasers emitting at 3.6~4.3μm [J]. Appl. Phys. Lett., 2007, 90 (18): 181-120.

[87] 徐叙瑢, 苏勉曾. 发光学与发光材料 [M]. 北京: 化学工业出版社, 2004.

[88] 汤子康. 纳米结构 ZnO 晶体薄膜室温紫外激光发射 [J]. 物理, 2005, 34 (1): 21-30.

[89] Zhang G Q, Nakamura A, Aoli T, et al. Au-assisted growth approach for vertically aligned ZnO nanowires on Si substrate [J]. Appl. Phys. Lett., 2006, 89 (11): 113112 (1-3).

[90] Zhang Y F, Russo R E, Mao S S. Quantum efficiency of ZnO nanowire nanolasers [J]. Appl. Phys. Lett., 2005, 87 (4): 043106 (1-3).

[91] Levin I, Davydov A, Nikoobakht B, et al. Growth habits and defects in ZnO nanowires grown on GaN/Sapphire substrates [J]. Appl. Phys. Lett., 2005, 87 (10): 103110 (1-3).

[92] Ham H, Shen G Z, et al. Vertically aligned ZnO nanowires produced by a catalyst-free thermal evaporation method and their field emission properties [J]. Chem. Phys. Lett., 2005, 404 (1-3): 69-73.

[93] Lyu S C, Zhang Y, et al. Low temperature growth and photoluminescence of well-aligned zinc oxide nanowires [J]. Chem. Phys. Lett., 2002, 363 (1-2): 134-138.

[94] Sun Y, Georgen A, Riley D J, et al. Synthesis and photoluminescence of ultra-thin ZnO nanowire/nanotube arrays formed by hydrothermal growth [J]. Chem. Phys. Lett., 2006, 431 (4-6): 352-357.

[95] Wang Y D, Zang K Y, Chua S J. Catalyst-free growth of uniform ZnO nanowire arrays on prepatterned substrate [J]. Appl. Phys. Lett., 2006, 89 (26): 2631161-2631163.

[96] He Y, Sang W B, Wang J A, et al. Vertically well-aligned ZnO nanowires generated with self-assembling polymers [J]. Mater. Chem. Phys., 2005, 94 (1): 29-33.

[97] Serviee R F. Will UV lasers beat the blues? [J]. Science, 1997, 276 (5314): 895.

[98] Huang M H, Mao S, Feick H, et al. Room-temperature ultraviolet nanowire nanolasers [J]. Science, 2001, 292 (5523): 1897-1899.

[99] Leong E S P, Yu S F. UV random lasing action in p-SiC (4H)/i-ZnO-SiO2 nanocomposite-/n-ZnO: Al heterojunction diodes [J]. Adv. Mater., 2006, 18 (13): 1685-1688.

[100] Leong E S P, Yu S F, Lau S P. Directional edge-emitting UV random laser diodes [J]. Appl. Phys. Lett., 2006, 89 (22): 221109/1-3.

[101] Ryu Y R, Lubguban J A, Lee T S, et al. Excitonic ultraviolet lasing in ZnO-based light emitting devices [J]. Appl. Phys. Lett., 2007, 90 (13): 131115/1-3.

[102] Ma X Y, Chen P L, Li D S, et al. Electrically pumped ZnO film ultraviolet random lasers on silicon substrate [J]. Appl. Phys. Lett., 2007, 91 (25): 251109/1-3.

[103] Liu C Y, Xu H Y, Ma J G, et al. Electrically pumped near-ultraviolet lasing from ZnO/MgO core/shell nanowires [J]. Appl. Phys. Lett., 2011, 99 (6): 063115/1-3.

[104] Liu X Y, Shan C X, Wang S P, et al. Electrically pumped random lasers fabricated from ZnO nanowire arrays [J]. Nanoscale, 2012, 4 (9): 2843-2846.

第3章
纳米电子材料和器件

3.1 从微电子学到纳米电子学

3.1.1 微电子器件发展的摩尔定律

1947 年 12 月 23 日，巴丁（J. Bardeen）、布拉顿（W. Brattain）和肖克莱（W. Shockley）成功地观察到世界上第一种点接触式晶体管的放大特性，从而拉开微电子科学技术与产业的序幕。早在 1926 年，Lilienfield 就提出场效应晶体管（MOSFET）的概念。不过，这一概念在相当长一段时间内没有得到实际应用。直到 1960 年，Kahny 和 Attala 才把这一概念成功地应用于 Si-SiO₂ 系统，导致 MOSFET 的发明。从此，MOS 晶体管进入靠成电路制造业，并逐步成为微电子科学技术和产业中最重要的电子器件。目前，MOS 集成电路已经占到整个集成电路产值的 90% 以上。随着 20 世纪 70 年代初英特尔（Intel）公司 lKb DRAM 和采用 $8\sim10\mu m$ 沟长的 PMOS 技术制造的 750kHz 微处理器 4004 的研制成功，微电子技术进入到 MOS 大规模靠成电路（LSI）时代。在过去的 30 多年中，大规模 MOS 集成电路在性能和功能上均获得了突飞猛进的发展。超大规模集成电路技术取得快速发展的动力主要源于不断缩小的器件尺寸和不断增大的芯片面积。器件尺寸的不断缩小，导致电路性能的不断改善以及电路密度的不断增加；芯片面积的不断扩大，促使电路功能不断增多，成本不断降低。正是由于这两个方面的作用，集成电路芯片基本上遵循摩根定律的发展规律，即集成度大体每隔 3 年增长 4 倍，性能随之提高约 40%，集成电路的特征尺寸缩小为原来的 $1/\sqrt{2}$。图 3-1 给出根据摩尔定律预测的 CPU 和存储器发展情况。

集成电路自发明以来，其性能价格比的提高以及功能增加的有效途径之一就是不断缩小集成电路的特征尺寸。目前先进的 90nm 和 65nm 的集成电路技术已经开始进入大生产，45nm 集成电路技术研发已经完成，32nm 集成电路技术的研发正在展开。如图 3-2 所示，据 ITRS 预测，到 2016 年高性能应用集成电路中器件尺寸将小于 10nm。作为集成电路的基本单元 MOS 器件仍将在未来相当长的时间内作为主流器件。但是沿着由上而下的途径（top-down），随着器件尺寸缩小到纳米尺度，短沟效应、强场效应、量子效应、寄生电阻/寄生电容的影响、工艺参数引起的涨落问题、热耗散问题等对器件泄漏电流、亚阈斜率、开态电流等性能的影响愈来愈突出，器件关不断以及带来的泄漏电流已成为尺寸缩小后一个关键的问题；驱动电流增大受到限制，器件的电流驱动能力并不随器件尺寸缩小以预测的程度提

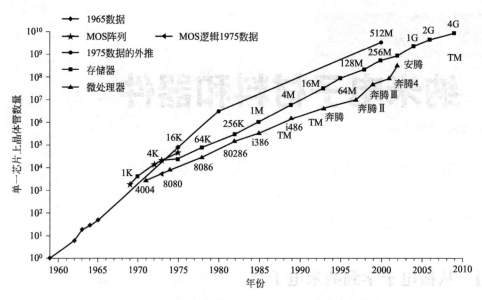

图 3-1　根据摩尔定律所给出的 CPU 和存储器发展情况

高。常规的体硅 CMOS 技术必须针对功耗、密度、性能提高、不同功能应用及集成等方面的问题，在器件结构、材料选用、加工技术以及器件物理等方面寻求解决方案。针对上述问题，人们从新材料、新工艺（新型栅介质/栅电极材料、沟道工程、源漏工程）以及新器件结构等方面提出一些可能的解决方案。

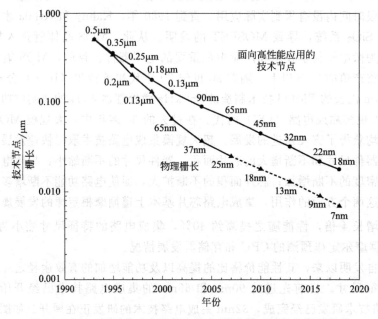

图 3-2　ITRS 预测集成电路技术节点/器件物理栅长的发展趋势

3.1.2　纳米电子学的诞生

按照摩尔定律的发展规则，以硅材料为主的微电子集成电路最小特征尺寸目前已经进入亚 100nm 范围。在不远的将来，微电子器件必然走向它的物理极限和技术障碍，即随着微电子器件最小特征尺寸的缩小，渐渐由量变产生质变，器件出现新的效应，传统的理论和技术都将遇到不可逾越的障碍，人们必须研究新一代固态电子器件，包括新材料、新器件结构及其新制造技术，以及新的器件物理和运行机理等。一种前瞻的解决方法是结合前沿的纳米科技，开展纳米电子学研究，低成本地制备纳米结构材料，研发直接利用量子效应工作的纳米电子器件，实现传统晶体管的逻辑功能。纳米电子学是由纳米技术与微电子技术相结合所产生的一门新兴学科，其主要目的是研究各种纳米半导体材料的电子性质与制备方法，以及在未来纳米量子器件中的应用等。

纳米电子是一项在现有完整架构的微电子（microelectronics）产业下的全新技术领域，在现今科技不断追求体积缩小且运算快的设备之际，纳米电子被许多专家视为突破下一代科技的主要关键技术。目前世界主要国家都加强对纳米电子研发投入，并制定相应的发展政策和法规促进纳米电子产业的发展，希望在下一轮纳米电子产业发展中占领先机。

纳米电子学是研究 $0.1 \sim 100 \text{nm}$ 尺度的纳米结构（量子点）内单个量子或量子波的运动规律或对其进行探测、识别、控制以及单个原子、分子人工组装和自组装技术的一门科学；是研究在量子点内单个量子或量子波所表现出来的特征和功能被用于信息的产生、传递和交换的器件、电路和系统及其在信息科学、纳米生物学、纳米测量学、纳米显微学、纳米机械学等中应用的一门科学。纳米电子学也称为量子功能电子学。

现今科技不断追求体积缩小且运算快的设备之际，纳米电子被许多专家视为突破下一代科技的主要关键技术。统计资料显示，目前发达国家国民生产总值约 10% 来自半导体产品。随着电子工业逐步进入纳米时代，纳米技术将有巨大的应用潜力。国际上对纳米电子研究非常重视，各国纷纷围绕纳米电子制定相应的战略和计划，组建新的生产和研发基地，并加大投入，以便在未来纳米电子发展中占领先机。

一方面，随着 CMOS 集成电路特征尺寸进入亚 100nm 范围并且遇到一系列难题，以新的制造技术和新的运行机理为特征的纳米电子器件却取得了显著成功，并且在一定程度上超越传统 CMOS 集成电路器件的性能，如改善小尺度 MOS 晶体管特性的新结构器件［SOI（Silicon on Insulation）、双栅 MOS 等］取得一定进展；另一方面利用量子输运机制的固态量子电子器件，即所谓的纳米电子器件，渐渐地从实践和理论上步入人们的视野，其研究方向和研究途径也渐渐清晰。目前比较成功的纳米电子器件包括共振隧穿器件、单电子器件、纳米管场效应晶体管等。与传统微电子器件相比，纳米电子器件需要人们研究新的运行机理，探索新的材料，发展新的加工技术，以便在不久的未来能够制造出更小尺寸的器件，这正是纳米电子学所要研究的问题。虽然相比于微电子学的成熟和发达，纳米电子学才刚刚起步，但是纳米电子学的应用前景是清晰的，随着纳米电子材料和器件研究的进展，它也会带动相关学科纳米技术的进步。

3.1.3 纳米电子学的研究基础

纳米电子学的基本特征主要包括：纳米电子材料中的载流子分布的量子尺寸限域效应；纳米结构中的载流子输运量子力学特征，包括量子隧道效应、弹道输运、库仑阻塞及单电子效应等。纳米电子器件结构设计、工作机理、集成原理及其制造技术构成目前纳米电子学中最核心的研究内容。

3.1.3.1 纳米电子学的理论基础

如果说微电子学的理论基础是固体能带理论，那么纳米电子学的理论基础则是各种量子化效应。而在不同纳米结构与器件中，其量子化效应的物理体现也是多种多样的。换言之，也正是各种量子化效应的出现，才导致具有不同量子功能纳米量子器件的诞生。

(1) 短沟道量子化效应 集成电路中 MOS 晶体管的栅氧化层厚度和沟道长度一起按比例缩小将会对器件和电路特性产生重要影响，主要反映在以下几个方面：一是对于很薄的栅氧化层，在达到本征击穿电场强度之前，会形成穿越氧化层的隧穿电流，甚至对其 $I\text{-}V$ 特性造成影响；二是栅氧化层的不断减薄，会由于多晶硅栅耗尽效应而导致 MOS 晶体管的有效栅电容减小，这会直接影响器件的稳定性和可靠性；三是 MOS 晶体管表面反型层的量子化将引起表面势的显著变化，从而器件的阈值电压发生变化；四是短沟道量子效应还将导致强电场下 p-n 结发生量子机制的带-带隧穿，使 p-n 结泄漏电流明显增大。此外，随着沟道长度的缩小，使得沟道方向的电场不断增大，从而引起载流子漂移速度的饱和与迁移率的退化。这是设计和制作纳米 CMOS 器件所必须考虑的。

(2) 库仑阻塞效应 如果一个量子点与它周围外界之间的电容为 $10^{-18} \sim 10^{-16}$ 量级时，则进入该量子点的单个电子引起系统静电能的增加等于 $e^2/2C$。此时就会出现一个有趣的现象：一旦有一个电子隧穿进入量子点，它所引起的静电能增加足以阻止随后第二个电子再进入到同一量子点，因为这样的过程要导致系统总能量的增加，这就是人们早已熟知的库仑阻塞现象。发生单电荷隧穿和库仑阻塞必须满足下述两个条件：第一，系统必须有导体或半导体岛，经隧道势垒与下一个金属互相连接，隧穿电阻 R_T 必须超过量子电阻 $R_Q = 26\text{k}\Omega$，即 $R_T \gg R_Q$；第二，库仑岛尺寸必须足够小且温度足够低，加到岛上的一个电荷载流子能量 E_C 远超过热起伏能，即 $E_C \gg k_B T$。目前人们研究的单电子器件，就是基于这种物理效应而设计。

(3) 电导呈量子化现象 电导量子化，即电导和它的倒数电阻是量子化的，量子电阻 $R_Q = h/e^2$，因此它不再像经典物理学所描述的那样，即电压对电流的比例为一常数。这是发生在量子点接触中的另一种单电子输运行为。所谓量子点接触，是指两个导体之间的距离等于或小于电子的弹性散射平均自由程的纳米结构。如对于由 AlGaAs/GaAs 形成的分裂栅二维电子气结构，当在分裂门电极上施加负偏压时，便在源-漏之间形成纳米尺寸的电子气通道。随着所加门电压的不同，通道的尺寸也在改变。当电子气通道达到纳米尺度时，便可以测量到电子输运的电导行为。这个量子电导对于温度极为敏感。温度较高时，由于热噪声的存在，将会使量子化的台阶行为逐渐减弱。利用量子点接触中的这种电子输运特性可以制成量子开关、逻辑电路以及量子相干器件等。

(4) 自旋极化电子输运 1988 年发现的巨磁电阻效应和其后发现的室温隧道磁电阻效应，开辟自旋电子学研究的新领域，它所研究的物理对象是自旋向上和自旋向下的载流子。利用电子的自旋特性，如自旋与磁性杂质的相互作用、自旋极化电子注入和输运、自旋操纵和检测、电子态的塞曼分裂等与半导体微电子技术相结合，从而为新一代纳米量子器件的设计与制作提供极好的机会。所谓自旋极化的电子输运，是指在铁磁金属中费米面附近的电子，在外场作用下的运输过程表现为与自旋取向相关。如费米面附近很高的电子状态密度会造成两种自旋电子的子能带交换分裂，并且传导电子（s 电子）与局域电子（d 电子）的散射过程为电导的主要机制。自旋电子学中的另一个重要进展，是光学抽运产生的自旋极化相干态，可用于光学相干器件的制作。

3.1.3.2 纳米电子学的技术途径

纳米电子学经过多年的基础探索研究和应用开发研究，已经取得了一些理论成果和实践经验。下面是纳米电子学发展过程中最主要的三种研究途径。

(1) 基于固态电子器件尺寸不断变小的自上而下发展路径 纵观半导体集成电路的整个发展历程可以看出，微电子器件特征尺寸的按比例缩小原理起到至关重要的作用，也正是这种器件尺寸日渐小型化的发展趋势，促使人们所研究的对象由宏观体系进入到纳米体系。从这个意义上说，纳米电子学是微电子学发展的必然结果。在摩尔定律的发展规律下，微电子器件达到超深亚微米的精确工艺技术，那么可在这个技术基础之上开始新的工艺方法，即以Si、GaAs等为主的无机半导体材料上利用薄膜生长技术和纳米光刻技术制造纳米固态电子器件及其集成电路。这个研究纳米电子器件的途径被称之为自上而下方法（Top Down Method）。这个制造过程是从基片开始，通过平面印制和刻蚀工艺来转移电路图形，获得大面积上长成有序的纳米电路系统。

（2）自底向上方法（Bottom-up method） 从原子、分子出发，在一定人为控制条件下自组织（Self-assembling）生长出所需要的纳米材料，并进一步组装成纳米功能器件，最终形成电路系统，这个构想被称之为自底向上方法（Bottom-up method）。

（3）有效的混合途径 为了避免单纯的自上而下方法或者自底向上方法两者的缺点，常常将两种方法结合起来，也就是利用一些自上而下的方法形成基本的互连图形，然后在设计的位置上利用自底向上的方法制备纳米结构，这种方法称为混合途径（Hybrid approach）。

3.2 纳米电子材料和器件

人类社会发展的历史证明，材料和工具是人类赖以生存和发展去征服自然的物质基础，一定历史时期的材料及其工具是人类历史的里程碑。电子材料是与现代电子工业相关的，在电子学与微电子学中使用的材料，是制作电子元器件、集成电路以及电子设备的物理基础。在电子设备中所涉及电子器件主要包括分立电子元器件（电阻器、电容器、电位器、电感器、真空电子管、晶体管、传感元器件等）、单片集成电路和混合集成电路。下面在电子材料和器件发展的基础之上对纳米电子材料和器件进行初步介绍。

3.2.1 纳米电子材料及其应用

传统的微电子工艺利用外延生长和横向图形的方法所制备的半导体器件显著特征就是对载流子限制。也就是电荷载流子不能够在空间各个方向运动，而是被限制在不同材料界面所构成的势垒中运动。如果这个限域效应发生在纳米尺度，则半导体表现为一个低维系统。根据势垒限制发生在一维空间方向、二维空间方向或者三维空间方向，载流子的运动仅仅被允许在二维、一维或者零维方向上进行。这三种纳米分别被称为量子阱、量子线和量子点。广义的纳米材料就是指三维方向上至少有一个方向上材料尺度处于纳米尺度的材料。因此可以把纳米电子分类为：①零维纳米电子材料，主要指纳米颗粒和纳米粉体材料；②一维纳米电子材料，包括纳米线、纳米管、纳米带等；③二维纳米电子材料，包括纳米薄膜、超晶格或量子阱等；④纳米中孔材料，包括多孔硅、分子筛等。随着纳米材料合成技术的发展，以纳米粒子、纳米线（管）、纳米薄膜、纳米中孔等纳米尺度物质单元为基础，按一定规律生成的新的功能或结构体系，也称为纳米结构（Nanostructure）。对于纳米电子材料的应用研究来说，功能纳米结构的制备及其在外场（包括电、磁、光、热等）作用下来实现所需要性能似乎更为重要。

3.2.2 电子器件的发展

电子器件是 20 世纪伟大的发明之一，发展过程分为三个阶段，即真空电子管、固体晶体管及其集成电路、纳米电子器件。

晶体管与真空电子管相比有很大差别，它有新的理论、自身的材料和加工技术。其理论是半导体物理，材料是高纯锗、硅、镓砷等，加工技术包括氧化、光刻、掺杂、扩散、外延生长等配套工艺。晶体管的重要基础是 p-n 结，通过基极注入的电子或空隙复合或沟道宽窄的控制来对电流的大小进行控制，从而实现信号放大。与真空电子管相比，电子传输距离大大减小，由厘米减小到微米，电流由毫安降低到微安，每秒检测的电子数由 10^{16} 个减少到 10^{13} 个，因此其体积小、功耗低，效率大大提高。

在点接触晶体管发明之后，又出现了平面晶体管及其工艺技术的发展，导致集成电路的问世。集成电路与由分立晶体管和其他元器件构成的电路相比，具有速度快、功耗低、可靠性高、体积小、质量轻、成本低等显著优点，因此得以迅速发展，并历经集成度仅 100 个元件的小规模集成电路、1000 个元件的中规模集成电路、10^5 个元件的超大规模集成电路以及大于 10^6 个元件的特大规模集成电路等阶段；器件的最小加工尺寸从数十微米、数微米，减小到 $1\mu m$ 以下。目前的主流技术是 $0.25\sim0.13\mu m$，个别产品已进入 $0.09\sim0.06\mu m$，即 $90\sim60nm$。然而，在微电子技术迅速发展，集成元件尺寸不断缩小至深亚微米，接近电子波长量级的时候，作为信息载体电子流的宏观集体效应将被电子波行为所替代，一些传统理论和方法不再适用，在期望突破"纳秒响应"的门槛时遇到困难。

纳米电子器件主要为单电子器件。量子效应是信号加工的基础。在纳米物理长度内，出现的主要新效应有：量子相干效应，弹性散射不破坏电子相干性，量子霍耳效应，普适电导涨落特性，库仑阻塞和振荡效应，弹道输运效应，海森堡不确定效应等。在纳米系统中失去了宏观体系的统计平均性，其量子效应和统计涨落为主要特性，纳米电子学就是讨论这些特性的规律和利用其规律制成功能器件的学科。

3.2.3 纳米电子器件及其研究内容

纳米电子器件包括两大类：第一类是纳米 CMOS 器件，作为现有集成电路的进一步微型化延伸；第二类是基于量子效应构成的全新的固态纳米电子器件，它包括共振隧穿晶体管、单电子晶体管以及碳纳米管场效应晶体管等。

微电子学家预测，集成电路今后仍将按摩尔定律继续向前发展，器件尺寸按比例缩小原理将会使纳米 CMOS 器件成为微电子技术的主流。因此，这就需要发展更新的工艺技术，如精密微细图形加工技术、新型的栅介质材料、超浅结制备工艺、短沟道工程等，以克服日益逼近的物理与工艺极限。目前，人们已设计若干种类的新型纳米 CMOS 器件，如 SOI MOS 器件、双栅 MOS 器件、围栅 MOS 器件、异质栅 MOS 器件、应变沟道 MOS 器件以及动态阀值 MOS 器件等。

固态纳米电子器件按照其物理机理主要有下面三类：一是共振隧穿器件，共振隧穿器件及其数字电路在性能和技术角度均具备可以与传统的微电子学相竞争的潜力；二是单电子晶体管及其集成电路；三是纳米场效应晶体管，主要是指利用碳纳米管或者单分子纳米基元组装而成的场效应晶体管。这些器件在技术上一方面继承传统硅基器件的一些先进技术，同时又采用新发展的纳米材料及其加工组装技术，并且以载流子的量子效应作为基本的工作机理。这几种量子电子器件的基本理论是清楚的，其工艺技术总体上具有可行性。但是如何做到准确控制器件工作条件下载流子的量子行为，在器件物理、结构和工艺方面亟待继续深入研究。从目前看来，已对未来纳米电子学提出的诸多新思想，但还不能判断哪一种可以替代硅 CMOS 在传统的微电子学中的地位。

3.3 纳米硅基 CMOS 器件

3.3.1 硅基 MOS 集成电路技术步入纳米尺度

集成电路工业开始于 20 世纪 60 年代末期和 70 年代早期,那时候是 $10\mu m$ 技术。20 世纪 80 年代,可获得的技术大部分是在 $1\sim5\mu m$,这个尺度是指晶体管沟道长度,也是集成电路上金属层的最小分辨尺寸,也就是金属线宽或者线间距(Metal Pitch),所以特征尺度常常称之为线宽。微电子技术仍然在按比例缩小(Scaling Down)的设计原则下继续发展,在 20 世纪 90 年代中期达到了 $0.5\mu m$ 和 $0.35\mu m$ 特征线宽,同时芯片上用来互连晶体管的金属层数也在增加,金属层主要由铝和钨的合金构成。"Scaling Down"仍在继续,2001 年达到了 $0.13\mu m$。虽然面临诸多问题,微电子技术的确已经发展到 100nm 之下,有人将这个技术称为亚 100nm CMOS,也有人将这个发展趋势称为纳米硅基 CMOS。纳米硅基 MOS 器件设计、工艺和相关技术已经成为国际半导体技术的研究热点,微电子技术研究领域主要集中在以下几个方面。

(1) 亚 100nm CMOS 器件结构和物理效应 亚 100nm CMOS 所面临的器件物理研究方面主要包括按比例缩小的限制;MOS 结构的超薄栅氧化层结构和短沟道效应;源漏超浅结的串联电阻和在强电场下的热载流子效应;互连延迟;量子效应等。

(2) CMOS 制备新工艺研究 CMOS 制备新工艺研究主要包括:新的光刻技术;MOS 栅介质技术;亚阈值漏电流控制技术;新材料技术;新结构器件;单片工艺等。

(3) CMOS IC 器件设计方法 关于 CMOS IC 器件设计方法问题,缩小的电源电压(V_{DD})对数字电路和混合集成电路带来挑战。在动态电路中,逻辑电平由 MOS 电容器的电荷量来决定,电源电压的降低意味更低的储存电荷量。随着亚阈值漏电流的增加、耦合噪声等因素的影响,集成电路工作可靠性受到挑战。

3.3.2 纳米 CMOS 器件面临的挑战

在特征尺寸不断按比例缩小的过程中,集成电路的实现存在许多挑战。微电子学的发展面临关键时刻,即随着 Si 片上元件集成度的提高和元件尺寸的缩小,使得固体电子学的理论、材料和加工技术等都面临新的挑战,主要包括三种挑战:一是器件物理效应,二是工艺技术,三是器件设计方法。下面重点介绍期间物理效应。

体硅 CMOS 器件缩小到亚 $0.1\mu m$ 以后将面临许多挑战。首先是有很多器件物理问题需要解决,沟道长度减小到一定程度后出现一系列物理效应,下面对它们进行简单介绍。

(1) 影响阈值电压的短沟、窄沟效应 沟道长度减小到一定程度后,源、漏结的耗尽区在整个沟道中所占的比重增大,栅极下面的硅表面形成反型层所需的电荷量减小,因而阈值电压减小。短沟道器件阈值电压对沟道长度的变化非常敏感。同时衬底内耗尽区沿沟道宽度侧向展宽部分的电荷使阈值电压增加。当沟道宽度减小到与耗尽层宽度同一量级时,阈值电压增加变得十分显著。

(2) 迁移率退化及载流子速度饱和效应 低场下迁移率是常数,载流子速度随电场线性增加。由于栅氧化层厚度不断减小,而沟道区掺杂浓度不断增大,这就会造成 Si-SiO$_2$ 界面处电场增强。一般界面处垂直于表面方向的电场超过 10^5 V/cm,栅极与沟道间产生的高电

场使载流子局限在 SiO_2 界面下狭窄的区域从而导致更多的载流子散射，而散射机制除有库仑散射以及晶格振动引起的声子散射外，还受到表面散射的作用。这使迁移率下降得很厉害。对于像深亚微米发展的 CMOS 器件，不仅垂直于表面方向（纵向）电场增强，沿沟道方向（横向）的电场也在增大。横向电场的增大会引起反型载流子在沟道区的某一点速度饱和。在极端情况下，载流子甚至会在整个沟道区域速度饱和。

（3）影响器件寿命的热载流子效应（Hot Carrier Effect，HCE）　器件尺寸进入深亚微米沟长范围，器件内部的电场强度随器件尺寸的减小而增强，特别在漏结附近存在强电场，载流子在这一强电场中获得较高能量，平均速度达到饱和，瞬时速度不断增大，成为热载流子。热载流子在两个方面影响器件性能中越过 Si/SiO_2 势垒，注入氧化层中，不断积累，改变阈值电压，影响器件寿命，漏极附近的耗尽区中与晶格碰撞产生电子空穴对。对 NMOS 管，碰撞产生的电子形成附加的漏电流，空穴则被衬底收集，形成衬底电流，使总电流成为饱和漏电流与衬底电流之和。衬底电流越大，说明沟道中发生的碰撞次数越多，相应的热载流子效应越严重。而且，如果载流子获得足够高的能量，它们也有可能注入栅氧化层中，甚至流出栅极，产生栅电流。硅中的碰撞电离倍增的阈值能量接近 $1.1eV$。对于亚 100nm CMOS 技术，随着电源电压的降低，热载流子效应会大幅度响应。总之，随着器件特征尺寸的见效，热载流子效应成为限制器件最高工作电压的基本因素之一。

（4）造成亚阈特性退化的漏感应势垒降低效应　亚阈区泄漏电流使 MOSFET 器件关态特性变差，静态功耗变大。在动态电路和存储单元中，它还可能导致逻辑状态发生混乱。因而由短沟道引起的漏感应势垒降低（DIBL）效应（又称为双极晶体管寄生效应），成为决定短沟道 MOS 器件尺寸极限的基本物理效应。源极、漏极与衬底形成两个背靠背二极管。对长沟道器件，亚阈电流很小且与漏电流无关。随着沟道长度减小，这两个背靠背二极管的距离减小到一定程度后相互感应，双极晶体管机理开始起作用。即使栅电压小于开启电压，漏电流也因双极晶体管作用，随漏电压增大而增大，导致器件无法关断。DIBL 增加亚阈电流，同时导致阈值电压漂移并使被隔离的器件相互发生作用。因此，在深亚微米和亚 100nm 的 CMOS IC 设计中要避免 DIBL 效应。

（5）漏源串联电阻的影响　随着 MOS 器件尺寸的不断缩小，MOS 晶体管的源漏区的串联电阻将成为限制器件和电路性能改善的严重问题。当 MOS 晶体管沟道较长时，沟道的本征电阻将远大于源漏区寄生电阻，源漏区寄生电阻不会对器件性能产生影响。随着沟道长度的缩短，沟道的本征电阻减小，而源漏区的寄生电阻不能按比例缩小，将使寄生电阻的影响变大。源漏区寄生电阻与沟道本征电阻串联，使 MOS 管的有效工作电压下降，使器件的工作电流和跨导下降，这将严重影响电路性能的改善。

（6）互连集成技术的挑战　为了使电路性能的改进与器件速度的提高保持同步，必须减小内部连线的 RC 延迟。采用多层互连是 VLSI 解决复杂连接关系并减小连线延迟的必然途径。对于底层的短线，连线本身的延迟很小，只是电容值得设计者注意。对于上层的长线，要保证信号在长连线的传输时间只能占周期时间的很小部分，长连线必须加宽加厚，使连线的导电层和电介质层横截面尺寸逐层加大，保持每一层布线的单位长度连线电容不变，而电阻却随金属线截面的增大而成比例减小。铜的电导率比铝低 40% 左右，用铜代替铝连线可以显著减小连线电阻，但还必须解决连线电容不按比例缩小的问题，发展低 K 线间介质材料是必然方向。合理的布线结构使得未来微处理器设计的时钟频率进入 GHz 范围。

3.3.3　纳米硅基 CMOS 器件结构

简单的等比例缩小不能解决纳米 CMOS 面临的种种挑战，研究适于纳米 CMOS 的新型器件结构已成为迫切课题，下面分析进入纳米尺寸的体硅 CMOS 器件结构设计。纳米 CMOS 器件在结构和工艺设计上采取了很多措施来改善器件性能。图 3-3 给出先进的 CMOS 器件结构。采用浅沟槽隔离不仅有效抑制闩锁效应，而且有利于缩小面积提高集成度。为了使 NMOS 和 PMOS 性能更对称，分别采用 n$^+$ 和 p$^+$ 硅栅，使 NMOS 和 PMOS 都是表面沟器件。用硅化物自对准结构（salicide）减小多晶硅线和源/漏区的寄生电阻。利用沟道工程实现优化的沟道掺杂剖面，用后退掺杂减小表面电场，削弱反型层量子化效应，还可以减小杂质随机分布对阈值电压的影响。中等掺杂的极浅的源/漏延伸区和环绕掺杂可以有效抑制短沟效应。优化的沟道掺杂也可以防止热电子效应，保证器件的可靠性。

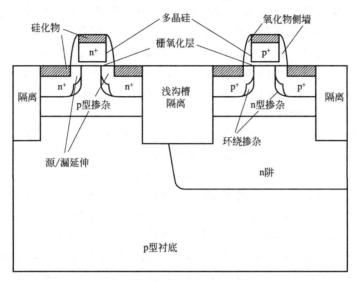

图 3-3　先进的 CMOS 器件结构

3.3.3.1　纳米 CMOS 器件中的栅结构

在 CMOS 器件中，通常把由栅电极层、栅介质层和 Si 衬底构成的 MIS 结构称为栅结构。其中栅电极层的功函数、栅介质层的厚度、介电常数、介质层电荷及界面缺陷态密度等因素直接决定 CMOS 器件的阈值电压，并影响器件的 *I-V* 特性。在当代的超深亚微米 CMOS 技术中，栅电极层为重掺杂的多晶硅和硅化物的复合结构，栅介质为高质量的热氧化 SiO_2，其氧化层电荷和界面缺陷态密度均很低。但是随着 CMOS 技术的进一步发展，MIS 栅结构也在不断演化以适应 MOS 器件特征尺寸不断减小的需求。

（1）高介电常数栅介质　随着器件尺寸的进一步缩小，进入到亚 $0.1\mu m$ 尺度范围内时，为保证栅对沟道有很好的控制。如果仍然采用 SiO_2 或氮氧化硅作为栅绝缘介质层，其厚度将小于 3nm。在这样的尺度下，由于直接隧穿电流随介质层厚度的减小而呈指数性增加，于是栅与沟道间的直接隧穿将变得非常显著，由此带来栅对沟道控制的减弱和器件功耗的增加，这是微电子技术进一步发展的限制性因素之一。克服这种限制的有效方法之一是采用高介电常数新型绝缘介质材料（简称高 K 材料）。目前所研究的高介电常数新型绝缘介质材料有很多，但究竟选哪种材料尚无定论。寻找性能更好的新型高介电常数材料以及通过改进工艺降低薄膜体和界面的缺陷态密度及泄漏电流密度是当前研究的热点。本节将主要介绍栅介质对高介电常数材料性质的基本要求以及研究的最新进展，并介绍高介电常数栅介质对 MOSFET 器件性能的影响。

作为 MOSFETs 的栅介质层，高 *K* 材料必须满足以下五个要求：第一，具有较高的 *K*

值，一般要求介于 12~60 之间；第二，对衬底 Si 导带偏移量超过 1eV；第三，低的缺陷态密度（不大于 $10^{11} cm^{-2} \cdot eV^{-1}$）；第四，与衬底 Si 接触时具有良好的热稳定性，避免在高温退火过程中形成中间层；第五，要求栅介质材料具有较高的重结晶温度，使其经后续高温退火后仍能保持非晶结构。

具有高介电常数的栅介质材料（高 K 材料）取代传统的 SiO_2 已经成为必然。长期以来，各国研究人员在高 K 材料领域开展了大量工作，各类新型高 K 材料纷纷涌现，从早期的 SiON、Si_3N_4、Al_2O_3 到后期的 Ta_2O_5、TiO_2、La_2O_3、HfO_2、ZrO_2 等。作为可替代 SiO_2 的栅介质材料，如 Al_2O_3、TiO_2 等也得到广泛研究。最近几年来作为栅介质材料研究得最多的是 HfO_2 和 ZrO_2。2007 年，IBM 公司和 Intel 公司宣布基于 Hf 高介电材料取得的重大突破。Intel 公司对栅极进行了两大改进，改用高介电栅介质材料，同时用金属栅电极取代多晶硅栅电极。与同频率的 65nm 工艺相比，这种 45nm 的高介电栅极可以将晶体管的转换速度提高 20%，同时将转换能耗减少 30%，并将漏电流降至原来的 1/5。HfO_2 逐渐受到广泛的关注，并被认为是替代 SiO_2 最合适的栅介质材料。因此，Hf 基高 K 材料在 CMOS 器件中的应用前景更广阔。

尽管 HfO_2 聚诸多优点于一身，但存在三大固有难题：第一，HfO_2 的结晶温度很低（400℃），退火处理将引起相变，造成电学性质的退化；第二，与 Si 衬底易反应形成铪硅化物，导致 EOT 增加；第三，Hf 基栅介质 MOSFET 器件中载流子的迁移率偏低，有些甚至不足 SiO_2 的 1/2。为了改善 HfO_2 栅介质材料的性质，N、Si、Al、Ta 以及稀土等元素掺杂的 Hf 基高 K 栅介质材料被广泛研究，以实现 MOSFETs 的进一步等比缩小，提高器件的性能。与 N、Si、Al、Ta 等掺杂相比，稀土掺杂对于改善 Hf 基高 K 材料面临的相关问题表现出明显的优势。大量研究表明，稀土元素的引入，不仅提高 Hf 基材料的 K 值，而且有效地抑制材料的体缺陷密度。对于 NMOS 而言，高 K/SiO_2 界面处形成的 Hf-O-RE 偶极子能够调节金属栅极的有效功函数，使金属栅/Hf 基高 K/Si 堆叠结构获得合适的有效功函数及理想的阈值电压。同时，La 掺杂还在提高 Hf 基栅介质的重结晶温度、器件栅介质层/衬底 Si 界面的平整度、界面陷阱对载流子迁移率的影响等方面表现出明显效果。尽管稀土元素掺杂对于提高 Hf 基高 K 材料的性能方面取得重大进展，但目前仍面临一些困难，也是今后发展的趋势。例如：第一，如何通过控制稀土掺杂量获得更为理想的 MOS 器件阈值电压；第二，在阻止中间层产生的同时，又不会降低器件的载流子迁移率；第三，寻求最佳的制膜手段，优化制膜工艺；第四，如何利用稀土元素掺杂获得适合于 PMOS 高 K/金属栅结构的有效功函数，以及如何解决随着 EOT 等比缩小而出现的 V_{FB}（闭环）仍是目前面临的挑战。

(2) 新型栅电极材料 在 CMOS 技术中，对新型栅电极材料的要求除需要使电极材料具有很好的导电性，还需要选择材料的功函数以适应 CMOS 器件的要求。有时要求栅电极材料在工艺过程中与栅介质材料及其周围材料之间保持热稳定性、化学稳定性以及机械稳定性，并且与栅介质层还要有好的黏附性。此外，为了能够在 CMOS 技术中使用还必须与 CMOS 工艺兼容。

目前正在研究的栅电极材料除金属材料，还有 $Ge_x Si_{1-x}$、金属氮化物（TiN）、金属氧化物（RuO_2）以及一些金属硅化物等。以下简单介绍多晶 $Ge_x Si_{1-x}$ 栅电极。由于 $Si_{1-x}Ge_x$ 中硼的分凝系数低于多晶硅，因此多晶 $Si_{1-x}Ge_x$ 材料具有抑制硼扩散的作用，而且由于掺入其中的杂质更容易激活以及多晶 $Si_{1-x}Ge_x$ 材料的薄层电阻低于多晶硅等特点，使得多晶硅耗尽效应也有所改善。研究表明，利用 p^+ 多晶 $Si_{1-x}Ge_x$ 材料替代 p^+ 多晶硅作为

PMOSFET 的栅电极可以获得较好的器件特性。多晶 $Si_{1-x}Ge_x$ 材料的带隙在硅的 1.12eV 和锗的 0.67eV 之间，随着 Ge 含量的增加而连续下降。通常 Ge 的含量每增加 10%，多晶 $Si_{1-x}Ge_x$ 材料的带隙将移动 40meV。这样，通过改变 Ge 的含量，可以达到调节其能带隙的目的，从而采用比双金属栅电极简单得多的工艺，便可以实现栅工程所设想的利用能带匹配进行阈值电压调制的目的。

3.3.3.2 纳米 CMOS 器件中沟道结构

当 CMOS 器件特征尺寸进入纳米领域时，短沟道效应（SCE，Short Channel Effect）、源-漏穿通和热载流子效应（HCE，Hot Carrier Effect）等成为 ULSI 的严重限制性因素。为了抑制其影响，需要对沟道内的掺杂分布进行特殊设计。在此情形下，出现特殊局域化掺杂。这些对沟道进行的非单一、非均匀化的特殊局域掺杂的杂质分布和结构，一般统称为 MOS 器件的沟道工程。同时，相应于器件其他尺寸减小，为减小 SCE 效应也必须使用纳米尺寸的超浅结结构。有关纳米 CMOS 器件中沟道工程的相关进展可以参阅参考文献，本节重点介绍应变硅技术。

在 MOS 器件的沟道中引入应变，不仅可以提高载流子的迁移率且有助于抑制 DIBL 效应。据报道，同尺寸的应变硅与体硅 MOSFET 相比，功耗减小 1/3，速度提高 30%，特征频率提高 50% 以上，功耗延迟积仅为后者的 1/6～1/5，器件的封装密度提高 50%。另外，高质量的应变硅的生长可以把应变工程和带隙工程引入成熟的硅工艺中。应变硅应用到 MOS 器件中，首要条件是应变硅材料的性能要达到器件级的标准，如表面粗糙度（RMS）、缺陷（defect density）和位错密度（TD）等。因此，如何获得高质量的应变硅材料一直是研究的热点。应变硅技术主要包括两方面：①全局应变，指在整个圆片都生长应变硅层，不同沟道位置具有相同的应力大小和方向，通过引入压应力（compressive strain）或伸张应力（tensile strain），提高载流子的迁移率；②局部应变，通过一定的技术仅在沟道处引入应力的方法。前者是虚拟衬底诱生双轴应变，即在 MOS 器件的沟道两个方向均存在应变；后者是在 MOS 器件的工艺制程中诱生的单轴应变。

(1) 全局应变 全局应变是利用材料晶格常数的差异产生的应变。Ge 比 Si 的晶格常数大 4.2%，当在 Si/Ge 弛豫层上外延一层硅时，硅的晶格将受四方畸变，在生长平面内诱生双轴张应变，在垂直平面上诱生压应变的薄单晶硅。其外延层的厚度需要小于临界厚度，当外延层的厚度超过临界厚度时，应变所产生的能量将被消耗在与应变诱生层和衬底的匹配中，这时产生大量缺陷，尤其是位错会进一步降低应变的程度，从而使得载流子的迁移率降低。全局应变包括应变弛豫缓冲层结构（Strained Relaxed Buffer，SRB）、绝缘层上的 SiGe（SiGe On Insulator，SGOI）和绝缘层上应变硅（Strained Si On Insulator，SSOI）。下面重点介绍应变弛豫缓冲层结构（SRB）。

应变弛豫缓冲层结构（SRB）是在硅衬底上按一定的方法生长应变弛豫的 SiGe 缓冲层，然后在上面生长硅帽层，Si/SiGe 界面的晶格常数匹配时，硅原子受到拉伸，形成双轴张应变。为了获得高质量的双轴应变硅，则需要优质的器件级的弛豫（relaxed layer）SiGe 层作为虚拟衬底（Virtual substrate）。生长低 RMS、低 TD、高弛豫度（relaxation degree）、薄的弛豫层 SiGe 的方法主要有三种：渐变的 $Si_{1-y}Ge_y$ 缓冲层技术（the grading SiGe buffer layer technique）、离子注入技术（ion implantation technology）、低温硅技术［low temperature Si（LT-Si）technology］，其中渐变的 $Si_{1-y}Ge_y$ 缓冲层技术是最为常见的一种制备质量较高的 SiGe 虚拟衬底方法，但外延层的厚度较厚，使在 MOS 器件中的自加热效应较为突出。离子注入技术可以获得高弛豫度、超薄的 SiGe 虚拟衬底，但因注入损伤引起 SiGe 层中的缺陷、位错密度、粗糙度较高，不易于制备质量高的弛豫层。低温硅技术是制备高质量、超薄 SiGe 的虚拟衬底的选择，但应变的弛豫度（the degree of strain relaxation）受到膜层厚度的限制。如果在应变硅层与弛豫层之间增加一层应变的缓变 $Si_{1-y}Ge_y$ 缓冲层（其中，缓冲层中 Ge 的摩尔分数是梯度性变化），以分担 Si/SiGe 异质结不匹配产生的应力。这个缓冲层也可以避免 Si/SiGe 界面的空穴限越问题。

(2) 局部应变 局部应变又称为工艺诱生应变，将部分工艺诱生的应变施加于 MOS 沟道处，提高 MOS 器件的性能。局部应变是单一方向的应变，即单轴应变。局部应变硅器件与 MOS 工艺相兼容，且工艺成本低、工艺简单。局部应变在 MOS 工艺中的应用主要有：源漏硅锗埋层技术、接触刻蚀停止层技术、应力记忆技术等。

① 源漏硅锗埋层（S/D Embedded SiGe-S/D SiGe）技术 在硅衬底的 S/D 区域刻蚀凹槽，并在该区域外延 SiGe 层，利用 SiGe 与 Si 的晶格失配，提高硅的沟道区压应力，从而有助于提高空穴的迁移率，可以提升 PMOS 性能。但该工艺仅适用于短沟道器件。若在 S/D 区外延 SiC 层，因碳的晶格常数（0.356nm）远小于硅（0.5431nm），易对沟道区产生张应力，因此可以调节 NMOS 沟道区域的应力。碳原子含量在 1% 左右，70nm NMOS 器件性能可以增加约 35%。

② 接触刻蚀停止层（Contact etch-stop liners-CESL）技术 接触刻蚀停止层技术是通过 PECVD 压应力的 Si_3N_4 和 Thermal CVD 张应力的 Si_3N_4 分别淀积在 PMOS 和 NMOS 的栅上调整沟道区域的应力。沟道应力的大小取决于 Si_3N_4 膜层的厚度。如应用较为广泛的 DSL（Dual stress liner），2004 年 IBM 公司首次采用 DSL 在 45nm CMOS 工艺技术，2.0GPa 张应力与 2.5GPa 压应力 Si_3N_4 分别应用于 NMOS 与 PMOS，诱导沟道产生应力 1.0GPa，使得 NMOS、PMOS 驱动电流分别提高 11%、20%。2008 年 Intel 公司在 32nm MOS 工艺中采用高 K 金属栅极与第四代应变硅技术。NMOS 与 PMOS 分别采用了 2GPa 的张应力与 3.5GPa 的压应力 Si_3N_4 膜淀积在栅上，同时，PMOS 的 S/D 区域采用 SiGe（Ge＝30%）结构，沟道获得 1.2～1.5GPa 的应力，NMOS 与 PMOS 的饱和驱动电流分别达到了 $1.55mA/\mu m$、$1.21mA/\mu m$。

③ 应力记忆技术（Stress Memoriation Technique，SMT） SMT 与 CESL 技术类似，但其中的栅、S/D 区域上的帽层 Si_3N_4 是牺牲层，进行杂质退火后取出 Si_3N_4，依靠残余应力（即应力记忆功能）提高器件的性能，该项技术主要应用于 NMOS。

总之，应变硅具有迁移率高、能带结构可调的优点，且与传统的体硅工艺相兼容，已经被广泛地应用于 90nm、65nm、45nm、32nm 高速/高性能的集成电路工艺中。同时，应变硅技术与高 K 金属极栅工艺结合将是下一个技术节点（22nm、16nm）较佳的选择。因单一的应变硅技术提高载流子迁移率有限，载流子的速度已达饱和，采用单一的应变硅技术很难满足器件性能提升的要求。目前，将两种及两种以上的应变硅技术整合在 CMOS 工艺的过程中将是未来应变硅技术发展的一个重要方向。因此，应变硅是一种具有前景的新技术，必将成为高速、射频器件等首选的高迁移率材料。

3.3.4 纳米体硅 CMOS 器件工艺

3.3.4.1 纳米体硅器件的图形制备技术

目前制作亚 $0.1\mu m$ 栅线条的方法主要有两大类。一类是光刻（更短波长的光源）和光刻相似的技术（例如软 X 射线、电子束直写等）通常先制作较细的光刻胶线条，再进行等离子体灰化以得到更细的栅线条。另一类是图形转移技术，其中应用最多、最成功的就是侧墙图形转移技术。

(1) 光刻胶灰化技术 采用光刻胶灰化技术（Photoresist Ashing Technique）则可使用普通光学曝光机制作出很细的线条，且工艺简单。具有较好的可控性及可重复性，能制作出质量很好的深亚微米图形。光刻胶灰化工艺就是在等离子体刻蚀设备中，用氧等离子体对光刻胶进行刻蚀。光刻胶是具有感光性的高分子聚合物，由 C、H、O、N 等元素组成。用氧等离子体对它刻蚀时，氧等离子体将与光刻胶发生化学反应，与 C、H、N 等元素生成挥发性气体排放出去，结果使得光刻胶不断减薄、减少。这就是光刻胶灰化工艺的基本原理。在具有各向同性的等离子体刻蚀设备中对光刻胶线条进行干法刻蚀，则光刻胶线条在减薄的同时也将变细，从而制作出细线条。

由于光刻胶都是高分子有机化合物，所以各种类型的光刻胶均适用灰化工艺。利用光刻胶灰化工艺可以制作出深亚微米线条。首先通过光刻得到一个较宽的光刻胶线条，如图 3-4（a）所示，然后在各向同性的等离子体刻蚀设备中用氧等离子体对光刻线条进行灰化处理。由于对光刻胶的刻蚀是各向同性的，光刻胶线条在减薄的同时其侧向也被刻蚀，使得光刻胶线条的宽度也在减小，线条变细，如图 3-4（b）所示。在完全各向同性的等离子体刻蚀设备中，线条宽度的减少量将是光刻胶厚度减薄量的 2 倍，如果光刻胶线条的厚度减少量为 Δd，那么线条宽度的减少量将为 $2\Delta d$，最后可以得到一个非常细的光刻胶线条如图 3-4（c），用此细光刻胶线条作为掩蔽，就可以对下面的层进行工艺处理。光刻胶灰化技术简单而廉价，但是在实验中发现，在光刻胶长时间的灰化过程中，光刻胶线条宽度的均匀性和可控性很难得到保证。

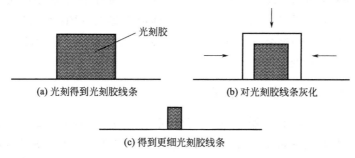

图 3-4 利用光刻胶灰化工艺制作细线条

(2) 侧墙图形转移技术 侧墙图形转移技术的具体做法是：首先用常规的光刻方法形成亚微米量级的光刻胶线条，然后用等离子体灰化来减小光刻胶线条的宽度，再以此光刻胶线条为掩模刻蚀出精细栅线条，其制作过程如图 3-5 所示。在栅多晶硅层上淀积二氧化硅层，并刻蚀成台阶，如图 3-5（a）所示；淀积氮化硅覆盖层，如图 3-5（b）所示；反应离子刻蚀（RIE）回刻氮化硅，由于 RIE 的各向异性，在二氧化硅的台阶处形成氮化硅侧墙。该侧墙的宽度主要决定于氮化硅膜的厚度，为纳米量级，如图 3-5（c）所示；腐蚀掉二氧化硅支撑层；再以氮化硅侧墙作为掩模刻蚀多晶硅层，从而形成宽度与氮化硅侧墙宽度相当的纳米多晶硅线条，如图 3-5（d）所示。图形转移技术相对于光刻和电子束直写技术来说，设备要求比较低，可以在常规工艺线上实现纳米级栅线条，成本较低，也比较方便。侧墙图形转移技术目前见诸文献报道的主要有两种常规的侧墙转移技术，即所谓的正侧墙图形转移制作栅线条的技术。这种技术目前文献报道最多，工艺中也大都采用这种技术制作沟道区的宽度。另一种即所谓的倒置侧墙技术。这种技术主要是利用相邻线条之间的凹槽来制作器件的沟道区栅和源漏扩展区。由于目前的高精确度光刻普遍采用正性光刻胶，制作线条比制作线条之间的凹槽更容易，也更容易缩小光刻线条的尺寸，所以这种技术研究比较少。

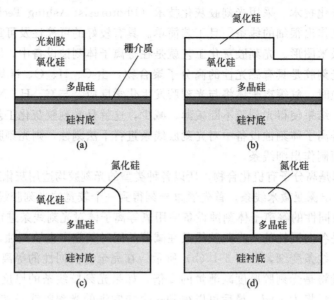

图 3-5　多晶硅线条的侧墙图形转移技术

3.3.4.2　纳米 CMOS 器件中超浅源/漏结的工艺技术

超浅结技术直接关系到器件的短沟道效应（SCE）、源漏穿通、驱动电流和泄漏电流等电特性，对于超深亚微米 MOS 器件十分重要。目前，新的超浅结离子掺杂技术正处于快速发展之中，一些极有希望的技术方案，如等离子体浸入掺杂（PIII）、投射式气体浸入激光掺杂（P-GILD）、快速气相掺杂（RVD）、离子淋浴掺杂（ISD）和十硼烷（$B_{10}H_{14}$）团簇注入等，已进行了深入研究。

3.3.5　纳米体硅 CMOS 器件的量子效应

对于步入亚 100nm 的 MOS 器件，栅氧化层不断减薄，仅仅几个纳米。超薄氧化层较强的隧穿电流对电路静态功耗带来不可忽视的影响。由于电源电压没有和器件尺寸以相同的比例缩小，器件内部的电场强度增强，强场下沟道反型层载流子量子化效应引起栅电容、阈值电压等参数的变化；杂质微观随机分布将引起与杂质浓度有关的器件参数的起伏变化等。纳米硅 MOS 器件中量子效应对器件性能的影响越来越显著，下面分析这些量子效应的产生及其对纳米硅 MOS 器件参数的影响。

3.3.5.1　薄栅氧化层的量子隧穿效应

为了有效抑制短沟道效应，并保持良好的亚阈值斜率，栅氧化层要和沟道长度以同样的比例下降。当栅氧化层厚度小于 3nm 时，直接隧穿电流对氧化层厚度非常敏感，栅偏压 1.5V 时，氧化层厚度若从 3.6nm 降到 1.5nm，电流强度约增加 10 个数量级。一个面积为 $0.05\mu m^2$（$L=0.1\mu m$，$W=0.5\mu m$）的 MOSFET，若栅氧化层厚度分别为 2nm、1.5nm 和 1nm，在 1V 的栅电压下对应的栅电流分别是 3pA、1nA 和 50μA。氧化层减薄 2nm 以下，隧穿电流增加很快。穿越 MOSFET 栅氧化层的电流不仅存在于反型层沟道内，也存在于栅-源、栅-漏覆盖区的积累层内。随着沟道长度的减小，覆盖区所占的比例增大，穿越覆盖区的隧穿电流增加电路的泄漏电流，从而增加电路的静态功耗。对于未来的 CMOS 电路，一个芯片内总的栅面积可能在 $0.1cm^2$ 的量级。假如在 1V 的栅电压下允许的泄漏电流是 $1A/cm^2$，栅氧化层厚度不能小于 2nm，体硅 CMOS 沟道长度只能减小到 25～30nm。因为穿越栅氧化层的隧穿电流增加到正常的沟道电流中，穿越栅氧化层的隧穿电流可能对 MOS 器件的导通特性也会带来影响。对于短沟道器件，这种影响很小可以忽略不计。隧穿电流使得栅氧化层的有效电阻减小从而使器件的阈值电压增加，同时栅电流的统计分布也会造成阈值电压的起伏。

3.3.5.2 沟道反型层量子化效应

由于实际上电源电压不与沟道长度按同样比例缩小，CMOS 器件向小尺寸发展的同时，电场强度不可避免地增大。低于 $0.1\mu m$ 沟道长度的器件，氧化层中的电场可高达 $5\times10^6\,V/cm$，而硅中电场强度也会超过 $1\times10^6\,V/cm$。如此强的电场要引发若干不利效应，除前面分析的栅氧化层隧穿电流的影响，沟道反型层的量子化会造成有效栅电容的下降，同时引起阈值电压变化。当硅中电场强度大于 $10^6\,V/cm$，反型层量子化效应可以把阈值电压升高 0.2V 甚至更高。量子效应引起阈值电压变化将对纳米 CMOS 器件的设计带来影响。当器件尺寸缩小使电源电压下降，随之阈值电压也要控制在很小的值，量子效应引起阈值电压增大使得器件阈值电压设计更加困难。采用环形的高掺杂带结构，会在漏附近形成高电场，在 10nm 的短距离内产生 1～2V 的能带弯曲。在这种强电场条件下将出现漏 p-n 结发生量子机制的带-带隧穿，导致 p-n 结泄漏电流增大。

3.3.5.3 沟道杂质随机分布

当 MOSFET 沟道长度小于 100nm 时，在器件的耗尽区内杂质数目只有几百个，这样少的杂质数目，在这样短的沟道区域分布，微观随机分布引起杂质数量的相对涨落可能达到百分之几十。利用离子注入、扩散等工艺实现掺杂是很难获得理想的、连续均匀的杂质分布。杂质微观随机分布的特征与不可避免的载流子统计涨落特征，将引起阈值电压的离散性，成为纳米 CMOS 器件设计和制作中不容忽视的因素。器件尺寸越小，一个芯片内的 MOS 晶体管数目越多，器件参数的偏差越大。很多电路如 SRAM 单元、灵敏放大器以及某些数字电路和模拟电路，都要求器件参数对称，杂质随机分布造成阈值电压变化，使器件参数失配，从而严重影响器件的性能。

3.3.6 新型 CMOS 器件及其集成技术

非传统新器件包括超薄体（UTB）SOI MOS 器件、平面双栅、FINFET、垂直双栅、三栅以及围栅器件等，但最终的胜出者还很不明朗，究竟未来的集成电路会采用何种器件结构还不可知。本节介绍两种很有发展潜力的新结构 MOS 器件：SOI MOSFET，双栅 MOS-FET。它们在性能、功耗多方面使 CMOS 的发展步入深亚 100nm 技术范围。

3.3.6.1 SOI MOSFET

近年来，在 SOI 器件与电路研究方面取得巨大成功，特别是在低压、低功耗、高速、高可靠集成电路领域，SOI 技术得到广泛重视。例如 2004 年，IBM 公司成功地开发综合应用 SOI 技术、应变硅和铜互连技术制备的 64 位微处理器 PowerPC 970FX，该芯片是 IBM 公司为工作站和服务器研发的产品，但它最广为人知的应用却是苹果的 PowerMac G5 机型，到目前为止已经发售了数百万片。SOI 技术亦成功地应用于低压电路。目前，已经采用 SOI 技术制备出可以在 0.5V 电源电压下工作的混频器，在 1V 工作电压下工作的存取时间为 46ns 的 16Mb DRAM，用 $0.18\mu m$ 的 SOI 技术制备出 64 位 AUL，用部分耗尽 SOI CMOS 工艺制备 10GHz 低抖动的宽带锁相环（PLL）等。

SOI 技术作为一种全介质隔离技术，有许多体硅技术不可比拟的优越性。图 3-6 为体硅 CMOS 结构的横截面示意，从图可见，在 SOI 技术中，器件仅制造于表层很薄的硅膜中，器件与衬底之间由一层隐埋氧化层隔开。正是这种独特的结构使 SOI 技术具有体硅所无法比拟的优点。SOI CMOS 器件具有功耗低、抗干扰能力强、集成密度高（隔离面积小）、速度高（寄生电容小）、工艺简单、抗辐照能力强，并彻底消除体硅 CMOS 器件的寄生闩锁效应等优点。随着 SOI 顶层硅膜厚度减薄到全耗尽工作状态（硅膜厚度小于有效耗尽区宽度）时，全耗尽的 SOI 器件将比传统 SOI 器件具有更优越的特性。这种全耗尽 SOI 结构更适合于高性能 ULSI 和 VHSI 电路。

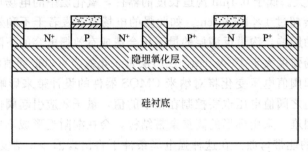

图 3-6　SOI CMOS 器件的横截面示意

人们对 SOI 材料制备工艺技术研究了很多，以下主要介绍三种技术。

(1) SIMOX 技术　用氧离子注入形成 SOI 结构（即 SIMOX 技术）是目前制备 SOI 材料较为通用和先进的方法具体步骤是：用具有能量为 $150 \sim 200 keV$，剂量为 $1.8 \times 10^{18} cm^{-2}$ 的氧离子注入硅单晶衬底中，经 $1300℃$ 以上 $5 \sim 6h$ 退火后，在硅单晶表面层下面形成数千埃（$1Å = 10^{-9} m$）的隐埋氧化层（BOX：Buried Oxided），从而形成具有三层结构的 SOI 材料。用离子束合成的技术在半导体中形成 SiO_2 绝缘埋层必须具备以下 3 个必要条件。第一，注入剂量应超过临界剂量。临界剂量的定义是，能够在注入离子深度分布的峰值处直接形成具有一定化学配比的化合物所需要的离子注入剂量。第二，注入时，衬底温度是一个会影响顶部硅层质量的重要参数。若在注入过程中靶片（衬底）温度太低，氧注入时，会使射程范围之内顶部硅完全非晶化，经退火后将形成多晶硅。注入过程中靶片处于足够高的温度（$>500℃$）下，则注入过程中非晶化损伤会因退火而消除，从而保持顶部硅膜是良好的单晶。但靶片温度过高又会造成顶部硅膜中出现氧沉淀。为避免这一现象发生，离子注入期间衬底温度的上限为 $700℃$ 左右，最常用的衬底温度范围在 $600 \sim 650℃$ 之间。第三，退火参数，注入后的高温退火是形成 SIMOX SOI 的重要步骤。注入后高温退火的目的：一是消除顶层硅的注入损伤；二是借助于杂质扩散和化学驱动力进一步形成绝缘埋层，并且使顶部硅层与埋氧化层的界面变得更加陡直。

(2) 硅-硅直接键合的减薄技术　当硅片与带有热氧化层的硅片经过键合工艺形成 SOI 结构材料后，为适应器件制作的要求，在键合后通常需要对 SOI 结构中的硅片实施减薄。目前常规使用的减薄技术有 3 种：硅片键合与背面腐蚀技术（BESOI）、等离子辅助化学腐蚀（PACE）和智能剥离技术。其中，智能剥离（Smart cut）新技术是一种在电学行为上可与 SIMOX 技术相媲美、工艺简单、经济的减薄技术。在 SOI 材料制备技术中成为最具竞争力、最有发展前途的一种技术之一。自从 1995 年开发这种技术至今已得到飞速发展。目前，法国 SOITEC 公司已经能提供用智能剥离技术制备的商用 SOI 片。智能剥离技术是建立在离子注入和键合两种技术相结合基础上。其原理是利用 H^+（或 He^+）注入在硅片中形成

　纳米半导体材料与器件

气泡层，将注氢片与另一支撑片键合（两个硅片中至少有一片表面带有热氧化的 SiO_2 覆盖层），经适当的热处理使注氢片从气泡层处完整裂开，形成 SOI 结构。这种把离子注入与键合相结合制备 SOI 的技术也称为 Uniband SOI。智能剥离技术制备 Uniband SOI 的主要具体过程如下。第一步，将准备键合的两个硅片中的一片（种子片 B）用热氧化的方法，在表面上形成一层二氧化硅，其厚度由 SOI 材料的隐埋氧化层（BOX）厚度来决定。第二步，对种子片 A 注入 H^+（或 He^+），注入射程取决于 SOI 的顶部硅膜厚度。第三步，将硅片 A 与硅片 B（支撑片）经清洗和亲水处理后做低温键合。第四步，对键合片进行热处理（400～600℃），使硅片 A 在 H^+ 分布的峰值处起泡剥离，其中 A 片的一薄层单晶硅留在支撑片 B 上形成 SOI 结构，剥离下来的硅片 A 经抛光后可继续使用。第五步，高温退火和化学机械抛光（CMP）。剥离后的键合片经1100℃高温下再退火，以进一步增加键合强度。由于剥离后硅片表现不够平整，对退火后的 SOI 材料上表面，需做化学机械抛光，以适应器件制备的要求。Smart cut 技术的优点主要包括：H^+ 注入剂量为 $10^{16}\,cm^{-2}$，比 SIMOX 注氧剂量低两个数量级，因而可采用普通的离子注入机来完成；SOI 的顶部硅膜厚度均匀性好，其厚度可由注入能量来控制；BOX 层（埋氧化层）是由热氧化形成的高质量二氧化硅，具有良好的 Si-SiO_2 界面。BOX 层的厚度和 BOX 层材料类型（如 SiO_2 或 AlN 等）均可以自由选择；剥离后余下的硅片 A 仍可以继续作为键合衬底，大大降低成本。

(3) 智能剥离技术中的离子注入 智能剥离技术的重点之一是选择一种合适的离子注入能量与剂量。注氢剂量的选择将决定键合后退火时能否在注氢峰值处裂开，而注入能量的选择将决定 SOI 结构顶层硅膜的厚度。智能剥离技术是靠注氢（或氦）在键合后的低温退火来实现剥离减薄。注氢（或氦）的作用是当 H^+ 进入硅中时，H^+ 会打破 Si—Si 键，在硅中形成点缺陷，并有 Si—H 键形成。这些点缺陷在加温情况下相互重叠形成多重空洞，并且有 H 放出，在空洞内形成 H_2。当温度升高时，空洞互相连接，而且空洞内压力升高，从而发生起泡或剥离。为了成功实现剥离，氢的注入剂量不能太低，因为若注入氢的剂量太低，在硅片内部不能产生足够数量的微小空洞（点缺陷）来吸附 H_2，使得 H_2 从注入区域峰值处（R_p 附近）扩散到体硅及键合界面处的微空洞中。由于被键合界面处的微空洞聚积大量氢分子，在随后升温退火过程中会导致样品从键合界面处分离，而不是在 R_p 处剥离。显然，为实现剥离要求氢的注入剂量必须足够高。但注入剂量过高亦会带来不利影响。

3.3.6.2 双栅 MOSFET

双栅器件由于增加一个栅的控制能力，可解决单栅结构难以推进到极小尺寸器件的问题。双栅器件可以获得高电流驱动能力，短沟效应可以控制得很好，器件关态电流较小，亚阈斜率陡直。从双栅的相对位置看，有 3 类双栅器件，分别是平面双栅、垂直双栅、FINFET 双栅。理想的双栅 MOS 器件应该具有以下基本特点：①很薄而且均匀的硅膜作为沟道区，硅膜厚度 t_{si} 要小于沟道长度 L，一般要求 $t_{si} \leqslant (1/3 \sim 2/3)L$；②两个栅要互相对准，并且和源/漏形成自对准结构；③较厚的源/漏区以便减小源/漏区串联电阻。其中两个栅之间的对准是实现高性能双栅 MOSFET 的关键，因为两个栅之间的偏差会引起附加的栅-源或栅-漏覆盖电容，降低器件的电流驱动能力。平面双栅器件是最早提出的，也是最早研究的一种双栅器件，但是这种器件的制备工艺比较复杂，尤其背栅的掺杂以及背栅的硅化物很难实现，而且顶栅和底栅的自对准较难实现。目前报道的平面双栅器件制备主要采用外延方法、键合方法或金属诱导生长方法获得双栅器件沟道区和/或源漏区。相比平面双栅器件，垂直双栅器件易于实现自对准双栅；而且器件的沟道长度可以不通过光刻定义，可以突破光刻精度的限制。此外，由于器件本身是立体结构，面积可以减小，也利于三维集成；由于器件的沟道区可以与体硅相连，故可以减小自加热效应和浮体效应。垂直沟道的双栅器件在保持其他性能不受影响的基础上，可以实现自对准双栅控制，而且基于硅台技术的加工工艺比较简单，可以完全与常规工艺兼容。

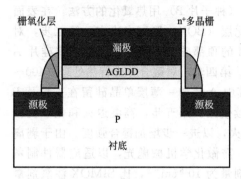

图 3-7　非对称梯度低掺杂漏（AGLDD）垂直沟道 nMOSFET 器件的剖面示意

黄如等提出了非对称梯度低掺杂漏（AGLDD）新型垂直双栅 MOS 器件，其结构示意如图 3-7 所示。与平面器件相比，器件旋转 90°；而且充分利用垂直结构的特点，首次引入非对称梯度低掺杂漏结构和沟道掺杂自梯度分布。在降低漏电、增强器件可靠性的同时，可以降低器件的串联电阻，提高器件的驱动能力。这种 AGLDD 结构及掺杂分布控制和测量在垂直结构中均易于实现，而且垂直 AGLDD 结构的掺杂浓度分布控制和测量更为方便。通过实现沟道电势自梯度分布，可放宽对器件参数的选择要求，尤其对硅膜厚度的要求。这种独特的 AGLDD 和沟道自梯度掺杂结构可有效改进器件开态与关态的矛盾。最小沟道长度达到 32nm 的垂直沟道 AGLDD 双栅器件的关态泄漏电流约为 $37pA/\mu m$、电流开关比达到 2.0×10^6，具有较好的亚阈值特性。

3.4　固态纳米电子器件

3.4.1　量子电子器件的基本类型及其特征

量子电子器件按照其物理机理主要有下面三类：一是共振隧穿器件（共振隧穿器件及其数字电路在性能和技术角度均具备可以与传统微电子学相竞争潜力）；二是单电子晶体管及其集成电路；三是纳米场效应晶体管，主要是指利用碳纳米管或者单分子纳米基元组装而成的场效应晶体管。这些器件在技术上一方面继承传统硅基器件的一些先进技术，同时又采用新发展的纳米材料及其加工组装技术，并且以载流子的量子效应作为基本的工作机理。这几种量子电子器件的基本理论是清楚的，其工艺技术总体上具有可行性。限于篇幅，本节主要分别介绍共振隧穿器件、单电子器件、碳纳米管场效应晶体管三种器件的器件工作原理、工艺及其特性。

3.4.2　共振隧穿器件

3.4.2.1　共振隧穿器件概述

共振隧穿器件是利用量子共振隧穿效应而构成的一种新型高速器件，包括两端的共振隧穿二极管（RTD）和三端的共振隧穿三极管（RTT）。共振隧穿器件是纳米电子器件家族中的重要成员。在当前各种纳米电子器件中，较其他纳米器件（如单电子器件和量子点器件）发展更快和更为成熟，并已经开始进入应用阶段，因而备受人们的关注。

共振隧穿器件具有以下几个特点：高频、高速工作；低工作电压和低功耗；负阻，双稳和自锁特性；多种逻辑功能和用少量器件完成一定逻辑功能的特性。共振隧穿器件可以应用于三个方面：一个是用于模拟电路，做成微波和毫米波振荡器等；另一个是用于高速数字电路，与 MESFET、HBT、HEMT 等进行集成构成高速数字电路；还可以用 ORTD 或与常规光电探测器件构成高速光电集成电路。

基于量子隧穿效应的 RTD 器件，是当前纳米电子学中最负期望的器件之一。近二十多年来，发达国家在 RTD 器件研究方面投入了很多精力。美国空军资助的林肯实验室、NTT 实验室、贝尔实验室、日本新能源和工业技术发展组织以及世界著名的大学和研究所纷纷展开 RTD 及其应用电路的研究。主要研究范围包括：共振隧穿二极管器件物理模型，高频高速共振隧穿二极管设计与制作，新型共振隧穿器件的制作，共振隧穿器件振荡频率和开关时间测量，多峰负阻共振隧穿二极管数字电路设计与制作，RTD MOBILE 和神经晶体管电路，RTD 静态随机存储器电路，RTD 静态分频器电路，RTD A/D 转换器电路，RTD 与 CMOS 混合集成技术，RTD 在微波技术中的应用。目前 RTD 已用于微波振荡器、微波混频器、高速数字电路和光电集成电路等。国外已推出含 2000 个以上 RTD 的高速数字电路。RTD 电路具有速度快、功耗低、实现相同逻辑功能所需元器件少的优点，所以发展迅速，已可与 FET、HEMT、HBT、MOSFET 等集成构成各种门电路、双稳态分频器、静态存储器和加法器等电路。

本节仅介绍共振隧穿二极管（RTD），它分为两类，包括带内共振隧穿二极管（RTD）和带间共振隧穿二极管（RITD）。有关共振隧穿器件的工作原理，包括共振隧穿效应理论、物理模型等可参考有关著作，本节重点介绍用于共振隧穿器件的材料结构设计、制备工艺技术以及器件性能。

3.4.2.2 带内共振隧穿二极管（RTD）

依照载流子类型，带内共振隧穿二极管（resonant tunneling diode，简称 RTD）可以分为空穴型共振隧穿二极管和电子型共振隧穿二极管。空穴型共振隧穿二极管以空穴为载流子，其赖以工作的双势垒单量子阱结构位于价带；电子型共振隧穿二极管以电子为载流子，其赖以工作的双势垒单量子阱结构位于导带。

现今，得到较为广泛使用的共振隧穿二极管（RTD）器件研究工作多限于Ⅲ-Ⅴ族化合物材料，因而难与 Si 基 CMOSVLSI 技术相结合。近年来 Si 基 RTD 和 RITD 的研究工作有很大发展，为今后将 RTD 器件与以 CMOS 为基础的 VLSI 相结合提供有利条件。

(1) GaAs 基 RTD 王杰等用 MBE 技术生长三种材料结构的 GaAs 基 RTD，对阱结构参数进行设计，研究垒前阱厚度对 RTD 器件性能的影响，发现垒前阱厚度越大，V_p 值越小，V_v 也越小，降低器件的功耗；同时 I_p 和 I_v 值也相对减小，导致器件的驱动能力下降。但其中 I_v 下降较快使器件 PVCR 值得到提高，这是由于过厚的垒前阱层滞留了过多电子的结果。另外，他们研究了发射极面积对器件直流参数的影响，发现随着发射极面积的增大，峰值电压 V_p 不断上升，从 0.41V 增长到 1.03V，谷值电压 V_v 也从 0.66V 增长到 1.04V，特别是当发射极面积达到 $40\mu m \times 40\mu m$ 时，$\Delta R = -0.18$，PVVR 值接近于 1，PVCR 值相对于 $5\mu m \times 5\mu m$ 的发射极面积测试曲线下降很多，负阻区域变得非常狭窄，负阻曲线也变得非常陡峭。测试发现这是由于发射极面积增大，本征电容也随之增大所导致。还可以看出峰谷值电流也在变大，其中谷值电流 I_v 增长较快，导致器件的 PVCR 值不断减小。从以上数据可以看出，敏感单元的发射极面积越小，器件的直流特性越好，特别是负阻区域就越宽，电流峰谷比值也越大。

(2) InP 基 RTD 共振隧穿二极管的研究成果主要基于化合物半导体材料系统方面。除 AlGaAs/GaAs，AlAs/GaAs 等以 GaAs 为衬底的 RTD 之外。近年，越来越多的高速器件如 HEMT、HBT、MOSFET、光探测器等使用 InP 衬底材料制作。由于 RTD 器件应用于集成电路中可以大大提高相应电路的性能，减少器件的使用数目，国外已将 RTD 和上述器件集成在 InP 衬底材料上制作高速的微波模拟/数字电路，为此，InP 衬底的 RTD 器件也受到了越来越多的重视，如 AlInAs/InGaAs 和 AlSb/InAs 的 RTD。通过优选材料组分，可以用III-V族半导体材料制作具有高峰值电流密度、大的 PVCR 以及高频、高速指标的 RTD。InP 材料体系本身的特性决定它在制作高峰值电流密度、充分大的 PVCR 以及高速指标的 RTD 器件方面，有着其他材料体系不可及的优点。

如图 3-8 中所示，I 区为 $In_{0.53}Ga_{0.47}As$ 势阱层，势阱层厚度 L_W 增大，对应量子阱中离散能级数目增多。为了制得具有单峰 I-V 特性的 RTD 器件，设计势阱宽 4nm；II 区为 AlAs 势垒层 AlAs 与 $In_{0.53}Ga_{0.47}As$ 的晶格失配度决定 AlAs 层厚应小于其赝晶生长的临界厚度值 2.5nm。随 AlAs 势垒厚度 L_B 的减小，器件的 J_P 增大，而 PVCR 值减小。为研制高 J_P 的 RTD 器件，满足在电路中做驱动器件的需要，设计势垒厚 1.9nm；AlAs 势垒层两边 5nm 非掺杂的 $In_{0.53}Ga_{0.47}As$ 隔离层（spacer），将重掺杂区与 DBSW 隔离开，减小重掺杂区的电子散射对器件性能的影响；靠近衬底的重掺杂层为 RTD 的集电极（collector）接触层，远离衬底的重掺杂层为发射极（emitter）接触层，使用 Si 重掺杂层做接触层能够有效减小接触电阻，进而减小器件功耗。依据上述材料结构设计，高金环等制作出具有高峰值电流密度的 InP 衬底 $In_{0.53}Ga_{0.47}As$/AlAs 结构 RTD 器件，RTD 样品器件的正向 E 极接地时的直流参数如下：$V_P=1.0V$，$I_P=17mA$，$V_V=1.5V$，$I_V=2.3mA$，峰值电流密度 $J_P=1.06\times10^5 A/cm^2$，峰-谷电流比 PVCR$=7.4$。峰值电流密度值为 $1.06\times10^5 A/cm^2$，适于在电路中作驱动器件，符合设计要求。室温下的 J_P 为 $1.06\times10^5 A/cm^2$，PVCR 为 7.4，有助于国内 InP 材料体系 RTD 的进一步研究和发展。

n^+-$In_{0.53}Ga_{0.47}As$	$N_D=1\times10^{19}cm^2$	100nm	
n-$In_{0.53}Ga_{0.47}As$	$N_D=5\times10^{18}cm^2$	10nm	
$In_{0.53}Ga_{0.47}As$		5nm	
AlAs		1.9nm	II
$In_{0.53}Ga_{0.47}As$		4.0nm	I
AlAs		1.9nm	II
$In_{0.53}Ga_{0.47}As$		5nm	
n-$In_{0.53}Ga_{0.47}As$	$N_D=5\times10^{18}cm^2$	60nm	
n^+-$In_{0.53}Ga_{0.47}As$	$N_D=1\times10^{19}cm^2$	250nm	
SI InP 衬底			

图 3-8 InP 基 RTD 材料结构

（3）硅基 RTD 为了和先进成熟的硅技术相容，如能制作硅或基于硅材料的高性能的 RTD 则是理想的。Si 基带内共振隧穿二极管（RTD）可分为两类：第一类为空穴型 GeSi/Si RTD。由于 GeSi 与 Si 形成异质结时导带底的能量偏差 ΔE_c 远小于价带顶的能量偏差 ΔE_v，故 GeSi/Si 与 Si 异质结在导带只能形成极浅的势阱，而在价带则能构成较深的空穴势阱，因此空穴型 RTD 首先被研制成功；第二类为应力型 GeSi/Si RTD。由于 Ge 原子比 Si 原子大，故易在 GeSi/Si 异质结处产生应力，应力的存在不仅影响禁带宽度，还影响载流子的有效质量 m^* 和迁移率 μ，利用异质结处的应力可在导带中形成双势垒单势阱系统，进而构成 RTD。鉴于空穴型 GeSi/Si RTD 的性能不理想、器件没有实用价值和常规无应力 GeSi/Si RTD 导带电子势阱太浅、势垒不高的事实，人们将希望寄托在应力型 GeSi/Si RTD 的结构上。以应力 $Ge_{0.6}Si_{0.4}$ 为势垒的 GeSi/Si RTD 是目前性能最好的 GeSi/Si RTD 结构之一。应力 $Ge_{0.6}Si_{0.4}$ 势垒 RTD 结构如图 3-9，已研制出的应力 GeSi/Si 势垒 RTD 的在 $A_E=5\mu m\times 5\mu m$ 时，$J_p=282kA/cm^2$，PVCR 为 2.43，这是目前应力 GeSi/Si RTD 参数较好的数值。

n^+-Si (As) $3\times 10^{18}cm^{-3}$	4nm	无应力E极
n^+-$Ge_{0.2}Si_{0.8}$(As) $3\times 10^{18}cm^{-3}$	50nm	
i-Si	10nm	张应力量子阱
i-$Ge_{0.6}Si_{0.4}$	2nm	压应力势垒
i-Si	3nm	张应力势阱
i-$Ge_{0.6}Si_{0.4}$	2nm	压应力势垒
i-Si	10nm	张应力势阱
i-$Ge_{0.2}Si_{0.8}$	10nm	无应力缓冲层
n^+-$Ge_{0.2}Si_{0.8}$(As) $3\times 10^{18}cm^{-3}$	0.9μm	无应力C极
n-Ge_xSi_{1-x} $x:0\sim 2$	3μm	无应力缓冲层
Si(100)		衬底

图 3-9 应力 $Ge_{0.6}Si_{0.4}$ 势垒 RTD 结构

3.4.2.3 带间共振隧穿二极管（RITD）

RTD 与 RITD 都属于共振隧穿器件，但与 RTD 带内（导带→势垒→导带）隧穿的机理不同，RITD 的隧穿是载流子从价带（或导带）隧穿过禁带势垒至导带（或价带）中，即载流子在隧穿过程中所经能带会发生变化。RITD 的起始电压 V_T 和峰值电压 V_p 比 RTD 低，$V_T<0.1V$；其 PVCR 可达到 144，比 RTD 的大；谷值电流（I_v）较低且有一段较为平坦的区域。这些特点使 RITD 在各类隧穿器件中具有特殊的地位。RITD 器件可分为 3 种：p-n 结 I 类异质结单势垒双势 RITD，II 类（type II）异质结 RITD 和 δ 掺杂同质结（或基本上为同质结）RITD。下面以 δ 掺杂同质结（或基本上为同质结）RITD 为例，简单介绍 RITD。

带间共振隧穿 GeSi/Si RITD 属于 δ 掺杂的 I 类带间隧穿，实为一个双势阱单势垒的二维对二维的共振隧穿，其 I-V 特性为一个较尖锐的电流峰，与带内共振隧穿相比，PVCR 容易得到较大数值。

GeSi/Si RITD 典型的材料结构如图 3-10 所示。结构中各相关层的作用如下。①n^+-Si 和 p^+-Si 层，主要形成器件的 n 型和 p 型欧姆接触；其次是对器件的带间隧穿，能带倾斜起基础铺垫作用，即掺杂浓度愈大，p^+ 和 n^+ 两侧 E_v 和 E_c 相差愈大，能带倾斜愈厉害。②Sb（或 P）与 B 的 δ 掺杂平面，其厚度约为 1μm，即在 Si 外延生长停止时，提供高浓度的掺杂源，形成 δ 掺杂，其作用是形成宽度很窄的三角形 n 型和 p 型势阱。阱中能量量子化，分裂为能级，实现两阱中能级间的二维对二维的共振隧穿。其掺杂浓度和掺杂平面厚度会影响势阱的浓度和阱的有效宽度，直接影响共振隧穿和器件性能参数。③本征 GeSi 层形成两势阱间的势垒层，是影响 RITD 性能的关键层，其宽度和 GeSi 中的 Ge 组分都对势垒宽度有影响，因为 Ge 愈多 GeSi 的禁带宽度愈窄，有效势垒宽度也愈小。

图 3-11 给出峰值电流密度 J_p、PVCR 与 GeSi 层厚度 d 的关系。由图 3-11 可知，峰值电流密度 J_p 随 d 增加而减小；PVCR 随 d 的变化是先增大到峰值后再减小。d 过大时，PVCR 下降的原因为：第一，当 d 过大，GeSi 层厚度超过临界弹性厚度时会产生大量位错缺陷，造成过剩电流 I_{ex} 增大，I_v 增大，故 PVCR 减小；第二，缺陷形成复合中心，减少自由载流子，使耗尽层展宽，进而减少隧穿概率。J_p 减小，也使 PVCR 变小。

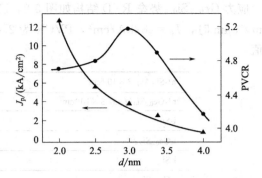

n$^+$-Si(掺Sb或P)	100nm
Sb(或P)δ-掺杂平面	
i-Si	1nm
i-Ge$_{0.5}$Si$_{0.5}$	3～4nm
i-Si	1nm
B δ-掺杂平面	
p$^+$-Si(掺B)	100nm
p$^+$-Si衬底	

图 3-10　GeSi/Si RITD 典型材料结构　　　　图 3-11　RITD 的 J_p、PVCR 随 GeSi 层厚度 d 的变化曲线

3.4.3　单电子器件

单电子晶体管是微电子科学发展进程中的重要发现。由于可以在纳米尺度的隧道结中控制单个电子的隧穿过程，因而利用它可以设计出多种功能器件，如超高速、微功耗大规模逻辑功能器件、电路和系统，极微弱电流的测量仪和超高灵敏度的静电计等。但是，由于结构上的特殊性，单电子晶体管通常只能在低温下正常工作，该特性限制其实用化进程。因此，其研究对在室温下工作的单电子晶体管具有重要意义，并已成为集成电路制造领域的研究热点。本节重点介绍单电子晶体管的工作原理、制备技术及其器件性能。

3.4.3.1　单电子晶体管的基本结构和工作原理

单电子晶体管（SET）由源电极、漏电极、与源漏极耦合的量子点（库仑岛）、两个隧穿结（漏结、源结）和栅电极组成。栅电极通过电容与量子点耦合，用来调节量子点化学势即控制量子点中的电子数。在逻辑应用中，双栅极单电子晶体管得到越来越多重视，其电路模型如图 3-12 所示。C_d 和 R_d 分别为漏结的结电容和隧道电阻，C_s 和 R_s 分别为源结的结电容和隧道电阻，C_{g1} 和 C_{g2} 分别是两个栅电极与库仑岛之间的电容。

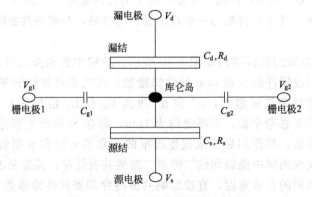

图 3-12　单电子晶体管的基本结构

单电子晶体管是基于量子隧穿效应和库仑阻塞效应工作的，下面简要说明其工作原理。图 3-13 显示单电子晶体管不同工作状态时的能级示意。左右两边分别为漏极和源极的电子势能。由于漏源极连接外部宏观电路，因此其电子势能可连续变化且受外部电压控制，库仑岛通过隧穿势垒分别与漏极耦合。由于尺寸极小，其静电势能（即电子充电能）分裂为离散的能级。栅极与库仑岛电容耦合，能够通过栅电压的大小控制库仑岛中的电子充电能级移动。单电子晶体管所处的状态有以下四种。

纳米半导体材料与器件

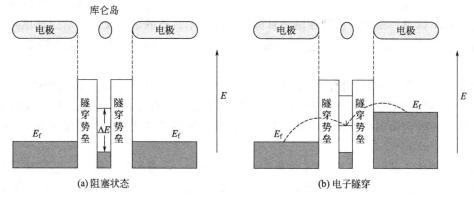

图 3-13 单电子晶体管工作原理说明

① 如果没有库仑岛上离散的电子能级处在源漏极的费米能级之间，则单电子晶体管处于阻塞状态，如图 3-13 （a） 所示。

② 如果有库仑岛上离散的电子能级处在源漏极的费米能级之间，则电子就能够隧穿通过库仑岛，如图 3-13 （b） 所示。

③ 如果一方面处在源漏极的费米能级之间的电子能级数目不相同（可以通过在源漏极之间加上足够大的电压实现），另一方面源漏极的隧穿势垒不对称，则由于同时隧穿的电子数目增加，电子从源极隧穿进入库仑岛的特性与电子从库仑岛隧穿进入漏极的特性会不相同，各自的隧穿概率也不同。每增加一个电子能级，隧穿电流就会出现跳跃性的上升，形成库仑台阶。

④ 如果对源漏极之间加上很小的电压，使源漏极的费米能级不等，但并没有库仑岛中的电子能级处于两者之间，则单电子晶体管仍然处于阻塞状态。此时，当对栅极施加偏置电压时会使库仑岛中的电子能级降低。当有电子能级降到处于源漏极的费米能级之间时，隧穿电流会明显增加。而当栅极电压继续增加时，电子能级会降到能级区间之外，这样单电子晶体管再次处于阻塞状态。这就意味着如果栅电压持续增加，就会不断的有库仑岛上离散的电子能级处在源漏极的费米能级之间，这样阻塞和隧穿两种状态就会交替出现，形成库仑振荡。

单电子效应产生的两个必备条件可总结为以下两点。

① 量子点的静电势能应该显著大于电子本身的热运动能量，这样才能将电子能量因随机热涨落造成的电子随机隧穿现象减弱到可以忽略的水平，即 $E_c = e^2/2C \gg k_B T$。该条件可通过降低工作温度 T 或减少量子点电容来达到。若希望 SET 在室温工作，则需要减少量子点电容，即减少量子点尺寸。

② 隧穿结电阻应该足够大，使隧穿过程引起的量子随机能量涨落减弱到可以忽略的水平，设量子点的隧穿电阻为 R_T，即：$R_T \gg h/e^2 \approx 25.8 \text{k}\Omega$。该条件可通过制备合适的隧道结实现。

由条件①可知，在室温 $T = 300\text{K}$ 时，C 应该满足：$C \ll e^2/2k_B T = 3.1 \times 10^{-18}\text{F}$。因此，单电子晶体管要在室温下正常工作，其量子点的电容必须远小于 $3.1 \times 10^{-18}\text{F}$。根据 3D 球形电容公式可以推导出，岛的直径应当在 7.1nm 以下，单电子晶体管才能在室温下正常工作。由此可见，小尺寸岛 （<7.1nm） 的可控制备技术是相当重要的。

3.4.3.2 单电子晶体管的制备技术

单电子晶体管在室温下的正常工作和器件结构的精确控制是其实用化的关键。本节总结了自顶向下和自底向上两类主流的室温单电子晶体管制备工艺,分析了两类工艺各自的优点和不足,指出以器件结构的精确控制为目标,引进纳米科技的最新成果,结合自顶向下工艺和自底向上工艺的优点,提高工艺过程的可控性,是下一步室温单电子晶体管制备的研究重点。

(1) 单电子晶体管的自顶向下制备工艺　自顶向下制备工艺也就是传统的微电子工艺,它是单电子晶体管制备中最先使用的工艺。主要方法就是通过金属沉积、光学或电子束曝光、金属刻蚀或金属剥离等标准步骤,制作微小的金属或半导体结构,形成单电子晶体管的各组成部分。

第一只单电子晶体管于 1987 年由贝尔实验室的 Fulton 等采用微电子工艺制成,其主要结构为微电子工艺制备的铝纳米线,线宽约 30nm,长约 $1\mu m$,作为单电子晶体管的库仑岛。铝纳米线上接触另外三根铝纳米线,接触点形成隧穿势垒,电子可以隧穿进出铝纳米线。由于库仑岛尺寸较大,该器件在 1.7K 的超低温下观察到库仑阻塞效应。

第一只用半导体作为库仑岛的单电子晶体管由 MIT 的 Scott Thomas 等采用 X 射线光刻的方法于 1988 年制成,其硅库仑岛由宽 70nm、长 $1\mu m$ 的硅纳米线受两边偏置栅约束形成,最高在 400mK 温度下显示库仑阻塞效应。由于硅纳米线尺寸比铝纳米线更大,制成的单电子晶体管工作温度也更低。此后,采用自顶向下制备工艺,很多研究小组也实现低温下工作的单电子晶体管并努力减小库仑岛尺寸,提高器件工作温度。

随着微电子工艺的进步,能够制作的库仑岛尺寸逐步减小,单电子晶体管的工作温度也逐渐提高。2003 年,Saitoh 等用湿法刻蚀和轻微热氧化法制成极窄硅纳米线上的多库仑岛单电子晶体管,在室温下得到明显的工作波形。首先,用微电子工艺制作较宽的纳米线,然后用轻微氧化再湿法刻蚀的方法使纳米线逐渐变窄,最终收缩为库仑岛链。这种工艺能够制备出库仑岛,但受曝光精度和材料刻蚀速率各向异性程度的限制,纳米线结构的精确刻蚀十分困难,每次刻蚀出的库仑岛链完全不同。尽管能够实现单电子晶体管的室温工作,但其结构误差极大,制备的器件性质各不相同,难以实用化。

2008 年,英国曼彻斯特大学的 Ponomarenko 等在 Science 上报道了采用石墨烯制备的单电子晶体管。首先制备石墨烯层,然后利用微电子工艺刻蚀该层石墨烯,形成单电子晶体管。尽管石墨烯库仑岛的面积较大,但石墨烯只有一层原子厚度,电容极小,同样实现室温下的稳定工作。尽管当前石墨烯制备尚比较困难,但其优越性能为室温单电子晶体管的制备提供新途径,使室温单电子晶体管再一次成为下一代电子逻辑器件关注的焦点。

2009 年,Daw Don Cheam 等用纳米压印技术制备单电子晶体管的电极,用聚焦离子束(FIB) 技术沉积直径最小为 8nm 的钨量子点作为库仑岛,在室温下也观察到库仑阻塞现象。

(2) 单电子晶体管的自底向上制备工艺　自底向上制备工艺是通过化学或物理方法先制备器件的组成单元,再通过吸附、纳米操纵等方法组合成整体的器件制备技术,它是制作单电子晶体管的另一种方法。

人们很早就能通过自组装的物理或化学方法制作尺寸小于 5nm 的纳米粒子。将这些纳米粒子作为单电子晶体管的库仑岛,就能比较容易地实现室温单电子晶体管。采用纳米粒子制作单电子晶体管有两种顺序不同的典型工艺流程。一种工艺是:首先采用化学方法合成纳米粒子,并以较小的密度转移到基片上;或者采用分子束外延、电子束蒸发等物理沉积的方法直接在基片上沉积纳米粒子。然后采用微电子工艺在基片上制作电极,使纳米粒子处于各电极之间,形成单电子晶体管。另一种工艺是:首先采用微电子工艺在基片上制作单电子晶体管的所有电极。然后采用化学方法合成纳米粒子,并以较小的密度转移到基片上;或者采用分子束外延、电子束蒸发等物理沉积的方法在基片上沉积纳米粒子，使纳米粒子处于电极之间，形成单电子晶体管。

1995 年，Chen 等采用离子束沉积方法制备了尺寸 2～3nm 的 AuPd 纳米粒子，并堆积在源漏极之间，形成多岛单电子晶体管。该器件在 77K 下表现出显著的库仑阻塞效应，甚至在室温下也可以观察到非线性的伏安特性。由于纳米粒子通过生长形成，更容易实现 5nm 以下的尺寸。其尺寸控制可由生长工艺或化学合成方法控制，精度比自顶向下的刻蚀方法高很多，因此更容易保证库仑岛结构的一致性。

1996 年，Klein 等制备了尺寸 5.8nm 的金纳米粒子和 CdSe 纳米粒子，通过将单个纳米粒子吸附在包裹连接分子的两个电极之间，制作出 77K 下正常工作的单子晶体管以单层连接分子作为隧穿势垒，纳米粒子作为库仑岛，保证隧穿结构的精确控制。然而，电极采取微电子工艺制作，两个电极之间的距离很难精确控制单个库仑岛的直径，单个纳米粒子也就很难恰好吸附在两个电极之间，因此该工艺成功率较低。

纳米操纵也是自底向上工艺制备单电子晶体管的一种有效手段。采用原子力显微镜（AFM）的探针或者纳米机械手等纳米操作工具，对纳米结构进行切割、弯折、移动等操作，可以把各种纳米结构加工成单电子晶体管。2001 年，荷兰 DELFT 工业大学 Dekker 等利用原子力显微镜的探针作为操纵手，使金属性的碳纳米管产生弯折。弯折处的碳纳米管性质改变，电阻变大，形成隧穿势垒，构成室温下工作的单电子晶体管。由于弯折碳纳米管需要对碳纳米管进行逐根操作，在原子力显微镜下不仅操作难度大，速度很慢，而且受碳纳米管手性和弯折程度的影响，隧穿势垒的性质难以精确控制，因此该方法不适合大规模应用。

2008 年，Nature Nanotechnology 报道 Ray V 等利用尺寸约 10nm 的金纳米粒子制作的垂直结构室温单电子晶体管。首先在基片上依次沉积金属、二氧化硅和金属；然后用 CMOS 工艺对这三层结构进行刻蚀，露出三层结构的剖面，使下层金属成为源极，上层金属成为漏极，中间的二氧化硅层作为隧穿势垒和绝缘隔离层；最后将预先制备好的纳米粒子通过化学方法吸附到源极与漏极之间的二氧化硅层上，形成库仑岛。但是，由于纳米粒子在二氧化硅层上的 32 吸附位置是随机的，不仅器件性质不能精确控制，而且成功率也接近 1%。

2009 年，方粮等制作了基于有序介孔薄膜的室温单电子晶体管。首先，以表面活性剂作为诱导模板，采用蒸发诱导自组装（Evaporation-Induced Self Assembly，EISA）的制备工艺，在 SiO$_2$ 基底上制备了孔径 3nm 左右的氨基化二氧化硅有序介孔薄膜。然后，利用氨基与氯金酸（HAuCl$_4$）的酸碱中和反应，在介孔薄膜的孔道中填充金纳米粒子。最后，以金纳米粒子作为单电子晶体管结构中的量子点，采用聚焦电子束诱导沉积或电子束曝光的方法制作单电子晶体管的源、漏、栅电极，最终形成单电子晶体管。源、漏电极距离为 16.9nm，栅极离量子点的距离分别为 21.0nm 和 17.5nm。量子点的尺寸在 3nm 以下，中心区域有多个量子点。

综上所述，单电子晶体管自顶向下的制备工艺已经发展 20 多年，已经从低温单电子晶体管工艺发展到室温单电子晶体管工艺。自底向上的工艺尽管只发展了 10 多年，但一开始就能够精确制备其小尺寸的库仑岛，是实现室温单电子晶体管的捷径。自顶向下工艺和自底向上工艺都面临纳米结构误差控制的问题。石墨烯能够降低库仑岛电容，有序介孔薄膜能够同时实现库仑岛尺寸和隧穿势垒结构的精确控制。这些纳米科技的新成果已经使室温单电子晶体管制备工艺的发展看到新曙光。在自顶向下工艺和自底向上工艺的基础上，引进纳米结构制备的新技术来提高工艺过程的可控性，是下一步室温单电子晶体管制备的研究重点。

3.4.3.3 单电子晶体管的类型和器件特性

最近几年围绕使器件实用化所面临的各种问题，如提高器件的工作温度，改进器件的各种参数，发展与常规集成电路兼容的工艺等，已经开发多种结构类型的单电子晶体管。按库仑岛的数目分类为单岛和多岛两种。按所用材料可分为金属单电子晶体管和半导体单电子晶体管以及碳纳米管单电子晶体管。按制造类型分可以分为用光刻工艺制造的单电子晶体管和用光刻工艺与其他工艺结合制造的单电子晶体管等。目前半导体单电子晶体管研究较多的是 Si 单电子晶体管和 GaAs 单电子晶体管。GaAs 基材料的表面态密度大，对单电子的输运也具有很大的影响。到目前为止，GaA 基的单电子器件仍只能在低温下工作。硅基的单电子器件依赖硅材料可氧化等特性和成熟的工艺优势，获得直径小于 10nm 的晶体硅量子点而实现室温工作，并且大多数硅基单电子晶体管的制备方法能够与现有的硅 CMOS 工艺更好兼容。由此看来，硅基单电子晶体管是一种极具潜力、可实现大规模应用的新型半导体器件。因此，本节重点介绍硅基单电子晶体管。

第一只用半导体作为库仑岛的单电子晶体管由 MIT 的 Scott Thomas 等采用 X 射线光刻的方法于 1988 年制成，其硅库仑岛由宽 70nm、长 $1\mu m$ 的硅纳米线受两边偏置栅约束形成，最高在 400mK 温度下显示库仑阻塞效应。由于硅纳米线尺寸比铝纳米线更大，制成的单电子晶体管工作温度也更低。

1994 年，Y. Takahashi 等才用 PADOX（pattern dependent oxidation）方法在 SOI 上首次制备了单电子晶体管，并在室温下观察到了库仑振荡。他们先用电子束曝光（EBL，electron-beam lithography）和电子回旋共振等离子体刻蚀，然后将器件置于 1000℃ 进行热氧化。这个过程进一步减小器件尺寸，而且在一维硅纳米线的两端，由于量子尺寸效应将会自动形成隧穿势垒。纳米线中量子点和隧穿势垒的形成主要是由氧化诱导的应力所导致的进一步氧化速率差异造成的。另外，氧化速率的大小也和器件的具体图形有关。这些因素使得纳米线两端的氧化层更厚而中间的氧化层更薄，从而自动地形成 SET 所要求的结构。PADOX 方法的优点是工艺简单且与 CMOS 工艺兼容。缺点是器件在较高温度下的库仑振荡的峰谷比 PVCR（peak to valley current ratio）不高，而这是实现器件室温稳定工作的必要条件。

1998 年，B. H. Choi 等制备出硅上自组装量子点（SAQDs，self-assembled quantum dots）。器件中用到的 SAQDs 是在传统的 LPCVD 反应器中生长得到的。气体源为 20% 稀释的硅烷，生长温度和时间分别为 620℃ 和 15s。用于生长 SAQDs 的衬底是在 p 型硅上热生长的 300nm 厚 SiO_2 层。用这种方法生长的量子点直径为 8～10nm，平均密度约为 3.85×10^{11} cm^{-2}。接着，用 EBL 和金属剥离工艺（lift-off）定义 A1 电极。源漏 A1 电极之间的距离小于 30nm，它们之间有多个量子点。SAQDs 测试结果表明在室温下实现库仑振荡。这是一种将自下而上（bottom-up）和自上而下（top-down）两种技术路线结合起来制备的方法。它的主要优点是可以通过控制生长条件来控制库仑岛的大小。缺点是两个 A1 电极间的量子点数目不确定，很难形成单量子点，这对器件的实用化是不利的。

2003 年，M. Saitoh 等用湿法刻蚀和轻微热氧化法制成极窄量子线上的多量子点，在室温下呈现出较大的 PVCR（约为 6.8）。器件的制备工艺与前面介绍的 H. Ishikuro 等制备的点接触式相似，只是电子束曝光的图形不同。在曝光、显影和定影以后，用缓冲的 HF 将图形转移到氧化物掩模上。随后，用 TMAH 对 SOI 层进行各向异性腐蚀。在这个过程中，由于 EBL 所导致的沟道宽度涨落因各向异性腐蚀而得到补偿。接着，用 SC1（$NH_{40}H/H_2O_2/H_2O$）对器件进行各向同性腐蚀，从而使沟道进一步变窄。由于 EBL 的邻近效应，在传统的干法刻蚀工艺中，很难形成极短和极窄的沟道，除非用分步的曝光步骤分别形成线区和源漏电极区。上述方法可以在一次曝光步骤中实现任意长度极窄的沟道以及相应的源漏区。然后在大约 900℃ 下对器件进行氧化，以形成栅氧化层和进一步减小沟道宽度。随后再用 LPCVD 淀积 40nm 厚的栅氧化层。最后淀积多晶硅栅和完成电极的离子注入和退火。实验研究表明，氧化过程的时间越长，沟道中形成的势垒就越高和越窄。由于已经形成宽度小于 10nm 的沟道，M. Saitoh 等只是对沟道进行轻微的热氧化，就可以得到亚 5nm 线宽；同时也可以避免过度氧化造成的沟道不连续性。氧化完成后，在沟道中自动地形成量子点和势垒结构。

由上面的一些硅基单电子晶体管的典型制备方法可以看出，它们的制备方法一般都与现有硅 CMOS 工艺相兼容，这也是这类单电子晶体管最突出的优点。当然，以现有工艺条件和方法制备出来的硅基单电子晶体管还存在工作温度较低，工艺可重复性和可控性较差等缺点。随着半导体微纳加工技术的不断进步，以上缺点都是可以得到改善和克服。因此，硅基单电子晶体管仍然是一种很有应用前景的半导体纳米器件。

3.4.4　碳纳米管互连及其场效应晶体管

碳纳米管（CNT）所具有的奇特机械、热学和电学特性，将使 Si 技术所面临的许多问题不复存在。CNT 的特性及其对电子学的意义在于：①具有与 Si 明显不同的电特征，载流子的传输是一维的，意味着载流子散射的相空间减小、产生弹道传输和使相应功耗降低；②C 原子的所有化学键完整，不需要像 Si 表面由于存在悬挂键而需化学钝化，这意味着 CNT 器件不必一定使用 SiO_2 作为绝缘体，而是可以使用其他高介质常数和晶体的绝缘体进行三维结构的制作；③强共价键使 CNT 具有高的机械和热稳定性和抗电迁移性，可以承受高达 $10^9 A/cm^2$ 的电流密度；④CNT 的直径不是由常规工艺制作，而是由化学工艺控制；⑤有源器件（晶体管）和互连可以分别采用半导体性和金属性碳纳米管来制作。碳纳米管电子电路技术是纳米电子学研究中非常有前途和吸引力的发展方向之一。

3.4.4.1　碳纳米管的提纯与分离

在碳纳米管晶体管从实验室制备到投入大规模生产过程必须解决的问题之一是如何高产量、低成本地生长出半导体性的单壁碳纳米管。就目前来说，无论是金属性单壁碳纳米管（SWCNT），还是多壁碳纳米管（MWCNT）都无法用来制作晶体管，主要是因为它们不具有开关特性。所以只能用半导体性单壁碳纳米管来做器件，但是现在还无法实现单壁碳纳米管的可控生长，并且生长出的单壁碳纳米管通常是两种属性的碳纳米管相互"粘连"成绳索状或束状（SWCNT rope），目前甚至还无法轻易把不同的单壁碳纳米管区分开。逐个处理碳纳米管的工作是缓慢而且繁琐的，但又没有更实际的方法将金属性和半导体性碳纳米管相互分离，这对碳纳米管晶体管在大规模集成电路中的使用造成严重障碍。因此，本小节重点介绍目前有关单壁碳纳米管的提纯方法以及金属/半导体性的选择性分离途径研究进展，而有关单壁碳纳米管的制备技术比较成熟。

（1）单壁碳纳米管的纯化　上述单壁碳纳米管的制备方法制得的产物中除含有单壁碳纳米管外，还含有无定形碳、炭黑、热解碳以及反应中所用的催化剂颗粒等杂质。这些不纯物的存在影响单壁碳纳米管的性能研究及其应用，因此在制备的同时就开始了单壁碳纳米管的纯化研究。合成方法不同，所含杂质也会有所不同。电弧法和激光法得到的杂质相似，主要为碳纳米颗粒、金属催化剂颗粒、无定形碳、石墨碎片、C_{60} 和其他富勒烯等。迄今为止，SWCNT 的纯化方法可分为三类：物理法、化学法和综合法。

① 物理法　物理法主要是利用超声波降解、离心、沉积、过滤等方法分离杂质碳和碳纳米管，从而获得纯净的碳纳米管。由于纳米碳管比超细石墨粒子、碳纳米球、无定形炭等杂质的粒度大，所以在离心时粒度大的纳米碳管受离心力的作用先沉积下来，而粒度较小的纳米碳管、无定形炭、超细石墨粒子、碳纳米球则留在溶液中，使悬浮液在加压下通过微孔滤膜就可使粒度小于微孔滤膜的杂质粒子除去。例如，将产物在 0.5% SDS（阳离子表面活性剂，可使悬浮液稳定存在以利于离心沉淀和微过滤）溶液中超声振荡 15min，然后经沉淀、离心（5000r/min，10min）将直径大于 500nm 的粒子沉淀下来。在超声振荡（使附在纳米碳管上的杂质粒子脱落下来）下过滤，经循环实验可提供一种大量非破坏性提纯纳米碳管和纳米粒子的方法；同时通过控制凝絮，为纳米碳管的尺寸选择提供方法。两次循环实验后，纳米碳管的纯度仅为 90%，表明其纯度不很高。

② 化学法　通常采用的氧化方法有气相氧化法和液相氧化法。气相氧化法就是利用纳米碳管和碳纳米颗粒、无定形炭、碳纳米球的这一差异，通过精确控制反应温度、反应时间及气体流速等实验参数达到提纯的目的。气相氧化法根据氧化气氛的不同，又可分为氧气（或空气）氧化法和二氧化碳氧化法。液相氧化法一方面用酸溶解金属催化剂颗粒，另一方面用氧化性酸溶液如硝酸、混酸、重铬酸钾/硫酸、高锰酸钾/硫酸等的溶液将比 CNT 更容易氧化的其他杂质除去。例如，将激光蒸发法制备的样品在 3mol/L 的 HNO_3 溶液中，于393K 回流 16h，经过滤、干燥后，将剩余的样品在空气中于 823K 灼烧 30min，最后在1773K 抽真空处理。最后剩余产物占初始产物 20%。经电感耦合等离子谱（ICPS）测定，表明其中金属含量仅占最终产物的 0.2%。

③ 综合纯化法　化学纯化方法可以将 CNT 与杂质有效地分离，但是该方法由于氧化深度不易控制，在纯化时不可避免地造成碳纳米管的损坏，改变碳纳米管的结构，附加许多功能基；而物理法在 CNT 和碳杂质物理性质相差不大的情况下进行处理，所得到的 SWCNT纯度不高。同时科学家和研究人员将化学法和物理法的优势充分地加以利用，形成一种综合纯化方法，取得较好效果。例如，利用气相氧化、酸处理与微孔过滤的结合对电弧放电法大量合成的 SWCNT 进行处理。通过 TGA 曲线确定 SWCNT 煅烧纯化的最佳温度为 350℃。在该温度下煅烧 2h，将残留烟灰在 36% 的盐酸中，浸泡一天后离心分离，所得沉积物再用去离子水清洗后放入 0.2% 的苄基烷基氯化铵中超声振荡分散，然后先后用孔径为 $1\mu m$ 和$0.2\mu m$ 的微孔膜真空过滤，最后所得产物的纯度 >90%。

(2) 金属与半导体单壁碳纳米管的分离　由于在制备的样品中约 2/3 的纳米管为半导体性，约 1/3 的纳米管为金属性，半导体性与金属性纳米管混存且难以分离，两者共存大大限制了碳纳米管在纳米电子器件中的进一步应用。为了解决困扰碳纳米管应用研究的难题，仍有必要对不同结构和性质的 SWCNT 进行分离，尤其是实现半导体型碳纳米管（S-SWCNT）与金属型碳纳米管（M-SWCNT）的纯化与分离具有非常重要的现实意义。分离主要从两个方面进行。一方面是控制生长过程，实现选择性生长。目前对于生长过程的控制难度较大，相关的报道为数不多。另一方面是通过后处理工艺实现分离，后处理的分离方法是目前报道的能够实现大批量分离的最现实的方法。单壁碳纳米管的分离方法主要包括密度梯度高速离心法、电泳分离法、选择性氧化腐蚀法、色谱柱法、选择性功能化方法等，下面将逐一介绍。本节重点介绍选择性功能化方法。

单壁碳纳米管与外来分子通过共价键或非共价键等方式结合，进而实现功能化修饰与改性的目的。SWCNT 的功能化主要包括 5 种：管侧壁共价化学功能化；缺陷处和开口末端的共价化学功能化；非共价表面活性剂包覆功能化；非共价高分子链缠绕功能化；管内填入分子改变能带结构实现功能化。目前，在 SWCNT 这些功能化的方法中，最具有选择性分离作用的是管侧壁共价化学功能化、非共价键表面活性包覆及高分子缠绕功能化。

① 管侧壁共价功能化方法　该方法已经被证实可以用于金属和半导体型 SWCNT 的选择性分离。Strano 等在 2003 年利用重氮盐在水溶液中选择性功能化 M-SWCNT 之后，成功分离出 S-SWCNT。这种选择性可以归因于金属型的碳管费米能级附近电子多于半导体型的碳管，在化学键生成前更易形成稳定的电子转移过渡态，因此 M-SWCNT 更易于被功能化，从而增加其在有机溶剂中的溶解性，最终实现与 S-SWCNT 的分离。分离后的碳管，再经过高温热处理等步骤，实现与有机分子的分离，最终得到性质单一的单壁碳纳米管。自从重氮盐与 SWCNT 的选择性作用被发现后，一系列基于这种重氮反应分离 SWCNT 的方法相继被提出。例如，Kim 等利用 p-羟基苯重氮盐和金属型碳管反应，在碱性溶液中通过去质化而诱导出负电荷，再利用电泳法进行分离；Toyoda 等用含有长烷烃链的重氮化合物与金属型单壁碳纳米管进行反应，连有长烷烃链的碳管易溶于 THF 等有机溶剂，从而达到简易分离的效果；Rao 课题组也利用苯侧链带有氟的重氮盐化合物与 M-SWCNT 反应后，再通过氟萃取法从水相中分离出金属型碳管，这样半导体型碳管就残留在 SDS 的水溶液中，利用简单热处理就可得到较高纯度的半导体型 SWCNT。

② 非共价分离法　该方法既能保持 M-SWCNT 或 S-SWCNT 的电子结构，又能实现可逆分离，是目前研究最多、机理相对成熟的一类方法。根据所用分离试剂的不同，可把非共价分离法分为表面活性剂吸附分离、有机胺吸附分离、小分子芳烃分离、共轭聚合物包裹分离和 DNA 包裹分离等几类。例如，Peng 等用卟啉设计合成了分子镊子，该镊子可以从 SWCNT 混合物中选择性地分离出左旋或者右旋手性的碳管，最终获得具有同方向旋转手性 SWCNT 的混合物。该法可以有选择地将不同旋转方向的 SWCNT 区分开。Nish 等在甲苯中用聚辛基芴溶解 SWCNT，经反复超声离心后分离出 S-SWCNT，纯度约为 60％。2009 年，Zheng 等通过进一步研究发现，从 1060 个 DAN 序列当中筛选出的 20 个、分别由一个嘌呤加一个或多个嘧啶构成的重复片段组成的、经过专门量身定制的 DNA 序列，能够选择性识别碳纳米管混合物中某种特定手性的 SWCNT。利用这个发现，该组成功分离出了 12 种单一螺旋矢量的 SWCNT。他们还通过理论证明，嘌呤-嘧啶片段通过氢键包裹在一个碳纳米管周围时，这些 DNA 序列能形成特别稳定的三维桶状结构，这可能是 DNA 对 SWCNT 产生选择性识别作用的原因。由于 DNA 包覆 SWCNT 的能力很强，对碳管直径、手性的选择性非常高，与色谱联用便可实现 M-SWCNT 与 S-SWCNT 的高效分离，但分离成本太高，不利于实现大批量分离。此外，吸附在 SWCNT 上的 DNA 分子很难出去，也会影响碳管的后续应用。

3.4.4.2　碳纳米管输运性质

自 1991 年碳纳米管被发现以来，引起科学家广泛研究兴趣。碳纳米管具有金属性或者半导体性取决于它的手性指数，但是手性指数即电子能带结构不可控一直是一个难题。由于在制备的样品中约 2/3 的纳米管为半导体性，约 1/3 的纳米管为金属性，半导体性与金属性纳米管混存且难以分离，两者共存大大限制碳纳米管在纳米电子器件中的进一步应用。近年来在这方面的研究探索取得一定进展，如何分开半导体性与金属性的碳纳米管一般有两种途径：原位刻蚀金属性纳米管；后期的化学或物理方法进行筛选。前一种方法容易引入结构缺陷，而后一种方法在样品的纯度上还需要大大提高。

三元 B-C-N 纳米管可被看成是碳纳米管晶格中的部分 C 原子被 B、N 原子取代掺杂后的产物。石墨相 B-C-N 三元化合物是介于石墨（半金属）与六方氮化硼（h-BN，绝缘体）

之间的半导体，能隙随成分变化可连续可调；相应地，三元 B-C-N 纳米管也呈现出半导体性。其电子能带结构主要取决于纳米管的成分，而与手性指数无关。由于电学性质具有较好的可控性与较大的可调性，B-C-N 纳米管有望在纳电子学与光电子学等领域比碳纳米管率先获得应用。然而，与碳纳米管相比，三元 B-C-N 纳米管实验合成难度要大得多，尤其是单壁纳米管合成是具有很大挑战性的课题。

为了攻克上述难关，我国科学家王恩哥小组提出了两种合成三元 B-C-N 纳米管的途径：直接生长法与碳纳米管取代反应法。直接生长法是指把 B、C、N 三种元素的前驱物同时引入生长环境，在纳米管生长的同时实现对其 B、N 掺杂，CVD 方法便是直接生长法的一种。而所谓碳纳米管取代反应法则是以预先合成好的碳纳米管作为母体，在高温下使之与合适的含 B 和 N 的化合物之间发生化学取代反应，当碳纳米管晶格中的部分 C 原子被 B、N 原子所取代掺杂后，便得到三元 B-C-N 纳米管。通过 B、N 共掺杂形成三元 B-C-N 纳米管，是解决纯碳纳米管体系中电学性质不可控问题的有效途径，有望为纳米管 FET 器件的规模化制备与集成开辟一条新路。

单壁 B-C-N 纳米管的合成一直以来都是该研究领域中一个公认的难题。2006 年，王恩哥小组利用改进的等离子辅助热丝化学气相沉积（CVD）生长技术，在生长单壁碳纳米管过程中，原位进行硼（B）、氮（N）共掺杂，在国际上首次实现了单壁 BCN 纳米管的直接合成。在此基础上，他们进一步用这种 B、N 共掺杂纳米管构筑了大量的场效应晶体管（FET）器件，对其电学性质进行了统计性分析研究发现，BCN 单壁纳米管中半导体性纳米管的比例超过 97%；而纯的单壁碳纳米管由于电学性质的不可控，其半导体性管的比例仅为 67% 左右。这从实验上证明，B、N 共掺杂是解决碳纳米管电学性质不可控问题的一条有效的新途径。为了深入理解这一重要实验发现，他们利用第一性原理，计算了掺杂对单壁碳纳米管能带结构的调制作用，计算结果表明掺杂可以使金属性单壁碳纳米管的能隙被打开，从而使其转变为半导体性的单壁 BCN 纳米管。例如，对（5，5）的单壁碳纳米管，当 B_2N 的共掺杂浓度为 5% 时，其带隙约为 0.1eV；当 B_2N 的共掺杂浓度为 10% 时，其带隙约为 0.5eV，这些结果与实验值很好地符合。

纳米管取代反应法在原理上是一种能大量制备三元 B-C-N 纳米管的方法，曾经在 B-C-N 多壁纳米管合成方面取得较好结果，但是对单壁纳米管却一直难以奏效。针对这一难题，2011 年王恩哥小组开发一种新颖的液相湿化学辅助的纳米管取代反应法，实现 B-C-N 单壁纳米管的高效大批量合成；所合成的 B-C-N 单壁管具有与起始单壁碳纳米管相媲美的高纯度，以及完好的管壁结构，可以获得较高的 B、N 掺杂浓度，并且成分均匀。基于薄膜 FET 器件的电学性质测量结果表明，通过取代反应法所制备的 B-C-N 单壁纳米管表现出纯半导体性。

3.4.4.3 碳纳米管互连

随着传统集成电路器件的继续缩小，尺寸效应越来越显著，使得铜作为互连线的性能逐渐降低。由于碳纳米管相对于铜的优异性质，使用碳纳米管作为互连线材料的想法得到关注。碳纳米管被认为是解决互连线速度、能量耗散和可靠性问题的潜在方案之一。因为碳纳米管的电子平均自由程很长，在微米的能级；并且能够承载较大的电流密度，在 $1 \times 10^9 A/cm^2$ 的电流密度下也不会因为电迁移导致失效；最后碳纳米管的机械强度和热导率也很高。

自从碳纳米管作为互连线的想法得到关注以后，人们对碳纳米管作为互连线的应用方式进行研究，提出了如下 3 种方式。

(1) 碳纳米管束 金属型单壁碳纳米管虽然缺陷较少，电子平均自由程较长，但是由于其量子电阻的存在，使得单根碳纳米管的阻值高于铜互连线，因此，使用一束紧密排列的单壁碳纳米管束以降低量子电阻的总体值。在与金属电极接触良好的情况下，与同尺度的铜互连线相比，可以显著改善由于尺寸效应引起的电阻率增加的问题，因此可以改善在互连线较长时由电阻引起的 RC 延迟，提高芯片工作速度。考虑到实际上金属型碳纳米管的生成还无法控制，Haruehanroengra 等提出使用单壁和多壁碳纳米管的混合管束，并对混合管束的电导进行分析，结论是混合管束的电阻仍然要小于铜互连线。

（2）单层或少数几层紧密并列的碳纳米管层 单层或少数几层紧密并列的碳纳米管层可以把基于碳纳米管互连线之间的电容减少 50%，降低相邻互连线间的静电耦合，并有助于减小 RC 延迟和能量的消耗。这种方式可以应用于较短的局域互连线。因为在较短的局域互连线中，虽然碳纳米管层的电阻要大于铜互连线，但是其电容远远小于铜互连线，因此总体引起的 RC 延迟要远小于铜。

（3）直径较大的多壁碳纳米管 理论和实验都已经证明在良好的接触情况下，多壁碳纳米管的各个壳层都能参与导电，一根 $25\mu m$ 长、直径为 100nm 的多壁碳纳米管的电阻可以达到 35Ω，在高质量多壁碳纳米管中已经发现有很大的电子平均自由程。理论模型表明，长度较长且直径较大的多壁碳纳米管在性能上可以优于 Cu 甚至单壁碳纳米管。只要缺陷很少且多壁碳纳米管的各个壳层都可以与金属电极良好接触。Philip Wong 等利用多壁碳纳米管作为 Si 基 CMOS 芯片的互连线，制作出可以工作在 1GHz 以上的环形振动器。这表明多壁碳纳米管可以在两个晶体管之间传输超过 1GHz 的信号。

3.4.4.4 碳纳米管场效应晶体管

以半导体型碳纳米管作为导电沟道的 CNTFET 具有高的开关电流比、理想的亚阈值特性、低温下可实现弹道输运和可以进行更大规模的集成等优良性能。碳纳米管作为沟道材料被应用于场效应晶体管以来，已经在材料和器件制备工艺等多方面取得瞩目的研究进展。

（1）碳纳米管场效应晶体管的结构与工作原理 自从 1998 年第一个碳纳米管场效应晶体管问世以来，碳纳米管场效应晶体管取得长足发展，性能也在不断提升。这种底栅结构比较典型，但也有很多缺点，此后有很多经过改进的新型碳纳米管晶体管［如顶栅结构、双栅（底栅＋顶栅）结构、同轴栅结构、围栅结构等］，性能也变得更好，但是基本的结构：包括栅极、源极、漏极、绝缘层、衬底和作为导电通道的碳纳米管等组成部分并没有改变。下面以底栅结构碳纳米管场效应晶体管为例来介绍其结构与工作原理。1998 年 IBM 公司在其研制的碳纳米管场效应晶体管（CNTFET）首次提出底栅结构碳纳米管场效应晶体管。如图 3-14 所示，在掺杂 Si 衬底上

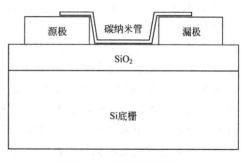

图 3-14　碳纳米管场效应晶体管的剖面结构示意

制作 140nm 厚的 SiO_2 层；再于氧化层上制作 2 个厚度为 30nm 的金电极，分别作为源极和漏极；将半导体性质的单壁碳纳米管或多层碳纳米管放置于两电极之间，并且要使碳纳米管与电极和氧化层之间都形成良好接触；同时在作为栅极的 Si 层上通一偏压。这种结构的底栅绝缘层相当厚（约 100nm 或更厚），导致场效应晶体管的开启电压很高，而且在进行电路集成时，基底上的所有 CNTFET 均采用同一栅极，导致无法对基底上的各个器件进行单独调控。另外，因为电极具有一定的高度，所以搭在电极上的 SWCNT 可能与栅绝缘层间会存在一定空隙，造成碳纳米管与电极之间只是点接触，接触电阻很大，导致栅极电场在

SWCNT 与金属电极接触处的调控作用减弱。

以下简单介绍碳纳米管场效应晶体管的工作原理。半导体型的碳纳米管是一种一维材料，直径在纳米量级，远远小于金属电极的尺度。碳纳米管与金属电极接触平衡的过程中，费米钉扎效应非常微弱，可以忽略，电子或空穴从金属注入碳纳米管中成为载流子。如果金属的功函数小于碳纳米管的功函数，则金属的导带与碳纳米管接触，载流子为电子；反之，如果金属的功函数大于碳纳米管的功函数，则金属的价带与碳纳米管接触，载流子为空穴。这样就完全避免掺杂，避开传统硅基 CMOS 技术所面临的最基本的器件加工和掺杂所导致的器件不均匀问题。栅极电压调制的是碳纳米管的能带相对于金属电极费米能级的位置。因此，使用不同功函数的金属电极作为源漏，人们会得到 n 型或 p 型的碳纳米管场效应晶体管。

(2) 碳纳米管场效应晶体管的制备工艺 碳纳米管场效应晶体管的制作工艺重点和难点在于如何将碳纳米管沟道材料有效形成导电沟道，目前碳纳米管形成导电沟道可以分为两类方法。第一类是先合成碳纳米管然后经后处理加工导电沟道。第二类是原位生长碳纳米管形成导电沟道。前者主要采用液相法，包括 AFM 探针操控、溶液滴涂法（drop-casting）、交流介电泳法、喷墨打印技术、"全打印"技术；后者主要采用气相 CVD 法。

① AFM 探针操控 当使用 AFM 的接触模式时，只要样品表面的高度变化，则 AFM 探针和样品表面间的接触力即发生改变，此时一个反馈回路将改变 AFM 探针悬臂梁的高度以使接触力维持在设定值。如果力反馈被关断，则 AFM 的探针将被压在衬底上并沿着预定的路径拖动。根据这个原理，可使用 AFM 探针对 SWCNT 进行操纵。实验中，将一定浓度的 SWCNT 溶液滴在基底上，选择合适的 SWCNT，用 AFM 探针将其移动到适当的位置，以连接源漏电极。实验中，SWCNT 能否被 AFM 的探针移动依赖于 SWCNT 与 AFM 的探针间拖动力和 SWCNT 与基底间范德瓦尔斯吸附力的大小。当 SWCNT 与 AFM 探针之间的拖动力比较大时，SWCNT 即可被 AFM 的探针操控而移动。AFM 操控的优点是可以随时跟踪碳纳米管，准确判断 SWCNT 是否连接在源漏电极之间；缺点是效率不高，通常要经过很长时间才能将 SWCNT 放到适当的位置，且碳纳米管在被探针移动的过程中可能会因弯曲而损坏。

② 交流介电泳方法 根据电场原理，SWCNT 在外加交流电场的作用下会受到一定程度的极化，极化后的 SWCNT 在交流电场中将产生扭转和平移运动，利用这种运动即可实现对 SWCNT 的操控。实验中，将一定浓度经过预处理的 SWCNT 溶解在氯仿或异丙醇中，超声分散、过滤后取一滴溶液滴在基底上。在源、漏电极间加上交流偏压，观察两个电极间电阻的变化。当电阻值突然变小为大约几百千欧时，表明 SWCNT 已经连接在两个电极之间，此时应及时将交流偏压关断。实验发现，交变频率和电压幅值对电场排布的速度有重要影响，交变频率和电压幅值越大，电场排布的速度也就越快；不同挥发性的溶剂对交变电场定向排列 SWCNT 的效果存在较大影响。在挥发性强的溶剂中取向排布时，由于溶剂挥发速度快，排布后电极周围的碳颗粒等杂质很少，具有纯化 SWCNT 原料的作用。交流介电泳方法简单易行，可以实现 SWCNT 沟道的制备。但是，这种方法也有局限性，如果采用交流介电泳方法制备碳纳米管导电沟道，必须预先制备金属电极，即只能采用最初的底栅结构。

③ 溶液滴涂法（drop-casting）在硅衬底上热生长一层 SiO_2 用于栅介质层，然后光刻制备电极。将分散于有机溶剂的碳纳米管（有机溶剂一般是乙醇和丙醇等）撒落在衬底上。由于事先制备好的碳纳米管一般都是缠绕在一起，所以应首先用超声使之散开。

④ 喷墨打印技术　喷墨打印技术（ink-jet printing）就是将 SWNT 的随机网络通过溶液转移到晶体管的沟道中，不仅简化器件中沟道部分的制作工艺，同时也兼容一种完全脱离传统光刻的工艺技术。已有很多工作尝试将碳纳米管制成"墨水"用喷墨打印的方法打印到沟道区域，得到 p 型的开关器件，喷墨打印法直接省去用光刻胶定义碳纳米管网络所在区域的这一步骤。

⑤ "全打印"技术　"全打印"（all ink-jet-printed）技术就是整个器件从衬底、氧化层、电极，到碳纳米管沟道，都是通过对不同材料进行喷墨打印的方法实现。例如，采用一种聚合物材料作为衬底；源、漏电极用银浆打印并在 130℃ 下退火而成；碳纳米管墨水可在沟道中进行多次打印，以形成较均匀分布的网络结构，并于室温条件下在空气中自然风干；其上覆盖一层凝胶材料作为栅介质层；最后打印导电有机物作为顶栅。

⑥ CVD 原位生长　CVD 原位生长是根据化学气相沉积法（CVD）生长碳纳米管的原理，先在基底上排布一定浓度的催化剂纳米颗粒，放入石英炉中，在真空条件下加热到一定温度（约 900℃），通入碳源气体（如乙炔、甲烷等）在催化剂的作用下，即可在基底的相应位置沉积生成碳纳米管。CVD 原位生长是最新制备 CNTFET 导电沟道的方法，该方法适用于顶栅结构 CNTFET 的制备，具有广泛的应用前景。但缺点是生长出的 CNT 没有经过纯化，含有无定型碳和催化剂颗粒等杂质。

(3) 降低碳纳米管/金属接触电阻方法　早期的碳纳米管晶体管的接触电阻都在 $1M\Omega$ 以上，而理论上碳纳米管本身的电阻只有 $6.5k\Omega$，这样的话接触电阻远远大于碳纳米管自身电阻，碳纳米管本身的性质就完全被掩盖。所以实现低的接触电阻对于完善碳纳米管晶体管的性能来说是非常重要的。目前一些典型的 CNT/金属接触改善方法主要包括：高温退火法；局部焦耳热法；电子束沉积法；电子束辐照法；超声纳米焊接技术。

高温退火法是在真空或惰性气氛下对样品进行高温退火处理，从而改善 CNT/金属电极接触。该方法可使 CNT 与金属的接触处生成金属碳化物，或者使原本存在于 CNT 与金属接触处的气体、水蒸气等物理吸附物在高温下脱附，从而改善其接触性能。Zhang 等首次采用高温退火法改善 Ti 电极与单壁碳纳米管（SWCNT）束的接触，在超高真空的环境下对两端搭接在两个 Ti 电极上的 SWCNT 束进行 970℃ 热处理 20min 后，CNT 与金属 Ti 接触处生成 TiC 晶体，CNT 与 TiC 间形成了突变的异质结，SWCNT 束的两端电阻降低到原来的 1/5～1/3。随后这种高温退火工艺得到了进一步发展，形成一套很完善的快速热退火技术（Rapid Thermal Annealing，简称 RTA），利用 RTA 技术已经可以实现接触电阻小于 $1k\Omega$ 的 Ti-C 接触。这么低的接触电阻对于碳纳米管本身的电阻就可以忽略不计。高温退火法能批量处理器件且使 CNT 与金属电极间形成稳定、低电阻的碳化物，但是高温会对 CNT 器件的其他部分产生不利影响。

局部焦耳热法与高温退火法相似，都是对 CNT 与金属接触部位进行加热处理，但局部焦耳热法不像高温退火法那样需要对样品进行大面积的高温加热，它只在 CNT 与金属接触处产生局部的焦耳热，对特定部位进行热处理，同时不影响器件的其他部分。例如，Woo 等采用一种施加脉冲电压的方法来降低 SWCNT 与金属电极之间的接触电阻。该方法可在短时间内加热 CNT 与金属的接触处，对基底影响很小。实验是在氩气的氛围下，对单根 SWCNT 两端的钯电极施加脉冲电压，使两路脉冲信号分别经过两个电极，从而实现对 SWCNT 两端与电极接触处的电脉冲加热处理。多组金属性和半导体性 SWCNT 的对照实验表明，电脉冲法对金属性和半导体性 SWCNT 都适合，均可明显降低接触电阻。其中，金属性 SWCNT 的两端电阻可减小到几百千欧，半导体性 SWCNT 束的两端电阻由处理前的 3.35MΩ 减小到处理后的 176.5kΩ。局部焦耳热法操作简便，处理针对性强，可根据实际接触情况采用不同的处理条件，但该方法对接触改善的可重复性有待进一步提高。

电子束沉积法主要是利用电子束辐照分解金属有机化合物，使其生成金属单质并沉积在 CNT 与金属电极的接触位置，从而增加接触的牢固性并减少接触电阻，形成良好且稳定的接触。该方法也可避免高温退火法中高温对于 CNT 的损伤，但该方法由于需要在电子扫描仪腔体中操作，故受条件限制且效率较低。例如，Neha 等利用电子束辐射分解 Ti 金属有机化合物，使其在接触处沉积 Ti 从而改善 MWCNT 与电极的接触特性，处理后 CNT 的电导可显著改善，在 $-4 \sim 4V$ 的电压范围内 MWCNT 的两端电导从 $33.6 \mu S$（$0.86e^2/h$）提高到 $65.7 \mu S$（$1.68e^2/h$）；在 4V 电压下，MWCNT 的电流密度从处理前的 $1.4 \times 10^{10} A/m^2$ 提高到 $2.9 \times 10^{10} A/m^2$。电子束沉积法可将原先放置在电极上方的 CNT 端部包覆上金属层，形成可靠、良好的电接触，但该方法需要在 SEM 腔体中操作，条件较苛刻且效率较低。

电子束辐照可改善 CNT 与金属电极的界面接触，降低接触电阻。相比于电子束沉积法，该方法更为简便，但也存在电子束可能对 CNT 造成损伤以及处理效率低下的问题。例如，Ando 等利用电子束辐照实现对 CNT 与铂金属接触的改善。电学测量表明，在电子束辐照前 CNT 的两端电阻很大（$\geqslant 10G\Omega$），而经过电子束辐照后接触电阻可以减小到 250kΩ 以下，接触性得到明显改善。但是长时间电子束辐照会导致 CNT 材料结构破坏，研究人员正寻找合适的方法回避该方法的不利影响。

最近，Chen 等研究发现，超声纳米焊接可以实现碳纳米管与金属电极之间可靠低阻的结合。通过一个以超声频率振动的夹紧力挤压处于金属电极上的 SWCNT，即可使 SWCNT 在超声能量和夹紧力的共同作用下被键合到金属电极上，实现牢固、低阻的结合。该技术使用均方根粗糙度为 0.2nm 的 Al_2O_3 单晶焊头对 SWCNT 和金属电极的接点进行焊接。首先，将样品固定，在焊头上施加一定的夹紧力；然后，将高频超声振荡加载在焊头上，超声的能量通过焊头传递到 SWCNT 和金属电极的接触表面；在超声能量和夹紧力的共同作用下，碳纳米管和金属电极之间即可实现紧密的结合。超声纳米焊接的机理为：在超声纳米焊接期间，高频超声能量的"超声软化效应"可使金属电极发生软化，使其在压力作用下发生塑性变形，由于 SWCNT 具有一维纳米尺度，其在压力作用下容易被嵌入金属电极并与金属电极焊接在一起。他们研究了金属性和半导体性 SWCNT 与金属电极的超声纳米焊接特性，在超声纳米焊接前，SWCNT 的两端电阻在数十兆欧数量级，而经功率为 $0.16 \sim 0.19W$ 的超声纳米焊接后，两端电阻降到 $8 \sim 24k\Omega$。经超声焊接处理制作的 CNTFET 也具有良好的器件性能，器件的开态电导大，$G_{ON} = 0.25 \cdot 4e^2/h$（开态电阻 $R_{ON} = 26.4k\Omega$），跨导值高，$g_m \mid v_{ds} = 0.5V = 3.6\mu S$；而未经过超声焊接处理的样品跨导仅为 $10^{-9}S$ 量级。超声纳米焊接技术可使 CNT 与金属电极间形成牢固、低电阻的电接触，具有快速、可靠、常温操作、适应范围广的特点。

随着相关研究的不断深入，上述接触改善方法和技术将不断地完善，从而获得更佳的 CNT/电极接触，为高性能 CNT 器件的制备提供必要的前提条件。当前，人们还在积极探索和研究新的接触改善方法。对 CNT 与金属接触的改善将向准确、稳定、便捷、大面积处理的方向发展，从而促进其工业应用，更有效地提升纳米器件性能。

(4) 新型栅结构碳纳米管场效应晶体管 自 1998 年 IBM 公司研制成功第一只底栅结构碳纳米管场效应晶体管以来，研究人员已围绕碳纳米管场效应晶体管发展很多新的栅电极形式。目前新的栅电极形式归纳起来主要有 5 种：底栅结构、顶栅结构、双栅（底栅＋顶栅）结构、共轴栅结构、围栅结构。这一节将对这些新型栅结构器件进行讨论。

1998 年，第一只由单根半导体性碳纳米管形成的场效应晶体管被 IBM 公司研制成功。该器件采用重掺杂的硅衬底作为背栅，热氧化的 SiO_2 层（100～150nm）作为绝缘介质，然后再蒸镀两个 Au 金属电极分别作为源极（S）和漏极（D），碳纳米管作为导电沟道，被置放在源、漏电极之间。在栅压的调制下，晶体管表现为 p 型导电，正电压下截止，负电压下开启，并在较大的负电压下趋于饱和。该晶体管被证实具有 $3000cm^2/(V \cdot s)$ 的载流子迁移率，电流承载能力超过 $10^9 A/cm^2$，电流开关比（I_{on}/I_{off}）达到 10^5 以上，由此可见碳纳米管能够完成传统硅材料 MOS 场效应晶体管的功能，从此开辟基于碳纳米管的晶体管的研究。但是就器件性能而言显然还不能让人满意。具体缺点在于：寄生接触电阻高（≥1MΩ）、驱动电流低（几个纳安培）、跨导 g_m 低（约 1nS），使得增益不能满足大于 1 的条件（约 0.35）、反向亚阈值斜率 S 高（1～2V/dec），这些都严重限制了碳纳米管晶体管在逻辑电路中的使用。另外，这种碳纳米管晶体管并没有像传统的 MOS 场效应晶体管那样专门做一个电极作为栅极，而是直接把栅压加在作为衬底的半导体 Si 层上。这样做效率难免很低；而且对于集成电路来说，利用衬底作为栅电极意味着基片（chip）上所有的晶体管不能独自工作而必须随衬底电压统一变化工作状态。

2002 年，Wind 等报道顶栅（Top-Gate）结构 p 型 CNTFET，放弃直接用衬底作为栅极的方式，另外制作栅电极。这样栅极与纳米管的距离就可以做得很近，从而大大提高栅压的控制作用。图 3-15 是顶栅 CNTFET 的结构示意。顶栅 CNTFET 是把 SWCNT 分散在氧化晶片上制成的，采用原子力显微镜（AFM）识别单个 CNT，用电子束光刻和剥离把 Ti 源、漏电极制作在 CNT 的上而，850℃退火形成 TiC 欧姆接触后，在 300℃下采用 SiH_4 和 O_2 混合物的化学汽相淀积（CVD）生长 15～20nm 的栅介质薄膜，N_2 中 600℃退火约 30min，使氧化物致密，最后用光刻和剥离制作出 50nm 厚的 Ti 或 A1 栅电极。顶栅 CNTFET 的阈值电压（-0.5V）明显比底部栅的（-12V）低。顶栅情况下，驱动电流更大，每个 CNTFET 的跨导也相应更高，$g_m=3.3\mu S$。顶栅结构的碳纳米管晶体管取得成功的关键正是在于有效减小绝缘层厚度（15～20nm）以提高栅压的控制作用和采用顶部接触的方式并利用 RTA 技术大大降低接触电阻，从而获得很好的器件特性。它的性能在某些方面甚至超过了目前最先进的传统硅晶体管（包括传统的 MOS 场效应晶体管和 SOI 器件），尤其是在最关键的参数跨导上，其单位宽度的跨导参数值达到目前性能最好的 MOS 场效应晶体管的 2 倍以上。这意味着碳纳米管晶体管的运行速度和集成电路功能都超过传统的 MOS 晶体管，这一成果使碳纳米管晶体管在取代传统的硅晶体管方面并成为未来半导体行业的主要材料的道路上又前进一步。另一方面，这种 Top-Gate CNTFET 的一个显著特征是与硅 MOS 工艺相兼容，从而使得碳纳米管效应晶体管在纳米电子器件中具备一定的竞争优势。

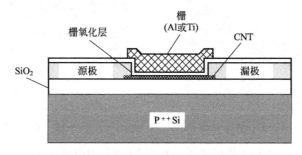

图 3-15　Top-Gate p 型 CNTFET 的结构示意

2003 年，Wind S.J 等提出了一种分段顶栅结构 CNT-场效应晶体管，整个顶栅被光刻分割为 4 段,段间隙为 20～25nm,顶栅宽分别为 480nm、160nm、80nm 和 240nm,碳纳米管和衬底、顶栅之间都有 1 层氧化层,源极、漏极是 Ti 电极,源极、漏极间距为 $1\mu m$。每段顶栅独立的施加不同偏压,使得晶体管表现出更多的特性。这种具有多段顶栅结构的场效应晶体管具有局部低栅压、开关速度高和集成度高等特点。同年,Fumiyuki NIHEY 等制作综合低阻欧姆接触和顶栅结构特点的 CNTFET。采用 CVD 在衬底上直接生长 CNT 的方法省去了采用激光烧蚀或电弧放电制作 CNT 所需的淀积工艺。源极和漏极间距为 $1\mu m$,栅长 L_G 为 210nm,CNT 位于被 SiO_2 薄膜覆盖的 Si 衬底上。源、栅和漏电极依次位于 CNT 上,每个电极彼此之间具有足够的距离(400nm),从而使栅对肖特基势垒的影响降到最小。对于源极、漏极同样如此,它是采用电子束光刻、电子枪蒸发和剥离技术淀积厚度为 100nm 的 Al 薄膜之后再淀积厚度为 2nm 的 Fe 薄膜,在 Si/SiO_2 衬底(SiO_2 的厚度是 100nm)上制作催化剂岛($400nm^2$)。Al 薄膜作为 Fe 催化剂的支撑材料,Fe 薄膜淀积之前先在室温、空气中自然氧化。在 CNT 的热 CVD 中用甲烷作为气体源,生长温度保持在 800℃。首先,透射电子显微分析法和拉曼光谱分析法确定采用该方法生长出的是单壁 CNT;原子力显微技术显示该 CNT 的直径分布在 0.7～2.5nm。CNT 生长之后,淀积 10nm Au 薄膜作为源、漏电极;淀积厚度为 2nm 的 Ti 薄膜,在室温空气中适度氧化,形成 2～3nm 的 TiO_2 栅介质薄膜;淀积 10nm 厚的 Pt 薄膜作栅电极。对于用直径为 1.5nm CNT 构成导电沟道的 FET,当漏电压为 $-1V$ 时,跨导为 $8.7\mu S$,寄生电阻 $R_p = 130k\Omega$;考虑寄生电阻时,本征跨导为 $20\mu S$。假设 CNT 的直径(1.5nm)是沟道的宽度,则每单位沟道宽度的表观跨导为 $5800\mu S/\mu m$。用同样方法获得的每单位沟道宽度的本征跨导是 $13000\mu S/\mu m$。这些值比迄今 Si-MOSFET 的值大得多,n-FET 和 p-FET 的本征跨导分别是 $1000～1200\mu S/\mu m$ 和 $500～700\mu S/\mu m$。尽管考虑由于 CNT 的圆柱形状引起的电场增强,但是它们仍然比 Si-MOSFET 具有优势。通过改进 CNT 的质量和器件结构,有希望进一步提高 CNTFET 的性能。

2004 年,Hoenlein 等提出了一种新型垂直 CNT 结构的 CNTFET(如图 3-16 所示),垂直生长的 SWCNT 直径为 1nm,长为 10nm,制备的同轴栅介质和栅的厚度约为 1nm,SWCNT 的上、下端分别为源、漏极。垂直 CNTFET 的优越性表现在 CNT 的垂直生长比水平生长更容易,这种三维连接可以被用于垂直结构器件和碳纳米管三维集成电路中,垂直结构 CNTFET 的性能远优于硅基 MOSFET。

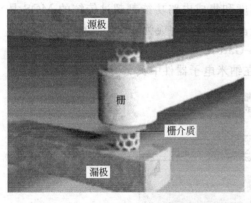

图 3-16　垂直共轴 CNTFET 结构示意

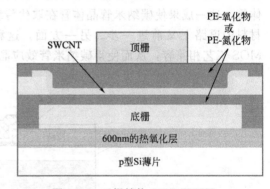

图 3-17　双栅结构 SWCNTFET

2006 年,Bae-Horng Chen 等提出了一种 SWCNT 沟道导电类型可调的双栅(底栅＋顶栅)结构 CNTFET,如图 3-17 所示。在 980℃下通过湿法氧化获得 600nm 的栅氧化层,低温 PECVD 法沉积 200nm 的氧化层或氮化硅层,150nm 的源漏和栅电钛(Ti)极是利用 RF

溅射法制备。双栅压控制器件的转移特性曲线测试结果表明，当底栅施加正偏压，顶栅电压 0～12V 变化时，源漏电流随顶栅压的减小而减小，且导电沟道可以有效实现夹断；当底栅施加负偏压，顶栅电压 0～12V 变化时，源漏电流随顶栅压的减小而增大，且导电沟道增强。

2008 年 Chen 等提出一种新型围栅结构的 CNTFET。其主要特点是碳纳米管 CNT 完全被栅介质层（Gate All-Around：GAA）和栅极 Ti/Au 包裹。源漏间距为 100nm，利用原子层沉积 ALP 法制备 10nm 的 Al_2O_3，栅极以外的氮化钨（WN）和 Al_2O_3 利用湿法腐蚀去除。他们同时对不同退火温度 C-V 特性的影响进行分析研究，研究表明 C-V 特性与测量频率有关，且在退火温度高于 500℃时，氧化层的质量得到明显改。I-V 特性测试表明器件的阈值电压为 2V。

(5) 碳纳米管场效应晶体管的栅介质层优化 为了克服厚的氧化硅背栅介质这个缺点，2001 年 Dekker 小组利用铝栅极上薄 Al_2O_3（几纳米）作为栅介质制作室温工作的碳纳米管场效应晶体管（如图 3-18 所示），降低栅电压，进一步提高跨导，具备与 Si MOSFET 类似的饱和特性，并利用该器件实现碳纳米管反相器、NOR、SRAM、振荡器等简单的逻辑集成器件。在图 3-18 所示的结构中，在碳纳米管下面有一个局部 A1 栅，利用 Al 作为栅电极，A1 栅表面具有良好绝缘性能的 Al_2O_3 层，作为绝缘层的 Al_2O_3 在厚度仅为几个纳米，与两个 Au 电极具有电接触。几个纳米的 Al_2O_3 厚度比接触电极（约 100nm）的间隔小得多，这样在栅和碳纳米管之间会产生很好的电容耦合，并且可以把局部 Al 栅简单地制作成不同的图形，这样每一个栅可以对应于不同的纳米管晶体管。根据电流与偏置电压 V_{SD} 的关系，推导出该碳纳米管晶体管的跨导是 0.3nS，开关比的下限至少是 10^5，最大工作电流是 100nA 量级；而且当 $V_{SD}=-1.3V$ 和 $V_G=-1.3V$ 时，导通电阻是 26MΩ。几个纳米的 Al_2O_3 厚度使得只需要很小的栅极电压就可以控制碳纳米管的导通和截止，从而实现高跨导（约 $0.3\mu S$）和大增益（＞10）。大的增益使得碳纳米管晶体管在逻辑电路中的使用变得可行。

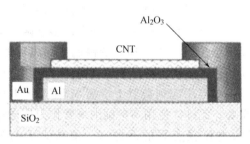

图 3-18　绝缘层厚度仅为几个纳米的碳纳米管晶体管结构

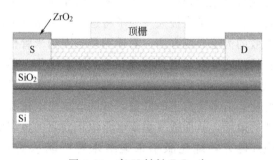

图 3-19　高 K 材料 ZrO_2 为栅绝缘层的碳纳米管晶体管结构

选用高 K（介电常数）栅介质材料来替代 SiO_2 可以有效提高器件性能。2002 年，Javey 等用高 K 材料 ZrO_2（8nm）作栅绝缘层制备 p 型碳纳米管晶体管（如图 3-19）和简单的逻辑电路。其中的半导体型单壁碳纳米管通过化学气相沉积法制备，源和漏电极搭在 SiO_2/Si 底片上，ZrO_2 电介质通过原子层沉积（ALD）方法获得，厚度为 8nm，n 型 CNTFET 通过 p 型 CNTFET 在 400℃高温下通氢气 1h 制备。经过测试，器件性能参数分别是：每单位沟道宽度的本征跨导为 $6000\mu S/\mu m$（单管跨导为 $12\mu S$），载流子迁移率为 $3000cm^2/(V\cdot s)$，亚阈值斜率为 70mV/dec。

2003 年，Dai 等同时用 Pd 电极与碳管形成欧姆接触和高 K 材料 HfO_2 为栅绝缘层

（8nm）制作接近理论极限的 p 型 CNTFET（如图 3-20），器件具有高栅介电常数的介质层纳米管的有效长度仅为 50nm。经过测试，器件获得了 $30\mu S$ 的电导峰值，开态电导为 $0.5\times4e^2/h$，单位长度的延时时间为 $19ps/\mu m$，并且对于直径为 1.7nm 的碳纳米管饱和电流达到 $25\mu A$。实验数据和分析结果一致证明了沟道中的电子传输方式为弹道输运，表明在接近弹道输运的 CNTFET 源和沟道端没有额外的表面电阻。结果显示，这种器件可以在很低的源漏电压下获得非常高的开态电流，用这样的器件制备高速、低功耗的 CNT CMOS 逻辑电路前景已经非常广阔。

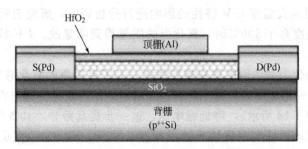

图 3-20　高 K 材料 HfO_2 为栅绝缘层的碳纳米管晶体管结构

（6）碳纳米管场效应晶体管的导电沟道优化　单条的碳纳米管已被作为连接源、漏电极的导电沟道来构成碳纳米管场效应管。然而，采用单根碳纳米管作为导电沟道存在如下问题。①目前还没有办法检查和筛选出完全没有缺陷的碳纳米管，有部分碳纳米管上存在严重缺陷，利用单条碳纳米管作为连接源、漏电极的导电沟道来构成场效应管时，这些缺陷有可能引起器件失效，降低器件的成品率，尤其无法应用于集成电路，在使用中影响整个电路的正常工作，因而单条碳纳米管 FET 很难在实际中应用。②很难根据集成电路的要求把单根的 CNT 精确定位于单个 CNTFET。事实上，如果用单根 CNT 建造一只晶体管，虽然它的性能可以超过现今硅芯片上的任何晶体管，但可以预见这类晶体管难以普及，主要障碍在于其制造工艺难度极大。为了将这种背栅结构的晶体管器件用于大规模生产，必须采用更简单有效的沟道形成方法。而采用多条碳纳米管为导电沟道将有效避免这些问题。多条碳纳米管构成的导电沟道只要有一条能正常工作，器件就不会失效，这样提高器件制作的成功率，也使器件运行的稳定性和可靠性得到很大提高。并且，在制作多沟道场效应晶体管时，通过变化碳纳米管沟道的数量，可调节输出电流和跨导，相当于起到类似于传统 Si FET 增大栅宽的效果，从而适应集成电路中不同驱动负载的需要。此外，使用多条碳纳米管为导电沟道还能有效地克服单条碳纳米管所能承受的最大电流很有限的问题（一般认为大约为 $25\mu A$），增大制得的场效应晶体管的输出电流和跨导，使之能应用于需要大的输出电流或跨导的场合，如传感器、低噪声的器件等。理论研究也证实，采用多条平行周期排列的碳纳米管作为导电沟道制作的场效应管时比单条碳纳米管为沟道具有大得多的开启电流和跨导。

2003 年，E. S. Snow 等研究了基于单壁碳纳米管随机网络场效应晶体管（CNNFET），将单壁碳纳米管通过悬浮液的方式洒落在裸露金属电极的衬底上。当分散着碳纳米管的悬浮液蒸发之后，在衬底的各个区域留下了一层 SWCNT 网络，将 S/D 中间的区域用光刻胶保护，而沟道区域以外的 SWCNT 将被清除掉。

2009 年，Albert Lin 等提出一种多根单壁碳纳米管构建 CNTFET，沟道内 SWCNT 的密度为 1~3 根/μm，沟道的宽长比为 $W/L=50\mu m/1\mu m$，多通道 SWCNTFET 结构。器件的关态电流 I_{OFF} 定义为 $V_G=5V$ 和 $V_{DS}=1V$ 时对应的源漏电流；开态电流 I_{ON} 定义为 $V_G=$

5V，$V_{DS}=1$V 时对应的源漏电流。I-V 特性表明，开态电流减小会使阈值电压发生漂移，阈值电压从最初的 3.6V 变化为第一次设置的 3.1V，再变化到第二次设置的 2.4V，开态电流从 70μA 变化为 47μA，变化量为 33%。

2008 年，Qing Cao 等设计研究基于单壁碳纳米管随机网络场效应晶体管的中规模集成电路。在柔性聚酰亚胺衬底上制备集成近 100 个单壁碳纳米管随机网络场效应晶体管。这种场效应晶体管具有一些极其优越的性能，器件迁移率为 $80cm^2/(V\cdot s)$，阈值电压斜率低于 $140mV/dec$，开关速率高达 10^5。应该说基本代表目前关于碳纳米管器件及其应用研究领域的最高水平。

2009 年，Fumiaki N 等利用转移压印技术分别在柔性和硬质（玻璃）衬底制备一种完全透明的阵列碳纳米管场效应晶体管，此基础上构建透明 SWCNT 逻辑电路，成功用于商业柔性 GaN LED 的驱动电路。制备在玻璃衬底上的透明阵列 SWCNT 场效应晶体管的迁移率高达 $1300cm^2/(V\cdot s)$，开关比为 3×10^4，器件的平均透明度为 80%，制备的阵列碳纳米管电路在柔性衬底弯曲 120° 时也可以可靠工作。

从前面的内容可以看出碳纳米管在互连、晶体管应用研究发展很快，碳纳米管在电子学中的应用研究正在日新月异地发展。但是在碳纳米管电子器件在实用化之前，还有很长的一段路要走。一方面，碳纳米管的输运性质等器件物理还有待于继续深入地研究，碳纳米管的电子结构对其多变的分子结构十分敏感，CNTFET 中碳纳米管-金属接触问题和环境问题都必须研究清楚并易于进行控制。另一方面，新的碳纳米管器件往往基于碳纳米管的自组装技术，目前还没有实现在宏观平面内的平行碳纳米管或者交叉碳纳米管的可控组装。对于未来的碳纳米管集成器件来说，这是最大挑战。可以说碳纳米管电子学中存在的主要挑战还是材料问题。碳纳米管作为一种大分子结构，碳纳米管的生长、剪裁、改性和组装方法多数来源于化学方法，有些预先设计好位置的化学反应可以用类似于半导体工艺中的平板印制方法来实现。也许这些方面的难题解决，碳纳米管电子器件及其互连就可以从实验室研究迈向产业化应用。从另一个角度来说，如果不考虑技术细节，碳纳米管是研究和理解一维系统中电荷输运性质的理想模型系统，也是分子制造技术最突出的成就之一，随着纳米科学和技术的发展，碳纳米管电子学的应用前景极为诱人。

参 考 文 献

[1] The International Technology Roadmap for Semiconductors Roadmap. ITRS roadmap, 2006. http://public. itrs. net/.

[2] 薛增泉，刘惟敏. 纳米电子学 [M]. 北京：电子工业出版社，2004.

[3] 朱静. 纳米材料和器件 [M]. 北京：清华大学出版社，2003.

[4] 阎守胜，甘子钊. 介观物理 [M]. 北京：北京大学出版社，1995.

[5] 赖武彦. 自旋电子学和计算机硬件产业 [J]. 物理，2002，31（7）：437-443.

[6] 朱长纯，贺永宁. 纳米电子材料与器件 [M]. 北京：国防工业出版社，2005.

[7] 王阳元，康晋峰. 物理学研究与微电子科学技术的发展 [J]. 物理，2002，31（7）：415-421.

[8] 彭英才，赵新为，刘明. 纳米量子器件研究的若干前沿问题 [J]. 自然，2003，25（3）：145-149.

[9] 王阳元，康晋锋. 超深亚微米集成电路中的互连问题-低 k 介质与 Cu 的互连集成技术 [J]. 半导体学报，2003，23（11）：1121-1134.

[10] Kingon A I, Maria J P, Streiffe S K. Alternative dielectrics to silicon dioxide for memory and logic devices [J]. Nature, 2000, 406 (31)：1032-1038.

[11] 武德起，赵红生，姚金城，等. 高介电栅介质材料研究进展 [J]. 无机材料学报，2008，23（5）：865-871.

[12] 郑晓虎，黄安平，杨智超，等. 稀土元素掺杂的 Hf 基栅介质材料研究进展 [J]. 物理学报，2011，60（1）：1-12.

[13] 甘学温，黄如，刘晓彦，等. 纳米 CMOS 器件 [M]. 北京：科学出版社，2004.

[14] Lu C C, Huang J J, Luo W C, et al. Strained silicon technology: mobility enhancement and improved short channel effect performance by stress memorization technique on nFET devices [J]. J. Electrochem. Soc., 2010, 157 (5): H497-H500.

[15] Yang H D, Yu Q, Wang X Z, et al. Growth of strained-Si material using low-temperature Si combined with ion implantation technology [J]. J. Semicond., 2010, 31 (6): 63001-63004.

[16] Mohan V D, Lin C H, et al. Modeling advanced FET technology in a compact model [J]. IEEE Trans. Electron Devices, 2006, 53 (9): 1971-1978.

[17] 孙自敏, 刘理天, 李志坚. 光刻胶灰化工艺与深亚微米线条的制作 [J]. 微细加工技术, 1998, (2): 31-36.

[18] 黄如, 张国艳, 李映雪, 张兴. SOI CMOS 技术及其应用 [M]. 北京: 科学出版社, 2005.

[19] 黄如, 田豫, 周发龙, 等. 适于纳米尺度集成电路技术的双栅/多栅 MOS 器件的研究 [J]. 中国科学 E 辑: 信息科学, 2008, 38 (6): 959-967.

[20] Zhou F L, Huang R, Zhang Z. Vertical channel nMOSFET with an asymmetric graded lightly doped drain [J]. Microelectronics. Eng., 2005, 77 (3-4): 365-368.

[21] 郭维廉. 共振隧穿器件概述 [J]. 微纳电子技术, 2005, 42 (9): 398-424.

[22] 郭维廉. 共振隧穿器件及其应用 [M]. 北京: 科学出版社, 2008.

[23] 王杰, 张斌珍, 刘君, 等. GaAs 基共振遂穿二极管的材料结构研究 [J]. 固体电子学研究与进展, 2011, 31 (2): 136-140.

[24] Bergman J I, Chang J, Joo Y, et al. RTD/CMOS nanoelectronic circuits: thin-film InP-based resonant tunneling diodes integrated with CMOS circuits [J]. IEEE Electron Device Lett., 1999, 20 (3): 119-122.

[25] 高金环, 杨瑞霞, 武一宾, 等. InP 衬底 $AlAs/In_{0.53}Ga_{0.47}As$ RTD 的研制 [J]. 半导体学报, 2007, 28 (4): 573-575.

[26] 郭维廉. 带间共振隧穿二极管 (RITD) [J]. 微纳电子技术, 2008, 45 (6): 326-333.

[27] 蒋建飞. 单电子学 [M]. 北京: 科学出版社, 2007.

[28] Fulton T A, Dolan G J. Observation of single-electron charging effects in small tunnel junctions [J]. Phys. Rev. Lett., 1987, 59 (1): 109-112.

[29] Scott-Thomas J H F, Field S B, Kastner M A, et al. Conductance oscillations periodic in the density of a one-dimensional electron gas [J]. Phys. Rev. Lett., 1989, 62 (5): 583-586.

[30] Saitoh M, Murakami T, Hiramoto T. Large coulomb blockade oscillations at room temperature in ultranarrow wire channel MOSFETs formed by slight oxidation process [J]. IEEE Trans. Nanotechnol., 2003, 2 (4): 241-245.

[31] Ponomarenko L A, Schedin F, Katsnelson M I, et al. Chaotic dirac billiard in graphene quantum dots [J]. Science, 2008, 320 (5874): 356-358.

[32] Daw D C, P. Karre S K, Palard M, Bergstrom P L. Step and flash imprint lithography for quantum dots based room temperature single electron transistor fabrication [J]. Microelectron. Eng., 2009, 86 (4~6): 646-649.

[33] Chen W, Ahmed H, Nakazoto K. Coulomb blockade at 77K in nanoscale metallic islands in a lateral nanostructure [J]. Appl. Phys. Lett., 1995, 66 (24): 3383-3884.

[34] Klein D L, McEuen P L. An approach to electrical studies of single nanocrystals [J]. Appl. Phys. Lett., 1996, 68 (18): 2574-2576.

[35] Postma H W C, Teepen T, Yao Z, et al. Carbon nanotube single-electron transistors at room temperature [J]. Science, 2001, 293 (5527): 76-79.

[36] Ray V, Subramanian R, Bhadrachalam P, et al. CMOS-compatible fabrication of room temperature single-electron devices [J]. Nat. Nanotechnol., 2008, 3 (10): 603-608.

[37] 方粮, 池雅庆, 隋兵才, 等. 室温工作的单电子晶体管研究 [J]. 国防科技大学学报, 2009, 31 (6): 25-28.

[38] Takahashi Y, Ono Y, Fujiwara A, et al. Silicon single-electron devices [J]. J. Phys. Condens. Matter., 2002, 14 (39): 995-1033.

[39] 张杨, 韩伟华, 杨富华. 硅基单电子晶体管的制备 [J]. 微纳电子技术, 2006, 43 (2): 73-79.

[40] Scott-Thomas J H F, Field S B, Kastner M A, et al. Conductance oscillations periodic in the density of a one-dimensional electron gas [J]. Phys. Rev. Lett., 1989, 62 (5): 583-586.

[41] Choi B H, Hwang S W, Kim I G, et al. Fabrication and room temperature characterization of a silicon self-assembled quantum-dot transistor [J]. Appl. Phys. Lett., 1998, 73 (21): 3129-3131.

[42] Uchida K, Koga J, Ohba R, et al. Silicon single-electron on insulator film [J]. J Appl Phys, 2001, 90 (7): 3552-3557.

［43］ Saitoh M, Murakami T, Hiramoto T. Large coulomb blockade oscillations at room temperature in ultranarrow wire channel MOSFETs formed by slight oxidation process ［J］. IEEE Trans. Nanotechnol., 2003, 2 (4): 241-245.

［44］ 薛增泉. 碳电子学 ［M］. 北京: 科学出版社, 2010.

［45］ 成会明. 纳米碳管制备、性能与应用 ［M］. 北京: 化学工业出版社, 2000.

［46］ Ding L, Tselev A, Wang J, et al. Selective growth of well-aligned semiconducting single-walled carbon nanotubes ［J］. Nano. Lett., 2009, 9 (2): 800-805.

［47］ Arnold M S, Green A A, Hulvat J F, et al. Sorting carbon nanotubes by electronic structure using density differentiation ［J］. Nat. Nanotechnol., 2006, 1 (1): 60-65.

［48］ Krupke R, Hennrich F, von Lohneysen H, et al. Separation of metallic from semiconducting single-walled carbon nanotubes ［J］. Science, 2003, 301 (5631): 344-347.

［49］ Yoon S M, Kim S J, Shin H J, et al. Selective oxidation on metallic carbon nanotubes by halogen oxoanions ［J］. J. Am. Chem. Soc., 2008, 130 (8): 2010-2016.

［50］ Liu H P, Nishide D, Tanaka T, et al. Large-scale single-chirality separation of single-wall carbon nanotubes by simple gel chromatography ［J］. Nat. Commun., 2011, 309 (2): 1-8.

［51］ Strano M S, Dyke C A, Usrey M L, et al. Electronic structure control of single-walled carbon nanotube fictionalization ［J］. Science, 2003, 301 (5639): 1519-1522.

［52］ Kim W J, Usrey M L. Selective fictionalization and free solution electrophoresis of single-walled carbon nanotubes: Separate enrichment of metallic and semiconducting SWNT ［J］. Chem. Mat., 2007, 19 (7): 1571-1576.

［53］ Toyoda S, Yamaguchi Y, Hiwatashi M, et al. Separation of semiconducting single-walled carbon nanotubes by using a long-alkyl-chain benzenediazonium compound ［J］. Chemistry-Asian Journal, 2007, 2 (1): 145-149.

［54］ Ghosh S, Rao C N R. Separation of metallic and semiconducting single-walled carbon nanotubes through fluorous chemistry ［J］. Nano Research, 2009, 2 (3): 183-191.

［55］ Peng X, Komatsu N, Bhattacharya S, et al. Optically active single-walled carbon nanotubes ［J］. Nat. Nanotechnol., 2007, 2 (6): 361-365.

［56］ Nish A, Hwang J Y, Nicholas R J, et al. Highly selective dispersion of single-walled carbon nanotubes using aromatic polymers ［J］. Nat. Nanotechol., 2007, 2 (10): 640-646.

［57］ Tu X M, Manohar S, Jagota A, et al. DNA sequence motifs for structure-specific recognition and separation of carbon nanotubes ［J］. Nature, 2009, 460 (7252): 250-253.

［58］ Wang W L, Bai X D, Liu K H, et al. Direct Synthesis of B-C-N single-walled nanotubes by bias-assisted hot filament chemical vapor deposition ［J］. J. Am. Chem. Soc., 2006, 128 (20), 6530-6531.

［59］ Xu Z, Lu W G, Wang W L, et al. Converting metallic single-walled carbon nanotubes in to semiconductors by boron/N nitrogen Co-doping ［J］. Adv. Mater., 2008, 20 (19), 3615-3619.

［60］ Yang X X, Liu L, Wu M H, et al. Wet-chemistry-assisted nanotube-substitution reaction for high-efficiency and bulk-quantity synthesis of boron-and nitrogen-codoped single-walled carbon nanotubes ［J］. J. Am. Chem. Soc., 2011, 133 (34): 13216-13219.

［61］ Haruehanroengra S, Wang W. Analyzing conductance of mixed carbon-nanotube bundles for interconnect applications ［J］. IEEE Electron Device Lett., 2007, 28 (8): 756-759.

［62］ Naeemi A, Meindl J D. Monolayer metallic nanotube interconnects: promising candidates for short local interconnects ［J］. IEEE Electron Device Lett., 2005, 26 (8): 544-546.

［63］ Close G F, Yasuda S, Paul B, et al. A 1 GHz integrated circuit with carbon nanotube interconnects and silicon transistors ［J］. Nano Lett., 2008, 8 (2): 706-709.

［64］ Tans S J, Versehueren A R M, Dekker C. Room-temperature transistor based on a single carbon nanotube ［J］. Nature, 1998, 393 (6680): 49-52.

［65］ Babic B, Iqbal M, Schonenberger C. Ambipolar field-effect transistor on as-grown single-wall carbon nanotubes ［J］. Nanotechnology, 2003, 14 (2): 327-331.

［66］ Roschier L, Penttila J. Single electron transistor made of multiwalled carbon nanotube using scanning probe manipulation ［J］. Appl. Phys. Lett., 1999, 75 (5): 728-730.

［67］ Smith P A, Nordquist C D, Jackson T N, et al. Electric-field assisted assembly and alignment of metallic nanowires ［J］. Appl. Phys. Lett., 2000, 77 (9): 1399-1401.

［68］ Beecher P, Servati P, Rozhin A, et al. Ink-jet printing of carbon nanotube thin film transistors ［J］. J. Appl. Phys., 2007, 102 (4): 043710/1-7.

［69］ Vaillancourt J, Zhang H, Vasinajindakaw P, et al. All ink-jet-printed carbon nanotube thin-film transistors on a polyimide substrate with an ultrahigh operating frequency of over 5 GHz ［J］. Appl. Phys. Lett., 2008, 93 (24): 243301/1-3.

［70］ Kong J, Soh H T. Synthesis of individual single walled carbon nanotubes on patterned silicon wafers ［J］. Nature, 1998, 395 (29): 878-881.

［71］ Zhang Y, Ichihashi T, Landree E, et al. Heterostructrues of single-walled carbon nanotubes and carbide nanorods ［J］. Science, 1999, 285 (5434): 1719-1720.

［72］ Lee J O, Park C, Kim J J, et al. Formation of low-resistance ohmic contacts between carbon nanotube and metal electrodes by a rapid thermal annealing method ［J］. J. Phys. D, 2000, 33 (16): 1953-1956.

［73］ Woo Y S, Duseberg G, Roth S. Reduced contact resistance between an individual single-walled carbon nanotube and a metal electrode by a local point annealing ［J］. Nanotechnology, 2007, 18 (9): 095203/1-3.

［74］ Neha K, Misra A, Srinivasan S, et al. Effect of top metal contact on electrical transport through individual multi-walled carbon nanotube ［J］. Appl. Phys. Lett., 2010, 97 (22): 222102/1-3.

［75］ Ando A, Shimizu T, Abe H, et al. Improvement of electrical contact at carbon nanotube/Pt by selective electron irradiation ［J］. Physica E, 2004, 24 (1-2): 6-9.

［76］ Chen C X, Yan L J, Kong E S, et al. Ultrasonic nanowelding of carbon nanotubes to metal electrodes ［J］. Nanotechnology, 2006, 17 (9): 2192-2197.

［77］ Chen C X, Liu L Y, Lu Y, et al. A method for creating reliable and low-resistance contacts between carbon nanotubes and microelectrodes ［J］. Carbon, 2007, 45 (2): 436-442.

［78］ Chen C X, Zhang W, Zhang Y F. Multichannel carbon nanotube field-effect transistors with compound channel layer ［J］. Appl. Phys. Lett., 2009, 95 (19): 192110/1-3.

［79］ Wind S J, Appenzeller J, Martel R, et al. Vertical scaling of carbon nanotube field-effect transistors using top gate electrodes ［J］. Appl. Phys. Lett., 2002, 80 (20): 3817-3819.

［80］ Wind S J, Appenzeller J, Avouris P H. Lateral scaling in carbon nanotube field-effect transistors ［J］. Phys. Rev. Lett., 2003, 91 (5): 058301/1-4.

［81］ Nihey F, Hongo H, Ochiai Y, et al. Carbon-nanotube field-effect transistors with very high intrinsic transconductance ［J］. Jpn. J. Appl. Phys. Part 2-Lett., 2003, 42 (10B): 1288-1291.

［82］ Hoenlein W, Kreupl F, Duesberg G S, et al. Carbon nanotube applications in micro-electronics ［J］. IEEE Trans. Comp. Packaging Techn., 2004, 27 (4): 629-634.

［83］ Chen B H, Wei J H, Lo P Y, et al. A carbon nanotube field effect transistor with tunable conduction-type by electrostatic effects ［J］. Solid-State Electron., 2006, 50 (7-8): 1341-1348.

［84］ Chen Z H, Farmer D, Xu S, et al. Externally assembled gate-all-around carbon nanotube field-effect transistor ［J］. IEEE Electron Device Lett., 2008, 29 (2): 183-185.

［85］ Bathtold A, Hadley P, Nakanishi T, Dekker C. Logic circuits with carbon nanotube transistors ［J］. Science, 2001, 294 (9): 1317-1320.

［86］ Javey A, Kim H, Brink M, et al. High-κ dielectrics for advanced carbon nanotube transistors and logic gates ［J］. Nat. Mater., 2002, 1 (4): 241-246.

［87］ Javey A, Guo J, Wang Q, et al. Ballistic carbon nanotube field-effect transistors ［J］. Nature, 2003, 24 (7): 654-657.

［88］ Javey A, Guo J, Farmer D B, et al. Carbon nanotube field-effect transistors with integrated ohmic contacts and high-κ gate dielectrics ［J］. Nano Lett., 2004, 4 (3): 447-450.

［89］ Snow E S, Novak J P, Campbell P M, et al. Random networks of carbon nanotubes as an electronic material ［J］. Appl. Phys. Lett., 2003, 82 (13): 2145-2147.

［90］ Lin A, Patil N, Ryu K, et al. Threshold voltage and on-off ratio tuning for multiple-tube carbon nanotube FETs ［J］. IEEE Trans. Nanotechnol., 2009, 8 (1): 4-9.

［91］ Cao Q, Kim H S, Pimparkar N, et al. Medium-scale carbon nanotube thin-film integrated circuits on flexible plastic substrates ［J］. Nature, 2008, 454 (24): 494-501.

［92］ Fumiaki N I, Chang H K, Ryu K, et al. Transparent electronics based on transfer printed aligned carbon nanotubes on rigid and flexible substrates ［J］. ACS Nano., 2009, 3 (1): 73-79.

第4章
纳米半导体气敏传感器

4.1 半导体气敏传感器分类

4.1.1 气敏传感器的应用与分类

人类社会在经过飞速发展的工业化过程后，人们逐渐认识到工业发展也带来严重的问题：温室效应、酸雨、臭氧层的破坏等问题日趋严重，甚至在一些场合威胁人们的生命，使人们不得不重视，而解决这些问题的关键是迅速准确地检测这些有毒、有害、有污染的气体，这是气体传感器技术发展的客观依据。气敏传感器是一种将检测到的气体成分和浓度转换成电信号的传感器。由于通常情况下，气敏传感器的定义是以检测目标为分类基础的，即不论采用物理方法还是化学方法，凡是用于检测气体成分和浓度的传感器均称为气敏传感器。并且，它具有灵敏度高、响应时间和恢复时间快、使用寿命长及价格低等优点，成为世界上产量最大、使用最广的传感器之一；其在环境领域、工业生产领域、安全防范、医疗领域等领域有广泛应用。以气敏特性来分类，气敏传感器主要分以下六大类：半导体气敏传感器、电化学型气敏传感器、固体电解质气敏传感器、接触燃烧式气敏传感器、光学式气敏传感器和高分子气敏传感器。

4.1.2 半导体气敏传感器的分类

对于半导体气敏传感器，按照半导体与气体的相互作用是在其表面还是在其内部，可分为表面控制型和体控制型两种；根据气敏机制，又可分为电阻型和非电阻型两种。电阻型半导体气敏传感器是利用半导体接触气体时其阻值的改变来检测气体的成分或浓度；而非电阻型半导体气敏传感器则是根据对气体的吸附和反应，使半导体的某些特性发生变化对气体进行直接或间接检测。

4.1.2.1 电阻型半导体气敏传感器

SnO_2、ZnO 是电阻式金属氧化物半导体传感器气敏材料的典型代表，它们兼有吸附和催化双重效应，属于表面控制型，但该类半导体传感器的使用温度较高，大约 $200\sim500℃$。为了进一步提高它们的灵敏度，降低工作温度，通常向母料中添加一些贵金属（如 Ag、Au、Pt 等），激活剂及黏结剂 Al_2O_3、SiO_2、ZrO_2 等。采用粉末溅射技术制备的表面层掺杂 SnO/SnO_2：Pt 双层膜材料气敏传感器用来检测 CO 的浓度，发现其可降低工作温度，在室温至200℃内均显示出较高的灵敏度。通过添加不同的添加剂还能改善气敏传感器的选择性，在ZnO中添加Ag能提高对可燃性气体的灵敏度，加入V_2O_5能使其对氟利昂更加敏感，加入Ga_2O_3能提高对烷烃的灵敏度。Fe_2O_3系也属于该类气敏传感器，用溶胶凝胶法和化学气相沉积法合成纳米Fe_2O_3对CH_4、H_2、C_2H_5OH有很好的敏感性。近年来采用薄膜技术和集成电路技术把加热元件、温度传感器、叉指电极、气体敏感膜集成在硅衬底上制成的传感器，不仅灵敏度比常规多晶膜传感器高得多，并且结构简单、制作方便，还可以根据被测气体选择不同的敏感膜，使得该类传感器成为很有发展前景的新型半导体气敏传感器。但电阻式半导体气敏传感器的气敏传感器一般暴露在大气中，加热元件的电压值决定气敏传感器的工作温度，如何消除湿度和温度等环境因素对测量的影响还未得到很好解决。SnO_2、ZnO、Fe_2O_3为基质的半导体气敏材料仍然是目前市场的主流。但这类材料的纳米化、薄膜化技术已渐成趋势。

4.1.2.2　非电阻型气敏传感器

非电阻型气敏传感器主要包括MOS场效应管型气敏传感器和二极管型气敏传感器等。氢气敏Pd栅MOSEFT是最早研制成功的催化金属栅场效应气敏传感器。当氢气与Pd发生作用时，场效应管的阈值电压将随氢气浓度而变化，以此来检测氢气。这种结构的气敏传感器对氢气的灵敏度可达ppm（10^{-6}）级，而且选择性非常好，但长期稳定性问题目前尚未得到很好解决。

4.2　半导体气敏传感器的结构和工作原理

4.2.1　半导体气敏传感器的结构

对同一种氧化物来说，其检测灵敏度和工作机理一般不随构造形式而改变，但传感器的工作稳定性、响应速度及制造成本都在很大程度上取决于其构造形式。根据传感器结构不同，半导体气敏传感器可以分为薄膜型、厚膜型和烧结型。厚膜型气敏传感器是利用丝网印刷即薄膜的沉积制成的，可用坚硬的材料来封装，并且体积趋向小型化；可以在厚膜上继续沉积其他气敏材料，并且本身也可以作为气敏材料的优点。薄膜型气敏传感器具有以下优点：①耐振动，结构稳定，噪声小；②体积小，耗材少，便于集成；③灵敏度高，精度高，响应快。烧结型气敏传感器按照加热方式的不同还可以分为直热式和旁热式。

4.2.1.1　烧结型气敏传感器

烧结型传感器通常具有较好的疏松表面，因此响应速度较快。但其机械强度差，各传感器之间的性能差异大。根据传感器加热元件的位置，烧结型传感器又可分为直热式和旁热式两种。直热式，又称内热式，是以将加热丝与信号电极一并烧结在氧化物材料和催化添加剂的混合体内的形式制作，故其加热元件可以直接与氧化物敏感材料接触并对其加热，但是其存在加热丝在加热与不加热的状态下会产生热胀冷缩，从而导致接触不良，影响寿命，所以现在直热式器件已经很少见。而当前比较成熟化、商业化的气敏传感器一般是采用旁热式，采用Al_2O_3陶瓷管作为载体，陶瓷管的两端焊上金属电极，内部通过Ni-Cr电阻丝进行加热，将氧化物前驱体粉末调成浆料后涂覆在陶瓷管上形成厚膜，再经过热烧结处理即可。烧结型传感器通常具有较好的疏松表面，因此响应速度较快。另外，其工艺简单，成本低廉。但其机械强度差，各传感器之间性能差异大，重复性差；而且氧化物多晶粉末及其掺杂采用机械混合实现，容易导致掺杂不均匀、晶粒过于团聚或疏松及晶界、孔隙等微结构较难控制等现象，在外界变化的温湿度下会造成厚膜易剥落、灵敏度低和稳定性下降等问题。

4.2.1.2 薄膜型气敏传感器

薄膜型传感器的制作通常是以石英或陶瓷为绝缘基片，在基片的一面印上加热元件，如 RuO_2 厚膜，在基片的另一面镀上测量电极及氧化物半导体膜。在绝缘基片上制作薄膜的方法很多，包括真空溅射、反应蒸镀、化学气相沉积、喷雾热解、溶胶-凝胶法等。薄膜型气敏传感器具有材料用量低、各传感器之间的重复性好、传感器的机械强度较好的优点，而且很适合大批量工业生产。但是薄膜型传感器的制造过程需要复杂、昂贵的工艺设备和严格的环境条件，因此成本较高，不利于推广。

4.2.1.3 厚膜型气敏传感器

厚膜型传感器同时具有烧结型和薄膜型传感器的优点，不仅机械强度高，各传感器的重复性好，适于大批量生产，而且生产工艺简单，成本低。厚膜传感器的制作是先将氧化物材料与一定比例的黏结剂混合，并加入适量的催化剂制成糊状物，然后将该糊状混合物用丝网印刷工艺印到已制好加热元件和金叉指电极的陶瓷基片上，待自然干燥后，置于高温中煅烧而成。

4.2.2 半导体气敏传感器的工作原理

半导体气敏传感器是利用待测气体与半导体（主要是金属氧化物）表面接触时，产生的电导率等物性变化来检测气体。半导体气敏器件被加热到稳定状态下，当气体接触器件表面而被吸附时，吸附分子首先在表面自由地扩散（物理吸附），失去其运动能量，其间的一部分分子蒸发，残留分子产生热分解而固定在吸附处（化学吸附）。当半导体的功函数小于吸附分子的电子亲和力时，则吸附分子将从器件夺得电子而变成负离子吸附，半导体表面呈现电荷层。具有负离子吸附倾向的气体，如 O_2 和 NO_2 等被称为氧化型气体或电子接收型气体。如果半导体的功函数大于吸附分子的离解能，则吸附分子将向器件释放出电子，而形成正离子吸附。具有正离子吸附倾向的气体有 H_2、CO，烃类化合物和醇类等，被称为还原型气体或电子供给型气体。半导体气敏传感器有 n 型和 p 型之分。n 型材料有 SnO_2、ZnO、TiO_2 型等，p 型材料有 MoO_2、CrO_3 等。当氧化型气体吸附到 n 型半导体上，还原型气体将使半导体载流子减少，而使电阻值增大；相反，当还原型气体吸附到 n 型半导体上，氧化型气体吸附到 p 型半导体上时，则载流子增多，使半导体电阻值下降。

4.3 纳米 SnO_2 薄膜气敏传感器

氧化锡（SnO_2）气敏材料具有优良的物理化学性质和气敏性能，响应速度快和恢复时间短，能检测低浓度气体等，因此作为一种早已商品化的气体材料，仍是目前研究最多的金属氧化物气敏材料之一。SnO_2 气敏传感器，也是迄今应用最广、使用最多的一种气敏传感器。它广泛用于可燃性气体（如天然气、H_2 和液化石油气等）和有毒气体（如 CO、H_2S、NO_2、SO_2 等）的检测。目前，SnO_2 气敏传感器主要有烧结型、厚膜型、薄膜型三种类型。纳米气敏薄膜材料由于比表面积大，响应时间短，恢复速度快，能耗低，气敏性能进一步提高，具有与平面工艺兼容，利于小型化和集成化等优点，最有可能替代目前流行的厚膜烧结型元件，是当前研究热点之一。

本文将纳米 SnO_2 薄膜的制备方法与掺杂改性融合在一起论述纳米 SnO_2 薄膜气敏传感器研究进展，从以下三个方面对进行阐述：首先，介绍几种典型的纳米 SnO_2 薄膜制备方法及其气敏传感器气敏性能；然后，在此基础上，介绍掺杂纳米 SnO_2 薄膜的制备方法及其气敏传感器的气敏性能；最后介绍氧化物复合纳米 SnO_2 薄膜的制备方法及其气敏传感器的气敏性能。

4.3.1 纳米 SnO_2 薄膜气敏传感器

4.3.1.1 物理气相沉积法（PVD）

物理气相沉积法（PVD）是用电弧、高频或等离子体将原料加热，使之气化或形成等离子体，然后骤冷使之凝结成超微粒子。可采取通入惰性气体，改变压力的办法来控制微粒大小。通常，它包括真空蒸发、溅射、离子镀等方法。

李建平等人采用液延生长及热氧化（RGTO，Rheotaxial Growth and Thermal Oxidation）法制备出纳米粒径 RGTO SnO_2 薄膜。RGTO SnO_2 薄膜的制备过程分为两步。第一步是液延生长，在高于 Sn 熔点（232℃）的温度下直流沉积金属 Sn，这时膜中的 Sn 为相互独立的小球状微粒，膜电阻非常大。第二步是热氧化（或退火）在高温下把 Sn 氧化成 SnO_2（一般采取先低温氧化，再高温氧化的方式），在这一过程中体积增加约35%，使得原来互相独立的小球相互接触，形成不规则的多孔薄膜。通过研究溅射气压对 RGTO SnO_2 薄膜形貌、粒径以及气敏特性影响，结果表明，改变溅射气压能够有效控制薄膜粒径，得到纳米粒径 RGTO SnO_2 薄膜。这种控制作用主要发生在形核阶段，是通过溅射气压对沉积速率的影响产生；纳米粒径 RGTO SnO_2 薄膜对乙醇有较高的灵敏度和较快的响应恢复速度，不同溅射气压得到的薄膜颗粒间孔隙大小不同，响应恢复存在差异，较大的孔隙有助于提高响应恢复速度。

4.3.1.2 金属有机化学气相沉积法（MOCVD）

Lee S. W 等以四乙基锡为有机金属源，采用金属有机化学气相沉积法（MOCVD）制备 SnO_2 薄膜，利用 XRD、SEM、AES 等方法对其结构进行表征，并将之与采用金属有机分解法（MOD）制备的 SnO_2 厚膜进行微结构比较。得出的结论是：MOCVD 法制得的薄膜具有粗糙、浓密的柱状结构，而 MOD 法得到的厚膜具有孔结构。这两种传感器对氢气都有很好的灵敏度。通过对 MOCVD 法制得的 SnO_2 薄膜和 MOCVD 法制得的 SnO_2 厚膜的气敏性能研究发现，在1%的 H_2 气敏作用下，两种方法制得的传感器均显示出良好的重现性和稳定性且厚膜的灵敏性得到增强。

4.3.1.3 溶胶-凝胶法

溶胶-凝胶法（sol-gel）是指金属有机物或无机物经溶胶凝胶化和热处理形成氧化物或其固体化合物的方法。其过程是：用液体化学试剂（或粉状试剂溶于溶剂）或溶为原料，而不是用传统的粉状物为反应物，在液相中均匀混合并进行反应，产生稳定且无沉淀的溶胶体系，放置一定时间后转变为凝胶，经脱水处理，在溶胶凝胶状态下成型为制品，再在略低于传统的温度下烧结。采用溶胶-凝胶法制备 SnO_2 薄膜，既具有设备简单廉价的优势，又具备低温操作的优点；同时可严格控制掺杂的准确性与均匀性，还克服其他方法制备大面积薄膜时难以克服的困难。

闫军锋等以 $SnCl_4$ 为原料，采用溶胶-凝胶法在玻璃片上制备纳米晶 SnO_2 薄膜及粉体，以其灵敏度、响应时间和工作温度作为评价气敏性能的标准。制备工艺参数优化结果表明，水与乙醇体积比为 3：1，草酸与四氯化锡摩尔比为 0.3：1，在 500℃ 下退火的薄膜表面平整，平均粒度在 20nm 左右，且相应的薄膜元件对丙酮蒸气具有良好的选择性和较高的灵敏度、较短的响应时间和较低的工作温度（约 190℃）。

4.3.1.4 激光烧结法

采用激光选区照射分别烧结每一个传感器不仅能满足每个单一传感器的要求，还能明显降低烧结时间。孙克等首先用溶胶-凝胶法制备 SnO_2 气敏薄膜的前驱液溶胶，用提拉法在单晶 Si 和带有金叉指电极的 Al_2O_3 基片表面得到前驱膜。在一定温度下将前驱膜干燥得到具有一定厚度的 SnO_2 凝胶膜，然后对凝胶膜进行激光烧结，再用脉冲 Nd：YAG 激光烧结前驱膜转变为金红石结构 SnO_2 薄膜，其中 SnO_2 颗粒的大小均匀，颗粒直径约为 10nm。激光功率对 SnO_2 薄膜气敏性能的影响结果表明：激光功率为 17.5W 的烧结样品的灵敏度比 20W 和 22.5W 激光烧结样品的灵敏度高 1 倍，激光功率为 17.5W 和 20W 激光烧结的 SnO_2 膜的最高灵敏度出现在 375℃，而 22.5W 激光烧结样品最高灵敏度出现在 400℃。炉烧样品对丙酮的灵敏度都随着测试温度的升高而提高，随着烧结温度升高而降低，其数值明显地比用激光烧结制备的 SnO_2 薄膜低。由此可见，用激光烧结法制备的 SnO_2 薄膜对浓度为 1.80×10^{-4} 丙酮的最高灵敏度为 30～40，明显高于用传统烧结法制备的 SnO_2 薄膜的灵敏度。激光烧结能降低薄膜具有最高灵敏度的工作温度。

4.3.1.5 喷墨打印薄膜制备技术

喷墨打印薄膜制备技术是一种非接触式打印方法，是一种利用一般家用彩色喷墨打印机打印各种图形图的原理，采用自制的特殊功能材料墨水，在所需要基片上进行喷墨打印出二维图形，最后再经过常规的处理手段而得到所需要的功能薄膜的技术。沈文锋等利用喷墨打印薄膜制备技术在氧化铝基片上喷镀 SnO_2 前驱溶液墨水制得了 SnO_2 气敏薄膜元件，通过控制喷打墨水的次数，方便地控制最终薄膜厚度；并初步探讨喷墨打印次数对最终薄膜元件性能的影响。当薄膜只喷打一次时，具有极高的电阻值，而且灵敏度比较低，而随着喷打次数的增加，即薄膜厚度的提高，薄膜电阻也随之降低，并对乙醇具有较好的气敏性能。可以看出，该技术是一种很有发展前景与实用意义的技术，适合于制备多功能薄膜、微型薄膜、复杂成分薄膜，为薄膜型功能元件的集成化、智能化提供崭新的思路。

4.3.2 掺杂纳米 SnO_2 薄膜气敏传感器

4.3.2.1 物理气相沉积法

连红等用射频磁控反应溅射法在 Si 基片上沉积 Pd 掺杂 SnO_2 超微粒薄膜，利用集成电路技术制成气敏传感器。气敏测试结果表明：烧结体 SnO_2 元件的气敏效应出现在 300℃ 以上，而该元件的气敏效应则出现在 90℃ 以下，有利于降低功耗；在 80～90℃ 时，该元件对 H_2 的灵敏度比 C_2H_5OH 和 CH_4 高出 2～3 个数量级，对 CO 几乎不敏感。因此，可用于在低温条件下工作的薄膜化、集成化、高性能的 H_2 传感器。

Tanaka S. 等利用脉冲激光溅射法，分别以 SnO_2 和纯 Sn 为靶制备一种高质量的 SnO_2 膜，并研究膜层的结构和对氢气、乙醇的灵敏性能。得出结论是：在 300℃ 温度下制备的掺杂有 Nb_2O_5 和 TiO_2 的 SnO_2 传感器，在含有 0.4×10^{-6} NO_2 的空气中，其灵敏度的值为 2 或大于 2。

谢俊叶等用真空热蒸发两步法在玻璃衬底制备 SnO_2 和 La 掺杂 SnO_2 薄膜，研究氧化、热处理工艺和 La 掺杂含量对 SnO_2 薄膜结构的影响结果表明：经 $T=550℃$，$t=45min$ 氧化、热处理后，得到 n 型金红石结构 SnO_2 薄膜；经氧化、热处理后未掺杂 SnO_2 薄膜表面不平整、连续性欠佳，颗粒分布大小较均匀且有较明显团聚现象。产生的原因可能是热处理过程中，晶粒获得一定能量后沿自由能较低方向迁徙，与其他晶粒或小颗粒团聚形成较大的颗粒，尺寸不断变大使薄膜表面变得不平整；掺 La 后薄膜表面形貌发生较明显变化，薄膜表面连续但不平整度加重，较疏松比表面积增大，薄膜表面不平整和疏松性增加有利于薄膜的气敏特性。气敏特性结果显示：适当掺 La 可改善 SnO_2 薄膜结晶状况，掺 La 后 SnO_2 薄膜对气体的选择性和灵敏性均得到明显改善。在气体体积分数为 $1×10^{-2}$ 时，掺 La（5%）的 SnO_2 薄膜对乙醇的灵敏度为 12；掺 La（3%）的 SnO_2 薄膜对丙酮的灵敏度可达到 14。

4.3.2.2 气溶胶化学气相沉积技术

前驱物是气溶胶状态的 CVD 技术都称为气溶胶 CVD（aerosol assisted CVD，AACVD）。它不同于一般的 CVD 技术，利用一种雾化机制形成微小液滴，通过载体气体输送到反应区，经过蒸发、分解、均相或异相反应制备出所需物质。在这种工艺中，前驱物无需具有挥发性，仅仅需要溶于一种溶剂而能产生溶胶即可，它可以用来解决传统 CVD 方法中所遇到的反应物可溶性差和热稳定性差的问题而用来合成一种具体物质。正是由于这一方面优点，AACVD 方法可以以较低的成本获得质量优异的 CVD 产品。相对于一般方法，它具有以下优点：宽泛方便地选择前驱物种类，可以以低成本获得高质量的 CVD 样品，这正解决批量生产 CVD 产品中的成本问题；气溶胶形式使得前驱物的供给及输运过程更加简单；AACVD 可以在真空、低压甚至开放的大气气氛中操作，因而具有灵活的可变反应环境，设备简单，成本低廉；简化多组分薄膜的合成过程，并且可以精确地控制化学计量比。另外，可以通过选择合适的前驱物来提高沉积的速率。AACVD 技术由于较传统的 CVD 技术有操作环境要求低，节约成本等优点，在很多领域有广泛应用，如氧化物薄膜和涂层、光学材料、电子材料、固体氧化物电池、超导体、硫化物薄膜、金属薄膜和其他化合物薄膜、纳米复合涂层、碳纳米管及其他纳米管和纳米薄膜。

AACVD 技术是利用气体作为传输媒质将经过雾化的前驱物溶液输送到反应区，在反应区内在高温作用下细小溶剂颗粒快速蒸发、气化、分解，形成蒸气，通过分解和其他化学反应能在基片上生成预期薄膜，其原理如图 4-1。AACVD 对反应的环境没有特殊要求，可以在低压或者开放的大气压环境中完成。前驱物溶剂的选择标准是对溶质有高的溶解度、低蒸气压、较低黏度。前驱物选择范围也比较宽泛，可以是纯液体，可以是单物质源或多物质源前驱物。载体气体是用来将辅助产生气溶胶和输送气溶胶到反应室，通常选择氮气和氩气。当沉积的是氧化物薄膜时，可以选择压缩空气。AACVD 方式沉积薄膜相对于喷雾热解方法的主要特征是雾化后的小液珠蒸发过程发生在主要的化学反应进行之前。在反应区的化学反应有两种方式。其一是当沉积温度较低时，主要的化学反应发生在加热的基片上，其二是当沉积温度较高时主要的分解反应和其他化学反应发生在气相中。这种反应称为均相反应，在这种情形下，细小颗粒被吸附到基片上后，接下来的均相反应会导致多孔膜的形成，反应的条件对粒径大小也有影响。前驱物溶液在进入反应区前需雾化，这是 AAVCD 的重要特点。通常雾化的方式有三种：超声雾化、气动雾化、静电气溶胶雾化。它们分别是 3 种不同的雾化机制，产生的气溶胶雾滴粒径大小及粒径大小分布不同，沉积速率也不同，优化 AACVD 过程就是要控制雾化液滴的大小，提高产出率。在这几种雾化方式中，超声雾化是最常见的雾化方式。超声雾化装置是在前驱物溶液下面放置压电换能器，当高频电场作用于压电换能器上时，换能器便振动并激发溶液产生细小雾滴。

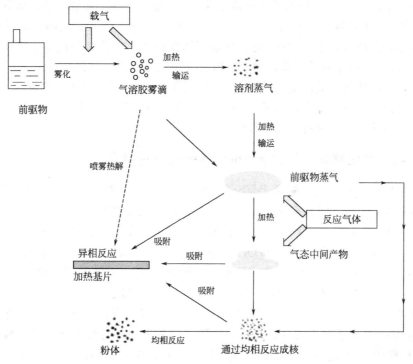

图 4-1　AACVD 过程原理

Zhao Jun 等以 $Cu(CH_3COO)_2$ 和 $SnCl_2$ 的乙醇溶液为前驱液，利用气溶胶化学气相沉积（AACVD）法制备 CuO 掺杂 SnO_2 薄膜。在 350℃沉积一段时间后，将沉积获得的薄膜再在 600℃下热处理 2h 得到 CuO 掺杂 SnO_2 薄膜。作为表面电阻控制型的气敏薄膜，沉积时间太短，薄膜不能较好覆盖叉指电极，影响薄膜的气敏性能；沉积时间过长，薄膜过厚，降低对目标气体和氧气的吸附能力。薄膜气敏性能研究表明：薄膜沉积时间对灵敏度影响很大，随着沉积时间延长，灵敏度增大，沉积 3h 时灵敏度最高，再延长沉积时间灵敏度降低；350℃沉积 3h 后经 600℃热处理 2h 得到 CuO 掺杂 SnO_2 薄膜，其在室温下对 H_2S 气体的响应特性、恢复特性、稳定性都有很大改善，薄膜在 25℃下对 50×10^{-6} H_2S 气体灵敏度为 135。

4.3.2.3　溶胶-凝胶（sol-gel）法

赵俊等人以廉价的无机盐和无水乙醇作为原料，用溶胶-凝胶浸渍提拉法制备 In/Sb 掺杂 SnO_2 纳米薄膜，通过掺杂 Sb 离子来降低薄膜电阻，掺杂 In 离子来提高材料对 H_2S 的气敏性和选择性，降低元件工作温度；较系统地研究组分掺杂、镀膜层数和热处理温度等制备工艺对薄膜表面形貌、晶粒大小及气敏性能的影响。研究结果表明：铟的最佳掺杂量为 4%（原子），最佳镀膜层数为 7 层，最佳热处理温度为 600℃，气敏传感器最佳工作温度为 165℃。在此工作温度下，薄膜的灵敏度为 26.3（137×10^{-6} H_2S），薄膜的响应恢复时间较短为 8s，对 H_2S 气体有较好的选择性。

张鹏用溶胶-凝胶（sol-gel）法制备了掺 Pd 的纳米 SnO_2 薄膜，材料的平均粒径约为 15nm；元件的最佳工作温度约为 230℃，在该加热温度下测试元件对体积分数为 50×10^{-9} 的甲醛气体灵敏度以及响应恢复时间。实验证明：元件的灵敏度随气体浓度的增大而增大，元件的响应和恢复时间均约为 50s。

龚树萍等采用溶胶-凝胶法制备出性能优良的 Cu 掺杂 SnO_2 气敏薄膜，研究 SnO_2 薄膜的烧结温度和 Cu 掺杂量对薄膜微观结构和气敏性能的影响。随着烧结温度的升高，灵敏度先增大后减小。当烧结温度为 550℃时，灵敏度达到最大；当烧结温度高于 750℃时，气敏性能消失。随着 Cu 掺杂量的提高，薄膜灵敏度先增大后减小，当掺杂量为 3‰（摩尔）时，灵敏度最大，确定薄膜的最佳烧结温度为 550℃制得的 3‰（摩尔）Cu 掺杂 SnO_2 纳米薄膜在室温下具有很好的响应特性；对于 68.5×10^{-6} 的 H_2S，其灵敏度可达 3648；随着工作温度的升高，气敏薄膜呈现出较好的恢复特性。

4.3.3　多组分氧化物复合的纳米 SnO_2 薄膜气敏传感器

王磊等采用磁控溅射技术制备 $Pd/SnO_2/SiO_2/Si$ 集成薄膜。研究退火处理对薄膜微观结构和表面形貌的影响，进而测试相关气敏性能。未退火试样中 Si 衬底与 SnO_2 薄膜之间存在大约 3nm 厚的 SiO_2 非晶层；经过氧化性退火处理后，集成薄膜中的 SiO_2 层厚度从 3nm 增长到 50nm 左右，形成 $Pd/SnO_2/SiO_2/Si$ 结构，SnO_2 薄膜形成金红石结构的多孔柱状晶。气敏测试表明，$Pd/SnO_2/SiO_2/Si$ 集成薄膜在低温区对 H_2、CH_4、CO 和 C_2H_5OH 敏感性较高。另外，随着 H_2 气体浓度增加，相应灵敏度从 35 递增至 73.5。

马晓翠等利用直流溅射 Au 的方法对 SnO_2/Fe_2O_3 双层薄膜的 SnO_2 表面进行修饰，制备 $Au-SnO_2/Fe_2O_3$ 薄膜气敏元件。气敏特性测试结果表明，与修饰前相比，修饰后的 $Au-SnO_2/Fe_2O_3$ 薄膜气敏器件对 CO、H_2、C_2H_5OH 等气体的灵敏度增大 2～3 倍，相应于最大灵敏度的工作温度均降低约 60℃。这显示直流溅射 Au 是改善 SnO_2/Fe_2O_3 双层薄膜气敏性能的一种有效手段。

4.4　新型纳米半导体气敏材料与传感器

4.4.1　纳米 In_2O_3 气敏传感器

In_2O_3 作为一种新的气敏材料，20 世纪 90 年代后对其研究开始活跃，特别是 2000 年前后出现了大量文献报道。作为一种新型的敏感材料，In_2O_3 以其优良的气敏特性、广泛的应用和较高灵敏度日益受到人们重视，它可用于 CO、H_2S、NO_2、乙醇、三甲胺、甲醛、Cl_2、O_3 等气体的检测。

4.4.1.1　In_2O_3 纳米薄膜的气敏性能

N. G. Patel 等采用气相沉积法制得 ITO 薄膜，其原材料为 In_2O_3 和 SnO_2，所得到的薄膜厚度为 100～200nm，气敏测试时采用 150nm 厚的膜层。通过对浓度为 4.3×10^{-4} 的甲醇进行测量，发现当 SnO_2 的掺杂量为 17%时，对甲醇有最好的敏感性能。V. S. Vaishnav 等也采用气相沉积法在 648 K 下于氧化铝基片上进行沉积得 ITO，SnO_2 的掺杂量为 17%，敏感薄层在 Si 片上沉积。为了提高 ITO 灵敏度和选择性，活化层 Cu、CaO、MgO 沉积在 ITO 下面。发现在 723 K 操作条件下，对乙醇有很好响应且对（2～25）$\times 10^{-4}$ 的乙醇响应具有线性关系。

Giovanni Neri 等采取无水溶胶-凝胶方法，用铟和锡的有机盐为原料，与无水苄基乙醇搅拌，之后转移至高压锅中，恒温（200～220℃）48h，然后用氯仿清洗并干燥即得 SnO_2-

In_2O_3 纳米颗粒。再将 SnO_2-In_2O_3 通过丝网印刷技术在氧化铝基片上制得薄膜。然后在 $200 \sim 350℃$ 的条件下，对 $(1 \sim 10) \times 10^{-4}$ 的 CO 和 $(5 \sim 40) \times 10^{-5}$ 的乙醇进行气敏性能测试，发现当掺杂量为 50% 时，对 CO 和乙醇具有很好的灵敏性；然而当掺杂量为 15% 时，灵敏度则降到最小值。

4.4.1.2 In_2O_3 纳米棒的气敏性能

E. Li 等以 PE6800 为软模板通过简单溶胶-凝胶法制备介孔 In_2O_3 纳米棒，其 TEM 图如图 4-2 所示。将其用于检测乙醇，展示好的响应及选择性。在 $290℃$ 的最佳工作温度下的响应恢复时间仅为 6s 和 8s，对 500×10^{-9} 乙醇的响应可达 1.71。与 In_2O_3 纳米颗粒相比，介孔 In_2O_3 纳米棒具有更高的响应，两者对不同浓度乙醇的响应曲线如图 4-3 所示。

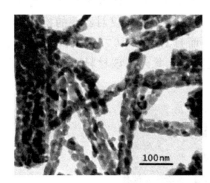

图 4-2 介孔 In_2O_3 纳米棒的 TEM 图

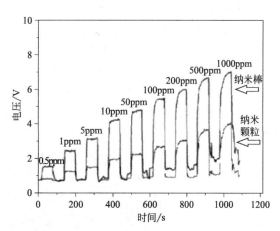

图 4-3 介孔 In_2O_3 纳米棒与 In_2O_3 纳米颗粒的对不同浓度乙醇的响应曲线

董向兵等以非离子表面活性剂烷基苯酚聚氧乙烯醚 OP-10 为形貌控制剂合成 In_2O_3 纳米棒，直径约 20nm，长度约 120nm。与 In_2O_3 纳米颗粒气敏性能相比，In_2O_3 纳米棒对三甲胺具有更高的灵敏度和选择性。用 In_2O_3 纳米棒制的气敏传感器对三甲胺在一定的浓度范围内的灵敏度与浓度呈现良好的双对数线性关系。棒状材料中形成的大量介孔对气敏性能的提高有着重要的作用。

4.4.1.3 In_2O_3 纳米线的气敏性能

Jinxing Wang 等采用静电纺丝法制备 Ag 掺杂 In_2O_3 纳米纤维，Ag 掺杂 In_2O_3 纳米纤维的微观形貌如图 4-4 所示。由图 4-4 (a) 可知，合成的纳米纤维由长度为几十个微米、直径在 $60 \sim 120nm$ 的纤维组成，且具有稳定的多孔网状结构，这种网状结构可使气体分子的扩散变得非常容易，非常有利于气体的吸附和脱附反应，并有效避免材料因团聚而引起的稳定性的降低，从而提高气敏元件的响应恢复时间以及稳定性。图 4-4 (b) 为 Ag 掺杂 In_2O_3 纳米纤维的 TEM 照片，图上显示 Ag 掺杂 In_2O_3 纳米纤维为由直径为二十几纳米的微小粒子组成的多晶体，纤维直径约为 90nm 且表面粗糙，与 SEM 照片的观察结果相一致。插图中的 SAED 谱图显示出一组同心晕环，进一步表明此纤维的多晶结构。Ag 掺杂 In_2O_3 纳米纤维对甲醛气敏性能研究表明，Ag 掺杂可显著提高气敏传感器对甲醛的灵敏度、响应恢复时间以及选择性。其响应时间恢复时间分别为 5s 和 10s，且在 $115℃$ 的工作温度下对甲醛具有良好的选择性，对 100×10^{-6} 甲醛的响应为 52。

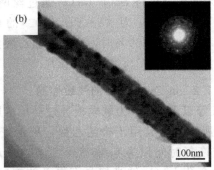

图 4-4 掺杂 Ag 的 In₂O₃ 纳米纤维的 SEM 图

4.4.1.4 In₂O₃ 纳米带的气敏性能

Yansong Li 等采用水热法首先制备 InOOH 超长纳米带，随后经退火后得到具有高长径比（长径比大于 100）的单晶多孔 In₂O₃ 纳米带。图 4-5 为 InOOH 前驱体和 In₂O₃ 纳米带的 SEM 及 TEM 图。In₂O₃ 纳米带气敏性能研究表明：In₂O₃ 纳米带不仅对乙醇的检测下限可至 50×10^{-9} 以下，对 10×10^{-6} 乙醇的响应高达 12.6，而且对 20×10^{-6} 的甲醇、乙醇和丙酮的响应恢复时间均小于 10s，展示快速的响应和恢复特性。此外，该材料对乙醇具有好的选择性。

图 4-5 （a）和（b）为 InOOH 前驱体的低倍和高倍 SEM 图；（c）和（d）为 InOOH
前驱体的 TEM 和 HRTEM 图；（e）和（f）为 In₂O₃ 多孔纳米带的低倍和高倍 SEM 图；
（g）和（h）为 In₂O₃ 多孔纳米带的 TEM 和 HRTEM 图

4.4.1.5 In₂O₃ 空心结构的气敏性能

Hongxiao Yang 等首先通过简单水热法制备 In(OH)₃ 前驱体，随后进行焙烧，通过控制水热过程中水的加入量制备 Zn 掺杂的 In₂O₃ 纳米笼和空心纺锤状 In₂O₃ 纳米结构（如图 4-6）。将二者用于对甲醛进行气敏检测，气敏性能结果如图 4-7，其最佳工作温度均为 260℃，In₂O₃ 纳米笼和空心纺锤状 In₂O₃ 纳米结构对 100×10^{-6} 甲醛的灵敏度分别为 12 和 14。后者的响应高于前者是由于后者具有更大的比表面积及更小的晶粒尺寸。

汪婧妍等采用溶剂热-退火反应法合成氧化铟空心球。图 4-8 为所获空心球的 SEM 和 TEM 图，由图可知所合成的氧化铟空心球直径介于 $0.5 \sim 1.0 \mu m$，且该空心球是由粒径约 50nm 的氧化铟纳米块堆积而成。用此空心球制备的气敏传感器的气敏性能结果表明，氧化铟空心球结构有益于提高元件的响应性能，而且该元件对 NO₂ 气体有较快的响应（8s）并且恢复时间较短（15s）。

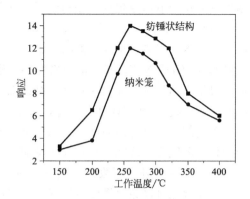

图 4-6 （a）和（b）为 Zn 掺杂的 In₂O₃
纳米笼的 SEM 和 TEM 图；（c）和（d）为 Zn 掺杂
的空心纺锤状 In₂O₃ 纳米结构的 SEM 和 TEM 图

图 4-7 气敏传感器灵敏度随工作温度的
变化曲线（甲醛浓度为 50×10^{-6}）：
HSNs 为 Zn 掺杂的空心纺锤状 In₂O₃ 纳米
结构；Nanocages 为 Zn 掺杂的 In₂O₃ 纳米笼

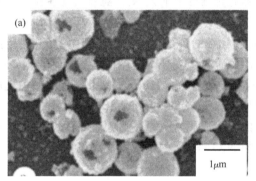

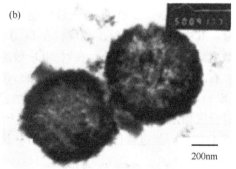

图 4-8 In₂O₃ 空心球的 SEM（a）和 TEM（b）照片

4.4.2 纳米 NiO 气敏传感器

纯净的 NiO 是一种绿色粉末，不导电。在高温下长时间煅烧 NiO，由于部分 Ni^{2+} 氧化成 Ni^{3+} 而形成缺少 Ni^{2+} 的晶体，化学式可表示为 $Ni_{1-x}O$。此时粉末变成灰黑色，有金属光泽。由于晶体内有过量 V_{Ni} 存在而电离产生空穴使材料呈现 p 型半导体的特征。近年来，随着对氧化物半导体敏感材料的深入研究和纳米技术的发展，纳米 NiO 作为一种新型的 p 型半导体材料，具有小尺寸效应、表面效应、量子尺寸效应和宏观量子隧道效应，而在气敏特性方面引起人们重视。以 NiO 为基体材料制作的气敏传感器虽然具有响应-恢复快、稳定性比较好等优点，但其灵敏度、选择性仍不能满足要求。因此，如何改善 NiO 的气敏性能使其具有实用性是当前研究的重点所在。本节主要讨论 NiO 纳米粉体和纳米薄膜的制备方法及其气敏传感器的气敏性能。

4.4.2.1 NiO 纳米粉体的气敏性能

董立峰等用 $H_2 + Ar$ 电弧等离子体法制备纳米 Ce-NiO，并研究其气敏特性。实验结果表明：与通常用于氧敏传感器的 p 型 NiO 半导体材料相比，$H_2 + Ar$ 电弧等离子体法制备的纳米 Ce-NiO 气敏材料在一定温度范围内对一些还原性气体（如 C_2H_2、C_2H_5OH、CH_3COCH_3 等）表现出一定的 n 型导电性，但对一些还原型气体（如 H_2、CO 等）在一定温度下表现为 p 型导电性。该材料对乙炔气体有很好的选择性和较高的灵敏度。

董晓雯等采用常温沉淀法以 $Ni(CH_3COO)_2 \cdot 4H_2O$ 为原料，加入 PEG 6000 作为分散剂，制备纳米 NiO 粉体，将其制备成旁热式气敏传感器，测定该气敏传感器对 HCHO、CH_3OH、C_2H_5OH、C_3H_9N（TMA）的灵敏度。对于不同的测试气体（浓度均为 5×10^{-4} mol/L），元件的灵敏度随加热温度的变化测试结果表明，纳米 NiO 元件对所测试的 HCHO、CH_3OH、C_2H_5OH、C_3H_9N 气体都有响应，其中对 C_2H_5OH 的响应性能最好；元件对所有测试气体的灵敏度都随温度升高而增大，随后又逐渐减小。其中元件对 CH_3OH、C_2H_5OH、HCHO 最大检测灵敏度出现在 150~250℃之间，对 C_3H_9N 则出现在 250~300℃之间。这一结果对指导用纳米 NiO 研究开发甲醛气敏传感器并提高选择性有一定的参考价值。

程知萱通过固相研磨法对纳米 NiO 粉体进行掺杂，并研究掺杂 Sm、Nd、Ag、Ce、W 后纳米 NiO 气敏材料的气敏性能，发现掺杂 WO_3 可以明显地提高纳米 NiO 的检测灵敏度，且随着掺杂量的增加，灵敏度提高显著。

4.4.2.2 NiO 纳米薄膜的气敏性能

Hotovy 等采用直流磁控反应、溅射法两种方式制备了纳米 NiO 薄膜（金属靶和氧化物靶），并分别对 CO、NO_2 进行气敏性能测试，研究表明 NiO 薄膜对这两种气体均有一定的灵敏度，其中对 NO_2 灵敏度最佳；在 O_2 含量为 40% 的条件下，用金属靶制备的薄膜对 CO 的灵敏度高、响应快。另外，在对 NO_2 敏感性的研究中发现，湿度能够提高薄膜对 NO_2 敏感性，在 160℃时，对 $(1~10) \times 10^{-6}$ 的 NO_2 响应度很好。Hotovy 等采用直流磁控反应溅射（DC reactive magnetron sputtering）法将厚度为 3nm 和 5nm 的 Pt 分别沉积在 NiO 表面对其进行表面改性，并制成气敏传感器。Pt 的厚度是薄膜对 H_2 敏感性的重要因素，由于 Pt 的催化作用，经过修饰的 NiO 比没有修饰的 NiO 对 H_2 的灵敏度提高很多。

4.4.3 纳米 ZnO 气敏传感器

ZnO 是表面电阻控制型 n 型半导体材料，是最早用来制备半导体气敏元件的材料之一，对还原性气体或可燃性气体具有良好的气敏性能，因其易于制备、成本低廉、性能稳定等优点，一直受到人们的关注与重视。ZnO 颗粒和薄膜的气敏性能已经得到广泛研究，然而纯的 ZnO 存在灵敏度不高、选择性不好的缺点。为了克服其缺点，提高 ZnO 的气敏性能，一方面，通过利用纳米尺度材料的特殊效应和现象提升性能，研究小尺寸、大比表面积和各种形貌对 ZnO 气敏性能的影响。研究表明，ZnO 纳米棒等一维纳米材料以及复杂纳米结构具有比薄膜更大的比表面积，显示出优良的气敏性能；另一方面，若对这些一维以及复杂纳米结构纳米材料进行掺杂改性，可更加有效改善和提高其气敏性能。

4.4.3.1 ZnO 纳米薄膜的气敏性能

纯 ZnO 气敏材料的电阻较高，这会导致制作的器件存在灵敏度较低、稳定性差、响应速度慢等问题，通常要进行适当的掺杂来改善其性能。对 ZnO 薄膜的掺杂改性主要分为贵金属掺杂、氧化物掺杂及混合掺杂等。

① 对 ZnO 掺杂的贵金属主要集中在 Ru、Pt、Pd、Au。掺加这些贵金属之后，通过在表面引入具有催化活性中心的元素，提高气体吸附作用及相应的反应速率，有利于载流子的释放、传输及注入输运过程，从而改进元件的性能。N. Brilis 等用脉冲激光沉积法在 SnO_2 衬底上通过控制改变参数，制备出对 H_2 有很好气敏性能的 ZnO 薄膜，工作温度在 180℃时对 H_2 表现出最佳气敏性；在相同条件下掺入贵金属 Au 的 ZnO 薄膜，在工作温度为 150℃

时对 H_2 就表现出最佳气敏性，可见贵金属 Au 的掺杂降低工作温度。

② 对 ZnO 进行氧化物掺杂主要是稀土元素、碱金属及碱土金属的掺杂，也包括同型 (n-n) 异质结 ZnO-SnO$_2$、异型（n-p）异质结 ZnO-CuO 的形成。近年来，三价元素 Sb、Al，四价元素 Ti 以及五价元素 V 氧化物的掺杂引起极高重视。潘钟毅等研究 In$_2$O$_3$ 掺杂 ZnO 气敏传感器对体积分数为 20×10^{-6} 氯气气敏性能，发现掺杂量为 3%（质量）的元件灵敏度最高可达 301；而纯 ZnO 最高灵敏度为 30 左右，

③ 为了提高气敏特性，同时达到选择性好、灵敏度高以及响应恢复时间短的性能，可以对 ZnO 可以进行混合掺杂。WonJae Moon 等制备了 SnO$_2$-ZnO 混合敏感膜，并在表面包覆一层 CuO，制得敏感器件可用来测试 CO 和 H$_2$。在 SnO$_2$ 内添加或表面涂覆的 CuO，作为一种催化剂，可明显降低工作温度和稍微提高对 CO 和 H$_2$ 的灵敏度；而 ZnO 添加到掺有 CuO 的 SnO$_2$ 中，则可以提高在低温时对 CO 的灵敏度，在高温时对 H$_2$ 的灵敏度。实验结果显示在 $150 \sim 250^\circ\text{C}$ 之间对 CO 有较高灵敏度，在 $310 \sim 400^\circ\text{C}$ 之间对 H$_2$ 有较高的灵敏度。

4.4.3.2 ZnO 一维纳米材料的气敏性能

ZnO 一维纳米材料的气敏性文献报道较多，其中又以 ZnO 纳米棒和纳米线为主。

刘荣利等以 CTAB 为形貌控制剂，采用水热法制备 ZnO 纳米棒，对 10×10^{-6} 的各种气体进行气敏测试结果表明，ZnO 纳米棒的最佳工作温度约为 170°C，与零维 ZnO 材料相比工作温度降低 200°C 以上，且灵敏度也得到提高。其原因如下：ZnO 纳米棒在烧结过程中氧化锌晶界之间扩散传质，相邻的氧化锌纳米棒开始粘接在一起，但是彼此并没有熔融。由于纳米棒之间的接触点和颗粒的不同，呈杂乱枝杈状堆积，因而会形成一些大小不一的堆积孔。与零维的氧化锌材料相比，由于元件表面多孔结构存在，因而增大元件的内表面从而有利于气体的吸附和灵敏度的提高。

吴诗德等以 CTAB 为表面活性剂，采用简单快速的微波辅助液相反应方法制备氧化锌纳米棒，通过浸渍法对 ZnO 纳米棒进行了 Pt 掺杂，与未掺杂 Pt 的 ZnO 纳米棒相比，掺杂 Pt 的 ZnO 纳米棒对 H$_2$S 气体的灵敏度和选择性大幅提高。在工作温度为 273°C 时，对体积分数为 50×10^{-6} 的 H$_2$S 灵敏度为 480.44，较未掺杂的 ZnO 纳米棒提高约 27 倍。

Shaohong Wei 等采用简单的静电纺丝法制备了空心 ZnO 纳米纤维（如图 4-9）。由图 4-9 (a) 可知，合成的空心 ZnO 纳米纤维长度为几十个微米。图 4-9 (b) 为空心 ZnO 纳米纤维的 TEM 照片，图上显示空心 ZnO 纳米纤维为由直径大约为 30nm 的微小粒子组成的多晶体，纤维直径约为 150nm，中空且表面粗糙，插图中的 SAED 谱图显示出一组同心晕环，进一步表明此纤维的多晶结构。图 4-10 为气敏性能结果，由图可知：空心 ZnO 纳米纤维在较低的工作温度下（220℃）能够增加对丙酮气体的响应，且该传感器对乙醇、甲苯、甲醇、CO、NO$_2$、NH$_3$、CH$_4$ 等气体均表现出好的选择性；该传感器还具有较好的稳定性，在 2 个月内对丙酮的响应基本没有变化，传感器对 $(1 \sim 200) \times 10^{-6}$ 丙酮气体的响应时间在 $11 \sim 17$s 之间，恢复时间在 $7 \sim 15$s 之间，对 100×10^{-6} 丙酮的灵敏度高达 67.7。此外，该传感器的检测下限在 1×10^{-6} 以下，对 1×10^{-6} 丙酮的响应仍高达 7.1。空心 ZnO 纳米纤维气敏性能提高原因如下：空心 ZnO 纳米纤维与实心的纳米纤维、纳米棒及纳米线等其他一维纳米结构相比，具有更大的比表面积，增加活性吸附中心的数目。此外，空心纳米纤维具有开放的孔通道及粗糙多孔的表面结构，从而增加内部表面的对气体的吸附，因而空心 ZnO 纳米纤维表现出优异的气敏性能。

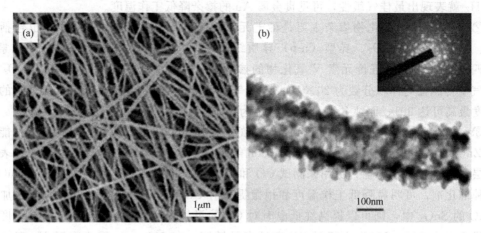

图 4-9 （a）空心 ZnO 纳米纤维的 SEM 图；
（b）空心 ZnO 纳米纤维的 TEM 图（插图为 SAED 谱）

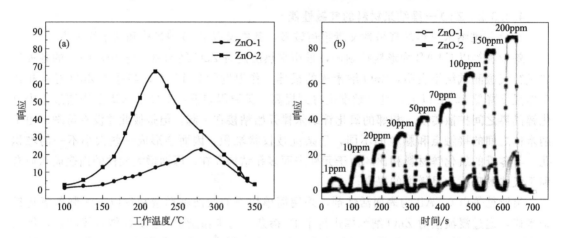

图 4-10 （a）气敏传感器的响应与工作温度的关系（丙酮浓度为 $100×10^{-6}$）；
（b）气敏传感器在丙酮浓度 $1×10^{-6}$～$200×10^{-6}$ 变化的响应和恢复曲线：
ZnO-1 为实心 ZnO 纳米纤维、ZnO-2 为空心 ZnO 纳米纤维

  Xie 等采用多种液相化学制备方法得到了暴露出不同晶面的 ZnO 材料（包括 ZnO 纳米片、ZnO 六方柱、ZnO 六棱锥）（如图 4-11 所示）。ZnO 纳米片主要以片面为裸露面，它们分别为（0001）和（000$\bar{1}$）面，六方柱主要是以柱侧面为裸露面，即 $\{10\bar{1}0\}$ 晶面；而 ZnO 六棱锥的裸露面有侧面 $\{10\bar{1}1\}$ 和底面（000$\bar{1}$）面，主要以侧面 $\{10\bar{1}1\}$ 为主。他该研究不同晶面对气敏性的影响（如图 4-12），对乙醇进行气敏测试发现灵敏度由大到小的顺序为：ZnO 纳米片＞ZnO 六柱＞ZnO 六棱锥，进而可以得到 ZnO 晶面对气敏的贡献大小次序为：（0001）＞$\{10\bar{1}0\}$＞$\{10\bar{1}1\}$ 和（000$\bar{1}$）。通过对 ZnO 的结构理论进行分析认为不同晶面间原子堆积的方式不同，Zn 原子裸露越多的晶面将对 O 具有越强的吸附能力，O 原子裸露越多的晶面对 O 的吸附能力将越弱。而在气敏理论中，材料表面对氧吸附的多少将直接影响到其灵敏度；表面氧吸附得越多，会增厚表面耗尽层，促进和增加与被测气体的反应量，从而提高灵敏度。实验结果很好地证明 Zn 原子裸露的程度与灵敏度提高的顺序相一致的猜测。

纳米半导体材料与器件

图 4-11 ZnO 纳米片（a）、ZnO 六方柱（b）、ZnO 六棱锥（c）的 SEM 图

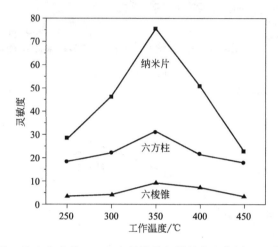

图 4-12 ZnO 纳米片、ZnO 六方柱、ZnO 六棱锥的气敏性能比较图（乙醇浓度为 $300×10^{-6}$）

4.4.3.3 ZnO 纳米阵列的气敏性能

刘哲等通过浸渍提拉的方法在基片上先沉积一层晶种薄膜，然后使用溶液处理方法在薄膜上制备出 ZnO 纳米火炬阵列薄膜，其 SEM 图如图 4-13 所示。对 $100×10^{-6}$ 乙醇气体进行气敏性能（如图 4-14 所示）测试发现：ZnO 纳米火炬阵列薄膜对乙醇的灵敏度要高于纳米棒、纳米墙形貌的 ZnO 材料。在 ZnO 纳米火炬阵列薄膜中，ZnO 形貌呈中空火炬状。该火炬结构是由 6 块长片以特定角度连接包围而成，将长片进行放大，发现每个长片也是由众多更细小的粒径约为 20nm 左右的 ZnO 纳米颗粒自组装而成。纳米火炬形貌中空的结构特点使其具有较大的比表面积，而其本身又是由更小纳米尺寸的颗粒组装而成，进一步增大比表面积，因而可以吸附更多的氧原子而形成化学吸附氧，故灵敏度较其他两种形貌的 ZnO 材料要高。

陈伟良采用两步化学溶液法在氧化铝陶瓷管上先生长出 ZnO 纳米棒阵列，随后在制备出的 ZnO 纳米棒阵列表面均匀地蒸镀上一层均匀的 Au 膜，得到 Au 纳米颗粒修饰的 ZnO 纳米棒阵列。图 4-15 为 Au 纳米颗粒修饰 ZnO 纳米棒阵列的 FE-SEM 和 TEM 形貌图，由图可知，ZnO 纳米棒表面粗糙度明显增加，表面形成一些球状 Au 纳米颗粒，均匀分布在 ZnO 纳米棒表面。同时，每根纳米棒的顶端均还形成一个尺寸较大的 Au 纳米颗粒。Au 纳米颗粒的形成是由于 ZnO 纳米棒表面的 Au 膜在高温下处于不稳定的高能态，高能态下的 Au 原子为了降低其表面自由能而自发聚集形成球状，最终形成球状纳米颗粒。图 4-16 为

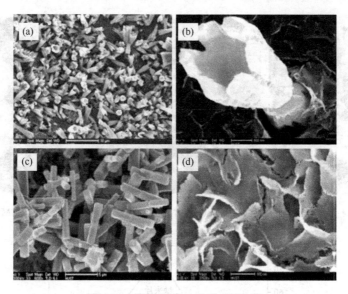

图 4-13　不同形貌 ZnO 的 SEM 图

（a）和（b）分别为纳米火炬阵列的低倍和高倍的 SEM 图；（c）纳米棒和（d）纳米墙

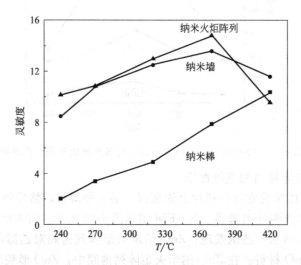

图 4-14　不同形貌 ZnO 纳米结构元件温度-灵敏度曲线（100×10^{-6} 乙醇）

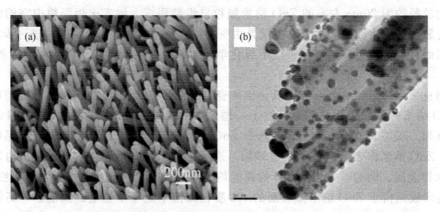

图 4-15　Au 纳米颗粒修饰的 ZnO 纳米棒阵列的 FE-SEM（a）和 TEM（b）图

纳米半导体材料与器件

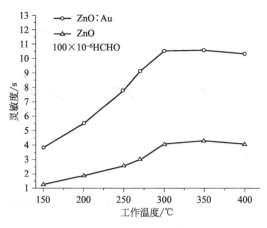

图 4-16 ZnO 和 Au-ZnO 纳米棒阵列在不同工作温度下对甲醛的灵敏度曲线

ZnO 和 Au-ZnO 纳米阵列在不同工作温度下对甲醛的灵敏度曲线。从图 4-16 中可以知道，Au 纳米颗粒修饰的 ZnO 纳米棒阵列较纯 ZnO 纳米棒阵列相比，不但有效地降低工作温度，其最佳工作温度为 300℃，并且对 100×10^{-6} 甲醛的灵敏度提高约 2 倍（灵敏度达 10.4）。

4.4.3.4 ZnO 复杂纳米结构的气敏性能

T. GAO 等分别采用 $NiSO_4$ 溶液和去离子水作为刻蚀剂通过热蒸发工艺制备多足状 ZnO 和四足状（T-ZnO）纳米 ZnO（如图 4-17 所示），并测试两种形貌氧化锌对大气中乙醇气体的敏感性（如图 4-18），发现多足状纳米氧化锌具有更高的灵敏度和更短的响应时间。这是由于多足状 ZnO 与四针状 ZnO 相比，具有更大比表面积和更多的氧空位缺陷状态所致。

图 4-17 （a）四足状氧化锌的 SEM 图；（b）多足状氧化锌的 SEM 图

曾毅采用聚乙二醇（PEG）辅助的水热法制备花状 ZnO。图 4-19 为这种花状结构的 ZnO 样品不同倍率 FESEM 图像。图 4-19（a）是单个 ZnO 微观结构的典型 FESEM 照片，从图中可以看出，单个花状 ZnO 微结构由许多紧密排列在一起的 ZnO 纳米棒构成，ZnO 纳米棒的表面比较粗糙，其直径约 50～280nm，长度约 1～1.5μm。所有纳米棒并不是均匀地发散状排列，而是部分 ZnO 纳米棒沿特定的方向聚集在一起。图 4-19（b）为 ZnO 纳米棒的高倍率 FESEM 照片，在图 4-19（b）中，许多 ZnO 纳米棒紧密地聚集在一起指向同一方向。进一步观察可得，ZnO 纳米棒的表面非常粗糙，纳米棒仿佛是由许多纳米颗粒聚集组装而成的。对图 4-19（a）中的白框区域进行放大观察，高倍率的 TEM 照片显示在图 4-32（c）中，观察结果也表明 ZnO 纳米棒表面非常粗糙。图 4-19（c）中的插图为相应 ZnO 纳米棒的 SAED 图案。SAED 图案为规则的点状结构，这表明 ZnO 纳米棒是单晶结构而且生长方

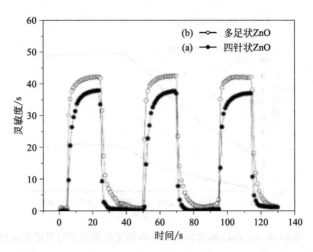

图 4-18　(a) 四足状氧化锌；(b) 多足状氧化锌的灵敏度-时间曲线

图 4-19　花状 ZnO 纳米结构的 SEM 图

向沿着纳米棒的 [0001] 方向。ZnO 纳米颗粒构成的 ZnO 纳米棒是一种单晶结构，这是因为 ZnO 纳米颗粒组装形成 ZnO 纳米棒后进一步晶化形成更大的 ZnO 单晶质。图 4-19 （d）是 ZnO 纳米棒顶端区域的 HRTEM 照片，在图中相邻的晶面的晶面间距为 0.26nm，这与纤锌矿 ZnO 的 （0002） 晶面的晶面间距相符合，表明 ZnO 纳米棒是单晶结构并沿着（0002） 方向择优生长，这与 SAED 结果相符合。花状 ZnO 纳米结构在 250℃时对不同浓度乙醇气体的响应曲线结果表明：花状 ZnO 纳米结构对于乙醇气体有很高的灵敏度和较快的响应恢复速度。在 250℃ 的最佳工作温度下，对 1×10^{-6}、10×10^{-6}、50×10^{-6} 和 100×10^{-6} 的乙醇灵敏度分别达到 3.5、15.6、87.8 和 154.3，对 10×10^{-6} 乙醇的响应和恢复时间分别约为 12s 和 35s。花状 ZnO 样品对乙醇具有高灵敏度的可能原因如下：组装的纳米棒具有粗糙的表面，增大材料的比表面积，可以吸附更多的气体分子而导致形成更宽的耗尽层，最终表现为更高的阻态，因而在对乙醇气体的检测中得到更高的灵敏度；位于表面的 ZnO 纳米颗粒并没有完全与纳米棒融合，纳米颗粒之间、纳米棒与颗粒之间存在大量结构缺陷会导致表面活性的增加和表面能的升高，这同样也会增加吸附氧原子的能力。

Xin Yu Xue 等采用一步水热法制备 Pt 纳米颗粒均匀包覆的 ZnO 纳米花状结构（图 4-20），在 300℃的工作温度下对乙醇进行气敏测试表明，Pt 包覆的 ZnO 纳米花具有好的稳定性、高的灵敏度及快速的响应和恢复特性，它对 10×10^{-6}、100×10^{-6} 和 200×10^{-6} 乙醇的响应分别为 4.5、33.1 及 87.1，响应和恢复时间分别为 2s 和 20s。与未包覆的样品相比，经过 Pt 纳米颗粒包覆后对 100×10^{-6} 乙醇的响应增加了 1 倍。这归因于 Pt 包覆后调制表面缺陷状态，使得更多吸附氧能够更快速扩散到缺陷位置，并且从导带中俘获自由电子；同时，Pt 纳米颗粒和 ZnO 纳米花之间肖特基势垒导致形成额外的电子耗尽层，因此 Pt 包覆后响应得到明显增加。

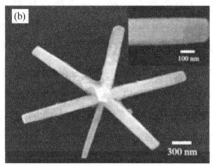

图 4-20 Pt 包覆的 ZnO 纳米花的 SEM 图 （a）和（b）分别为低倍和高倍的 SEM 图

4.4.4 纳米 TiO₂ 气敏传感器

TiO₂ 作为应用广泛的半导体传感材料，它不仅是很好的湿敏和压敏材料，而且还可以用于多种气体的检测，如 H_2、O_2、CO 等气体。由于 TiO₂ 具有较强的抗铅能力，可用于测量汽车发动机空燃比的氧传感器；既控制和减少汽车尾气中的 CO 和 NO_x 的污染，提高汽车发动机的效率，又避免 ZrO_2 等氧传感器结构复杂、贵金属催化剂易受铅毒害的缺点。由于 TiO₂ 纳米粒径小、比表面积大、相对气体阻抗变化大等特点，应提高 TiO₂ 气敏传感器的灵敏度，降低使用温度，扩大检测范围，改善气敏传感器的性能。随着纳米技术的发展及研究方法的优化，TiO₂ 气敏传感器的发展取得长足进步，其选择性、灵敏性、稳定性都有很大提高。随着理论研究和纳米技术的进一步发展，气敏传感器存在的工作温度高和恢复时间较长等问题必将会得到很好解决。TiO₂ 气敏传感器的研究和应用也会随之更上一个台阶。

4.4.4.1 TiO₂ 纳米薄膜的气敏性能

Comini 等研究 Mo 掺杂 TiO₂ 薄膜的特性，他们采用 RF 磁控反应溅射在 50%Ar＋50%O_2 的气氛中，将 0.5%Mo 掺杂的 TiO₂ 薄膜沉积在（100）取向的单晶硅片上，分析薄膜的表面形貌和结构。经测试发现，经 600℃热处理的薄膜的晶体结构为锐钛矿与金红石混合的结构，平均晶粒大小大约是 31nm，800℃热处理后发现薄膜的晶体结构已经完全转化为金红石相结构，Mo 掺杂对晶粒大小的控制效果比先前报道的 W 掺杂效果更好。

Mohammed Mabrook 和 Peter Hawkins 报道了一种用玻璃作基片、金作电极的 TiO₂ 基聚合物薄膜传感器。该薄膜是一种 p 型半导体，其最大的优点是可以在室温下对气体进行检测，并且作者认为这种方法制备的纳米 TiO₂ 薄膜的敏感性和稳定性还可以通过改变聚合物等方式来改善和提高。

Hyodo 等对用"slide-off transfer printing"技术制成的纳米 TiO$_2$ 复合膜半导体气敏传感器的气敏特性进行研究，结果表明纯的 TiO$_2$ 膜对 H$_2$ 的敏感性并不好，而 SnO$_2$/TiO$_2$、Pt-SnO$_2$/TiO$_2$、Au-SnO$_2$/TiO$_2$ 复合膜对 H$_2$ 的敏感性却非常好，尤其在 500℃的工作温度下对体积分数为 1.0％H$_2$ 测试，SnO$_2$/TiO$_2$ 膜的电阻相对变化为 1400％。这可能是由于 SnO$_2$ 改变薄膜导电特性，以及降低 O$_2$ 的吸附影响引起的变化。

Zhuiykov 等用溶胶-凝胶法在氧化铝基片上制备 V$_2$O$_5$/TiO$_2$ 复合膜，表面光滑无开裂；热处理温度为 450℃时，晶体颗粒大小仅为 3～5nm。动态测试表明，氧敏特性在工作温度为 200～250℃时特别好，对气体的体积分数从 $1×10^{-6}$ 到 20.9％的 O$_2$ 有很好的敏感特性，响应时间为 5min，恢复时间较长，为 30min；其响应、恢复时间经过数次循环使用之后仍很稳定。测试也表明有些烃类化合物气体是 O$_2$ 测量时的干扰气体，如传感器对体积分数为 $102.5×10^{-6}$ 的丙烷和对 $120×10^{-6}$ 的 O^2 输出几乎相等。所以，在作为氧敏器件使用时一定在没有这些干扰气体存在下进行，以确保测量的准确性。

4.4.4.2 TiO$_2$ 一维纳米材料的气敏性能

Peiguang Hu 等通过水热法合成 TiO$_2$ 纳米带，并对其进行表面处理，包括表面酸腐蚀形成粗糙表面和在纳米带上光致还原形成 Ag-TiO$_2$ 异质结构。图 4-21 为 TiO$_2$ 纳米带的 TEM 和 SEM 图。随后对三种结构的纳米带进行乙醇蒸气的气敏检测，检测结果显示 Ag-TiO$_2$ 异质结构表面处理的纳米带表现出最佳响应灵敏度。

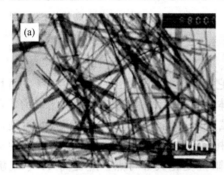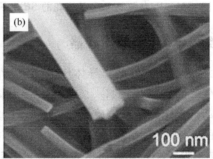

图 4-21　(a) TiO$_2$ 纳米带的 TEM 图；(b) TiO$_2$ 纳米带的 SEM 图

Hegang Liu 等通过阳极化处理 Ti35Nb 合金基材，然后在 450℃退火处理得到 Nb 掺杂的板钛矿 TiO$_2$ 纳米管，图 4-22 为 Nb 掺杂 TiO$_2$ 纳米管的 SEM 表面图和截面图。随后在室温下将 Nb 掺杂 TiO$_2$ 纳米管置于不同氢气气氛下检测其对 H$_2$ 的气敏特性。结果显示，在室温下当 H$_2$ 气氛从 $50×10^{-6}$ 到 2％变化时，Nb 掺杂 TiO$_2$ 纳米管均表现出高的灵敏度，不仅能快速响应而且具有优良的可逆性和可重复性。

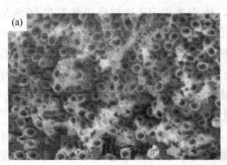

图 4-22　Nb 掺杂 TiO$_2$ 纳米管的 SEM 图

4.4.4.3 TiO₂ 纳米阵列的气敏性能

Varghese O. K. 等以不同形貌的 TiO₂ 纳米管阵列作为探测氢气的气敏传感器，发现管径越小，灵敏度越高，TiO₂ 纳米管阵列表面修饰约 10nm 厚的 Pd 后制得的氢敏传感材料在室温下氢敏活性高达 10^7。TiO₂ 纳米管阵列的高气敏活性源于其特殊的形貌结构及纳米尺度上的高度对称性。目前，对 TiO₂ 纳米管阵列气敏传感性能的研究还相对较少，深入探究影响其性能的各种因素及其气敏传感机制是非常必要的。

Jiwon Lee 等结合采用原子沉积和阳极氧化铝模板，在模板上成功合成垂直模板的均匀锐钛矿相 TiO₂ 纳米管阵列，且阵列之间存在电连通。图 4-23 为 TiO₂ 纳米管阵列的表面和截面 SEM 图。在低于 200℃ 条件下对该阵列的气敏性能进行测试，结果显示 TiO₂ 纳米管阵列在 NH₃、CO、C₂H₅OH、H₂ 气氛中对 H₂ 的选择性很高，且响应时间很短（<1s）。

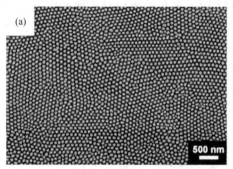

图 4-23 TiO₂ 纳米管阵列的表面和截面 SEM 图

4.4.5 尖晶石型铁酸盐（MFe₂O₄）纳米材料气敏传感器

利用 MFe₂O₄ 气敏传感器检测的气体主要是还原性气体（乙醇、CO、CH₄、H₂S 等）和气体氧化物（NO$_x$），以及挥发性有机化合物（VOCs）。这类气敏材料的研究中主要集中在铁酸盐纳米颗粒的气敏性能上，对于一维、二维及复杂铁酸盐纳米结构的气敏性能报道很少。挥发性有机化合物（volatile organic compounds，简称 VOCs）泛指沸点范围在 50～260℃ 之间，室温下饱和蒸气压超过 133.32Pa 的易挥发性化合物，其主要成分为炔类、氧炔类、含卤炔类等，是室内空气中普遍存在且成分复杂的一类有机污染物。目前大气 VOCs 污染测定中最常用、最得力的手段是使用气相色谱（GC）和质谱（MS）。但是，气相色谱仪和质谱仪造价昂贵，操作复杂而且难以进行连续检测和实时监控。因此，发展能够检测各种 VOCs 气体的尖晶石型铁酸盐气敏材料是以后较好的研究方向。

4.4.5.1 尖晶石型铁酸盐（MFe₂O₄）纳米薄膜的气敏性能

张周等以可溶性无机盐为原料，利用溶胶-凝胶技术在 Al₂O₃ 基片上制备 ZnFe₂O₄ 薄膜。650℃ 烧结的薄膜晶粒尺寸为 20～30nm，薄膜致密均匀；700℃ 烧结时，晶粒尺寸在 100nm 左右，但致密化程度降低，晶粒与晶粒之间存在少量孔隙。这种在 700℃ 烧结时少量孔隙的存在而形成的微观多孔结构，增加待测气体与材料接触的表面积，使待测气体能够与材料表面充分接触。这种多孔结构有利于提高材料的敏感性和响应性。经实验测得纳米晶 ZnFe₂O₄ 薄膜是良好的 p 型半导体材料，700℃ 烧结的薄膜对丙酮具有较好的敏感性。其敏感度随丙酮气体浓度增加而增加，随温度增加先增大后减小，在 550℃ 具有较好的敏感性，该温度下对 5% 丙酮的灵敏度为 8，响应与恢复时间均小于 5s。

4.4.5.2 尖晶石型铁酸盐（MFe₂O₄）一维纳米结构的气敏性能研究

Chu Xiangfeng 等在不使用任何表面活性剂的条件下，通过 NaOH 调节反应体系的 pH 值，采用水热法制备 $NiFe_2O_4$ 纳米棒和纳米立方块。当体系 pH 值为 12 时得到的产物主要是接近球形的 $NiFe_2O_4$ 纳米颗粒；当体系 pH 值为 13 时得到的产物为 $NiFe_2O_4$ 纳米棒，纳米棒的长度约为 $1\mu m$，直径约为 30nm；当体系 pH 值为 14 时得到的产物为 $NiFe_2O_4$ 纳米立方块，立方块的边长在 $60\sim100nm$ 之间。他们检测不同温度下对三乙胺的响应，$NiFe_2O_4$ 纳米棒对三乙胺在最佳工作温度为 175℃ 具有较高的响应，对 1×10^{-6} 三乙胺的响应为 7，对 500×10^{-6} 三乙胺的响应时间为 12s，但是对三乙胺的恢复性能很差。

Hongliang Zhu 等首先采用微乳液法制备了 $ZnFe_2(C_2O_4)_3$ 纳米棒，随后对 $ZnFe_2(C_2O_4)_3$ 纳米棒进行焙烧得到了直径约为 50nm、长度为几微米的 $ZnFe_2O_4$ 多孔纳米棒。图 4-24 为 $ZnFe_2O_4$ 多孔纳米棒的 SEM、TEM 和 HRTEM 图。多孔纳米棒对乙醇的室温气敏性能研究表明：与共沉淀法制备的纳米颗粒相比，多孔纳米棒对乙醇的更为敏感，当乙醇浓度由 50×10^{-6} 增加至 5000×10^{-6} 时，相应的响应由 14 增加至 2380。他们认为由于多孔纳米棒的随机取向导致形成多孔连通的网络通道，加之多孔纳米棒较大的比表面积，因此探测气体可以很容易进行扩散。此外，组成多孔纳米棒的 $ZnFe_2O_4$ 具有小的晶粒尺寸，这一尺寸与耗尽层的厚度相比拟，因而进一步增强对乙醇的响应。

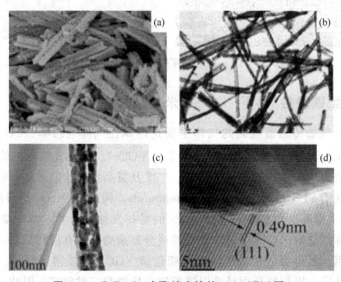

图 4-24　$ZnFe_2O_4$ 多孔纳米棒的 （a） SEM 图；
（b） 和 （c） 分别为低倍和高倍 TEM 图；（d） HRTEM 图

4.4.5.3 尖晶石型铁酸盐（MFe₂O₄）复杂纳米结构的气敏性能研究

Zhenmin Li 等以含碳糖类的微球作为模板制备均一的具有核-壳结构的尖晶石型 $ZnFe_2O_4$、$CoFe_2O_4$、$NiFe_2O_4$ 及 $CdFe_2O_4$ 微球。其中，$ZnFe_2O_4$ 微球的 TEM 图见图 4-25，微球直径约为 $1.2\mu m$，壳层厚度约为 24nm，球核的尺寸约为 250nm，薄的壳层厚度可有效促进测试气体向微球内表面的扩散；以 $ZnFe_2O_4$ 为代表研究对乙醇的气敏特性进行研究发现，$ZnFe_2O_4$ 核-壳结构微球对乙醇的最佳工作温度为 230℃。与对照实验中共沉淀法制备的 $ZnFe_2O_4$ 纳米颗粒相比，核-壳结构微球具有更高的灵敏度 （如图 4-26），这是因为核-壳结构微球的比表面积 （$109.8m^2/g$） 远大于 $ZnFe_2O_4$ 纳米颗粒的比表面积 （$14.8m^2/g$）。此外，$ZnFe_2O_4$ 核-壳结构微球对 10×10^{-6} 乙醇的响应恢复时间分别为 10s 和 8s；而 $ZnFe_2O_4$

纳米颗粒的响应恢复时间则为 53s 和 78s。核-壳结构微球具有疏松多孔的结构，当被涂抹到陶瓷管的厚膜表面上时，微球在厚膜上的堆积结构可形成大量尺寸在几百纳米至 1.2μm 之间的孔洞，可促进乙醇气体的扩散，因此缩短响应恢复时间。

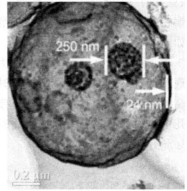

(a) 低倍 TEM 图   (b) 高倍的 TEM 图

图 4-25   ZnFe$_2$O$_4$ 核-壳结构的 TEM 图

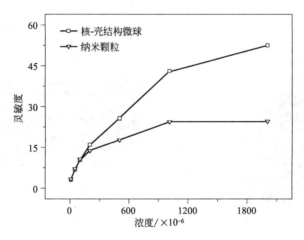

图 4-26   ZnFe$_2$O$_4$ 核-壳结构微球和 ZnFe$_2$O$_4$ 纳米颗粒
在 230℃时对乙醇气体灵敏度与气体浓度的关系

4.4.6   纳米铜氧化物气敏传感器

4.4.6.1   纳米 CuO 的气敏性能研究

CuO 是一种重要的 p 型窄禁带过渡金属半导体材料，其禁带宽度为 1.2eV。普通的 CuO 材料主要应用于印染、陶瓷、玻璃及医药等领域。纳米 CuO 与普通 CuO 相比，表面的分子排列以及电子分布结构和晶体结构均已发生变化，因此纳米 CuO 在气敏传感器方面的应用研究已经吸引国内外很多科研人员的研究兴趣。下面重点讨论有关 CuO 一维纳米结构和复杂纳米结构的气敏性能研究。

(1) CuO 一维纳米结构的气敏性能研究   Xinglong Gou 等以 SDBS 为表面活性剂，通过水热的方法制备宽度在 30～100nm、厚度在 2～8nm 的氧化铜单晶纳米带（如图 4-27 所示）。为了进一步提高其气敏性，对氧化铜纳米带进行金和铂的掺杂。在室温下对甲醛进行气敏测试表明，纳米带氧化铜传感器的响应时间为 2～4s，恢复时间为 3～7s，检测的浓度

下限为 5×10^{-6}，可见纳米带基氧化铜材料具有优异的气敏性；对甲醛的传感不仅将工作温度降到室温，而且具有灵敏度高响应恢复迅速的特点。在 $200\,^\circ\mathrm{C}$ 对乙醇的气敏性测试表面，其响应时间为 $3 \sim 6\mathrm{s}$，恢复时间为 $4 \sim 9\mathrm{s}$，氧化铜纳米带基传感器不仅将工作温度降低 $100\,^\circ\mathrm{C}$，同时在更低的（1000×10^{-6}）检测浓度下，其灵敏度至少提升了 1 倍。同时，他们还对商业氧化铜粉末、氧化铜纳米片、纳米带、金掺杂的纳米带及铂掺杂的纳米带气敏性进行比较，结果如图 4-28 所示（以甲醛为例）。从图 4-28 看出，CuO 基气敏传感器对甲醛的灵敏度顺序依次为：商业氧化铜粉末＜纳米片＜纳米带＜金掺杂的纳米带＜铂掺杂的纳米带。这不仅体现形貌对气敏性能的影响，同时揭示出可以通过掺杂来提高气敏性。通常认为纳米带具有更高的表面与体积比率及较低的接触电阻，可以为载流子提供较好的通道。由于纳米带独特的几何结构，加之制备的产品比表面积高达 $126.4\mathrm{m}^2/\mathrm{g}$，这可能是纳米带基氧化铜传感器具有如此好的气敏性原因。

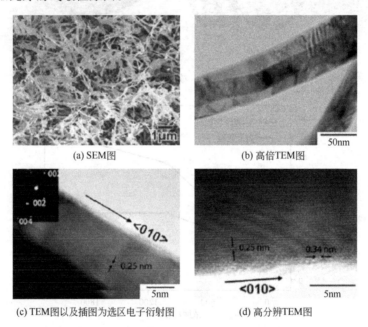

(a) SEM图 (b) 高倍TEM图

(c) TEM图以及插图为选区电子衍射图 (d) 高分辨TEM图

图 4-27 氧化铜纳米带

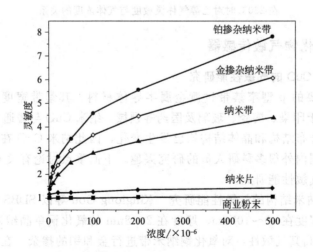

图 4-28 不同的 CuO 样品的灵敏度随甲醛浓度的变化曲线

由于半导体材料气敏性与对检测气体的吸附作用密切相关，制备多孔材料不但可以提高材料的有效比表面积，同时还可以增强对检测气体的扩散作用，因此可以通过制备多孔的一维 CuO 材料来提高灵敏度及产生快速的响应、恢复特性。Nguyen Duc Hoa 以在多孔单臂碳纳米管为模板，直流溅射铜靶材，随后在不同温度下进行热氧化，制得多孔的 CuO 纳米线（如图 4-29 所示）。SEM 和 TEM 分析表明制备的多孔纳米线薄膜不仅具有多孔的特性，还具有非常粗糙的表面，这种结构可以为气体的吸附提供大量的活性位点，也有助于灵敏度提高。气敏测试表明，对于浓度为 6% 的氢气（相对于空气），400℃热氧化得到的样品具有最高的灵敏度为 9.75，这与他们在文献所报道的 CuO 纳米线在相同测试条件下得到的灵敏度相比提高约 3.8 倍，这可能是因为 CuO 纳米线薄膜的多孔结构不仅为气体的吸附提供大量的活性位点及表面积，同时为气体的扩散提供有效通道。

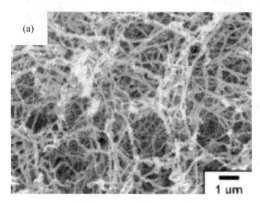
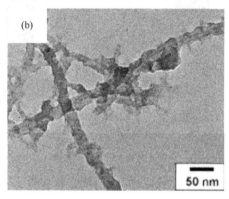

图 4-29　多孔的 CuO 纳米线的 SEM 图（a）、TEM 图（b）

(2) CuO 复杂形貌的气敏性能研究　Jiajun Chen 等首先制备了单晶的氧化铜纳米线阵列，再利用扫描电镜采用原位显微操作技术制备基于氧化铜纳米线阵列的化学传感器。制得的化学传感器对 H_2S 具有优异的气敏性。传感器在室温下就对 100×10^{-6} H_2S 有响应，且对 1000×10^{-6} 的 H_2S 的灵敏度高达 400。此传感器兼具工作温度低、灵敏度高的优点。当工作温度提高到 160℃时，其最低检测限度为 500×10^{-9}，并且在相同温度下，分别对 CO、H_2 及 NH_3 进行气敏检测，发现传感器对 CO、H_2 没有响应，对 NH_3 只在浓度在 1000×10^{-6} 以上才有响应，这说明此传感器对 H_2S 具有良好的选择性。

Alireza Aslani 等采用溶剂热的方法，通过控制反应混合液的 pH 值和反应温度制备云状的氧化铜及氧化铜球形颗粒。在对 CO 进行气敏测试时他们发现，云状的氧化铜相对于氧化铜球形颗粒而言，对 CO 具有更大的响应以及更小的检测浓度下限，这是由于云状的氧化铜与氧化铜球形颗粒相比较，具有更小的结晶尺寸和更大的比表面积所致。

Feng Zhang 等人以 $CuSO_4 \cdot 5H_2O$、KOH 和氨水为反应物制备小叶子状的氧化铜纳米片，该氧化铜纳米片对 H_2S 进行气敏测试时表现出优异的气敏性能。在工作温度为 240℃、H_2S 浓度为 10^{-6} 的条件下，其响应时间为 3s，恢复时间为 9s，检测的浓度下限为 2×10^{-9}，在相对湿度为 10% 的情况下，传感器的响应与气体浓度之间有较宽的线性区间（$30 \times 10^{-9} \sim 1.2 \times 10^{-6}$）且具有高的灵敏度。在对 H_2、NH_3、O_2、N_2、CO、NO_2 和 NO 进行气敏测试表明，上述气体在浓度达到 100×10^{-6} 时才有微弱响应，而对 H_2S 而言在 1×10^{-6} 以下就有较大响应。这说明氧化铜纳米片传感器对 H_2S 具有良好的选择性。他们还对上述传感器的长期稳定性进行测试，每天记录 3 次传感器对 H_2S 的响应，发现在持续 3 个月内响应几乎不变，这说明制备的传感器不仅具有优异的响应恢复速度、很低的检测下限、良好的选择性，同时具有长期稳定性。

Yang Zhang 等人采用溶剂热的方法制备分等级的空心 CuO 微球（如图 4-30 所示）。SEM 和 TEM 分析可知，分等级的空心 CuO 微球由多层壳体组装而成，其壳体是由尺寸为 5～15nm 的 CuO 纳米晶聚集组成。将 700℃ 焙烧制备的 CuO 微球对乙醇进行气敏测试表明，这种分等级的空心 CuO 微球具有优异的气敏性能。它对 $2×10^{-6}$ 的乙醇在 230℃ 工作温度下的灵敏度约为 7.5，在 320℃ 的工作温度下对 $2×10^{-6}$ 的乙醇响应恢复时间分别为 7s 和 9s，检测下限在 $100×10^{-9}$ 以下。在对该传感器的稳定性研究中发现，其电阻值和响应在 1 个月内没有发生明显的变化。

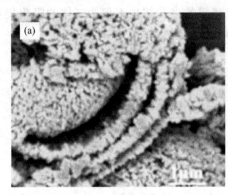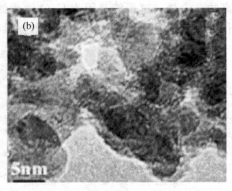

图 4-30　分等级的空心 CuO 微球的 SEM 图（a）、TEM 图（b）

4.4.6.2　纳米 Cu_2O 的气敏性研究

汽车尾气和燃料燃烧排放大量二氧化氮（NO_2），已成为周围生活环境中最严重的污染气体。为了保护环境，必须发展具有长寿命、快速响应、较好灵敏度传感器，及时准确探测大气中二氧化氮的存在。氧化亚铜已经被用于和 ZnO、SnO_2 及其他氧化物混合形成复合物或者异质结以探测 H_2S、CO、NO_2。

Zhang 等合成带孔多壳层分等级自组装空心 Cu_2O 微球，空心 Cu_2O 微球自身形貌和结构特性很适合气体传感领域应用。分等级空心 Cu_2O 微球的 SEM、TEM 及 SAED 图如图 4-31。从图 4-31（a）～（c）的 SEM 图可知，Cu_2O 的形貌是带孔多壳层分等级的微球，从图 4-31（d）的 TEM 图可知，每一壳层实际上是由 5～15nm 的颗粒聚集而成。图 4-31（d）的插图表明对应的晶面间距 0.25nm 是 Cu_2O 的（111）晶面的面间距。图 4-31（e）进一步确认这些微球是多晶的 Cu_2O。为了比较对气敏性能的提升作用是由这种特殊的分级结构引起，还是尺寸效应导致，他们将制备的多壳层分等级空心 Cu_2O 微球进行破碎得到 Cu_2O 纳米晶；同时，还与平均直径为 500nm 的 Cu_2O 实心球进行比较，3 个样品的气敏性能测试结果如图 4-32。结果表明对乙醇灵敏度顺序为：分等级空心 Cu_2O 微球＞Cu_2O 纳米晶＞Cu_2O 实心球。这一结果表明，虽然 Cu_2O 纳米晶由于具有大的表面积能够增加对乙醇的响应，但是 Cu_2O 纳米晶的相对紧密的结构使得乙醇气体只能扩散到传感元件的薄层区域，因此限制小尺寸效应的优势。而分等级空心 Cu_2O 微球具有空心多壳层的结构，因此可促进乙醇气体的渗透性，从而产生更好的响应。

4.4.7　纳米 WO_3 气敏传感器

4.4.7.1　WO_3 基 H_2S 气敏传感器

WO_3 基气敏材料用于检测 H_2S 的最早报道为 1990 年。近年来，随着研究的不断深入，

图 4-31 （a）~（c）为分等级空心 Cu₂O 微球的 SEM 图；
（d）和（e）为分等级空心 Cu₂O 微球的 TEM 图及 SAED 图

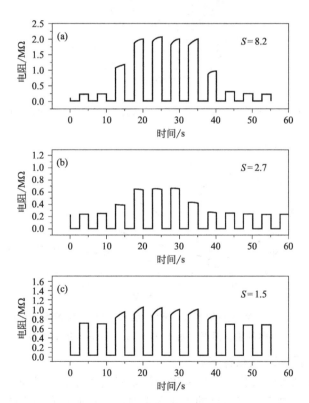

图 4-32 （a）多壳层分等级空心 Cu₂O 微球；（b）Cu₂O 纳米晶；
（c）Cu₂O 实心球对乙醇的响应曲线

许多文献报道 WO₃ 敏感膜对 10^{-6} 量级的 H₂S 气体敏感性能，随测试温度和 H₂S 气体浓度的不同，其响应时间从 3s 到 10^4 s 不等。2008 年，Rout 等研究 WO₃ 纳米颗粒、WO₃ 纳米

片和 $WO_{2.72}$ 纳米线（如图 4-33 所示），并比较这三种形貌 WO_3 制备的气敏传感器在 40～250℃ 范围内对 1000×10^{-6} H_2S 气体的敏感特性（如图 4-34 所示）。由图 4-34 可知，灵敏度大小顺序依次为：纳米线＞纳米片＞纳米颗粒，其中 $WO_{2.72}$ 纳米线敏感膜在 40～250℃ 范围内灵敏度均最高。

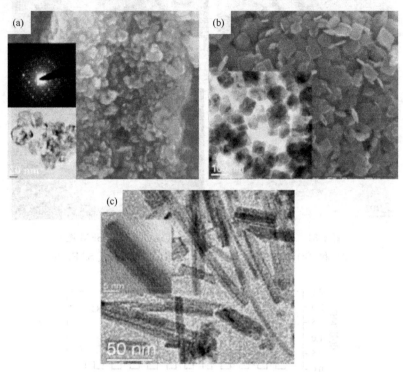

图 4-33　(a) WO_3 纳米颗粒；(b) WO_3 纳米片；(c) $WO_{2.72}$ 纳米线的 FESEM 图

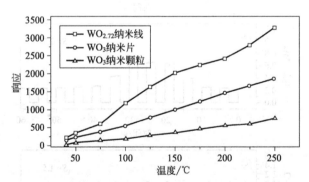

图 4-34　$WO_{2.72}$ 纳米线、WO_3 纳米片和 WO_3 纳米颗粒在
不同的工作温度下对 1000×10^{-6} H_2S 气体的响应

4.4.7.2　WO_3 基 NO_x 气敏传感器

NO_2 气体是一种强毒性气体，主要来源于汽车尾气和炼油厂燃烧产生的废气，是引起酸雨、光化学烟雾以及腐蚀等环境问题的工业污染源之一；而且它对人体呼吸道有强烈的刺激作用，严重时造成肺损害甚至肺水肿。对 NO_2 的监测越来越受到人们的关注，NO_2 气敏传感器的研究也一直是国内外热点，其中对 WO_3 用于 NO_2 气敏材料研究最多的是日本和意大利的科研人员。

2006 年，Ponzoni 等在 1400～1450℃ 热蒸发钨粉制备 WO_{3-x} 纳米线网络结构，如图

4-35 所示，该气敏材料可检测出 50×10^{-9} 的 NO_2。

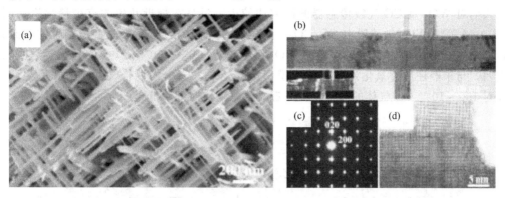

图 4-35 　(a) WO_3 纳米线的 SEM 图；(b) TEM；(c) 选区电子衍射图；(d) 高分辨 TEM

近些年来，Piperno S 等采用电纺丝法制备直径约为 $150 \sim 200nm$ 的纳米纤维，如图 4-36 所示，其对 CO 没有响应，对 NO_2 则具有良好的敏感性能。

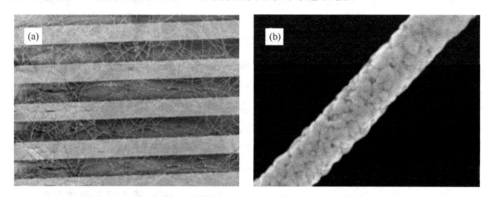

图 4-36 　WO_3 纳米纤维的 (a) SEM 图和 (b) 高分辨 SEM 图

4.4.7.3 　WO_3 基 NH_3 气敏传感器

Xu C N 等采用 Au 和 MoO_3 为添加剂制备 WO_3 氨敏传感器。该传感器可在 400℃的高温下操作，对 NH_3 的检测极限可达 1×10^{-6}。Wang G 等采用电纺丝法制备 WO_3 纳米纤维（如图 4-37 所示），并研究其在 350℃时对 $(50 \sim 500) \times 10^{-6}$ NH_3 的响应特性，纳米纤维对 NH_3 具有较快响应，其响应时间小于 20s。

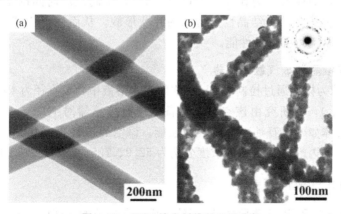

图 4-37 　WO_3 纳米纤维的 TEM 图
(a) 烧结前；(b) 烧结后

4.4.7.4 WO₃ 基 CO 气敏传感器

人们对 WO₃ 基 CO 气敏传感器的研究比较少，只是在最近几年才有少量报道。例如，Azad A M 等将 WO₃ 敏感膜在 CO/CO_2 的混合气氛中进行热处理来改善敏感膜的表面微结构，如图 4-38 所示，并研究处理后的 WO₃ 敏感膜对 $(14\sim100)\times10^{-6}$ CO 的敏感性能。结果表明，与未经还原并氧化处理的敏感膜相比，经 CO/CO_2 的混合气氛还原并氧化后，敏感膜对 100×10^{-6} CO 气体的灵敏度提高近 1 倍，响应时间降低近 20s。

(a) 一步氧化后　　　　　　(b) 被CO/CO₂氧化、还原、氧化后

图 4-38　W 箔在 800℃被氧化 24h 后的 SEM 图

Xu 等则采用水热法制备结晶性能良好的 WO₃ 纳米线。该纳米线在 350℃时对 5×10^{-6} CO 气体的灵敏度为 27.8，其响应曲线如图 4-39 所示。从图 4-39 中可看出，该 WO₃ 纳米线气敏传感器对 CO 气体具有良好的响应-恢复特性和稳定性，经重复测试后其电阻值仍能升高或降低到同一水平。

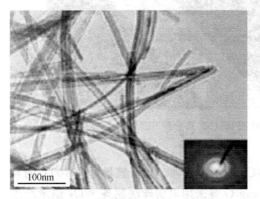

图 4-39　WO₃ 纳米线的 TEM 图

4.4.7.5　WO₃ 基乙醇气敏传感器

Khadayate 等采用丝网印刷法制备 WO₃ 厚膜并研究其对乙醇气体的敏感性能。结果表明，该敏感膜在 400℃时对 50×10^{-6} 乙醇具有快速的响应-恢复特性，其灵敏度高达 14.25，响应、恢复时间分别为 10s 和 45s。Jianmin Ma 等通过局部化学转变 H_2WO_4 前驱体的方法制备了 WO₃ 纳米片，不同反应时间制备的纳米片的 SEM 图见图 4-40。由于纳米片的高结晶性及特殊的片状形貌，从而使得乙醇气体能够进行有效吸附和快速扩散，从而增强气敏性能。

4.4.7.6　WO₃ 基 H₂S 气敏传感器

Li 等以 C 微球为模板通过控制 WCl_6 的水解在水溶液中合成直径为 400nm 的 WO₃ 空心球（如图 4-41 所示），并研究由该空心球制备的气敏传感器对 NH_3、H_2S、乙醇、丙酮、CS_2 和其他有机气体如苯、石油醚等的气敏性能。该空心球传感器在 400℃时对 50×10^{-6} H_2S、NH_3、乙醇、丙酮和 CS_2 的灵敏度分别为 52.9、1.5、2.09、3.53 和 1.56。

4.4.8　纳米 ZnS 气敏传感器

Zhi-Gang Chen 等采用 Si 诱导气-液-固法合成定向生长的高纯度单晶 ZnS 纳米带，如图 4-42 所示，该纳米带长 $10\mu m$ 以上，宽 $50\sim100nm$，厚度约为 40nm。由图 4-42（d）可知，

(a) 10min   (b) 1h

(c) 2.5h   (d) 5h

图 4-40　在 180℃经不同水热时间的 WO₃ 纳米片的 SEM 图

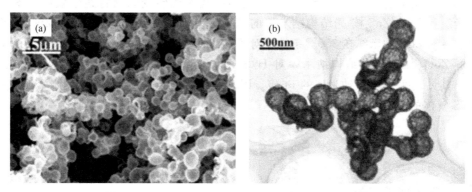

图 4-41　WO₃ 空心球的 （a）SEM 图；（b）TEM 图

ZnS 纳米带沿 ［0001］ 方向定向生长，且为单晶纤锌矿结构。实验对 ZnS 纳米带的气敏性能进行检测，结果显示：与纯净的 ZnO 和 Pb 掺杂的 ZnO 相比，该纳米带对 H₂ 有更快的响应时间，并且其表现出更好的 H₂ 敏感特性。

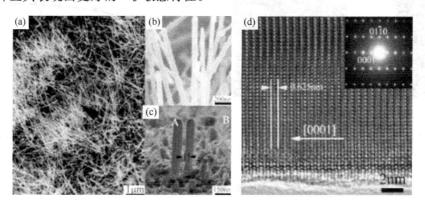

图 4-42　ZnS 纳米带的 SEM 图 ［(a)、(b)、(c)］ 和
高分辨 TEM 图（插图为响应的选区电子衍射图）（d）

M. Hafeez U 等研究不同维度的 ZnS 纳米结构对 H₂ 的气敏特性。首先，控制基体温度和不同气体的流量采用气-液-固生长模型合成不同结构的纳米 ZnS，通过控制化学张力模型和饱和度来控制其生长。图 4-43 为不同结构的纳米 ZnS 的 SEM 图。在此基础上，对各种结构的纳米 ZnS 对 H₂ 的灵敏度进行测试。研究结果显示，一维结构的 ZnS 纳米线，由于其结晶性好及比表面积高，其对 H₂ 的响应时间小于 1s，灵敏度为 8，这一结果远比其他结构的纳米 ZnS 要高。

 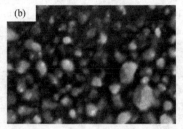 

图 4-43　不同结构的纳米 ZnS

(a) 纳米线；(b) 纳米颗粒；(c) 纳米树叶

X. M. Shuai 等在较低温度下以 ZnO 纳米线和 TAA（硫代乙酰胺）通过水热法成功合成 ZnO/ZnS 核壳结构纳米棒。其合成机理分别为硫代作用转变和柯肯达尔效应。图 4-44 为 ZnO 纳米线和 ZnO/ZnS 核-壳结构纳米棒的 TEM 和 HRTEM 图。图 4-45 为 ZnO/ZnS 核-壳结构纳米棒和 ZnO 纳米线在 350℃条件下对不同 H₂S 气体浓度的响应图。结果显示，在任意浓度下 ZnO/ZnS 核-壳结构纳米棒对 H₂S 气体的灵敏度均比 ZnO 纳米线高，在 500×10^{-6} 时，其灵敏度为 ZnO 纳米线的 14 倍。因此，形貌和结构的改变使得纳米 ZnS 气敏传感器对 H₂S 气体的灵敏度得到增强。

 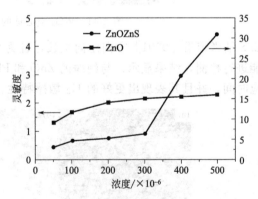

图 4-44　(a)、(c) ZnO 纳米线、
ZnO/ZnS 核-壳结构纳米棒的 TEM 图；
(b)、(d) 相应的 HRTEM 图

图 4-45　ZnO/ZnS 核-壳结构纳米棒和 ZnO 纳米
线在 350℃下对不同 H₂S 气体浓度的响应图

参 考 文 献

[1] 徐甲强，张全法，范福玲.传感技术（下）[M].哈尔滨：哈尔滨工业大学出版社，2004.

[2] 张阳，何秀丽，高晓光，李建平.纳米粒径 RHTO SnO₂ 薄膜的制备及气敏特性研究 [J].真空科学与技术学报，

[3] Lee S W, Tsai P P, Chen H. Comparison study of SnO₂ thin-and thick-film gas sensors [J]. Sens. Actuator B-Chem.，2000，67（1-2），122-127.

[4] 闫军锋，王雪文，张志勇，等. Sol-Gel 纳米晶二氧化锡薄膜的制备及表征 [J]. 电子元件与材料，2005，24（7）：5-7.

[5] 孙克，赵岩，沈文锋，张彩磅. 用激光烧结法制备的 SnO₂ 薄膜的气敏性质 [J]. 材料研究学报，2003，17（2）：180-185.

[6] 沈文锋，赵岩，张彩碚. 喷墨打印制备的 SnO₂ 薄膜的气敏特性 [J]. 传感器技术，2003，22（1）：5-8.

[7] 连红，侯后琴. 超微粒 SnO₂ 薄膜元件气敏特性研究 [J]. 电子元件与材料，2005，24（8）：28-29.

[8] Tanaka S, Esaka T. High NOₓ sensitivity of oxide thin films prepared by RF sputtering [J]. Mater. Res. Bull.，2000，35（14-15）：2491-2502.

[9] 高燕，李健，吉雅图，韩菲. 稀土 Nd 掺杂纳米 SnO₂ 薄膜气敏特性 [J]. 传感器技术，2005，24（6）：29-31.

[10] 闫君，李健，汪良. 稀土 Dy 掺杂纳米 SnO₂ 薄膜的结构与气敏特性 [J]. 功能材料与器件学报，2009，15（4）：321-326.

[11] 谢俊叶，李健，汪良. 稀土 La 掺杂 SnO₂ 薄膜气敏特性 [J]. 传感器与微系统，2010，29（1）：55-56.

[12] Zhao J, Wu S X, Liu J Q, et al. Tin oxide thin films prepared by aerosol-assisted chemical vapor deposition and the characteristics on gas detection [J]. Sens. Actuator B-Chem.，2010，145（2）：788-793.

[13] 赵俊，李冠娜，周东祥，郝永德. In/Sb 掺杂 SnO₂ 纳米薄膜的 H₂S 气敏特性 [J]. 仪表技术与传感器，2009，11（11）：1-4.

[14] 张鹏，王兢. 平面工艺 SnO₂ 薄膜甲醛气敏元件的研究 [J]. 传感技术学报，2009，22（1）：6-10.

[15] Gong S P, Xia J, Liu J Q, Zhou D X. Highly sensitive SnO₂ thin film with low operating temperature prepared by sol-gel technique [J]. Sens. Actuator B-Chem.，2008，134（1）：57-61.

[16] 王磊，杜军，毛昌辉，等. Pd/SnO₂/SiO₂/Si 集成薄膜的结构与气敏性能 [J]. 传感技术学报，2006，19（5）：2084-2086.

[17] 马晓翠，阎大卫，肖智博. 溅射 Au 对 SnO₂/Fe₂O₃ 薄膜气敏特性的影响 [J]. 传感器技术，2003，22（6）：4-7.

[18] Patel N G, et al. Indium tin oxide (ITO) thin film gas sensor for detection of methanol at room temperature [J]. Sens. Actuator B-Chem.，2003，96（1-2）：180-189.

[19] Vaishnav V S, et al. Indium tin oxide thin film gas sensors for detection of ethanol vapors [J]. Thin Solid Films，2005，490（1）：94-100.

[20] Neri G, et al. Effect of the chemical composition on the sensing properties of In₂O₃-SnO₂ nanoparticles synthesized by a non-aqueous method [J]. Sens. Actuator B-Chem.，2008，130（1）：222-230.

[21] Li E, Cheng Z X, Xu J Q, et al. Indium oxide with novel morphology: synthesis and application in C₂H₅OH gas sensing [J]. Cryst. Growth Des.，2009，9（5）：2146-2151.

[22] 董向兵，程知萱，潘庆谊，等. 氧化铟纳米棒的气敏特性 [J]. 硅酸盐学报，2006，34（10）：1191-1194.

[23] Wang J X, Zou B, Ruan S P. HCHO sensing properties of Ag-doped In₂O₃ nanofibers synthesized by electrospinning [J]. Mater. Lett.，2009，63（20）：1750-1753.

[24] Li Y S, Xu J, Chao J F, et al. High-aspect-ratio single-crystalline porous In₂O₃ nanobelts with enhanced gas sensing properties [J]. J. Mater. Chem.，2011，21（34）：12852-12857.

[25] Yang H X, Wang S P, Yang Y Z, Zn-doped In₂O₃ nanostructures: preparation, structure and gas-sensing properties [J]. Cryst. Eng. Comm.，2012，14（3）：1135-1142.

[26] 汪婧妍，高兆芬，潘庆谊，等. 氧化铟空心球的合成及其气敏性能研究 [J]. 电子元件与材料，2010，29（2）：11-13.

[27] 董立峰，宋淑敏，董艳棠，等. 电弧等离子体法制备纳米 Ce-NiO 的气敏特性 [J]. 功能材料，1997，28（3）：307-308.

[28] 董晓雯，陈海华，潘庆谊，程知萱. 纳米 NiO 的合成及其气敏特性研究 [J]. 郑州轻工业学院学报（自然科学版），2004，19（4）：18-19.

[29] 程知萱，李玲，陈海华，潘庆谊. 掺杂纳米 NiO 粉体材料的气敏性能研究 [J]. 郑州轻工业学院学报（自然科学版），2004，19（4）：22-23.

[30] Hotovy I, Huranb J, Sicilianoc P, et al. The influence of preparation parameters on NiO thin film properties for gas-sensing application [J]. Sens. Actuator B-Chem.，2001，78（1-3）：126-132.

[31] Hotovy I, Huranb J, Sicilianoc P, et al. Sensing characteristics of NiO thin films as NO₂ gas sensor [J]. Thin Solid Films, 2002, 418 (1): 9-15.

[32] Hotovy I, Huranb J, Sicilianoc P, et al. Enhancement of H₂ sensing properties of NiO-based thin films with a Pt surface modification [J]. Sens. Actuator B-Chem., 2004, 103 (1-2): 300-311.

[33] Dirksen J A, Duval K, Ring T A. NiO thin-film formaldehyde gas sensor [J]. Sens. Actuator B-Chem., 2001, 80 (2): 106-115.

[34] Brilis N, Romesis P, Tsamakis D, Kompitsas M. Influence of pulsed laser deposition (PLD) parameters on the H₂ sensing properties of zinc oxide thin films [J]. Superlattices Microstruct., 2005, 38 (4-6): 283-290.

[35] 潘钟毅, 黄世震. ZnO基氢气传感元件的制备及其气敏性能 [J]. 功能材料与器件学报, 2008, 14 (1): 43-46.

[36] Moon W J, Yu J H, Choi G M. The CO and H₂ gas selectivity of CuO-doped SnO₂-ZnO composite gas sensor [J]. Sens. Actuator B-Chem., 2002, 87: 464-470.

[37] 刘荣利, 向群, 潘庆谊, 等. 一维氧化锌的水热合成及其气敏性能的研究 [J]. 无机材料学报, 2006, 21 (4): 793-796.

[38] 吴诗德, 宋彦良, 李超, 等. ZnO纳米棒的微波合成及Pt掺杂对其气敏性能的改善 [J]. 化工新型材料, 2011, 39 (5): 70-73.

[39] Wei S H, Zhou M H, Du W P. Improved acetone sensing properties of ZnO hollow nanofibers by single capillary electrospinning [J]. Sens. Actuator B-Chem., 2011, 160 (1): 753-759.

[40] Han X G, He H Z, Kuang Q, et al. Controlling morphologies and tuning the related properties of nano/microstructured ZnO crystallites [J]. J. Phys. Chem. C, 2009, 113 (2): 584-589.

[41] 刘哲, 田守勤, 王博, 等. 溶液处理ZnO纳米火炬阵列薄膜的制备及其气敏性能研究 [J]. 山东大学学报 (工学版), 2011, 41 (1): 66-70.

[42] 陈伟良, 尹静, 黄春舒, 等. 金修饰ZnO纳米棒阵列制备及对甲醛气敏性能 [J]. 无机化学学报, 2010, 26 (4): 586-590.

[43] Gao T, Wang T H. Synthesis and properties of multipod-shaped ZnO nanorods for gas-sensor applications [J]. Appl. Phys. A, 2005, 80 (7): 1451-1454.

[44] Zeng Y, Zhang T, Wang L J, et al. Synthesis and ethanol sensing properties of self-assembled monocrystalline ZnO nanorods bundles by poly (ethylene glycol) -assisted hydrothermal process [J]. J. Phys. Chem. C, 2009, 113 (9): 3442-3448.

[45] Xue X Y, Chen Z H, Xing L L, et al. Enhanced optical and sensing properties of one-step synthesized Pt-ZnO nanoflowers [J]. J. Phys. Chem. C, 2010, 114 (43): 18607-18611.

[46] Comini E, Sberveglieri G, Ferroni M, et al. Response to ethanol of thin films based on Mo and Ti oxides deposited by sputtering [J]. Sens. Actuator B-Chem., 2003, 93 (1-3): 409-415.

[47] Mabrook M, Hawkins P. A rapidly-responding sensor for benzene, methanol and ethanol vapors based on films of titanium dioxide dispersed in a polymer operating at room temperature [J]. Sens. Actuator B-Chem., 2001, 75 (3): 197-202.

[48] Hyodo T, Mori T, Kawahara A, et al. Gas sensing properties of semiconductor heterolayer sensors fabricated by slide-off transfer printing [J]. Sens. Actuator B-Chem., 2001, 77 (1-2): 41-47.

[49] Zhuiykov S, Wlodarski W, Li Yongxiang. Nanocrystalline V₂O₅-TiO₂ thin-films for oxygen sensing prepared by sol-gel process [J]. Sens. Actuator B-Chem., 2001, 77: 484-490.

[50] Hu P G, Du G J, Zhou W J, et al. Enhancement of ethanol vapor sensing of TiO₂ nanobelts by surface engineering [J]. Acs Appl. Mater. Interfaces, 2010, 2 (11): 3263-3269.

[51] Liu H G, Ding D Y, Ning C Q, Li Z H. Wide-range hydrogen sensing with Nb-doped TiO₂ nanotubes [J]. Nanotechnology, 2012, 23 (1): 015502.

[52] Varghese O K, Paulose M, et al. Water-photolysis properties of micron-length highly-ordered titania nanotube-arrays [J]. J. Nanosci. Nanotechnol., 2005, 5 (7): 1158-1165.

[53] Leea J, Kimb D H, Hongb S H, Jho J Y. A hydrogen gas sensor employing vertically aligned TiO₂ nanotube arrays prepared by template-assisted method [J]. Sens. Actuator B-Chem., 2011, 160 (1): 1494-1498.

[54] 张周, 李晓雷, 季惠明, 周玉贵. 纳米晶ZnFe₂O₄薄膜的制备及其丙酮气体敏感性能研究 [J]. 材料科学与工艺, 2010, 18 (1): 23-28.

[55] Chu X F, Jiang D L, Zheng C M. The preparation and gas-sensing properties of NiFe$_2$O$_4$ nanocubes and nanorods [J]. Sens. Actuator B-Chem., 2007, 123 (2): 793-797.

[56] Zhu H L, Gu X Y, Zuo D T, et al. Microemulsion-based synthesis of porous zinc ferrite nanorods and its application in a room-temperature ethanol sensor [J]. Nanotechnology, 2008, 19 (40): 405503 (5pp).

[57] Li Z M, Lai X Y, Wang H, et al. General synthesis of homogeneous hollow core-shell ferrite microspheres [J]. J. Phys. Chem. C, 2009, 113 (7): 2792-2797.

[58] Gou X L, Wang G X, Yang J, et al. Chemical synthesis characterization and gas sensing performance of copper oxide nanoribbons [J]. J. Mater. Chem., 2008, 18 (9): 965-969.

[59] Hoa N D, Quy N V, Jung H, et al. Synthesis of porous CuO nanowires and its application to hydrogen detection [J]. Sens. Actuator B-Chem., 2010, 146 (1): 266-272.

[60] Hoa N D, Quy N V, Tuan M A, Hieu N V. Facile synthesis of p-type semiconducting cupric oxide nanowires and their gas-sensing properties [J]. Physica E, 2009, 42 (2): 146-149.

[61] Chen J J, Wang K, Hartman L, Zhou W L. H$_2$S detection by vertically aligned CuO nanowire array sensors [J]. J. Phys. Chem. C, 2008, 112 (41): 16017-16021

[62] Aslani A, Oroojpour V. Co gas sensing of CuO nanostructures synthesized by an assisted solvothermal wet chemical route [J]. Physica B, 2011, 406 (2): 144-149.

[63] Zhang F, Zhu A W, Luo Y P, et al. CuO nanosheets for sensitive and selective determination of H$_2$S with high recovery ability [J]. J. Phys. Chem. C, 2010, 114 (45): 19214-19219.

[64] Zhang Y, He X L, Li J P, et al. Gas-sensing properties of hollow and hierarchical copper oxide microspheres [J]. Sens. Actuator B-Chem., 2007, 128 (1): 293-298.

[65] Zhang H G, Zhu Q S, Zhang Y, et al. One-pot synthesis and hierarchical assembly of hollow Cu$_2$O microspheres with nanocrystals-composed porous multishell and their gas-sensing properties [J]. Adv. Funct. Mater., 2007, 17, 2766-2771.

[66] Rout C S, Hegde M, Rao C N R. H$_2$S sensors based on tungsten oxide nanostructures [J]. Sens. Actuator B-Chem., 2008, 128 (2): 488-493.

[67] Ponzoni A, Comini E, Sberveglieri G, et al. Ultrasensitive and highly selective gas sensors using three-dimensional tungsten oxide nanowire networks [J]. Appl. Phys. Lett., 2006, 88 (20): 203101 (3pp).

[68] Piperno S, Passacantando M, Santucci S, et al. WO$_3$ nanofibers for gas sensing applications [J]. J. Appl. Phys., 2007, 101 (12): 124504.

[69] Xu C N, Miura N, Ishida Y, et al. Selective detection of NH$_3$ over NO in combustion exhausts by using Au and MoO$_3$ doubly promoted WO$_3$ element [J]. Sens. Actuator B-Chem., 2000, 65 (1-3): 163-165.

[70] Wang Guan, Ji Y, Huang X R, et al. Fabrication and characterization of polycrystalline WO$_3$ nanofibers and their application for ammonia sensing [J]. J. Phys. Chem. B, 2006, 110 (47): 23777-23782.

[71] Azad A M, Hammoud M. Fine-tuning of ceramic-based chemical sensors via novel micro-structural modification I: low level CO sensing by tungsten oxide WO$_3$ [J]. Sens. Actuator B-Chem., 2006, 119 (2): 384-391.

[72] Xu Y X, Tang Z L, Zhang Z T, et al. Large-scale hydrothermal synthesis of tungsten trioxide nanowires and their gas sensing properties [J]. Sens. Letters, 2008, 6 (6): 938-941.

[73] Khadayate R S, Waghulde R B, Wankhede M G, et al. Ehanol vapor sensing properties of screen printed WO$_3$ thick films [J]. Bulletin of Materials Science, 2007, 30 (2): 129-133.

[74] Ma J M, Zhang J, Wang S R, et al. Topochemical preparation of WO$_3$ nanoplates through precursor H$_2$WO$_4$ and their gas-sensing performances [J]. J. Phys. Chem. C, 2011, 115 (37): 18157-18163.

[75] Li X L, Lou T J, Sun X M, Li Y D. Highly sensitive WO$_3$ hollow-sphere gas sensors [J]. Inorg. Chem., 2004, 43 (17): 5442-5449.

[76] Chen Z G, Zou J, Liu G, et al. Silicon-induced oriented ZnS nanobelts for hydrogen sensitivity [J]. Nanotechnology, 2008, 19 (5): 055710.

[77] Hafeez M, Manzoor U, Bhatti A S. Morphology tuned ZnS nanostructures for hydrogen gas sensing [J]. J. Mater. Sci.: Mater. Electron., 2011, 22 (12): 1772-1777.

[78] Shuai X M, Shen W Z. A facile chemical conversion synthesis of ZnO/ZnS core/shell nanorods and diverse metal sulfide nanotubes [J]. J. Phys. Chem. C, 2011, 115, 6415-6422.

第5章

基于半导体纳米材料的染料敏化太阳能电池

5.1 染料敏化太阳能电池概况

5.1.1 太阳能电池的发展现状与新方向

诺贝尔奖获得者美国 Smalley 教授曾经指出，在未来的 50 年里，人类面临随之而来的十大问题中，能源问题排在首位。目前人类使用的能源中，化石能源占 90% 以上。而到 21 世纪中叶，其比例将减少到人类使用能源的一半，达到其极值，之后核能和可再生能源将占主导地位。到 2100 年时，可再生能源将占人类使用能源的 1/3 以上。在诸多可再生能源中，包括太阳能、风能、潮汐能、地热能、氢能和生物质能等，太阳能所蕴藏的能量是所有其他可再生能源能量总和的上千倍。因此，发展太阳能潜力巨大。作为太阳能的主要利用途径，太阳能电池除具有清洁、能量充足的特点外，还可以直接设置在需要用电的地方发电。从 20 世纪末起，太阳能电池的国际市场年增长率已达到 30%，而在 2030 年前，还会以约 25% 的速度持续增长。太阳能光伏装机容量将从 21 世纪初约 0.5 GW 增长到 2030 年 300 GW。在中国可再生能源中长期发展规划中，提出 2020 年可再生能源要占到 15%，其中太阳能电池发电容量达到 1.8 GW。

目前研究最多的太阳能电池有硅太阳能电池、化合物半导体太阳能电池和染料敏化太阳能电池。在硅太阳能电池中以单晶硅太阳能电池的光电转换效率最高，技术最为成熟，但对硅原料的纯度要求高且使用量大、制备工艺繁琐，所以生产成本居高不下。多晶硅太阳能电池对原料的纯度要求低，原料来源渠道也较广阔，适合大规模商业化生产。在硅太阳能电池成本中，约 50%～60% 的造价源于硅原料。若采用薄膜太阳能电池，在廉价衬底上沉积硅薄膜作为吸收层，40μm 厚的硅薄膜即可吸收 80% 太阳光。与单晶硅和多晶硅太阳能电池中至少 250μm 厚硅片相比，大幅度削减硅原料的消耗，成本降低，因此硅薄膜太阳能电池成为硅太阳能电池研究的热点。相对于硅太阳能电池，CIS/CIGS、GaAs 和 CdTe 薄膜太阳能电池以其低成本、高效率、高稳定性成为人们研究最多的化合物半导体太阳能电池。但由于其制作工艺重复性差、高效电池的成品率低等原因，限制其商业化进程。染料敏化太阳能电池（DSC）是 20 世纪 90 年代后发展的新一代太阳能电池，以其潜在的低成本、相对简单的制作工艺和技术等优势赢得广泛重视，但在电极材料、染料敏化剂和电解质的选择与制备等还存在一系列问题，制约染料敏化太阳能电池转换效率和稳定性的进一步提高。总之，要想使太阳能电池广泛应用于生活、生产中，解决太阳能电池的低成本、低效率是首要问题。

5.1.2 染料敏化太阳能电池特点及产业化前景

染料的光伏效应可以追溯到 19 世纪，也就是在 Beequerel 发现溶液中电极的光伏现象半个世纪后的 1887 年。维也纳大学物理化学实验室的 Moser 博士首次报道染料敏化的光电效应，当时这个结果很快被研究照相的科学家应用并最终实现彩色照相。直到 100 年后，人们才开始研究染料敏化的光电效应在太阳能转化中的应用。20 世纪 60 年代，人们开始研究单晶半导体在染料溶液中的光电效应。研究表明，只有直接吸附在半导体表面的染料分子能够产生光伏效应，因为厚膜会阻碍电子从激发态染料转移到半导体，紧密堆积在表面的单层分子最有利于光电产生。但是由于单晶半导体表面的单层分子染料的光吸收效率非常低，所以这种光电装置的转化效率非常低，只有不到 0.5%，而且光稳定性差。染料敏化单晶半导体的低光电转换效率一直困扰人们，也限制染料敏化半导体在太阳能转化中的应用。该领域里出现的第一次突破是在 1976 年，当时 Tshubomura 等用多孔的多晶 ZnO 膜使其表面积大大增大，即使表面吸附单分子层染料，对光的吸收显著增大，因此它的光电转化效应达到 1.5%，比基于单晶 ZnO 的电极高一个数量级。自 20 世纪 80 年代以来，瑞士洛桑理工大学 Gräztel 致力于开发一种价格低廉的染料敏化太阳能电池（DSC）。1991 年，瑞士洛桑理工大学 Gräztel 教授在 Nature 上报道该领域的突破性进展，开发的染料敏化纳米晶 TiO_2 太阳能电池的光电转换效率达到 7.9% 后，DSC 以其转换效率高、生产成本低、制作工艺简单和环境友好成为电池研究的一大热门领域，受到中外科学家的普遍关注。目前，染料敏化太阳能电池（DSC）的光电转换效率实验室最高值为 12%。

自从 DSC 在实验室研究取得突破以来，立即引起企业界人士的极大关注，专利公布生效开始即有澳大利亚、瑞士和德国的 7 家公司购买专利使用权，并投入产业化和实用化研究。目前，国外主要从事染料敏化太阳能电池研发的机构主要有瑞士联邦理工学院、德国 INAP 研究所、澳大利亚 STA 公司、美国的 Konarka 技术公司、日本产业技术综合研究所以及日本富士公司等。从市场角度来看，目前已有多家光电池的厂商陆续取得 EPFL 的专利授权，并且有些公司已经开始一定规模的批量化生产与实际的地面应用。澳大利亚 STA 公司于 2002 年 10 月建成了世界上首个中试规模的生产染料敏化太阳能电池的工厂，并在纽卡斯尔市建立了面积为 200m² 的太阳能电池示范屋顶，体现染料敏化太阳能电池未来工业化的前景。目前，STA 公司已经开始出售以 BIVP（Building Intergrated Photovoltaics）为名的 DSC 阵列。美国 Konarka 技术公司在 2002 年研发出的有机太阳能电池材料能够通过类似于印刷报纸的卷装生产工艺，能够印刷于各种柔性基底上并于 2006 年在英国建成 20MW 的柔性染料敏化太阳能电池生产线。2004 年 9 月薄膜染料敏化太阳能电池（DSC）开发商 Peccell Technologies 公司宣布该公司已经开发出电压高达 4V 的薄膜染料敏化太阳能电池，该电池的电压已达到锂离子电池电压的水平。2008 年，Peccell Technologies 公司与藤森工业株式会社及昭和电工共同开发的大面积高性能塑料染料敏化太阳能电池生产线试验成功。据悉，此次开发的染料敏化塑料太阳能电池，宽 0.8m，长 2.1m，厚 0.5mm，每平方米质量为 800g，是目前世界上面积最大、最轻的太阳能电池，即使在室内也可以输出 100V 以上的较高电压。2006 年世界最大的太阳能电池制造商夏普公司报道其研制的面积为 101cm² 的

DSC 光电转换效率达到 6.3%。2009 年，该公司再次报道其研制的面积为 50cm×53cm 的 DSC 光电功率转化效率达 8.2%。这些研究成果都为大面积染料敏化太阳能电池在世界范围内大规模应用提供试验技术基础。

我国在产业化研究方面取得与世界研究水平相接近的水平：在大面积 DSC 上取得突破，制备出效率接近 6% 的 15cm×20cm 电池组件，并组装成 45cm×80cm 的电池板，无论单片电池还是电池板的光电转换效率，都成为目前国际高指标之一。2004 年，中国科学院等离子体物理研究所建成了规模为 500W 的小型示范电站，室外光电转换效率可达 5%，并且工作至今性能仍然良好。此项成果为我国生产大面积染料敏化太阳能电池提供技术基础，进一步推动低成本太阳能电池在我国大规模应用的进程。

目前，DSC 电池已经从实验室研究发展到向产业化过渡的阶段。在现有技术的基础上，进一步降低成本、提高效率和稳定性，推进工业化的进程是必然的发展趋势。DSC 电池的发展面临的主要挑战包括以下几个方面：高效电极（光阳极和对电极）的低温制备和柔性化；廉价、稳定的全光谱染料设计和开发；液体电解质的封装和高效固态电解质的制备及相关问题的解决等。

5.2 染料敏化太阳能电池的结构组成

利用纳米结构材料作为光阳极制备的染料敏化太阳能电池被称为纳米结构染料敏化太阳能电池（DSC）。一般而言，它由纳米结构金属氧化物半导体的光阳极、染料敏化剂、电解质和对电极等几个部分组成。典型的 DSC 器件结构主要由以下三个部分组成（如图 5-1 所示）：由单分子层染料敏化 TiO_2 纳米晶粒薄膜形成的光阳极，含有氧化还原对的有机电解质溶液和起到对电极作用的镀 Pt 电极。其中，TiO_2 纳米晶粒薄膜被制作在透明导电氧化物（TCO）的工作电极上，含有 I^-/I_3^- 氧化还原对的电解质溶液被填充到纳米结构电极中。在电池工作时，被注入纳米 TiO_2 膜层中的电子和电解质溶液中的染料阳离子和 I_3^- 等受主将被局域在具有纳米尺度的空间范围内。

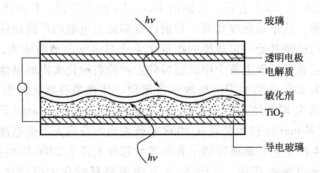

图 5-1　液态电解质染料敏化纳米晶太阳能电池的结构示意

5.2.1 纳米结构的光阳极

由纳米晶粒薄膜、纳米介孔薄膜、纳米复合膜层以及纳米线结构形成的光阳极是 DSC 的骨架部分，它不仅是染料分子的支撑和吸附载体，同时也是光生载流子的传输载体。采用纳米结构材料作为 DSC 的光阳极，主要是因为它们具有大的总表面积。除此之外，纳米多孔膜层中纵横交叉的孔隙连通性，也对电解质中氧化还原对的有效传输起到十分重要的作用。目前，关于 DSC 光阳极的研究重点主要是采用合理的工艺技术和适宜的结构形式，进一步优化其孔隙率、孔隙直径、纳米晶粒尺寸、总表面积和厚度等参数，使之有利于各种类型电解质的填充和电荷载流子的输运，从而产生较大的光生电流和开路电压。本章重点介绍 TiO_2 纳米结构和 ZnO 纳米结构光阳极的制备技术及其在 DSC 中的应用。

5.2.2 电解质体系

电解质体系的主要功能是复原染料和传输电荷，通过改变光阳极、敏化染料以及氧化还原对的能级，由此改善在 DSC 中的载流子输运动力学行为，从而实现最大的光生电压。目前，液体电解质中广泛使用的氧化还原对是 I^-/I_3^-。但这种氧化还原对的主要问题是与染料分子能级匹配特性不够好，使得 DSC 的光生电压损失较大。因此，如何研制出电导率和离子传导率高，电极电势与染料能级相匹配，与纳米光阳极以及对电极界面结合性能良好的高分子固态电解质，则是尤为重要的。

5.2.3 染料敏化剂

常用于 DSC 制作的染料敏化剂是 N3、N719、N749 和 Z907 等。N3 染料具有双氮杂苯和双 NCS 配位体，其光吸收波长可以达到 800nm，这种染料可以提供较高的短路电流密度，但不能给出较高的开路电压。N719 染料具有与 N3 相同的结构，但由于阳离子的替换使得它比 N3 染料具有较大的开路电压，其光吸收波长也可达到 800nm。上述两种染料所具有的 800nm 光吸收波长，限制采用它们作为敏化剂所能实现的最大短路电流密度；而 N749 染料最大吸收波长可以达到 860nm，但其吸收系数都小于 N3 和 N719 两种染料，因此采用 N749 染料目前还不能获得高效率的 DSC。与上述 3 种染料敏化剂相比，Z907 染料则具有良好的工作稳定性，在光照条件下其稳定性可达到 1000h。

5.2.4 对电极

利用 I^-/I_3^- 氧化还原对的 DSC 最广泛采用的对电极是 Pt 金属。对电极的主要功能是将电子转移到氧化还原电解质中去，重新产生碘化物离子。目前，对电极的研究工作主要集中在如何制备具有高质量和高稳定性的对电极，以有效改善 DSC 的功率转换效率。除了常规 Pt 之外，各种新型对电极，如 H_2PtCl_6、碳纳米管、PEDOT-TSO、PEDOT-PSS 等都在研究开发之列。

5.3 染料敏化太阳能电池的工作原理

5.3.1 半导体-溶液界面

当体相半导体材料与含有氧化还原电对电解质溶液接触时，如果半导体的费米（Fermi）能级与电对的电极电位不同，电子就会在半导体和电解质溶液的界面发生流动，直至电荷达到平衡。电荷转移导致电荷在半导体表面的分布与在体相的分布有所不同，半导体的能带在表面发生弯曲，这个区域称之为空间电荷层。相对地，电解质溶液一侧产生双电层：紧密层（Helmholtz 层）和扩散层（Gouy-Chapman 层）。下面以 n 型半导体为例，说明空间电荷层的形成，而 p 型半导体的情况正好相反。图 5-2 是 n 型半导体-溶液界面上空间电荷层的形成示意图，空间电荷层有积累层、耗尽层和反型层三种。在图 5-2（a）中，如果半导体的费米能级与电对的电极电位相等，在两者的界面没有电子转移发生，在半导体的表面没有形成空间电荷层，半导体的能带不发生弯曲。在图 5-2（b）中，如果半导体的费米能级比电对的电极电位偏正（相对于标准氢电极），电子就会从电解质溶液转移到半导体的表面，直至半导体表面的费米能级与电对的电极电位平衡，即"费米钉扎"，界面电子转移使半导体表面的能带相对于本体向下弯曲，形成"累积层"。反之，如果半导体的费米能级比电对的电极电位偏负，半导体的多数载流子（电子）就会从表面转移到电解质溶液，留下过量的正电荷，半导体表面的能带相对于本体向上弯曲，形成如图 5-2（c）所示的"耗尽层"。在"耗尽层"的基础上，电子继续从半导体向电解质溶液中转移，导致在半导体表面多数载流子的浓度小于本征半导体中电子的浓度，这样半导体表面由 n 型转变为 p 型，此时形成"反型层"，如图 5-2（d）所示。

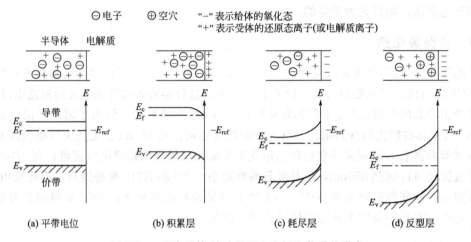

图 5-2   n 型半导体-溶液界面上空间电荷层的形成

平带电位是半导体/电解质溶液体系的重要特征，是确定半导体能带位置的重要物理量。体相半导体与电解质溶液接触时，由于两者费米能级的不同，半导体一侧将会形成空间电荷层，而电解质溶液一侧将会形成 Helmholtz 层，从而半导体的能带在表面发生弯曲。如果对半导体电极施加某一电位进行极化，改变半导体的费米能级，半导体的能带处于平带状态，这一电位称为平带电位（V_{fb}）。然而，对于纳米大小的未掺杂的半导体而言，情况有所不同。由于纳米粒子的自建场是很小的，其表面带弯可以忽略不计，可以认为半导体纳米晶处于平带状态。因而，无法通过测量空间电荷层电容的变化来测量半导体的平带电位。测量半导体纳米晶的平带电位主要是通过光谱电化学法和电化学法。

5.3.2   染料敏化半导体表面以及光诱导电荷分离

在染料敏化半导体中，半导体的表面吸附一层染料。当染料吸收光后，电子从基态激发到激发态，如图 5-3 所示。如果染料激发态能级与半导体导带能级相匹配，激发态上面的电子就会转移到半导体导带中，然后扩散至导电基底，经外电路转移到对电极，而正电荷则留在染料上面被氧化还原电解质还原。在这个过程中，电荷的产生和分离是在两个介质中进行。染料敏化太阳能电池中染料的作用是吸收可见光产生电荷，而电荷分离是在半导体表面进行。

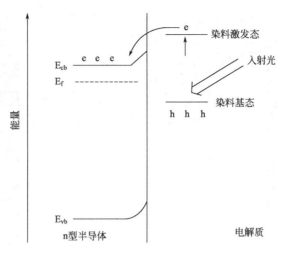

图 5-3 染料敏化半导体的电荷产生与分离

对于体相半导体，由于半导体的费米能级与电解质氧化还原电位的不同，在半导体和电解质的界面，半导体的能带发生弯曲而形成空间电荷层。当入射光从电极的半导体一侧照射时，光生电子和空穴在空间电荷层发生分离。相反，如果入射光从电极的基底一侧照射时，由于基底和半导体界面没有空间电荷层，光生电子和空穴不能发生分离。

对于染料敏化纳米晶半导体电极来说，由于纳米晶的小尺寸，在半导体和电解质的界面不能形成空间电荷层。当入射光从纳米晶电极的半导体一侧照射时，在纳米晶内部产生电子-空穴对。由于纳米晶电极的多孔性，电解质溶液可以充满整个电极而与纳米晶颗粒接触，光生空穴可以快速转移到电解质溶液中与氧化还原电对发生化学反应，抑制光生电子与空穴的复合。光生电子在扩散的作用下，穿过几个纳米晶颗粒转移到电极的基底上。因此，在纳米晶电极中，电荷的分离不是靠空间电荷层，而是由半导体/电解质溶液界面的反应动力学决定的。

5.3.3 染料敏化太阳能电池工作原理

染料敏化太阳能电池（DSC）是由纳米多孔半导体、染料敏化剂、氧化还原电解质、对电极和导电基底等几个部分组成，图 5-4 为 DSC 的能级分布和工作原理。在入射光的照射下，染料分子从基态跃迁到激发态①。光生电子可以从激发态的染料分子转移到半导体的导带上②。半导体导带上的一部分光生电子可以将被氧化的染料分子还原③或者将电解质中的 I_3^- 还原④，这两个步骤是 DSC 电池中的两个重要的电荷复合过程。另一部分光生电子穿过半导体电极⑤，通过外电路，在对电极上将 I_3^- 还原成 I^- ⑥。同时，溶液中的 I^- 将被氧化的染料分子还原⑦。Gratzel 小组从动力学角度阐述 DSC 电池具有较高转换效率的原因。步骤②是一个超快的电子注入过程，速率常数为 $10^{10}\sim10^{12}\,s^{-1}$，量子产率接近于 100%。在光生电子的复合中，步骤③和步骤④是两个速率很慢的过程，步骤③的速率常数为 $10^6\,s^{-1}$，步骤④产生的暗电流与电解质有关，大小为 $10^{-11}\sim10^{-9}\,A/cm^2$。在光生电子在半导体电极中的传输中，步骤⑤是一个较慢的过程，速率常数为 $10^3\sim10^6\,s^{-1}$。对电极上的交换电流密度，步骤⑥为 $10^{-2}\sim10^{-1}\,A/cm^2$。染料分子被还原⑦的速率常数为 $10^8\,s^{-1}$。

从上面的工作原理人们可以发现 DSC 能够正常工作需要满足以下几个条件。

① 染料分子能够牢固地连接到氧化物半导体表面，这就需要染料分子带有特定的官能

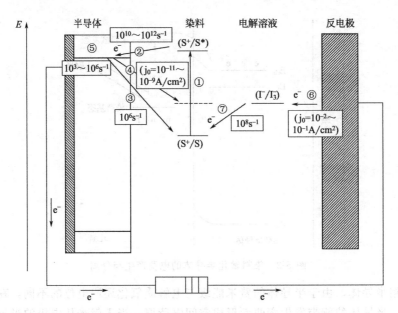

图 5-4　染料敏化太阳能电池的能级分布和工作原理

团，如羧基、磷酸基、磺酸基等。目前，最有效的染料是带有羧基的联吡啶钌配合物，其羧基可以和 TiO_2 的 Ti 3d 轨道发生电子云重叠，形成良好的电子转移通道。

　　② 染料分子激发态的电位要比半导体的导带电位偏负至少 0.1V，为光生电子向半导体的注入提供驱动力。

　　③ 电解质中氧化还原电对的电极电位要比染料分子基态的电位偏负，这样可以保证染料分子的循环利用。

　　衡量 DSC 的性能主要有 5 个评价参数：短路光电流（I_{sc}）、开路光电压（V_{oc}）、填充因子（$F.F.$）、入射光子到电子的转换效率（IPCE）和能量转换效率（η）。

　　① 短路光电流（I_{sc}）　太阳能电池在短路条件下的工作电流。而且，短路光电流等于光子转换成的电子-空穴对的绝对数量。此时，电池输出的电压为零。

　　② 开路光电压（V_{oc}）　太阳能电池在开路条件下的输出电压。此时，电池的输出电流为零。

　　③ 填充因子（$F.F.$）　电池在不同的负载条件下，输出的功率是不一样的。在一个合适的负载下，电池的功率输出是最大的（P_{max}）。此时，电池输出的工作电流和工作电压分别为 I_m 和 V_m，对应的最大实际功率输出为 $P_{max}=I_m V_m$。填充因子定义为：$F.F.=P_{max}/I_{sc}V_{oc}$。实际上，填充因子在电流-电压曲线上是两个长方形面积之比。实用太阳能电池的填充因子应该在 0.6～0.75。

　　④ 入射光子到电子的转换效率（IPCE）　IPCE 是描述太阳能电池在单色光作用下的转换效率指标，定义为：IPCE=转移到外电路的电子数/入射的光子数。在单色光的照射下，有 3 个因素决定太阳能电池的 IPCE 大小：光捕获效率 [LHE（λ）]，其大小与染料分子的光谱响应和光物理性质有关；电荷注入效率（Φ_{inj}），它与染料分子激发态氧化还原电位和激发态寿命有关；电荷收集效率（η_e），表示注入的电子在背电极的收集效率，其大小受半导体电极材料的结构和形貌的影响。

　　⑤ 能量转换效率（η）　能量转换效率（η）定义为太阳能电池的最大功率输出与入射太阳光的能量。

5.4 基于 TiO$_2$ 纳米结构光阳极的染料敏化太阳能电池

5.4.1 染料敏化 TiO$_2$ 太阳能电池的发展概况

自从 1991 年 M. Gräztel 教授报道基于染料敏化多孔 TiO$_2$ 纳米晶薄膜（简称 TiO$_2$ 薄膜）的太阳能电池的效率达到 7.1％以来，世界各国科学家对它进行大量研究。在过去的 20 年里，全世界各主要实验室和公司在 DSC 不同面积太阳电池上取得不同的光电转换效率。由于以液态电解质为主 DSC 的结构特点，高光电转换效率主要是在小面积电池上取得的。其中瑞士 EPFL 和日本夏普公司在小面积（面积小于 1cm^2）电池上取得超过 11％的光电转换效率。目前，染料敏化太阳能电池（DSC）的光电转换效率实验室最高值为 12％。迄今为止，用于 DSC 的 TiO$_2$ 光阳极材料主要包括 TiO$_2$ 纳米晶粒薄膜、TiO$_2$ 纳米线网络结构、TiO$_2$ 与其他材料组成的纳米复合物、纳米 TiO$_2$ 与其他膜层形成的核-壳结构、TiO$_2$ 薄膜与其他量子点构成的镶嵌结构等。

5.4.2 多孔 TiO$_2$ 纳米晶薄膜 DSC

在基础理论研究方面，到目前为止 TiO$_2$ 纳米晶粒薄膜 DSC 得到最为广泛深入的研究。所以，本小节着重介绍基于 TiO$_2$ 纳米晶粒薄膜 DSC 的工作机理研究，包括：光致电荷分离、电子输运和开路电压。

5.4.2.1 光致电荷分离

吸附在纳米 TiO$_2$ 表面的染料光敏化剂，在可见光作用下，通过吸收光能而跃迁到激发态。由于激发态染料的不稳定性，通过染料分子与 TiO$_2$ 表面的相互作用，电子很快跃迁到较低能级的 TiO$_2$ 导带。这个过程中大概要损失 0.1V 的光电压，作为电子注入的驱动力。这个过程的发生时间亚皮秒量级，同时这个过程的量子效率也很高，接近 100％。由于吸附在 TiO$_2$ 薄膜上的染料（一般都是钌的配合物）羧基直接与 TiO$_2$ 表面 Ti^{4+} 相互作用，导致 π^* 与构成 TiO$_2$ 导带的 3d 轨道之间形成很好的电子耦合，当光激发电子从联吡啶二羧酸（bipyridyl dicarboxylate acid）配合物的 π^* 轨道注入 TiO$_2$ 导带时，从激发态敏化剂到 TiO$_2$ 薄膜的电子注入是一个极快和高效的过程。另外，多孔 TiO$_2$ 纳米晶薄膜庞大的表面吸附大量的染料（比表面积可达 80m^2/g 以上），注入导带的电子数量相当可观，这是 DSC 取得突破的一大原因。

5.4.2.2 电子输运

对于电子在多孔 TiO$_2$ 纳米晶薄膜的输运问题，已经得到了广泛研究，主要结论如下。

① 在 DSC 中，由于组成 DSC 多孔薄膜的纳米 TiO$_2$ 粒子颗粒直径太小，在 TiO$_2$ 与电解质界面处的能带弯曲可以忽略。空间电荷层的缺少，在一定程度上助长 TiO$_2$ 导带的电子与电解质中阳离子的复合。

② 由于电解质渗透到整个多孔膜中，在 TiO$_2$ 薄膜内部不存在微区电场；电子的浓度梯度是它在 TiO$_2$ 薄膜中运动的驱动力，因而它的输运形式是扩散而不是漂移。

③ 电子在 TiO$_2$ 导带运动过程中，不断受到陷阱的俘获。这些陷阱由处于禁带之中的表

面能级组成，由于多孔 TiO₂ 纳米晶薄膜有着庞大的比表面积，因此，它的表面陷阱数目相当可观。电子被陷阱俘获之后，只能依靠热激发来脱束缚。多孔薄膜中缺乏电场以及表面陷阱的作用，使电子在膜的传输变得困难，电子在 TiO₂ 膜中的运动时间在微秒至秒量级，这是整个 DSC 中最慢的一个过程。

④ 在 TiO₂ 薄膜/导电玻璃 TCO 界面处存在着内建电势。M. Turrion 和 J. Bisquert 利用改进的反射干涉谱（Interference Reflection Spectroscopy）进一步证实这一势垒的存在，并测出它的最小值为 $V_{bmin} = 0.3V$。然而对于电子如何通过这一势垒现在还尚不清楚，F. Pichot 和 B. A. Gregg 提出两种可能的解释：一是界面势垒非常薄，甚至电子可以依靠隧穿效应轻易通过这个界面；二是在这个界面上的强电场（约 $10^6 V/cm$）诱发表面再构或类似的化学表面修饰使得势垒高度降低。

5.4.2.3 开路电压

传统的观点认为光电压取决于 TiO₂ 的费米能级与电解质的氧化-还原电势之差，按此计算开路电压理论值约为 0.7V。这一观点在很长一段时间里没有受到质疑。在 1999 年这一传统的观点终于受到了挑战，K. Schwaizburg 和 F. Willig 指出：导电玻璃 TCO/TiO₂ 薄膜界面、TiO₂ 薄膜/电解质溶液界面都存在内建电势差。正如上文所述，由于纳米颗粒太小无法形成空间电荷层，TiO₂ 薄膜/电解质溶液界面的内建电势差可以忽略，这一电势降落主要存在于 TCO 与 TiO₂ 的交界处一到几个 TiO₂ 层的地方，这一内建电势差就是开路电压。这一观点一提出就受到很多人反驳。传统观点的提出及维护者 M. Gratze 重申他们的几个基本观点：开路电压取决于电解质的还原电势与 TiO₂ 导带底之差，而不是与内建电势差有关，指出界面电场的存在是电子输运的辅助驱动力，而不是开路电压。同时，F. Pichot 和 B. A. Gregg 使用功函数不同的 In₂O₃：Sn、ITO、Au、Pt 取代现有的导电玻璃（LOF，TEC-8）。根据 K. Schwaizburg 和 F. Willig 的理论应该得到不同的开路电压，然而，实验结果是否定的。到目前为止，没有理论可以完全解释开路电压，有关这方面的研究还在探索中。

5.4.3 一维 TiO₂ 纳米结构染料敏化太阳能电池

在纳米晶粒薄膜，尤其是介孔纳米材料中存在大量晶粒间界，其中的缺陷和悬挂键等界面不完整性起到一个载流子俘获中心的作用，它们会使电子扩散长度减小和复合概率增加，这将导致太阳能电池光电转换效率的降低。如果以高长径比的一维纳米氧化物光阳极薄膜如结晶纳米线网络、纳米棒阵列或纳米管等一维 TiO₂ 纳米结构代替 TiO₂ 纳米晶粒薄膜，由于其定向的有序生长可以有效减小其中的陷阱态密度，有望降低界面电阻，从而加速电子传输速率，促进电子-空穴对的有效分离，改善电子的传输和提高光散射能力，因此会使 DSC 的光电转换效率得以明显改善。这是 DSC 光阳极材料开发的重要发展方向。目前有关一维氧化物纳米薄膜制备 DSC 光阳极的研究才刚刚兴起。本节重点介绍阵列有序一维 TiO₂ 光阳极。

5.4.3.1 阵列有序 TiO₂ 纳米管阵列光阳极

TiO₂ 纳米管阵列（TiO₂ nanotube arrays，TiO₂-NTAs）被发现并广泛应用于太阳能电池、光催化剂、气敏传感器、超级电容器等领域。有序 TiO₂ 纳米管阵列作为光阳极的优势为：①与传统的 TiO₂ 纳米晶（TiO₂-NPs）相比，TiO₂-NTAs 制备简便，通过阳极氧化在 Ti 片上直接生长，并且 TiO₂-NTAs/Ti 可以直接用作光电极；②在可比范围内，TiO₂-

NTAs/Ti 光电极比 TiO$_2$-NPs/Ti 光电极具有光捕获效率、电子迁移率、电荷收集率和电子迁移率更高，电子寿命更长，暗电流更小等优势；③纳米管的长度对光电转换效率的影响较大，TiO$_2$-NTAs 越长，对应效率越高；④TiO$_2$-NTAs 结构特殊，具有更大的比表面积和更强的吸附能力，而且 TiO$_2$-NTAs 孔径越大，越有利于吸附更多的染料，效率相对提高。然而，传统的 TiO$_2$-NPs 染料敏化电池的光电转换效率目前已经达到 12%，而目前 TiO$_2$-NTAs 染料敏化电池的最高转换效率为 7.6%，两者之间的差距较大。针对这些状况，目前研究人员通过改变 TiO$_2$-NTAs 的形貌和电池的结构，获得高转换效率的太阳能电池。

Schmuki 等率先报道了基于阵列有序 TiO$_2$ 纳米管的 DSC。他们通过阳极氧化金属 Ti 板的方法成功构筑阵列有序 TiO$_2$ 纳米管电极，制备的 TiO$_2$ 纳米管阵列管径均约为 100nm、壁厚均约为 15nm，而管长度分别约为 500nm 和 2500nm，其 SEM 图如图 5-5。另外，他们还研究了不同长度纳米管可见光区的光电作用谱。结果表明除了染料浓度外，纳米管的长度对光电流响应的大小也有影响。对于长度为 2500nm 的纳米管阵列，光电转化量子效率的最大值为 3.3%（在 540nm），而对于长度为 500nm 的纳米管阵列，光电转化量子效率的最大值为 1.6%（在 530nm）。尽管他们并没有报道 DSC 的光电转化量子效率，但是该报道为应用阵列有序一维 TiO$_2$ 纳米材料到 DSC 光阳极中提供新思路和新方法。

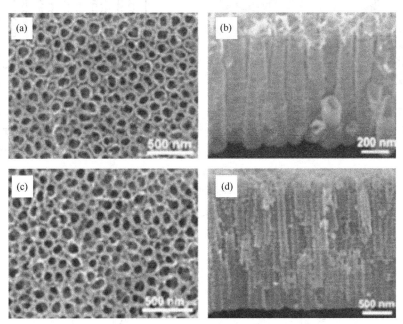

图 5-5 （a）和（c）分别为以 1mol/L H$_2$SO$_4$/0.15%（质量）HF 为电解质制备的阵列
有序 TiO$_2$ 纳米管的俯视 SEM 图和截面 SEM 图，（b）和（d）为分别以 1mol/L （NH$_4$）$_2$SO$_4$/0.5%
（质量）NH$_4$F 时为电解质制备的阵列有序 TiO$_2$ 纳米管的俯视 SEM 图和截面 SEM 图

Grimes 等先在 FTO 玻璃表面磁控溅射厚度为 500nm 的钛金属薄膜，然后将其放入 HF（浓度为 0.5%）和乙酸的混合电解质中，精确控制阳极氧化工艺，制备出长度为 360nm 的氧化钛纳米管阵列，经 TiCl$_4$ 处理和 450℃高温煅烧后获得光阳极，组装基于阵列有序 TiO$_2$ 纳米管的 DSC。氧化钛纳米管阵列的 FE-SEM 显微形貌图像如图 5-6 所示，纳米管的孔直径约为 46nm，孔壁厚约为 17nm，长度约为 360nm。图 5-7 为正面照射的氧化钛纳米管阵列基 DSC 的结构示意。氧化钛纳米管阵列基 DSC 的光电流-电压特征曲线如图 5-8 所示（AM1.5），经 TiCl$_4$ 处理的 DSC 的光伏参数为：I_{sc} 为 7.87mA/cm^2，V_{oc} 约为 0.75V，

$F.F.$ 约为 0.49，η 为 2.9%，此效率是没有经 $TiCl_4$ 处理的纳米管阵列的 5 倍。开路电压衰减谱显示：与纳米颗粒体系相比，阵列有序 TiO_2 纳米管体系展示出更强的电子寿命和优异的电子传输路径。考虑到该电池的阵列有序 TiO_2 纳米管长度只有 360nm，却显示如此优异的电池性能，这使人们对这类电池充满期待。Grimes 等认为 $TiCl_4$ 处理有利于提高氧化钛与染料分子之间的键合，从而提高电荷的传递速度。填充因子较低，仅为 0.49，他们认为这是由阳极氧化生成的氧化钛纳米管阵列底部的阻挡层引起串联电阻增大所致。同时也注意到厚度 360nm 的纳米管阵列相对于一般厚度为 $10\mu m$ 的氧化钛纳米晶薄膜来说确实很薄，因而吸附染料的总量就会减少。因而，若想获得更高效率的 DSC，就需要制备厚度更大的氧化钛纳米管阵列薄膜。

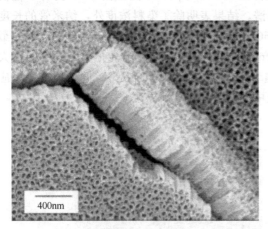

图 5-6 阵列有序 TiO_2 纳米管
光电极的 FE-SEM 照片

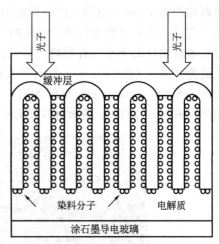

图 5-7 正面照射的氧化钛
纳米管阵列基 DSC 结构示意

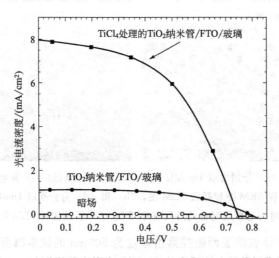

图 5-8 氧化钛纳米管阵列基 DSC 的光电流-电压特征曲线

随后，Grimes 在 KF 电解质中氧化厚度为 $250\mu m$ 的 Ti 箔，制备长度为 $6.2\mu m$、孔径为 110nm、壁厚为 17nm 的 TiO_2 纳米管阵列（如图 5-9 所示），并将其组装成背面照射的 TiO_2 纳米管阵列基 DSC，并且制备长度为 360nm 背面照射的 TiO_2 纳米管阵列基 DSC 作为对比，长度为 $6.2\mu m$ 的 TiO_2 纳米管阵列基 DSC 的 $J_{sc}=10.6mA/cm^2$、$V_{oc}=0.82V$、$F.F.=0.51$、$\eta=4.4\%$，而长度分别为 360nm 的 TiO_2 纳米管阵列基 DSC 的 $J_{sc}=2.40mA/cm^2$、

$V_{oc}=0.786\mathrm{V}$、$F.F.=0.69$、$\eta=1.30\%$，由此可见增长纳米管阵列的长度可有效提高光电转换效率 η。另外，他们还将射频溅射得到的钛薄膜在 FTO 基板上以 HF 为电解质进行阳极氧化，得到长度为 $3.6\mu m$、孔径为 $47\mathrm{nm}$、壁厚为 $17\mathrm{nm}$ 的光学透明的 TiO_2 纳米管阵列，将其作为负极，组装正面照射的 TiO_2 纳米管阵列基 DSC。采用正面照射的 TiO_2 纳米管阵列基 DSC 的 $J_{sc}=10.3\mathrm{mA/cm^2}$、$V_{oc}=0.84\mathrm{V}$、$F.F.=0.54$、$\eta=4.7\%$。

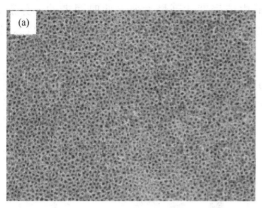

图 5-9　阳极氧化制备的氧化钛纳米管阵列的 SEM 显微形貌图像

2007 年，Grimes 等将非水有机极性电解质 N-甲基酰胺、二甲亚砜及乙二醇等电解质与含氟电解质相结合，利用直接阳极氧化金属 Ti 板的方法合成高度有序的 TiO_2 纳米管阵列。通过控制阳极氧化的电压，可将纳米管阵列的内径在 $20\sim150\mathrm{nm}$ 之间进行调控，将阵列有序 TiO_2 纳米管的长度增加到约 $220\mu m$，纳米管的长度与外径的比例高达 1400。以此纳米管阵列为光阳极制作 DSC 的背照射光伏参数为 $J_{sc}=12.72\mathrm{mA/cm^2}$，$V_{oc}=0.82\mathrm{V}$，$F.F.=0.66$，$\eta=6.89\%$。

Jong Hyeok Park 等采用一种简单、廉价的方法在 FTO 玻璃上制备 TiO_2 纳米管阵列，制备过程分为四个步骤：①通过阳极氧化的方法首先在 Ti 箔上制备长度为 $7\sim35\mu m$ 的 TiO_2 纳米管阵列；②将 Ti 箔浸入 $0.1\mathrm{mol/L}$ HCl 溶液 1h 后，用镊子进行剥离，得到无支撑的尺寸为 $3\mathrm{cm}\times3\mathrm{cm}$ TiO_2 纳米管阵列膜；③将纳米管阵列膜转移至 FTO 玻璃上，滴入两滴异丙醇钛溶液，使得 FTO 玻璃与 TiO_2 纳米管阵列膜形成连接；④将 FTO 玻璃在 500℃ 退火 30min，在 FTO 玻璃上得到 TiO_2 纳米管阵列，将其制成 DSC 后，得到的 DSC 光伏参数为 $J_{sc}=16.8\mathrm{mA/cm^2}$、$V_{oc}=0.733\mathrm{V}$、$F.F.=0.62$、$\eta=7.6\%$。

Yoshikawa 等利用模板法制备阵列有序 TiO_2 纳米管光阳极电池，他们首先在 FTO 透明导电玻璃基板上制备 ZnO 纳米棒阵列，以此作为模版，随后用液相沉积的方法在 FTO 基板上制备 TiO_2 纳米管阵列。他们研究了不同焙烧温度的 TiO_2 纳米管阵列基 DSC 的性能，发现在 $300\sim500℃$ 之间退火时，随着退火温度的升高，短路电流密度随之增加，η 值也由 300℃ 的 1.07% 增加至 500℃ 的 2.87%。这些结果使人们对发展更加新颖的阵列有序一维纳米材料光阳极充满信心。

最近，Lidong Sun 等首次报道采用简单的双电极氧化法在钛箔两边同时生长 TiO_2 纳米管阵列的方法，实验中发现在前边生长的纳米管阵列的长度总是大于在后边生长的阵列长度，这一不平衡的生长是由于前边的电场诱导所产生的离子通量更高所致。此外，随着外加电压的升高，制备的纳米管阵列的长度及表面多孔性也随之增加。在后续的工作中，Lidong Sun 等将两边同时生长的 TiO_2 纳米管阵列组装成新奇的并联配置的 DSC，增加能量吸收与光电流，解决背部照射配置的 DSC 的光电流低而限制其发展的问题。两边同时生长的 TiO_2 纳米管阵列的光学图像及 SEM 图如图 5-10。将其组装成 DSC 后，通过电化学阻抗谱检测证实电池为并联配置。他们将两边同时生长 TiO_2 纳米管阵列组装成 DSC，其中前部采用 1sun （1sun＝$1kW/m^2$）的光进行照明、后部采用 0.38sun 的光进行照明，测量不同纳米管长度的电池的光电流-电压特性曲线，并与具有不同纳米管长度的单电池进行对比，无论是单电池还是并联电池，当纳米管的长度为 $25.5\mu m$ 时电流密度达到最大值。此时两者的 η 分别为 2.57％与 3.38％，采用并联配置可将 η 提升 30％。此外，光电流密度也得到显著增加，这是由于表面积的增加及串联电阻的减小所致。

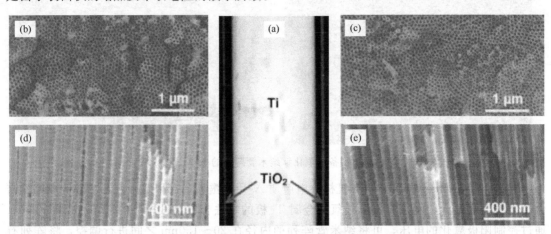

图 5-10　(a) 两边同时生长的 TiO_2 纳米管阵列的光学图像；
(b) 和 (d) 分别为前边生长的 TiO_2 纳米管阵列的俯视图和截面图，对应于光学图像的左侧箭头的部位；
(c) 和 (e) 分别为后边生长的 TiO_2 纳米管阵列的俯视图和截面图，对应于光学图像的右侧箭头的部位

Qing Zheng 等首先采用阳极氧化钛箔的方法，制备 TiO_2 纳米管阵列，从钛箔上取下得到自支撑的 TiO_2 纳米管阵列膜，随后制备了 TiO_2 纳米管阵列和纳米颗粒共同构建的分级结构。他们首先采用手术刀法将黏性的 TiO_2 纳米颗粒膜包覆到 FTO 玻璃上，采用双层包覆，然后将 FTO 玻璃至于电炉上，升温至 150℃，最后用镊子将 TiO_2 纳米管阵列膜置于黏性的 TiO_2 纳米颗粒层之上，在 500℃ 退火 2h，得到 FTO-纳米颗粒（双层）-纳米管阵列结 (FTO-TP-TNA)。而首先将 TiO_2 纳米管阵列膜转移至预先滴有甘油的 FTO 玻璃上，再将甘油蒸发后可将 TiO_2 纳米管阵列膜固定在 FTO 玻璃上，之后通过 $TiCl_4$ 处理并退火后，可在 TiO_2 纳米管阵列膜与玻璃间形成好的黏附性（采用双层包覆）。最后，将 TiO_2 纳米颗粒包覆到退火的 FTO-纳米管阵列膜（双层）上后，再次退火得到 FTO-纳米管阵列（双层）-纳米颗粒结 (FTO-TNA-TP)。两种 TiO_2 纳米管阵列和纳米颗粒共同构建的分级结构的 SEM 图见图 5-11。将 FTO-纳米颗粒（双层）-纳米管阵列结和 FTO-纳米管阵列（双层）-纳米颗粒结组装成 DSC，其中 FTO-纳米颗粒（双层）-纳米管阵列结的 DSC 的光伏参数为 $V_{oc}=0.75V$、$J_{sc}=18.89mA/cm^2$、$F.F.=62.1％$、$\eta=8.80％$；FTO-纳米管阵列（双层）-纳米颗粒结的 DSC 光伏参数为 $V_{oc}=0.75V$、$J_{sc}=13.07mA/cm^2$、$F.F.=61.5％$、$\eta=6.03％$。FTO-纳米管阵列的 DSC 的光电转换量子效率高达 84.6％，这种新奇的光电极制备方法为制备高性价比的电池提供很好的思路。

Chul Rho 等研究势垒层对 TiO_2 纳米管阵列基 DSC 电子传输的影响。他们采用阳极氧化的方法制备 TiO_2 纳米管阵列，采用 Ar^+ 轰击的离子减薄方法，控制减薄时间分别为 0min、10min、20min、30min 和 90min，得到具有不同势垒层厚度的 TiO_2 纳米管阵列膜。

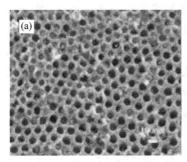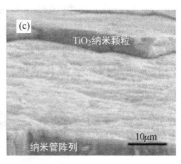

图 5-11 （a）FTO-纳米颗粒-纳米管阵列结的俯视图，
（b）FTO-纳米颗粒-纳米管阵列结的侧视图，（c）FTO-纳米管阵列-纳米颗粒结的侧视图

未经减薄的 TiO_2 纳米管阵列的底部尖头清晰可见；当减薄 30min 后，底部尖头几乎消失；当减薄时间增加至 90min 后在尖头处形成平均内径为 30nm 的开放通道。随后采用手术刀法将预先制备的 TiO_2 稠浆料涂覆到 FTO 基板上。最后将经减薄的具有不同势垒层厚度的 TiO_2 纳米管阵列膜轻压在 FTO 基板上，并在 450℃ 退火 30min。他们将不同势垒层厚度的 TiO_2 纳米管阵列光电极组装成 DSC，在没有进行减薄时，DSC 的 $J_{sc} = 5.37mA/cm^2$、$V_{oc} = 0.76V$、$F.F. = 0.62$、$\eta = 2.5\%$。当减薄 30min 后 DSC 的 $J_{sc} = 6.59mA/cm^2$、$V_{oc} = 0.76V$、$F.F. = 0.61$、$\eta = 3.1\%$，相应 η 由 2.5% 增加至 3.1%，增量为 24%，J_{sc} 的增量为 23%。由于经减薄后，V_{oc} 及 $F.F.$ 几乎没有变化，因此 η 的增加可能是由 J_{sc} 的增加所致。因此，可以知道，随着势垒层厚度的减小，TiO_2 纳米管阵列基电池的转换效率 η 得到增加。减薄 90min 后的 DSC 的 η 明显高于其他组。这可能是由于涂覆到 FTO 基板上的浆料中含有的 TiO_2 纳米颗粒的贡献所致。因此，当减薄时间在 30min 以下时，在底部通道没有打开，TiO_2 纳米颗粒不能够吸附染料分子，从而对 η 的增加没有贡献；从减薄 90min 的 SEM 图可知，当减薄时间增加至 90min 后，在底部形成开放的通道，染料分子可以通过这些通道扩散进入 TiO_2 纳米颗粒中，从而直接导致 η 的增加。仅有 TiO_2 稠浆料制备电池的 $\eta = 1\%$，而减薄 90min 电池的 η 增量比 1% 要小。这是由于电解质在 TiO_2 纳米管的通道中的扩散受限以及通过纳米管通道的光强度降低所致。此外，通过电化学阻抗谱（EIS）分析表明，势垒层的厚度对电池的电阻影响显著，电子的输运受到来自势垒层的很显著阻碍。

一维 TiO_2 纳米管基太阳能电池的性能通常受到纳米管表面积不足的限制。为了解决这一问题，Jijun Qiu 等通过层层吸附-反应（LbL-AR）法制备了共轴多壳 TiO_2 纳米管阵列。他们首先在 FTO 基板上沉积一层 ZnO 掺杂 TiO_2 的种晶层，用来诱导生长垂直 ZnO 纳米棒阵列模板，并且在移除 ZnO 纳米棒阵列模板后增强 FTO 基板与多壳 TiO_2 纳米管阵列间的黏结力。随后，通过水热法制备了垂直的 ZnO 纳米棒阵列模板。接着采用自制的三维的自动浸渍装置通过层层吸附-反应（LbL-AR）法在 ZnO 纳米棒阵列模板上组装了多壳 TiO_2。接着采用溶胶-凝胶法在多壳 TiO_2 上沉积可牺牲的 ZnO 间隔区。最后以在 $TiCl_4$（0.015mol/L）水溶液中采用湿化学刻蚀法移除 ZnO 纳米棒阵列模板及 ZnO 间隔区，通过控制刻蚀时间，制备从单壳到六壳的共轴多壳 TiO_2 纳米管阵列，其 SEM 图如图 5-12 和 TEM 图如图 5-13。N_2 吸附脱附测试结果表明，从单壳到五壳的 TiO_2 纳米管阵列的 BET 比表面积从 119m^2/g 急剧增加至 331m^2/g。他们将单壳、双壳、三壳和五壳的共轴 TiO_2 纳米管阵列组装成 DSC，测试的光电流-电压特性曲线如图 5-14，由图可知，随着壳的数目增加，相应 DSC 的 η 显著增加，五壳的 TiO_2 纳米管阵列与单壳 TiO_2 纳米管阵列相比，尽管 V_{oc} 从 0.79V 减小至 0.73V，$F.F.$ 从 64.3% 减小至 56.6%，但 J_{sc} 由 6.59mA/cm^2 增加至

$15.0\mathrm{mA/cm^2}$，最终电池 η 却从 3.35％显著增加至 6.20％，增加量接近一倍。而 J_{sc} 的增加是由于随着壳的数目增加，增大比表面积从而增加对染料的吸附量所致。因此，通过制备这种共轴多壳 TiO_2 纳米管阵列，解决纳米管表面积对电池性能的限制。这种构建多壳纳米结构的方法可以扩展至其他材料，并且在纳米技术的广阔应用范围中为复杂纳米结构的合成提供可能性。

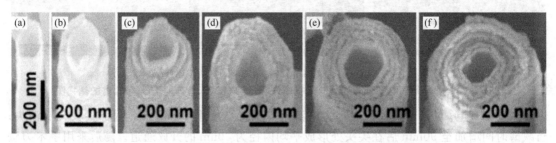

图 5-12　(a)~(f) 分别为从单壳到六壳的共轴多壳 TiO_2 纳米棒阵列的 SEM 图

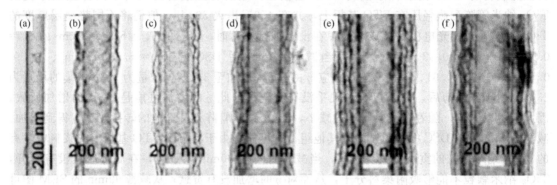

图 5-13　(a)~(f) 分别为从单壳到六壳的共轴多壳 TiO_2 纳米棒阵列的 TEM 图

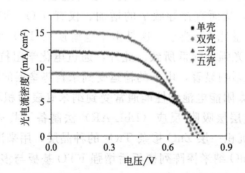

图 5-14　单壳、双壳、三壳和五壳的共轴 TiO_2 纳米棒阵列基 DSC 的光电流-电压特性曲线

5.4.3.2　阵列有序 TiO_2 纳米线阵列光阳极

清华大学林红课题组采用水热法在钛板表面合成 TiO_2 纳米线阵列，阵列排布整齐，纳米线直径尺寸约为 $50\sim80\mathrm{nm}$（如图 5-15 所示）。将该纳米线阵列剥离后，用 P25 TiO_2 胶体将其附于透明导电基板上，组装成 DSC；J_{sc} 为 $15.2\mathrm{mA/cm^2}$，相对于 P25 提高 12％；η 为6.58％，相对于 P25 提高 14％（如图 5-16 所示）。

Zhen Wei 等以钛酸四丁酯和四氯化钛为钛源、甲苯为溶剂，在无模板条件下采用溶剂热法在 FTO 基板上制备竖直取向的 TiO_2 纳米线阵列。当反应条件为 $180℃$ 热溶剂 2h 时，制备纳米线阵列的基本单元为宽度在 $(10\pm2)\mathrm{nm}$ 之间的纳米线。这些基本单元聚集成束，

图 5-15 TiO₂ 纳米线阵列微观形貌的 (a) SEM 图和 (b) TEM 图

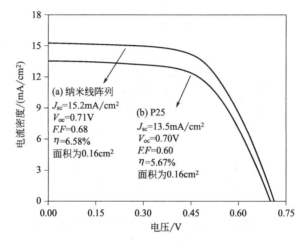

图 5-16 TiO₂ 纳米线阵列基 DSC 的光电流-电压特征曲线

形成宽度在 (60 ± 10)nm 之间的二次结构，相应的 SEM 图如图 5-17。他们研究反应温度为 180℃不同溶剂热时间制备 TiO₂ 纳米线阵列组装的电池的光电流-电压特性曲线，如图 5-18。由图可知，当反应时间为 2h，得到的 TiO₂ 纳米线阵列组装的 DSC 的光伏特性最好，其光伏参数为 $J_{sc}=3.16$mA/cm²、$F.F.=0.67$、$V_{oc}=0.78$V、$\eta=1.64\%$。随着反应时间的延长，制备的纳米线长度和宽度同时增加，但是纳米线的宽度对样品表面积的影响比纳米线长度的影响更大。因此，得到的纳米线的表面积减小。此外，纳米线的长度增加时，纳米线之间不能提供足够空间，使得染料分子难于渗入纳米线阵列的底部。因此，反应时间为 2h 时得到最佳的电池性能。但是，η 值偏低可能是由于纳米线之间的空间较小，限制对染料的吸附所致。

Thirumal Krishnamoorthy 等首次采用电纺丝法制备垂直取向的锐钛矿 TiO₂ 纳米线。他们首先采用电纺丝法在垂直的 TiO₂ 纳米带，再通过后处理得到垂直取向的锐钛矿 TiO₂ 纳米线。纳米线阵列的面积为 0.2cm²，单根纳米线的直径在 (90 ± 30)nm 之间，高度为 27μm（如图 5-19），而采用传统的化学方法及一些其他常用的方法来制备这种规模垂直取向的锐钛矿 TiO₂ 纳米线是不可行的。这种电纺丝法可以将垂直的纳米线高度容易控制在 10～100μm 之间，而且还可以扩展这种方法来制备其他垂直的金属氧化物纳米线以及垂直的多孔空心核-壳纳米线。他们将垂直取向的 TiO₂ 纳米线附到 FTO 基板上，吸附 N719 染料后，得到 DSC 的光电极。得到的 DSC 光伏参数为 $J_{sc}=5.71$mA/cm²、$V_{oc}=0.782$V、$F.F.=64.2\%$、$\eta=2.87\%$。

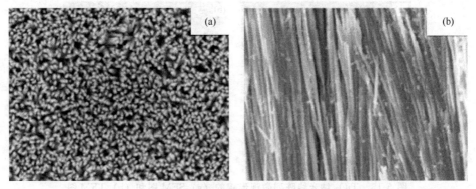

图 5-17 (a) TiO₂ 纳米线阵列的俯视图，(b) TiO₂ 纳米线阵列的截面图

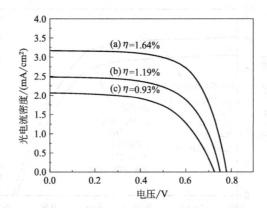

图 5-18 不同水热时间制备的 TiO₂ 纳米线阵列的光电流-电压特性曲线

(a) 2h，(b) 4h，(c) 6h

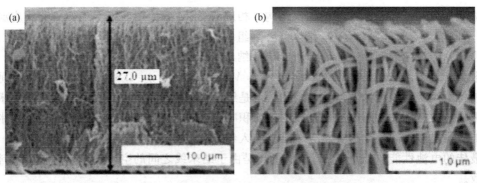

图 5-19 垂直取向的 TiO₂ 纳米线的 SEM 图

(a) 侧视图；(b) 对应的高倍 SEM 图

5.4.3.3 阵列有序 TiO₂ 纳米棒阵列光阳极

Mingkui Wang 等采用喷雾热解的方法首先在 SnO_2/F 导电玻璃（FTO）上基板上包覆一层紧密的 TiO₂ 层，在 450℃烧结 30min 后，将包覆 TiO₂ FTO 基板的一面朝下，在高压釜中进行水热反应，控制反应温度和时间制备 TiO₂ 纳米棒阵列，纳米棒长度为 $2.1\mu m$，平均直径约为 50nm。将 TiO₂ 纳米棒阵列用 C106 染料敏化后以其作为光电极组装固态染料敏化太阳能电池。长度为 $2.1\mu m$ 的纳米棒制备的 DSC 光伏参数为 $V_{oc}=0.802V$、$J_{sc}=7.011mA/cm^2$、$F.F.=0.52$、$\eta=2.92\%$。三种纳米棒基 DSC 的 η 均低于烧结纳米颗粒基

DSC，是由于纳米棒的粗糙度小于纳米颗粒，从而导致光捕获特性降低所致。

Zhuoran Wang 等以丙酮为溶剂采用溶剂热法制备金红石型 TiO_2 纳米棒阵列（TNR）。纳米棒的长度约为 $2\mu m$，直径在 $10\sim30nm$ 之间［如图 5-20（a）、(b)］，还采用微波辅助的水热法制备金红石型 TiO_2 纳米棒组装的织物（TNRC），它是由大量长度在 $1\sim2\mu m$、直径约为 200nm 的纳米棒所构成的 TiO_2 空心纤维有序编织而成的布形微结构［如图 5-20（c）、(d)］。他们首先将 TiO_2 纳米棒阵列生长在 FTO 基板上，然后将 TiO_2 纳米棒组装的织物轻轻放在 FTO 基板上并且辅以轻轻按压，使得两种结构间形成好的接触；随后在基板上滴加异丙醇钛并且蒸发，最后通过焙烧来提升结晶性，制备新奇的 TiO_2 纳米棒组装的织物/纳米棒阵列复合结构的光电极。他们通过控制光电极中纳米棒组装的织物层数的数目研究其对电池性能影响，以此来优化电池结构。不同结构的 DSC 的光电流-电压特性曲线与光电转化量子效率曲线见图 5-21。由图可知，当纳米棒组装的织物的层数为双层时，制备的 DSC 具有最高的 η（为 4.02%），相应的 $V_{oc}=0.73V$、$J_{sc}=9.81mA/cm^2$、$F.F.=0.561$，IPCE$=46\%$，此时得到的 J_{sc} 最高，是由于其对染料的吸附量较大所致。而当纳米棒组装的织物层数为三层时，虽然其对染料的吸附量最大，但是由于膜的厚度增加导致载流子运输距离的增大，同时在每层间界面结合性能变差共同导致电池性能的降低。另外，与 TiO_2 纳米棒阵列基光电极相比，TiO_2 纳米棒组装的织物/纳米棒阵列复合结构的光电极的 IPCE（%）得到增加，这是由于复合结构的光电极除在约 530nm 的最大吸收波长处的作用外，在大于 600nm 长波处，由于光的散射效应提升对低能光子的捕光能力，这一分级结构具有优异的光散射能力，从而增强 IPCE。

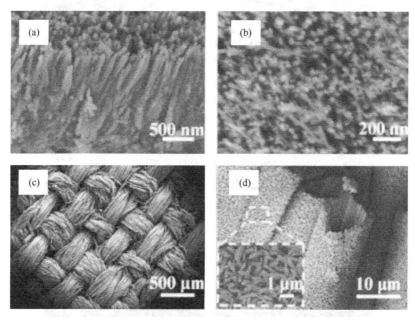

图 5-20　TiO_2 纳米棒阵列的 SEM 图 (a) 和截面 SEM 图 (b)，
和 TiO_2 纳米棒组装的织物的 (c) 低倍和 (d) 高倍 SEM 图

Sadia Ameen 等以钛醇盐为钛源，采用一步水热法，通过控制溶剂中乙醇/去离子水的比例直接在 FTO 基板上制备具有不同形貌的有序 TiO_2 纳米棒。当乙醇/去离子水的体积比为 0：100、50：50 和 80：20 时，制备的纳米棒分别为六角形、圆头形及高度有序的四角形（如图 5-22 所示）。由图 5-22 可知，六角形纳米棒的长度约为 $3\mu m$、直径在 $100\sim200nm$ 之

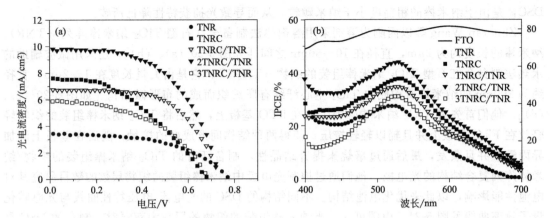

图 5-21 （a）不同结构 DSC 光电流-电压特性曲线，（b）不同结构 DSC 光电转化量子效率曲线

FTO：氟掺杂氧化锡基底；TNR：TiO₂ 纳米棒阵列；TNRC：TiO₂ 纳米棒组装的织物；

TNRC/TNR：TiO₂ 纳米棒组装的织物/TiO₂ 纳米棒阵列复合结构；2TNRC/TNR：

TiO₂ 纳米棒组装的织物（双层）/TiO₂ 纳米棒阵列复合结构；3TNRC/TNR：

TiO₂ 纳米棒组装的织物（三层）/TiO₂ 纳米棒阵列复合结构

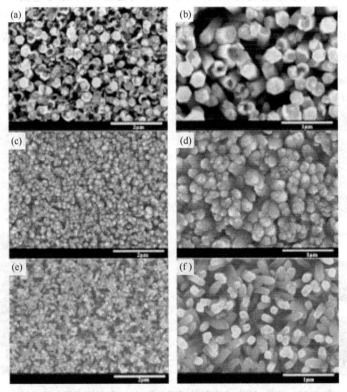

图 5-22 （a）和（b）分别为乙醇/去离子水的体积比为 0∶100（体积）时样品的 SEM 图，

（c）和（d）分别为乙醇/去离子水的体积比为 50∶50（体积）时样品的 SEM 图，

（e）和（f）分别为乙醇/去离子水的体积比为 80∶20（体积）时样品的 SEM 图

间；圆头形纳米棒长度约为 2～4μm、直径在 50～70nm 之间，而圆头形纳米棒的尺寸均一性较差。他们以六角形纳米棒和高度有序的四角形纳米棒为光电极组装 DSC，研究形貌对 DSC 光伏参数参数的影响。图 5-23 为 DSC 的光电流-电压特性曲线，由图可知，以六角形

纳米棒组装的 DSC 的光伏参数为 $\eta=1.08\%$、$J_{sc}=$ 4.48mA/cm^2、$V_{oc}=0.571$V、$F.F.=0.42$；而以高度有序的四角形纳米棒组装的 DSC 光伏参数为 $\eta=$ 3.2%、$J_{sc}=8.7$mA/cm^2、$V_{oc}=0.67$V、$F.F.=$ 0.54。与六角形纳米棒相比，高度有序的四角形纳米棒电池的 η 约增加 2 倍，J_{sc}，V_{oc} 和 $F.F.$ 分别增加 48%、15% 和 22%。与六角形纳米棒相比，高度有序的四角形纳米棒的直径和长度更小，J_{sc} 的增加与高度有序的纳米棒形貌、高的染料负载量及膜的高表面积导致的捕光效率增加有关；而电池的 V_{oc} 和 $F.F.$ 增加是由于高度有序的纳米棒的形貌抑制复合速率以及增加电子寿命所致。对于六角形纳米棒，具有不均匀的表面，且在两根纳米棒间存在大的空洞，这增大电介质层和 FTO 基板间的复合速率，因此，η 值较低。

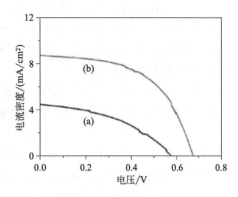

图 5-23　(a) 六角形纳米棒和 (b) 高度有序的四角形纳米棒组装的 DSC 的光电流-电压特征曲线

5.4.4　TiO$_2$ 核壳纳米结构 DSC

染料敏化太阳能电池中 TiO$_2$ 纳米晶是作为电子的传输通道，实现有效的电荷分离。激发态的染料将电子迅速地注入 TiO$_2$ 导带中，电子经过纳米晶网络结构传输到导电基底上。电子在传输的过程中，可能与氧化态的染料或者电解质发生载流子复合，从而引起载流子浓度下降，光电转换效率降低。已有研究表明，在 TiO$_2$ 多孔膜的表面修饰一层无机宽禁带半导体（如 Nb$_2$O$_5$、SrTiO$_3$、ZnO、ZrO$_2$ 等）或绝缘体（如 Al$_2$O$_3$ 等），形成复合的核-壳（core-shell）结构光阳极，在不改变电极本身性质的情况下，结构的引入能够有效抑制电子与氧化态的染料和电解质的复合，从而减小载流子损失，即有效地抑制电荷复合，提高光电转换效率，这为优化 TiO$_2$ 多孔膜电极提供一条很好的途径。

2000 年，Zaban 等报道利用 Nb$_2$O$_5$（禁带宽度为 3.14eV）包覆 TiO$_2$ 获得 TiO$_2$/Nb$_2$O$_5$ 核-壳结构电极，所制备 DSC 的光电转换效率提高 35%。由于壳层半导体（Nb$_2$O$_5$）和核层半导体（TiO$_2$）存在一个能级差，当光生电子注入壳层半导体的导带时，它们可以快速转移到核层半导体的导带上。壳层半导体和核层半导体之间形成的势垒抑制光生电子与被氧化的染料分子以及电解质中 I$_3^-$（空穴）的复合，从而提高 DSC 的光电转换效率。2001 年，Chen 等以 TiO$_2$-Nb$_2$O$_5$ 核-壳纳米结构为光阳极制作 DSC，DSC 的光伏参数为 $\eta=$ 4.97%、$V_{oc}=730$mV、$J_{sc}=11.4$mA/cm^2、$F.F.=56.5\%$。而在采用单一 TiO$_2$ 纳米晶粒薄膜时，η 仅有 3.6%。这是由于 TiO$_2$-Nb$_2$O$_5$ 核-壳纳米结构在光电极和电解质界面形成一个能量势垒，它减少光注入电子同对电极空穴的复合速率，所以能量转换效率得以增大。Wang 等采用 ZnO/TiO$_2$ 核-壳结构制作 DSC，在 81mW/cm^2 的白光照射下获得 $J_{sc}=$ 21.3mA/cm^2，$V_{oc}=0.71$V，$F.F.=0.52$，$\eta=9.8\%$ 的优异光伏特性。与单纯 TiO$_2$ 薄膜相比，总的光电转换效率提高 27.3%，未包覆 TiO$_2$ 薄膜 $\eta=7.7\%$。其原因在于 ZnO 包覆层对电子转移有辅助作用，使电子迁移率提高；另一方面在于 ZnO 包覆层抑制暗电流的产生，从而使总的光电转换效率得到提高。

2003 年，Zaban 等制备 SrTiO$_3$ 包覆的 TiO$_2$ 膜电极，SrTiO$_3$/TiO$_2$ 核-壳结构光阳极 DSC 的光伏参数为 $J_{sc}=10.2$mA/cm^2，$V_{oc}=0.71$V，$F.F.=58.4\%$，$\eta=4.39\%$；而未包覆 TiO$_2$ 的光阳极 DSC 的光伏参数为 $J_{sc}=10.5$mA/cm^2，$V_{oc}=0.65$V，$F.F.=53.6\%$，$\eta=$

3.81%。他还发现 $SrTiO_3$ 的加入可以引起 TiO_2 导带位置发生变化，因而引起光电池开路光电压的提高，使得总的转换效率 η 提高了 15%。电荷的复合和注入是太阳能电池中的两个重要过程。核-壳结构的引入，可以有效地抑制电荷复合或者改变光阳极的能级结构，为优化光阳极的制备提供途径。

Palomares 等以 Al_2O_3-TiO_2 为光阳极组装制作 DSC，在低光强（AM1.5，10mW/cm^2）照射下，所获得的 DSC 光伏参数为 $\eta=5.30\%$、$V_{oc}=0.68mV$、$J_{sc}=1.30mA/cm^2$、$F.F.=60\%$；而未经 Al_2O_3 包覆的 TiO_2 光阳极制作的 DSC 光伏参数为 $\eta=4.50\%$、$V_{oc}=0.67V$、$J_{sc}=1.18mA/cm^2$、$F.F.=57\%$，因此，该核-壳结构在一定程度上抑制敏化染料与电解质溶液之间的电荷复合，提高电池的能量转换效率。与此同时，Palomares 等还采用浸渍 TiO_2 多孔膜方法成功制备 SiO_2、Al_2O_3、ZrO_2 包覆的核-壳结构光阳极制作的 DSC。图 5-24 为 Al_2O_3 包覆的 TiO_2 核壳结构的电镜图，壳层厚度在 $0.7\sim1nm$ 之间，从图中可以看出，包覆的壳层厚度比较均匀。将以上三种结构经 $TiCl_4$ 处理之后发现不同的包覆层对敏化染料与电解质溶液之间的电荷复合抑制作用不同，且与不同氧化物包覆层的零电位点相关。研究发现，Al_2O_3 包覆层的零电位点（pzc=9.2）对敏化染料与电解质溶液之间的电荷复合的抑制作用最佳。随后检测不同结构的 DSC 的光伏性能。如图 5-25 所示，结果发现 Al_2O_3 包覆 TiO_2 核壳结构的光阳极在钌化合物染料敏化下制作的 DSC，经过 AM1.5，10mW/cm^2 光照射，其 $\eta=5.60\%$、$V_{oc}=760mV$、$J_{sc}=12.1mA/cm^2$、$F.F.=61.1\%$；而单纯的未经 Al_2O_3 包覆的 TiO_2 光阳极制作的 DSC 光伏参数为 $\eta=3.70\%$、$V_{oc}=735mV$、$J_{sc}=9.1mA/cm^2$、$F.F.=55.1\%$。图 5-26 为 TiO_2/Al_2O_3 核-壳结构的工作原理。他们认为，当绝缘壳层 Al_2O_3 的厚度在几个纳米的条件下，光生电子可以隧穿过 Al_2O_3 绝缘壳层注入核层半导体（TiO_2）的导带上，绝缘的壳同样抑制光生电子与被氧化的染料分子以及电解质中 I_3^-（空穴）的复合，从而提高 DSC 的光电转换效率。

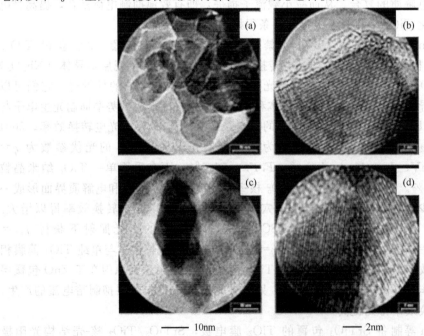

图 5-24 （a）、（b）为存在 Al_2O_3 包覆的 TiO_2 纳米粒子的 TEM 图；
（c）、（d）为无包覆层的 TiO_2 纳米粒子的 TEM 图；其中（b）、（d）为 HRTEM 图

纳米半导体材料与器件

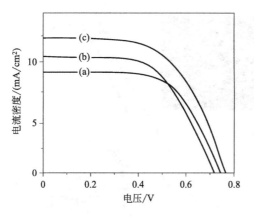

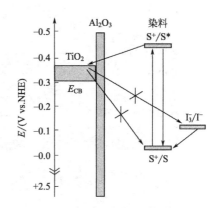

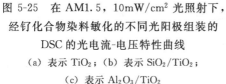

图 5-25　在 AM1.5，10mW/cm² 光照射下，
经钌化合物染料敏化的不同光阳极组装的
DSC 的光电流-电压特性曲线
（a）表示 TiO_2；（b）表示 SiO_2/TiO_2；
（c）表示 Al_2O_3/TiO_2

图 5-26　TiO_2/Al_2O_3 核-壳结构的工作原理

2007 年，Menzies D B 等结果指出，当采用 ZrO_2/TiO_2 核-壳结构作为光阳极时，与不采用 ZrO_2 作为壳层的 DSC 相比，J_{sc}、V_{oc} 和 η 分别从 $10.0mA/cm^2$、$0.69V$ 和 3.6% 提高到 $11.4mA/cm^2$、$0.72V$ 和 4.7%，各自分别增加 14%、4% 和 31%。特别是当把 ZrO_2 在 450℃微波处理 15min 后得到的 ZrO_2/TiO_2 核-壳结构作为光阳极组装 DSC 的 η 达到 5.6%。

在上述研究基础上，Soon Hyung Kang 等将核-壳结构引入纳米管阵列中，在含有 0.45%（质量）NaF 的电解质中制备长度约为 $3\mu m$ 的 TiO_2 纳米管阵列，通过电化学沉积的方法，在阳极 TiO_2 纳米管表面包覆一层厚度约为 1nm 的 ZnO 壳层，以此来充当势垒层，相应的 SEM 图和 HR-TEM 图如图 5-27。将包覆 ZnO 壳层的 TiO_2 纳米管阵列组装成固态 DSC，由此得到的光电流-电压特征曲线如图 5-28。可知，未经修饰的 TiO_2 纳米管阵列 DSC 的 $V_{oc}=0.64V$、$J_{sc}=2.38mA/cm^2$、$F.F.=38\%$、$\eta=0.578\%$，经过包覆 ZnO 壳层后，$V_{oc}=0.71V$、$J_{sc}=2.68mA/cm^2$、$F.F.=37\%$、$\eta=0.704\%$。可见包覆 ZnO 后，提升开路电压和转换效率。但是填充因子轻微降低，这是由于在阳极 TiO_2/Ti 基板界面处形成厚的 TiO_2 势垒层所致。为了缩小势垒层，他们进一步用过氧化氢进行处理来对势垒层进行减薄，并测试处理后的光电流-电压特征曲线。结果表明：过氧化氢处理后，未经修饰的 TiO_2 纳米管阵列 DSC 光伏参数为 $V_{oc}=0.646V$、$J_{sc}=2.17mA/cm^2$、$F.F.=45.7\%$、$\eta=0.640\%$，包覆 ZnO 的 TiO_2 纳米管阵列 DSC 的光伏参数为 $V_{oc}=0.693V$、$J_{sc}=2.67mA/cm^2$、$F.F.=49\%$、$\eta=0.906\%$，与上述未经过氧化氢进行处理的 DSC 光伏参数相比，可见经过氧化氢进行处理，对势垒层减薄后，不仅增加填充因子，也提高光电转换效率 η。

5.4.5　TiO_2 量子点敏化纳米结构 DSC

除了染料分子可以作为敏化剂之外，无机半导体量子点也可以作为以 TiO_2 纳米薄膜为光阳极的敏化剂而制作 DSC。半导体量子点作为敏化剂有许多优点：一是通过控制量子点的尺寸可以调节它们的能级结构，直至它们的吸收光谱能够被调节去匹配日光的光谱分布；二是半导体量子点由于量子限制效应而有大的消光系数，并且有可以导致电荷快速分离的固有偶极矩；三是量子点敏化太阳能电池有一个独特的潜在能力，是能够产生比 1 大的量子产

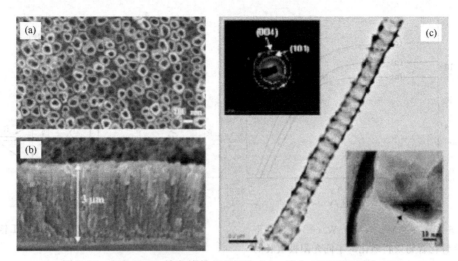

图 5-27　阳极 TiO₂ 纳米管的 SEM 图 (a)、(b)，HRTEM 图 (c)，
(c) 图右下角插图为 ZnO 包覆的表面的放大图像，左上角插图为退火的 TiO₂ 膜的 SAED 图

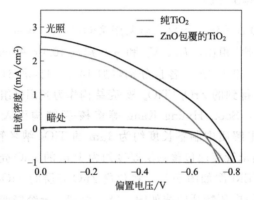

图 5-28　包覆 ZnO 壳层的 TiO₂ 纳米管阵列 DSC 与未经
修饰的 TiO₂ 纳米管阵列 DSC 的光电流-电压特征曲线对比图

额，这是由于可逆的俄歇效应所导致。此外，量子点能够集光吸收和电荷传输功能于一体，直接敏化宽禁带半导体。相继报道的用在纳米 TiO₂ 太阳能电池的半导体量子点有硫化镉（CdS）、硒化镉（CdSe）、硫化铅（PbS）、三硫化二铋（Bi₂S₃）等。

5.4.5.1　CdS 量子点敏化 TiO₂

(1) CdS 量子点敏化 TiO₂ 介孔薄膜　Lee 等优化 CdS 量子点敏化的 TiO₂ 太阳能电池，用钴（Ⅱ/Ⅲ）的氧化还原对作为电解质，在 AM 1.5 光照下测量，能量转化效率是 1%。与 Z907Na 敏化的太阳能电池相比，效率只接近它的一半，因为短路光电流较低。但是，CdS 量子点敏化太阳能电池的电池寿命比染料敏化太阳能电池高。Shalom 等用化学浴沉积法，组装基于介孔 TiO₂ 膜的 CdS 量子点敏化太阳能电池，比较有无定形 TiO₂ 层和没有 TiO₂ 涂层的电池性能差别。研究发现，具有涂层的量子点敏化膜，可提高电池的性能和光稳定性且所有电池参数都大大提高。总体光电转换效率达到 1.24%。其原因是涂层钝化起空穴捕获作用的量子点表面状态，并且降低电子重组。

(2) CdS 量子点敏化无序 TiO₂ 一维纳米结构　Jia 等利用化学浴沉积法制备了 TiO₂/CdS 核-壳结构纳米棒薄膜电极，并研究其光电化学性质。他们研究 CdS 在 TiO₂ 纳米棒薄

　纳米半导体材料与器件

膜上的沉积时间对 TiO_2/CdS 核-壳结构的纳米棒薄膜电极的光电化学性能影响，发现随着 CdS 沉积时间的加长，开路电压和短路电流也随着增大。当沉积时间为 20min 时，电流和电压达到最大值。此时，开路电压（V_{oc}）为 0.44V，光电流密度（I_{sc}）为 $1.31mA/cm^2$，填充因子（$F.F.$）为 0.43，光电转换效率（η）为 0.8%。而且，将 CdS 沉积到 TiO_2 纳米棒薄膜上不仅将 TiO_2 纳米棒的光响应范围扩展到可见区，而且还提高光生电子-空穴的分离效率。所以，TiO_2/CdS 核-壳结构的纳米棒薄膜电极比纯 TiO_2 纳米棒薄膜电极、CdS 薄膜电极的光电流、光电压都有显著提高。

(3) CdS 量子点敏化 TiO_2 一维纳米阵列 Zhao 等利用阳极氧化法制备出 TiO_2 纳米管阵列薄膜，然后采用连续离子层沉积法制备 CdS 敏化 TiO_2 纳米管。图 5-29 为制备的 TiO_2 纳米管阵列薄膜及 CdS 敏化 TiO_2 纳米管的 SEM 图。由图 5-29（a）可以看出，制备的 TiO_2 纳米管呈规则的管状结构，长纳米管由短的纳米管节组成，管内径随管的深度增加而变小。从图 5-29（b）可知，沉积到 TiO_2 纳米管上的 CdS 未铺成层状，而是以团聚颗粒形式存在。图 5-30 为 CdS/TiO_2 的 TEM 图。从图 5-30（a）、（c）中可以看到，TiO_2 纳米管的排列十分紧密，纳米管的顶部直径为 90～100nm，图 5-30（b）显示样品管壁比较薄，约 10～20nm。图 5-30（d）为 CdS/TiO_2 的 HRTEM 图，插图为图中黑框部位的 FFT 图。从图 5-30（d）中可以看见明显的晶格衍射条纹，但其晶面取向并不一致，分析可能是因为被测区域包含有锐钛矿型 TiO_2 和 CdS 量子点。从其 FFT 图中可以看到较为规则的衍射斑点，其面间距为 2.81，对应于 CdS 的（110）晶面，说明黑框对应位置为具有晶体结构的 CdS 量子点。吸附在 TiO_2 纳米管内部的是具有晶体结构的 CdS 量子点，其在（110）晶面有结晶取向。沉积不同时间制备的 Cds 敏化 TiO_2 纳米管光阳极组装电池的光电流-电压特性曲线测试结果表明，当沉积时间从 40min 增加到 190min 时，电流密度 J_{sc} 和开路电压 V_{oc} 均随时间的增加而增加，J_{sc} 从 $1.32mA/cm^2$ 增大到 $3.09mA/cm^2$，V_{oc} 从 390mV 增大到 450mV，转换效率 η 则从 0.19% 增大到 0.81%；继续增加沉积时间，J_{sc} 和 V_{oc} 开始下降，300min 时 $J_{sc}=1.53$，$V_{oc}=320mV$，η 降为 0.17%。

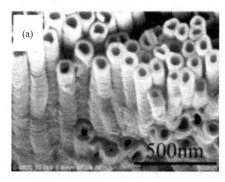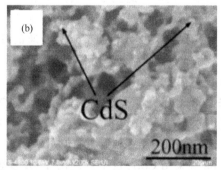

图 5-29　TiO_2 纳米管沉积 CdS 量子点前后的 SEM 图
（a）为沉淀前；（b）为沉淀后

Sun 等利用连续化学浴沉积（sequential chemical bath deposition，S-CBD）的方法制备 CdS 量子点敏化的 TiO_2 纳米管阵列光电极，并研究其光电化学（PEC）性能。图 5-31 显示 TiO_2 纳米管阵列薄膜的形貌。图 5-31（a）为典型的 TiO_2 纳米管薄膜 SEM 图，从中可以看到清晰的有序孔结构薄膜，孔径在 120nm 左右，分布很均匀。图 5-31（b）显示，此薄膜由长度约为 $12.3\mu m$、排列整齐的纳米管组成，这些纳米管垂直 Ti 基板生长。沉积 CdS 量子子点后，薄膜依然保留良好的有序孔结构 [图 5-31（c）]，说明 CdS 的沉积过程并未破坏

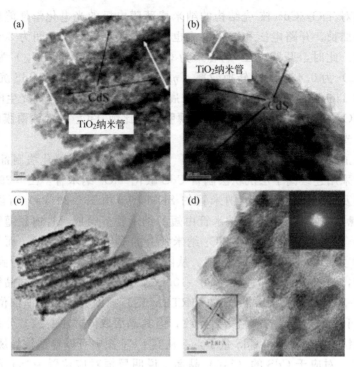

图 5-30 CdS/TiO₂ 的 TEM 图

(a)～(c) 为 CdS/TiO₂ 纳米管的 TEM 图；(d) 为 CdS/TiO₂ 纳米管的 HRTEM 图

TiO₂ 纳米管阵列的有序结构。高倍图片［图 5-31（d）］显示，沉积 CdS 量子点的 TiO₂ 纳米管阵列薄膜的表面很清洁，部分量子点（箭头标记部分）沉积到纳米管内；沉积量子点后，即使在纳米管外壁裂缝处也观察不到团聚的颗粒。透射电镜图片［图 5-31（e）］进一步清晰地显示样品具有有序的管状结构。单根纳米管的高倍透射图［图 5-31（f）］证实许多量子点沉积到纳米管内部，这些量子点大小在 2～10nm 之间。高分辨透射电镜图［图 5-31（g）］左边的 0.267nm 的晶格间距与锐钛矿的（110）面对应，说明管壁为 TiO₂；0.206nm 和 0.336nm 的条纹对应立方相的 CdS。普通的 TiO₂ 纳米管阵列电极对 Ag/AgCl 电极的开路光电压 V_{oc} 为 0.94V，而 CdS 量子点沉积的 TiO₂ 纳米管薄膜电极的 V_{oc} 约为 1.27V。产生的光电流（J_{sc}）从 0.22mA/cm² （普通的 TiO₂ 纳米管阵列电极）增加到 7.82mA/cm² （CdS量子点修饰），CdS 量子点修饰的电极 J_{sc} 响应时间较普通的 TiO₂ 纳米管阵列电极提高 35倍，填充因子 $F.F.=0.578$，转换效率 $\eta=4.15\%$。

5.4.5.2 CdSe 量子点敏化 TiO₂

Diguna 等采用 CdSe 量子点敏化 TiO₂ 反蛋白石太阳能电池，也获得良好的光电转换效率。该太阳能电池在结构设计方面具有以下几个特点：①采用 TiO₂ 反蛋白石代替多孔 TiO₂ 纳米晶薄膜，是因为前者所具有的有序互连孔隙可以导致敏化剂很好地渗透填充和电子的快速输运；②利用 ZnS 进行表面钝化，即将 F⁻ 填充到 TiO₂/CdSe 和 CdSe/ZnS 两个界面，以形成 TiO₂/F/CdSe/F/ZnS 结构。这样，光激发电子可以有效地转移到 TiO₂ 的导带，同时注入电子的较大动量也提高费米能级的能量，因此使得开路电压得以增加。该太阳能电池的 $\eta=2.7\%$。虽然目前量子点敏化太阳能电池的光电转换效率仅有 2%～3%，但它具有性能稳定和工作寿命长的特点。更为重要的是，如果能进一步调节量子点的界面性质，改善量子点与量子点界面之间的电子输运过程，理论预计其光电转换效率可以大幅度提高。

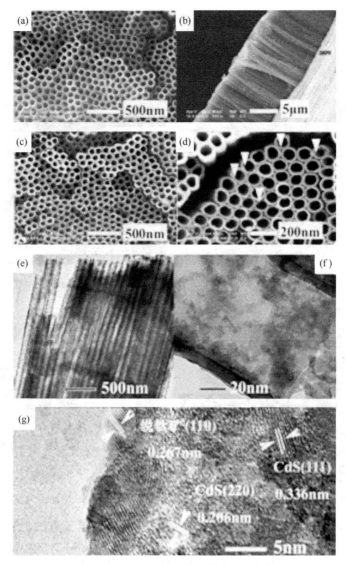

图 5-31 TiO₂ 纳米管阵列薄膜 SEM 和 TEM 图

Kongkanand 等通过双功能团连接分子把不同粒径的 CdSe 量子点组装到由颗粒或由纳米管组成的 TiO₂ 薄膜上，制备 CdSe 量子点敏化的太阳能电池。他们的实验结果显示，通过控制 CdSe 量子点的尺寸可以调整光电化学响应和光电转换效率，TiO₂ 纳米管体系结构能促进电荷传输从而改善光电转换效率。图 5-32 为实验所用不同形貌的 TiO₂ SEM 图。图 5-32（a）为颗粒组成的 TiO₂ 薄膜，由图可知其颗粒粒径为 40～50nm，这提供相对较高的比表面积去容纳高浓度的敏化剂分子。图 5-32（b）为通过在氟化物介质中电化学刻蚀 Ti 金属箔得到的中空 TiO₂ 纳米管的有序阵列。顶部和高倍视图 ［图 5-32（c），（d）］ 显示，该纳米管直径约为 80～90nm，长度约为 8μm。这种中空结构使得该纳米管内外均可修饰敏化染料或半导体量子点。

Zhang 等利用光子辅助电沉积法把桑葚状 CdSe 纳米颗粒组装到 TiO₂ 纳米管上，制备一种新构型的半导体纳米晶敏化光伏电池（图 5-33）。与传统的 CdSe 层修饰的 TiO₂ 纳米管相比，CdSe 纳米颗粒修饰的 TiO₂ 纳米管具有更高的电流密度。

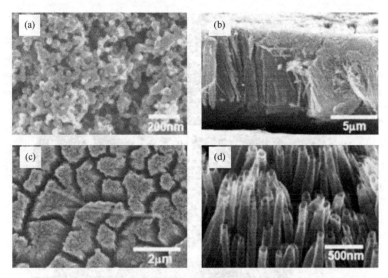

图 5-32　不同形貌的 TiO₂ 的 SEM 图

图 5-33　桑椹状 CdSe 纳米颗粒修饰的 TiO₂ 纳米管 SEM 图 [(a) 中插图为真实的桑葚图片]

Leschkies 以液体电解质作为空穴输运媒介，制作 CdSe 量子点敏化纳米线太阳能电池，实现 $J_{sc}=1\sim 2mA/cm^2$ 和 $V_{oc}=0.5\sim 0.6V$ 的光伏参数。在 AM 1.5 太阳光照度下，其量子效率高达 50%～60%。Loef 等实验研究 CdSe 量子点/TiO₂ 结构太阳能电池的光伏特性结果证实，存在于 CdSe 量子点中的浅受主对太阳能电池的转换效率有直接影响，因为这些缺陷态的存在导致在小尺寸量子点中引起俄歇复合，从而使量子点敏化太阳能电池的转换效率降低。

5.4.5.3　CdTe 量子点敏化 TiO₂

Cd 类量子点中的 CdSe 和 CdS 量子点已经被广泛应用于量子点敏化太阳能电池中，而 CdTe 禁带宽度 1.54eV，无论是对太阳光的吸收，还是其导带向 TiO₂ 注入电子，理论上都优于 CdSe 和 CdS，却未被有效地应用于量子点敏化太阳能电池中。

Seabold 等利用电化学法制备 CdTe/TiO₂ 异质结光电极。首先，他们通过阳极氧化 Ti 薄膜制备平均内孔径为 50nm、壁厚 13nm、长度 250～300nm 的 n 型 TiO₂ 纳米管，然后将 CdTe 沉积到 TiO₂ 纳米管上。由此制备的电极包含接合面积增大三维有组织的 CdTe/TiO₂ 接合结构。针对沉积法不能充分利用纳米管内部空间的不足，他们发展了一种浸渍-沉积法，使 CdTe 能沉积至纳米管内。图 5-34 为用浸渍-沉积法制备的 CdTe/TiO₂ 电极和用常规沉积法制备的 CdTe/TiO$_2$ 电极的 SEM 图。由图可明显看出，常规沉积法制备的 CdTe/TiO$_2$ 电极中，CdTe 绝大部分沉积在 TiO$_2$ 纳米管薄膜表面，堵塞大部分的管口 [图 5-34 （a），（b）]；用浸渍-沉积法制备的 CdTe/TiO$_2$ 电极，大部分填充到 TiO$_2$ 纳米管内 [图 5-34 （c），（d）]。

图 5-34　浸渍-沉积法 [（a）、（b）] 和常规沉积法 [（c）、（d）] 制备的 CdTe/TiO$_2$ 电极的 SEM 图

Gao 等采用阳极氧化法制备 TiO$_2$ 纳米管阵列薄膜，将 4 种不同粒径的 CdTe 量子点分别组装到该薄膜上，制备 CdTe 量子点敏化的 TiO$_2$ 纳米管阵列光电极。图 5-35 为 CdTe 量子点修饰的 TiO$_2$ 纳米管阵列的 SEM 和 TEM 图，从中可以看出 TiO$_2$ 纳米管直径约 130nm，长度约 11.3μm [图 5-35 （a），（b）]，CdTe 量子点粒径约 5nm [图 5-35 （e）]。CdTe 量子点修饰的 TiO$_2$ 纳米管阵列的光电流-电压特性测试结果表明，实验制备的光电极最大开路电压 V_{oc} 约为 1200mV，最大电流密度 J_{sc} 约为 6mA/cm^2。

5.4.5.4　PdS 量子点敏化 TiO$_2$

Andras 等利用硫化铅量子点构造耗尽异质结量子点光伏装置（FTO/porous TiO$_2$/PbS QD/Au），装置中耗尽区域的建立使场-驱动电荷的运输和分离。虽然该太阳能电池不是量子点敏化太阳能电池，但是它克服传统的肖特基太阳能电池和量子点敏化太阳能电池的一些缺点，使该异质结量子点太阳能电池的效率达到 5.1％（AM1.5），装置中可调谐尺寸的 PbS QD 扩大太阳光谱的吸收范围。在固态太阳能电池中，展现出至今最高的开路电压（0.55V）和填充因子（达到 60％）。

5.4.5.5　Bi$_2$S$_3$ 量子点敏化 TiO$_2$

PETER 等人认为 Bi$_2$S$_3$ 是理想的候补材料，因为它有基本的吸收边，接近 800nm。通过在 TiO$_2$ 纳米颗粒上自组织生长 Bi$_2$S$_3$ 量子点的光敏化研究，发现电解质中加入 Na$_2$S 溶液时，带边的位置可以进行调节，这是因为硫族半导体的平带电势在含有硫化氢离子的电解质溶液中移向更负的电势（这种效果是由于吸附硫化氢离子所导致的表面偶极子的变化）。这使得即使比较大的 Bi$_2$S$_3$ 纳米颗粒也可以敏化纳米结构 TiO$_2$ 太阳能电池，因为此时导带边已经向上调节，提高从激发态的电子注入。研究表明在混合电解质中，当 Na$_2$SO$_3$ 和 Na$_2$S 物质的量比小于或等于 3∶1 时，在长波范围内随着电解质溶液中二价硫离子的增多，

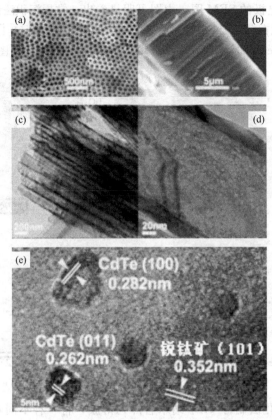

图 5-35　CdTe 量子点修饰的 TiO$_2$ 纳米管阵列的 SEM 和 TEM 图

IPCE 也系统地增大；然而当 Na$_2$SO$_3$ 和 Na$_2$S 物质的量比大于 3∶1 时，情况变得相当复杂。研究还发现，实验中自组织生长的 Bi$_2$S$_3$ 层稳定性极佳。这次研究，提供了用颗粒尺寸的分布和导带的有效调节以完成全色敏化的可能性。

5.4.5.6　核-壳量子点敏化 TiO$_2$

在量子点敏化太阳能电池中，量子点产生的光生载流子由于容易和电解质溶液、光阳极甚至量子点本身发生复合而导致其效率还远远低于染料敏化太阳能电池。然而，核-壳量子点的一些新奇性质吸引人们的注意。将量子点核表面包覆相对较宽禁带的量子点壳，会提高光量子产率以及钝化量子点核表面的缺陷以减少复合。Li 等在导电玻璃表面合成垂直生长的 TiO$_2$ 单晶纳米线，然后将 CdS 量子点和 CdSe 量子点分别沉积到 TiO$_2$ 纳米线上，形成 TiO$_2$/CdS/CdSe 的核-壳结构薄膜，厚度为 5μm。I-V 测试得到 $J_{sc}=7.92$mA/cm^2，$V_{oc}=0.4$V 和 $\eta=1.14$% 的光伏特性，然而 Li 的核-壳结构太阳能电池并不是制备核-壳量子点再进行敏化。Hao 等利用电化学法制备了 poly（3-hexylthio-phene）（P3HT）@CdSe@ZnO 的核-壳纳米棒阵列，并在敏化太阳能电池里用于光阳极，在 AM 1.5 光照下测量，$J_{sc}=4.89$mA/cm^2，$V_{oc}=0.51$V，$F.F.=0.35$，能量转化效率（PCE）达到 0.88%；与 N719-ZnO 纳米棒和 ZnO-CdSe 核-壳结构做光阳极时相比，效率分别增加 104% 和 69%。Zhu 等制备 CdSe/ZnS 核-壳量子点，并用该量子点制作量子点敏化太阳能电池，研究 ZnS 壳厚度对电荷分离与复合的动力学影响，研究表明电子的分离和复合速率随壳的厚度增加发生指数性的下降，建议可以通过对壳厚度的控制来达到电子分离的最优化。Jung 等制备 CdSe/ZnS 核壳量子点，但并没有直接用来敏化 TiO$_2$ 纳米晶光阳极；而是先将 TiO$_2$ 纳米晶包覆一层

Au，然后再用 CdSe/ZnS 核壳量子点敏化制备太阳能电池。研究发现，相比于未包覆 Au 的结构，Au-CdSe/ZnS 层的产生会大大增强光电流，这是因为量子点与 Au 的直接接触导致电荷的分子内传输。光电流的增加也使包覆 Au 的 CdSe/ZnS 核壳量子点敏化太阳能电池效率比未包覆 Au 提高了 1 倍。Teng 等先用双官能团分子将特定大小的 CuInS$_2$ 量子点敏化 TiO$_2$ 纳米晶，再将特定大小的 CdS 量子点通过离子层吸附反应包覆制备光阳极。其中 CuInS$_2$ 量子点导带较高，利于电子注入 TiO$_2$；而 CdS 形成大面积保护层可以抑制电子复合。该光阳极制备的太阳能电池短路电流达到 16mA/cm^2，比未包覆 CdS 量子点的 CuInS$_2$ 量子点敏化太阳能电池短路电流高出一倍。

5.5 基于 ZnO 纳米结构光阳极的染料敏化太阳能电池

5.5.1 染料敏化 ZnO 太阳能电池的发展历史

1969 年，Gerischer 等就已研究了染料敏化半导体单晶 ZnO 电极；1976 年，Matsumura 等报道了染料敏化 ZnO 电极的光电性质；1980 年，Matsumura 等采用多孔的 ZnO 作电极，在波长 562nm 处产生 2.5％的单色光电转换效率。1980～1994 年，有关 ZnO 电极的研究并没有取得实质性进展。直到 1994 年，Fitzmaurize 报道了在波长 520nm 处获得 13％单色光电转换效率和 0.4％太阳能转换效率；1997 年 Hagfeldt 等报道单色光电转换效率达到 58％，总的光电转换效率达到了 2％的纳米晶 ZnO 太阳能电池，这一成果使得人们看到了 ZnO 成为高效染料敏化太阳能电池材料的可能性。此后无论是对 ZnO 太阳能电池的制备工艺及光电转换效率，还是理论研究都取得一定进展。Hotchandani 等对 ZnO 太阳能电池中的染料对光的收集效率、电子注入效率和电子收集效率进行了详细研究。Hagfeldt 等对电池的工艺条件如染料敏化时间、染料的种类、光谱学特征、膜厚和光强的影响进行详细讨论。2002 年 Hagfeldt 等报道迄今为止最高的 ZnO 太阳能电池的光电转换效率为 5％。但是这一转化效率是在低光强下（AM 1.5，10mW/cm^2）取得的。目前 ZnO 太阳能电池在全太阳光（AM 1.5，100mW/cm^2）下的最高光电转换效率是 4.1％，是由 Fujihara 等实现的。2005 年 ZnO 太阳能电池的研究取得较大发展。其原因是由于 ZnO 太阳能电池越来越受到人们的重视，同时得益于 ZnO 制膜方法的多样性。在这些电池中，由于引入直线电子传输理论，阵列 ZnO 纳米线、棒、片和柱太阳能电池尤其引人瞩目。已有的研究结果表明：与纳米粒子相比，半导体纳米棒在电子传输中具有更优越的性能。电子在垂直于导电基底的单晶阵列结构中传输具有极高的传输速率和最低损耗。在相同条件下，与 ZnO 纳米粒子相比较，用 ZnO 纳米线制备的光阳极具有更好的光电转换效率。单晶半导体纳米线的引入，可以有效地降低纳米粒子之间电子传输的晶界势垒和电子传输的损耗，从而提高电荷传输能力，提高光电转换的效率，它已成为染料敏化电池光阳极材料新的研究方向。

5.5.2 ZnO 纳米晶粒薄膜 DSC

本文着重介绍 ZnO 纳米晶粒薄膜 DSC 的目前研究情况和研究进展。首先，讨论与 ZnO 纳米晶粒薄膜密切相关的 DSC 的工作机理研究，包括：光致电荷分离、电子输运和开路电压。

总的来说，ZnO 纳米线结构 DSC 的光电转换效率要低于 TiO₂ 纳米结构 DSC。为了探测其效率低下的原因，近年来，对其机理研究得颇多，下文就通过比较 TiO₂ 与 ZnO 电池的不同性能，初步介绍这方面的研究进展。

5.5.2.1 ZnO 薄膜中电子输运

大量研究结果也表明，ZnO 薄膜比 TiO₂ 薄膜更加有利于电子的传输。Meulenkamp 原位地测量了电子在充满电解质溶液中的纳米 ZnO 薄膜中的迁移率，结果表明电子在 ZnO 薄膜中的迁移率可达 $0.1cm^2/(V \cdot s)$，TiO₂ 薄膜仅为 $0.001cm^2/(V \cdot s)$。

5.5.2.2 Dye/ZnO 体系的光生电子的注入时间

N. A. Anderson 等指出：对于 N3/ZnO 约有 5% 的电子以 k_1 的形式注入导带，时间为 $k_1=1.5ps$；其余的以 k_2、k' 形式注入到导带，时间为 $(k_2+k')=150ps$。而 N3/TiO₂ 约有 60% 的电子以 k_1 过程注入导带，时间为：k_1^{-1} 约为 40～150ps，其余的也以 k_2、k' 形式注入导带，时间为：$(k_2+k')=(9～20)ps$。所以，对于 N3/ZnO 起着主要作用的是 k_2、k' 过程；而对于 N3/TiO₂，k_1 起着主要作用。平均而言，N3/TiO₂ 体系的电子注入时间小。

5.5.2.3 Dye/Zn²⁺ 的存在

2003 年，H. Horiuchi 等指出：在 ZnO 吸附染料的过程中形成了 Dye/Zn²⁺ 聚合物 (Dye/Zn²⁺ aggregate)，Dye/Zn²⁺ 可迅速长大，Dye/Zn²⁺ 聚合物的颗粒可达微米量级，分布在 ZnO 薄膜的孔洞之间和表面上。当 Dye/Zn²⁺ 中的染料吸收光子之后，激发电子无法扩散到表面，而是在聚合物中淬灭。至此，在 N3 染料体系下，ZnO 薄膜太阳能电池效率低下的原因才被弄清楚。但在 N3/TiO₂ 中没有出现这一现象，那是因为 TiO₂ 是一种耐酸物质，在显酸性的染料溶液中（pH 值约为 4），ZnO 在 pH 值为 4.5 时就开始溶解，但 TiO₂ 要到 pH 值为 1 时才开始。

虽然到目前为止，ZnO 太阳能电池在效率上还不如 TiO₂，但 ZnO 制备简单，原料容易获得且电子在纳米 ZnO 薄膜中的输运比较容易，其导带与染料 LOMO 更加接近，ZnO 还是很有应用潜力。为了进一步提高 ZnO 太阳能电池效率，不仅要进一步加强 ZnO 薄膜 DSC 机理的基础方面研究，而且要进一步开拓新型光阳极结构（如一维纳米阵列等）及其制备新技术。

5.5.3 ZnO 纳米线 DSC

一维纳米材料的使用大大缩短电子传输的距离，传输距离的缩短必然导致电子传输效率的提高，并能有效抑制电子的复合；一维纳米材料不但可以减少薄膜中晶体的带边、表面态和缺陷态，还可以有效提高对光的散射作用，这些因素对 DSC 性能的改善都是至关重要。

Aydil 等利用金属有机配合物化学气相沉积法制备阵列树枝状 ZnO 纳米线。他们在真空条件下，将加热到 75℃ 的水合乙酰丙酮锌蒸气和氧气基于 ZnO 光阳极的染料敏化太阳能电池及氩气的混合气一同通入到 550℃ 恒温管中，反应 24h，纳米线成核和生长在导电玻璃基底同步进行，24h 后重新加入水合乙酰丙酮锌，循环几次即可得阵列树枝状 ZnO 纳米线。ZnO 纳米线的骨架直径约为 100nm，长度为数微米，骨架上的次级纳米线直径约为 20nm，长度为 100nm 左右。次级纳米线上可以继续生长更小的次级纳米线。阵列是为了提供直线电子传输路径，树枝状是为了增大比表面积。图 5-36 就是该方法所得阵列树枝状 ZnO 纳米线的电镜照片。从图 5-36（a）中可以看到，该树枝状的 ZnO 纳米线表面是光滑的，直径大约为100nm；图 5-36（b）为单根树枝状的 ZnO 纳米线的 SEM 图，从图中可以看出该表面光滑的 ZnO 纳米线为单晶纤锌矿相，沿 c 轴生长，2h 之后轴向生长开始变慢；在 ZnO 纳米线骨架上开始出现二次成核和生长的纳米线，从而使 ZnO 纳米线的比表面积增大；插图为二次生长出现之后的多晶衍射图，从该图可以得知一次生长 ZnO 纳米线和二次生长 ZnO 纳米线均呈现良好的结晶态，它们之间由晶界相连，二次生长的 ZnO 纳米线直径约为 20nm、长为 100nm；图 5-36（c）和图 5-36（d）为二次生长之后呈树枝状的纳米线截面及表面的 SEM 图，从图中可以看出二次生长之后呈树枝状的 ZnO 纳米线其表面积要比平面的 ZnO 薄膜大得多，因而加大光阳极与基板的覆盖面积，且二次生长之后基板上的 ZnO 纳米线的厚度达到了 5μm 左右，这为电子迁移提供更多通道。然而，这种方法所得的 ZnO 太阳能电池光电转换效率并不高，仅为 0.5％，可能是由于该方法得到的薄膜比表面积较小，因而吸附染料较少的缘故。

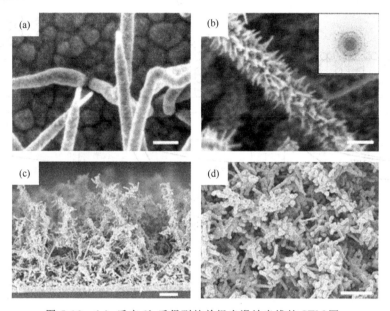

图 5-36 （a）反应 2h 后得到的单根光滑纳米线的 SEM 图；
（b）在（a）的基础上二次生长得到的单根纳米线的 SEM 图，插图为其 TEM 图；
（c）二次生长之后呈树枝状的纳米线截面的 SEM 图；（d）二次生长之后呈树枝状的纳米线表面的 SEM 图

同年，该小组又发表论文详细探讨该方法的反应机理、影响反应的参数，优化制膜的工艺条件，制备 ZnO 纳米线和纳米颗粒杂化结构（如图 5-37 所示）。其中 A 种结构表示少量的纳米颗粒附在纳米线上形成的杂化结构，其形貌如图 5-37（a）所示。由于纳米颗粒的浓度低，因此只是稀疏地吸附在纳米线的外围没有完全填充纳米线之间的空隙，图 5-37（b）为其杂化架构示意图，图 5-37（c）给出了不同 DSC 的光电流-电压特性曲线，其中 NPs 表示膜厚度约为 1μm 的纳米颗粒制备的光阳极组装形成的 DSC 的光电流-电压特性曲线，NWs 为二次生长纳米线 DSC 的光电流-电压特性曲线，Hybrid 则表示杂化结构的 DSC 的光电流-电压特性曲线；B 种结构则为稠密的纳米颗粒填充在纳米线空隙中。该杂化结构使沉积在基板上的光阳极覆盖率提高。实验中发现 5μm 厚度的纳米颗粒沉积在基板上制备的光阳极产生的光电流为 2.8mA/cm^2，而同样数量的纳米颗粒分散在纳米线中制备的光阳极产生的光电流则为 3.5mA/cm^2，其原因一方面是由于分散在纳米线中的纳米颗粒增加光阳极的表面积；另一方面则为电子提供更多通道使电子迁移率提高，因此该 ZnO 纳米线和纳米颗粒杂化结构制备的 DSC 在 $100mW/cm^2$ 光照条件下总光电转换效率达到 1.3%，提高该太阳能电池的性能。C 种结构则为纳米颗粒堆积在纳米线上方，该杂化结构降低电子迁移率，未能明显提高太阳能电池的性能。因此，在制备杂化结构的纳米光阳极时，必须注意纳米颗粒的浓度及控制合适的变量来形成最佳的杂化结构提高电池性能。

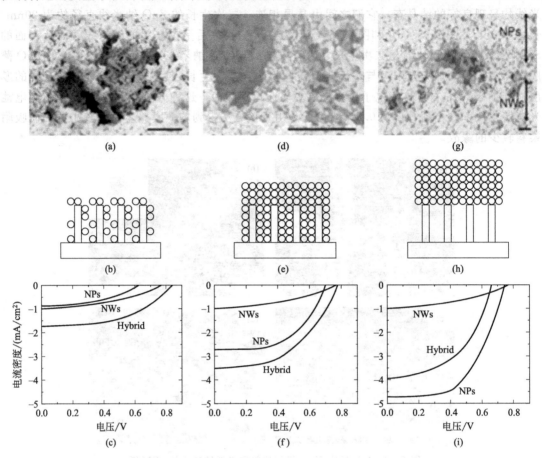

图 5-37　(a)～(c) 表示 A 种杂化结构的形貌、结构示意和光电流-电压特性曲线；
(d)～(f) 表示 B 种杂化结构的形貌、结构示意和光电流-电压特性曲线；
(g)～(i) 表示 C 种杂化结构的形貌、结构示意和光电流-电压特性曲线
（注：NPs 为纳米颗粒，NWs 为纳米线，Hybrid 为纳米颗粒/纳米线杂化结构）

　　几乎是与 Aydil 等同时，Yang 等利用低温水热法得到晶种引发生长的阵列有序 ZnO 纳米线，并研究其染料敏化太阳能电池，再一次证明直线电子传输的优势。他们将直径为 $3\sim 4nm$ ZnO 量子点通过反复蘸涂法在导电玻璃上制成厚度为 $10\sim 15nm$ 的薄层，将上述基底置于硝酸锌、六亚甲基四胺和聚乙烯胺的混合液中，在 $92℃$ 反应 $2.5h$。为了生长更长的 ZnO 纳米线，更换新的混合液，重复上述过程二十几次，即可得到长的阵列有序 ZnO 纳米线如图 5-38 所示。该纳米线阵列中 ZnO 纳米线长约 $16\sim 17\mu m$、直径约为 $130\sim 200nm$，然后在 $400℃$ 退火 $30min$，即可得到 ZnO 光阳极并组装染料敏化太阳能电池。该方法制备的 ZnO 太阳能电池效率达到了 1.5%，是 Aydil 等制备的电池（$\eta=0.5\%$）的 3 倍。他们通过多种表征手段详细研究这种 ZnO 纳米线电池的接触电阻、载流子密度和电子迁移速率等微观电子学特性。图 5-39 为不同光阳极（ZnO 纳米线、TiO_2 纳米粒子、粒径大的 ZnO 纳米粒子、粒径小的 ZnO 纳米粒子）制备的 DSC 的性能图。研究结果表面：与纳米颗粒相比，ZnO 纳

米线和导电基底具有良好的电接触和电传导性（增加5%～20%），电子扩散系数是纳米颗粒的几百倍，这非常有利于载流子的传输；同时在纳米线中会产生一个内建电场，有利于载流子的收集和抑制载流子的复合，并且加速电子沿着纳米线快速传送到外电路。此外，电子从染料注入ZnO纳米线的速度明显高于电子从染料注入ZnO纳米颗粒。但该制膜方法过于复杂，试剂难得，因此有必要寻找新的低温水热的方法制备ZnO薄膜。

图 5-38　ZnO 纳米线的横截面的 SEM 图

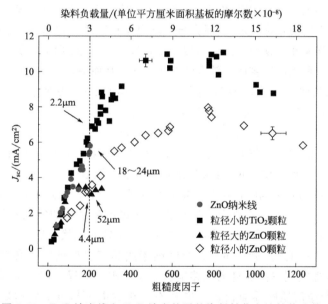

图 5-39　ZnO 纳米线和 ZnO 纳米粒子的染料敏化电池性能比较

2005 年，Guo 等利用低温水热法成功制备阵列 ZnO 纳米棒。他们首先将 $Zn(CH_3COO)_2$、$NH_2CH_2CH_2OH$ 和 $CH_3CH_2CH_2OH$ 混合，于 60℃ 搅拌得到均匀稳定的混合溶液，将上述溶胶通过旋涂的方法涂附在导电玻璃基底上，然后在 300℃ 退火，重复上述过程 3 次以上，即得到一层致密和分散良好的 ZnO 纳米颗粒；将上述基底置于 $Zn(NO_3)_2$ 和 CH_3NH_2 的水混合溶液中，密封，调控水浴温度即可生长不同长度的阵列 ZnO 纳米棒。通过调控不同的生长温度，他们获得总光电转换效率为 2.4% 的 ZnO 太阳能电池。该制备方法简单，所需原材料易得，实验重复性高，是一种较好的制膜方法并且具有高的光电转换效率。

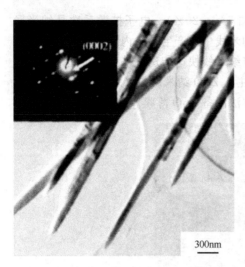

图 5-40　ZnO 纳米线的 TEM 照片
（插图为选区电子衍射图）

杨伟光等采用水热法制备 ZnO 晶种，通过改变表面活性剂 PEI 的浓度（3.2～9.3mol/L）来调节 ZnO 纳米线阵列的形貌和尺寸。图 5-40 为 ZnO 纳米线的 TEM 照片，从图上可以看出，ZnO 纳米线直径的分布为 80～180nm，此样品是从生长于 FTO 基底上的 ZnO 纳米线阵列膜上刮下的，它们的长度并不是 ZnO 阵列膜的厚度。由于通过更新溶液来保持恒定的 ZnO 纳米线生长速率，因此所有制备出的样品膜厚大约都为 8.2μm。对 ZnO 纳米线进行选区电子衍射（左上角插图），从选区电子衍射图上可以看出，ZnO 纳米线为单晶结构的六方纤锌矿，并且再次确认其沿着 [002] 方向定向生长，即沿着 ZnO 的长轴（c 轴）方向生长。然后分别将不同 PEI 浓度下制备的 ZnO 纳米线阵列膜作为染料敏化太阳能电池的光阳极，考察其电池性能，电池的短路电流密度（I_{sc}）随着 PEI 浓度增加而增加。其中在 PEI 浓度为 7.3mol/L 时，其短路电流密度达到最大。这主要是因为高浓度 PEI 作用下制备的 ZnO 纳米线具有高的长径比和较大的线密度，增大膜的比表面积，从而有效地增加 ZnO 纳米线上的染料吸附量。开路电压（V_{oc}）先随着 PEI 浓度的增加而增加，在 PEI 浓度为 7.3mol/L 时达到最大，然后随着 PEI 浓度的增加而减小。其电池的光电转换效率（η）表现为与开路电压相同的变化趋势，填充因子（F.F.）随着 PEI 浓度的增加而减小。从以上结果可以看出，7.3mol/L 的 PEI 浓度下制备出的 ZnO 纳米线具有高的长径比、最大的线密度和较窄的直径分布，从而表现出最好的电池性能。

陈冠雨通过水热法，在长有 ZnO 纳米粒子种子层的 FTO 基底上，成功制备具有高度择优取向的 ZnO 纳米线阵列（如图 5-41 所示）并阐述其生长机制。ZnO 纳米线的生长垂直于基板，4h 的生长长度在 3nm 左右，直径在 45～80nm 之间，并且纳米线头部呈六角形。在 ZnO 纳米线的 XRD 图谱中，只观察到（002）晶面的衍射峰，验证纳米线生长的高度择优取向性。通过 D102 染料敏化 ZnO 纳米线作为光电极，组装染料敏化太阳能电池。通过 Uv-VIS 光谱仪表征器件的光谱响应，在可见光区有较宽的吸收；通过 FTIR 研究表明 D102 染料与 ZnO 表面通过双齿螯合的方式键合，这种键合方式具有最短的键长和最稳定的化学性能，有利于染料激发态电子向半导体电极导带底的注入。DSC 的光伏参数为：$J_{sc}=14.06\text{mA/cm}^2$，$V_{oc}=0.55\text{V}$，F.F.=34%，$\eta=2.6\%$。ZnO 纳米线具有良好的电子传输特性以及 D102 染料优越的光吸收特性共同提高器件的短路电流。填充因子的提高需要重新设计合适的电解质体系以改善 ZnO 与电解质的界面状态，减少 ZnO 中的电子与电解质的复合。在一定范围内 ZnO 纳米线效率与纳米线长度呈正向相关。ZnO 纳米线的长度通过影响染料的吸附以影响 DSC 的效率。同时，电解质溶液的导电性能还需要进一步优化以提高 DSC 的性能。

陈冠雨等还在长有 ZnO 纳米粒子作为种子层 FTO 基底上用水热合成法制备取向高度一致的 ZnO 纳米线阵列，再将 TiCl₄ 的异丙醇溶液旋涂到 ZnO 纳米线阵列上，经高温烧结，在 ZnO 纳米线表面形成纳米结构的 TiO₂ 薄膜形成 ZnO/TiO₂ 核-壳结构，其形貌如图 5-42 所示。由于种子层的存在，水热法生长的 ZnO 不再是散乱的纳米结构，而是整齐一致的纳米线阵列，如图 5-42（a）所示；图 5-42（b）是 ZnO 纳米线经 TiCl₄ 的异丙醇溶液处理后的 SEM 图，可见 ZnO 纳米线不再是整齐地呈阵列排列，而是多根之间形成了多孔网络结

纳米半导体材料与器件

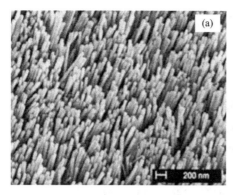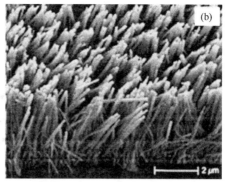

图 5-41 ZnO 纳米线的 SEM 图

(a) 俯视图; (b) 剖面图

构。一方面,ZnO 纳米线 500℃退火后形貌发生改变,因为高温下 ZnO 晶体可进行重结晶 [如图 5-42 (c) 所示]。另一方面,$TiCl_4$ 的异丙醇溶液呈酸性,对 ZnO 表面有刻蚀作用,使纳米线表面不再光滑。同时,从图 5-42 (b) 可以看出 ZnO 表面有一层新的物质生成。热处理过程也是晶体的再生长(重结晶)过程,退火后 ZnO 的晶体结构得到改善。经过初步估算,退火前后晶粒尺寸分别为 41.56nm 和 43.09nm,高温下晶体内部和表面的原子有足够的能量进入晶格格点位置,有效抑制晶体的缺陷,减少晶粒晶界,形成较大晶粒尺寸的晶体。经过 $TiCl_4$ 的异丙醇溶液处理后的 ZnO 纳米线样品中有 TiO_2 相出现。最后,分别以 ZnO、ZnO/TiO_2 作为光阳极,D102(一种价格低廉的纯有机吲哚啉类光敏染料)为光敏材料,I_2/LiI 作为电解质,铂金化的 FTO 导电玻璃为对电极组装染料敏化太阳能电池,并研究其光电转换特性(如图 5-43 所示)。由图 5-43 可知,(a)、(b)、(c) 三种结构组装的 DSC 的光电转换效率依次为 2.26%、3.20%、1.55%。因此,ZnO/TiO_2 结构提供一个更好的染料/电极界面,优化器件性能,提高染料敏化太阳能电池的开路电压和填充因子,从而提高染料敏化太阳能电池的光电转换效率。

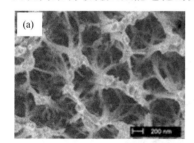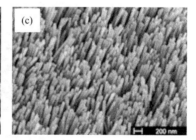

图 5-42 (a) 未处理的 ZnO 纳米线的 SEM 图; (b) 经 $TiCl_4$ 处理后的 ZnO 纳米线的 SEM 图; (c) 500℃退火 1h 后的 ZnO 纳米线的 SEM 图

Supan Yodyingyong 等首先将 $Zn(CH_3COO)_2 \cdot 2H_2O$ 在 FTO 玻璃基板上涂覆形成约 100nm 的晶层,然后将其在 250℃下煅烧 10min,随后在 95℃下浸入 $Zn(NO_3)_2$ 溶液和环六亚甲基四胺溶液 60h,得到 ZnO 纳米线;然后将 240℃条件下在二甘醇溶液中合成的 ZnO 纳米晶和 ZnO 纳米线混合制备染料敏化光阳极,并组装染料敏化太阳能电池。研究表明该 DSC 的光电转换效率得到提高,其原因在于光阳极中长约 $11\mu m$ 的 ZnO 纳米线提供电子转移的直接通道,提高电子迁移率;而分散在 ZnO 纳米线中的 ZnO 微晶则增大光阳极的比表面积,使其对染料的吸附量得到提高。图 5-44 为 ZnO 纳米线和 ZnO 纳米线-纳米晶复合材料的 SEM 图,图 5-44 (a) 为 ZnO 纳米线的俯视图;图 5-44 (b) 为 ZnO 纳米线阵列的横

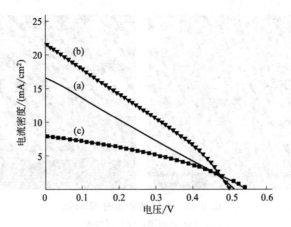

图 5-43　不同种类 ZnO 纳米线作为光阳极的染料敏化太阳能电池光电流-电压特性曲线
（a）表示未处理的 ZnO 纳米线；（b）表示 500℃退火 1h 后的 ZnO 纳米线；
（c）表示经 TiCl₄ 处理后的 ZnO 纳米线

截面图；图 5-44 中的 ZnO 纳米线直径在 40～500nm 范围内，平均直径约为 116nm，长约为 11μm，垂直于 FTO 基板；图 5-44（c）为 ZnO 纳米线-纳米晶复合材料的俯视图；图 5-44（d）为其横截面图，从图中可以看到直径约为 14nm 的 ZnO 纳米晶分散在 ZnO 纳米线中。图 5-45 为 N3 染料光敏化 ZnO 纳米晶、ZnO 纳米线、ZnO 纳米线-纳米晶复合材料光阳极制备的 DSC 光电流-电压特性曲线，由图可知 ZnO 纳米线-纳米晶复合材料光阳极制备的 DSC 其光伏性能最佳，其总的光电转换效率最高达到 4.2%，V_{oc} 为 613mV，J_{sc} 为 15.16mA/cm^2，$F.F.$ 为 46%；而在相同条件下，ZnO 纳米线制备的 DSC 光电转换效率为 1.58%，而 ZnO 纳米晶制备的 DSC 光电转换效率为 1.31%。

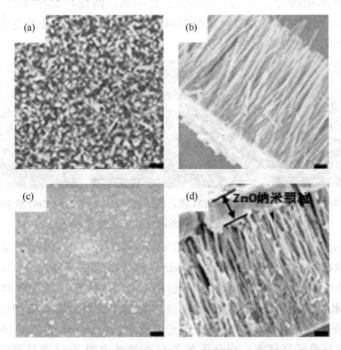

图 5-44　ZnO 纳米线和 ZnO 纳米线-纳米晶复合材料的 SEM 图
（a）图为 ZnO 纳米线的俯视图；（b）图为 ZnO 纳米线阵列的横截面图；
（c）图为 ZnO 纳米线-纳米晶复合材料的俯视图；（d）图为 ZnO 纳米线-纳米晶复合材料的横截面图

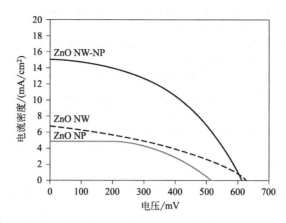

图 5-45　ZnO 纳米晶（ZnO NP）、ZnO 纳米线（ZnO NW）、
ZnO 纳米线-纳米晶（ZnO NW-NP）DSC 的光电流-电压特性曲线

参 考 文 献

[1] 李文欣，胡林华，戴松元 . 染料敏化太阳电池研究进展［J］. 中国材料进展，2009，28（7-8）：20-25.

[2] 于哲勋，李冬梅，孟庆波，等 . 染料敏化太阳电池的研究与发展现状［J］. 中国材料进展，2009，28（7-8）：8-15.

[3] O'Regan B，Gräztel M A. Low-Cost，High-efficiency solar cell based on dye-sensitized colloidal TiO_2 films［J］. Nature，1991，353（6343）：737-739.

[4] 彭英才，于威，等 . 纳米太阳电池技术［M］. 北京：化学工业出版社，2010.

[5] 杨术明 . 染料敏化纳米晶太阳能电池［M］. 郑州：郑州大学出版社，2007.

[6] 姜月顺，李铁津，等 . 光化学［M］. 北京：化学工业出版社，2005.

[7] Hagfeldtt A，Gräztel M. Light-induced redox reactions in nanocrystalline systems［J］. Chem. Rev.，1995，95（1）：49-68.

[8] Schwarrburg K，Willig F. Diffusion impedance and space charge capacitance in the nanoporous dye-sensitized electrochemical solar cell［J］. J. Phys. Chem. B，2003，107（15）：3552-3555.

[9] Turrion M，Bisquert J，Salvador P. Flat band potential of F：SnO_2 in a TiO_2 dye-sensitized solar cell：an interference reflection study［J］. J. Phys. Chem. B，2003，107（35）：9397-9403.

[10] Pichot F，Gregg B A. The photovoltage determining mechanism in dye-sensitized solar cells［J］. J. Phys. Chem. B，2000，104（1）：6-14.

[11] 梁勇，王晓东 . 染料敏化太阳电池用一维纳米结构氧化物光阳极薄膜的研究进展［J］. 材料导报，2009，23（1）：115-120.

[12] 杨峰，蔡芳共，柯川，赵勇 . TiO_2 纳米管阵列在太阳能电池中应用的研究进展［J］. 材料导报，2010，24（6）：50-52.

[13] Zhu K，Neale N R，Miedaner A，et al. Enhanced charge-collection efficiencies and light scattering in dye-sensitized solar cells using oriented TiO_2 nanotubes arrays［J］. Nano Lett.，2007，7（1）：69-74.

[14] James R J，andrei G，Laurence M. et al. Dye-sensitized solar cells based on oriented TiO_2 nanotube arrays：transport，trapping，and transfer of electrons［J］. J. Am. Chem. Soc.，2008，130（40）：13364-13372.

[15] Lin C J，Yu W Y，Chien S H. Rough conical-shaped TiO_2 nanotube arrays for flexible back illuminated dye-sensitized solar cells［J］. Appl. Phys. Lett.，2008，93（13）：133107-133107-3.

[16] Wang H，Yip C T，Cheung K Y，et al. Titania-nanotube-array-based photovoltaic cells［J］. Appl. Phys. Lett.，2006，89（2）：023508-023508-3.

[17] Mor G K，Shankar K，Paulose M，et al. Use of highly-ordered TiO_2 nanotube arrays in dye-sensitized solar cells［J］. Nano Lett.，2006，6（2）：215-218.

[18] Paulose M，Shankar K，Varghese O K，et al. Application of highly-ordered TiO_2 nanotube-arrays in heterojunction dye-sensitized solar cells［J］. J. Phys. D：Appl. Phys.，2006，39（12）：2498-2503.

[19] Yang Y, Wang X H, Li L T. Synthesis and photovoltaic application of high aspect-ratio TiO₂ nanotube arrays by anodization [J]. J. Am. Chem. Soc., 2008, 91 (9): 3086-3089.

[20] Park J H, Lee T W, Kang M G. Growth, detachment and transfer of highly-ordered TiO₂ nanotube arrays: Use in dye-sensitized solar cells [J]. Chem. Commun., 2008, 7 (25): 2867-2869.

[21] Chen C C, Chung H W, Chen C H, et al. Fabrication and characterization of anodic titanium oxide nanotube arrays of controlled length for highly efficient dye-sensitized solar cells [J]. J. Phys. Chem. C, 2008, 112 (48): 19151-19157.

[22] Chen C C, Jehng W D, Li L L, et al. Enhanced efficiency of dye-sensitized solar cells using anodic titanium oxide nanotube arrays [J]. J. Electrochem. Soc., 2009, 156 (9): 304-312.

[23] Maca'K J M., Tsuchiya H, Ghicov A, et al. Dye-sensitized anodic TiO₂ nanotubes [J]. Electrochem. Commun., 2005, 7 (11): 1133-1137.

[24] Shankar K, Mor K G, Prakasam E H, et al. Highly-ordered TiO₂ nanotube arrays up to 220 μm in length: Use in water photoelectrolysis and dye-sensitized solar cells [J]. Nanotechnology, 2007, 18 (6): 065707 (11pp).

[25] Charoensirithavorn P, Ogomi Y, Sagawa T, et al. A facile route to TiO₂ nanotube arrays for dye-sensitized solar cells [J]. J. Cryst. Growth, 2009, 311 (3): 757-759.

[26] Sun L D, Zhang S, Sun X W, et al. Double-sided anodic titania nanotube arrays: a lopsided growth process [J]. Langmuir, 2010, 26 (23): 18424-18429.

[27] Sun L D, Zhang S, Wang X, et al. A novel parallel configuration of dye-sensitized solar cells with double-sided anodic nanotube arrays [J]. Energy Environ. Sci., 2011, 4 (6): 2240-2248.

[28] Zheng Q, Kang H, Yun J J, et al. Hierarchical construction of self-standing anodized titania nanotube arrays and nanoparticles for efficient and cost-effective front-illuminated dye-sensitized solar cells [J]. Acs Nano, 2011, 5 (6): 5088-5093.

[29] Rho C, Min J H, Suh J S. Barrier layer effect on the electron transport of the dye-sensitized solar cells based on TiO₂ nanotube arrays [J]. J. Phys. Chem. C, 2012, 116 (12): 7213-7218.

[30] Qiu J J, Zhang F W, Li X M, et al. Coaxial multi-shelled TiO₂ nanotube arrays for dye sensitized solar cells [J]. J. Mater. Chem., 2012, 22 (8) 3549-3554.

[31] Wang W L, Lin H, Li J B, et al. Formation of titania nanoarrays by hydrothermal reaction and their application in photovoltaic cells [J]. J. Am. Ceram. Soc., 2008, 91 (2): 628-631.

[32] Wei H, Li R, Huang T, et al. Fabrication of morphology controllable rutile TiO₂ nanowire arrays by solvothermal route for dye-sensitized solar Cells [J]. Electrochim. Acta, 2011, 56 (22): 7696-7702.

[33] Krishnamoorthy T, Thavasi V, Subodh G M, et al. A first report on the fabrication of vertically aligned anatase TiO₂ nanowires by electrospinning: Preferred architecture for nanostructured solar cells [J]. Energy Environ. Sci., 2011, 4 (8): 2807-2812.

[34] Wang M K, Bai J, Formal F L, et al. Solid-state dye-sensitized solar cells using ordered TiO₂ nanorods on transparent conductive oxide as photoanodes [J]. J. Phys. Chem. C, 2012, 116 (5): 3266-3273.

[35] Wang Z R, Ran S H, Liu B, et al. Multilayer TiO₂ nanorod cloth/nanorod array electrode for dye-sensitized solar cells and self-powered UV detectors [J]. Nanoscale, 2012, 4 (11): 3350-3358.

[36] Ameen S, M. Akhtar S, Kim Y S, et al. Controlled synthesis and photoelectron chemical properties of highly ordered TiO₂ nanorods [J]. Rsc Adv., 2012, 2 (11): 4807-4813.

[37] Zaban A, Chen S G, Chappela S, et al. Bilayer nanoporous electrodes for dye sensitized solar cells [J]. Chem. Commun., 2000, (22): 2231-2232.

[38] Chen S G, Chappela S, Diamant Y, et al. Preparation of Nb₂O₅ coated TiO₂ nanoporous electrodes and their application in dye-sensitized solar cells [J]. Chem. Mater., 2001, 13 (12): 4629-4634.

[39] Wang Z S, Huang C H, Huang Y Y, et al. A highly efficient solar cell made from a dye-modified ZnO-covered TiO₂ nanoporous electrode [J]. Chem. Mater., 2001, 13 (2): 678-682.

[40] Diamant Y, Chen S G, Melamed O, et al. Core shell nanoporous electrode for dye sensitized solar cells: The effect of the SrTiO₃ shell on the electronic properties of the TiO₂ core [J]. J. Phys. Chem. B, 2003, 107 (9): 1977-1981.

[41] Haque S A, Palomares E, Upadhyaya H M, et al. Flexible dye sensitized nanocrystalline semiconductor solar cells [J]. Chem. Commun., 2003, (24): 3008-3009.

[42] Palomares E, Clifford J N, Haque S A, et al. Control of charge recombination dynamics in dye sensitized solar cells

by the use of conformally deposited metal oxide blocking layers [J]. J. Am. Chem. Soc., 2003, 125 (2): 475-482.

[43] Menzies D B, Dai Q, Bourgeois L, et al. Modification of mesoporous TiO_2 electrodes by surface treatment with titanium (IV), indium (III) and zirconium (IV) oxide precursors: preparation, characterization and photovoltaic performance in dye-sensitized nanocrystalline solar cells [J]. Nanotechnology, 2007, 18: 125608-125612.

[44] Kang S H, Kim J Y, Kim Y, et al. Surface modification of stretched TiO_2 nanotubes for solid-state dye-sensitized solar cells [J]. J. Phys. Chem. C, 2007, 111 (26): 9614-9623.

[45] Lee H J, Yum J H, Leventis H C, et al. CdSe quantum dot-sensitized solar cells exceeding efficiency 1% at full-sun intensity [J] J. Phys. Chem. C, 2008, 112 (30): 11600-11608.

[46] Shalom M, Dor S, Rühle S, et al. Core/CdS quantum dot/shell mesoporous solar cells with improved stability and efficiency using an amorphous TiO_2 coating [J]. J. Phys. Chem. C, 2009, 113 (9): 3895-3898.

[47] Lin S C, Lee Y L, Chang C H, et al. Quantum-dot-sensitized solar cells: assembly of CdS-quantum-dots coupling techniques of self-assembled monolayer and chemical bath deposition [J]. Appl. Phys. Lett., 2007, 90 (14): 143517/1-3.

[48] Chang C H, Lee Y L. Chemical bath deposition of CdS quantum dots onto mesoscopic TiO_2 films for application in quantum-dot-sensitized solar cells [J]. Appl. Phys. Lett., 2007, 91 (5): 053503/1-3.

[49] J H M, Xu H, Hu Y, et al. TiO_2@CdS core-shell nanorods films: Fabrication and dramatically enhanced photoelectrochemical properties [J]. Electrochem. Commun., 2007, 9 (3): 354-360.

[50] Cheng H, Zhao X J, Sui X T, et al. Fabrication and characterization of CdS-sensitized TiO_2 nanotube photoelectrode [J]. J. Nanopart. Res., 2011, 13 (2): 555-562.

[51] Zeng T, Tao H Z, Sui X T, et al. Growth of free-standing TiO_2 nanorod arrays and its application in CdS quantum dots-sensitized solar cells [J]. Chem. Phys. Lett., 2011, 508 (1-3): 130-133.

[52] Sun W T, Yu Y, Pan H, et al. CdS quantum dots sensitized TiO_2 nanotube-array photoelectrodes [J]. J. Am. Chem. Soc., 2008, 130 (4): 1124-1131.

[53] Diguna L J, Shen Q, Kobayashi J, et al. High efficiency of CdSe quantum-dot-sensitized TiO_2 inverse opal solar cells [J]. Appl. Phys. Lett., 2007, 91: 023116/1-3.

[54] Kongkanand A, et al. Quantum dot solar cells tuning photoresponse through size and shape control of CdSe-TiO_2 architecture [J]. J. Am. Chem. Soc., 2008, 130 (12): 4007-4015.

[55] Zhang H, Quan X, et al. "Mulberry-like" CdSe nanoclusters anchored on TiO_2 nanotube arrays: A novel architecture with remarkable photoelectrochemical performance [J]. Chem. Mater., 2009, 21 (14): 3090-3095.

[56] Leschkies K S, Divakar R, Basu J, et al. Photosensitization of ZnO nanowires with CdSe quantum dots for photovoltaic devices [J]. Nano Lett., 2007, 7 (6): 1793-1798.

[57] Loef R, Houtepen A J, Talgorn E, et al. Study of electronic defects in CdSe quantum dots and their involvement in quantum dot solar cells [J]. Nano Lett., 2009, 9 (2): 856-859.

[58] Seabold J A, Shankar K, et al. Photoelectrochemical properties of heterojunction CdTe/TiO_2 electrodes constructed using highly ordered TiO_2 nanotube arrays [J]. Chem. Mater., 2008, 20 (16): 5266.

[59] Cao X F, Li H B, et al. CdTe quantum dots-sensitized TiO_2 nanotube array photoelectrodes [J]. J. Phys. Chem. C, 2009, 113 (18): 7531-7538.

[60] Pattantyus-Abraham A G, Kramer I J, Barkhouse A R, et al. Depleted-heterojunction colloidal quantum dot solar cells [J]. Acs Nano, 2010, 4 (6): 3374-3380.

[61] Peter L M, Wijayantha K G U, Riley D J, et al. Band edge tuning self-assembled layers of Bi_2S_3 nanoparticles used to photosensitize nanocrystalline TiO_2 [J]. J. Phys. Chem. B, 2003, 107 (33): 8378-8381.

[62] Li M, Liu Y, Wang H, et al. CdS/CdSe cosensitized oriented single-crystalline TiO_2 nanowire array for solar cell application [J]. J. Appl. Phys., 2010, 108 (9): 094304/1-4.

[63] Hao Y Z, Pei J, Wei Y, et al. Efficient semiconductor-sensitized solar cells based on poly (3-hexylthiophene) @CdSe@ZnO core-shell nanorod arrays [J]. J. Phys. Chem. C, 2010, 114, 8622-8625.

[64] Zhu H M, Song N H, Lian T Q. Controlling charge separation and recombination rates in CdSe/ZnS type I Core Shell quantum dots by shell thicknesses [J]. J. Am. Chem. Soc., 2010, 132 (42): 15038-15045.

[65] Jung M H, Kang M G. Enhanced photo-conversion efficiency of CdSe-ZnS core-shell quantum dots with Au nanoparticles on TiO_2 electrodes [J]. J. Mater. Chem., 2011, 21 (8): 2694-2700.

[66] Li T L, Lee Y L, Teng H S. Cuins quantum dots coated with CdS as high-performance sensitizers for TiO_2 electrodes in photoelectrochemical cells [J]. J. Mater. Chem., 2011, 21 (13): 5089-5098.

[67] 盛显良, 赵勇, 翟锦, 朱道本. 基于 ZnO 光阳极的染料敏化太阳电池 [J]. 化学进展, 2007, 19 (1): 59-65.

[68] Keis K, Magnusson E, Hagfeldt A, et al. A 5% efficient photoelectrochemical solar cell based on nanostructured ZnO electrodes [J]. Sol. Energy Mater. Sol. Cells, 2002, 73 (1): 51-58.

[69] Kakiuchi K, Hosono E, Fujihara S. Enhanced photoelectrochemical performance of ZnO electrodes sensitized with N-719 [J]. J. Photochem. Photobio. A: Chem., 2006, 179 (1-2): 81-86.

[70] Kashyout A B, Soliman M, Gamal M E, et al. Preparation and characterization of nanoparticles ZnO films for dye-sensitized solar cells [J]. Mater. Chem. Phys. 2005, 90 (2-3): 230-233.

[71] Law M, Greene L E, Johnson J C, et al. Nanowire dye-sensitized solar cells [J]. Nat. Mater., 2005, 4 (6): 455-459.

[72] Hosono E, Fujihara S, Zhou H S, et al. The fabrication of an upright-standing Zinc oxide nanosheet for use in dye-sensitized solar cells [J]. Adv. Mater., 2005, 17 (17): 2091-2094.

[73] Guo M, Diao P, Wang X D, et al. The effect of hydrothermal growth temperature on preparation and photoelectrochemical performance of ZnO nanorod array films [J]. J. Solid State Chem., 2005, 178 (10): 3210-3215.

[74] Guo M, Diao P, Cai S. Hydrothermal growth of perpendicularly oriented ZnO nanorod array film and its photoelectrochemical properties [J]. Appl. Surf. Sci., 2005, 249 (1-4): 71-75.

[75] Cembrero J, Elmanouni A, Mari B, et al. Nanocolumnar ZnO films for photovoltaic applications [J]. Thin Solid Films, 2004 (451-452): 198-202.

[76] 曾隆月, 戴松元, 王孔嘉. 染料敏化纳米 ZnO 薄膜太阳电池机理初探 [J]. 物理学报, 2005, 54 (1): 53-57.

[77] Dejongh P E, Meulenkamp E A, Vanmaekelbergh D, et al. Charge carrier dynamics in illuminated, particulate ZnO electrodes [J]. J. Phys. Chem. B, 2000, 104 (32): 7686-7693.

[78] Meulemkanp E A. Electron transport in nanoparticulate ZnO films [J]. J. Phys. Chem. B, 1999, 103 (37): 7831-7838.

[79] Anderson Neil A, Ai Xin, Lian Tianquan. Electron injection dynamics from Ru polypyridyl complexes to ZnO nano-crystalline thin films [J]. J. Phys. Chem. B, 2003, 107 (51): 14414-14421.

[80] Hiroaki H, Ryuzi K, Kohjiroet H, et al. Electron injection efficiency from excited N_3 into nanocrystalline ZnO films: Effect of N_3-Zn^{2+} aggregate formation [J]. J. Phys. Chem. B, 2003, 107 (11): 2570-2574.

[81] Baxter J B, Aydil E S. Nanowire-based dye-sensitized solar cells [J]. Appl. Phys. Lett., 2005, 86 (5): 053114/1-3.

[82] Baxter J B, Aydil E S. Dye-sensitized solar cells based on semiconductor morphologies with ZnO nanowires [J]. Sol. Energy Mater. Sol. Cells, 2006, 90 (5): 607-622.

[83] 杨伟光, 万发荣, 姜春华, 等. 聚乙烯亚胺对 ZnO 纳米线阵列膜的形貌和光电性能的影响 [J]. 北京科技大学学报, 2010, 32 (1): 78-81.

[84] Chen G Y, Zheng K B, Mo X L, et al. Metal-free indoline dye sensitized Zinc oxide nanowires solar cell [J]. Mater. Lett., 2010, 64 (12): 1336-1339.

[85] 陈冠雨, 郑凯波, 莫晓亮, 等. ZnO/TiO_2 复合纳米材料的制备及其在染料敏化太阳电池中的运用 [J]. 真空科学与技术学报, 2010, 30 (6): 621-625.

[86] Guerin V M, Rathousky J, Pauporte T. Electrochemical design of ZnO hierarchical structures for dye-sensitized solar cells [J]. Sol. Energy Mater. Sol. Cells, 2012, 102: 8-14.

[87] Yingyong S Y, Zhang Q F, Park K, et al. ZnO nanoparticles and nanowire array hybrid photoanodes for dye-sensitized solar cells [J]. Appl. Phys. Lett., 2010, 96 (7): 073115/1-3.

第6章
纳米半导体光催化材料与光催化技术

6.1 光催化技术应用

6.1.1 光催化在环境治理方面的应用

(1) 分解污水中的有机物 工业污水和生活污水中含有大量有机污染物，尤其是工业污水中有大量有毒、有害物质。美国环保局公布了 114 种有机污染物，其中有 60 余种是卤代有机化合物，这些污染物用生物处理技术是难以消除的。此外，有机污染物还有烷烃、脂肪醇、脂肪羧酸、酚醛、芳香族羧酸、染料、简单芳香族、表面活性剂、农药等。大量研究证实，烃类和多环芳烃、卤化芳烃化合物、染料、表面活性剂、农药、油类等都能有效地进行光催化反应，通过脱色、去毒、矿化为无毒无机小分子物质，从而消除对环境的污染。

(2) 废气净化 利用光催化氧化反应，可将汽车尾气中的 NO_x、SO_x 分解无害化；对油烟气、工业废气的光催化降解也有效；还可除去室内汗臭、香烟臭味、冰箱异味等；光催化氧化能够完全分解、破坏挥发性有机污染物 VOCs，包括许多难于用其他方法降解的污染物，最终达到无机化。已经通过光催化氧化分解的室内空气中典型的 VOCs 有苯系物（苯、甲苯），醛类（甲醛、乙醛），醇类（甲醇、乙醇），还有乙酸、苯酚、吡啶、丙酮、氯苯、氯甲烷等。

6.1.2 光催化分解水制氢

氢能具有高效、清洁、无污染、易于产生、便于输运和可再生等特点，是理想的能源载体。因此，氢能将会成为未来化石能源的主要替代能源之一，氢能开发是解决能源危机和环境问题的理想途径。在众多氢能开发的手段和途径中，通过光催化材料，利用太阳能光催化分解水制氢是最为理想和最有前途的手段之一，因此太阳能光催化分解水制氢受到世界各国的高度重视。对光催化分解水制氢来说，当前面临的研究目标和最大挑战之一是如何提高可见光区量子效率。解决这一问题的关键就是光催化材料的选择、设计和制备技术。近十几年来，日本科学家相继发现一些含有 Ti、Nb、Ta、Ga 的氧化物和氮氧化物表现出良好的光催化产氢性能。我国大连化学物理所近年来致力于开发新型可见光响应光催化材料，拓展新型光催化产氢体系，相继开发出 $ZnIn_2S_4$、$Y_2Ta_2O_5N_2$、$In_x(OH)_yS_z$：Zn 等新型、稳定、高效的可见光响应光催化材料，开发出高 CO 选择性的光催化重整生物质制氢体系及人工模拟光合过程光催化产氢体系，成功将异相结、异质结理念应用于光催化材料设计，得到表面锐钛矿-金红石异相结 TiO_2、MoS_2/CdS 异质结光催化材料，结果表明"结"的存在可以有效加强光生电子、空穴在空间上的分离，从而提高光催化产氢活性。在考察助光催化材料作用时发现，当 CdS 表面同时担载还原助光催化材料 Pt 及氧化助光催化材料 PbS 组成三元光催化材料（吸光材料、氧化助光催化材料和还原助光催化材料）Pt-PdS/CdS 时，光催化活性显著提高，得到高达 93% 的产氢量子效率。

6.1.3 光催化抗菌

以 TiO_2 为代表的光催化抗菌材料是目前具有重要研究价值与广阔开发前景的无机抗菌剂。光催化材料对病毒、细菌、真菌、藻类和癌症细胞等都有很好的抑制和杀灭作用。以二氧化钛为例，其抗菌过程简单描述为：二氧化钛在大于禁带宽度能量的光激发下，产生的空穴/电子对与环境中氧气及水发生作用，产生的活性超氧离子自由基（$\cdot O_2^-$）和羟基自由基（$\cdot OH$）能穿透细菌的细胞壁，破坏细胞膜质，进入菌体，阻止成膜物质的传输，阻断其呼吸系统和电子传输系统。此外，这些活性氧基团不仅能迅速、彻底杀灭细菌，还能降解内毒素等细胞裂解产物、其他有机物及化学污染物，使之完全矿化，具有其他抗菌剂不可比拟的优点，从而有效杀灭细菌并抑制细菌分解有机物产生臭味物质（如 H_2S、NH_3、硫醇等）。因此，能净化空气，具有除臭功能。研究还发现光催化灭菌作用可以在光照结束后一段时间里继续有效。随着人们生活质量不断提高，已对 TiO_2 光催化杀菌性能进行不断开发和利用，并将其广泛应用于日常生活中。根据不同需要，纳米 TiO_2 可制备成粉末或薄膜材料。将纳米 TiO_2 薄膜涂覆于材料表面制备成抗菌材料，如抗菌陶瓷、抗菌玻璃、抗菌不锈钢等，将纳米 TiO_2 粉末掺杂于其他材料中可制备成抗菌塑料、抗菌涂料、抗菌纤维等。

6.1.4 光催化提取贵金属

工业上可利用光催化使金属离子沉积以实现贵金属的提取。光催化提取贵金属的突出优点在于它适用常规方法无能为力的极稀溶液，以较为简便办法使贵金属富集在光催化材料表面，然后再用其他方法将其收集起来加工回收。从银离子溶液中提取金属银研究发现：①银在 TiO_2 粉末上的析出速度与温度变化无关，但依赖于银离子的初始浓度；②增大光照强度后单位时间内 TiO_2 吸收的光子数增加，银的析出过程明显加快；初始生成的银微粒极小，直径仅几个纳米，随着光照时间的延长最终可得到直径 400nm 的晶体颗粒；③$Na_2S_2O_3$ 作为此络合剂和 h^+ 俘获剂，从含银废液中通过光催化还原得到单质银的颗粒与 TiO_2 颗粒大小相当，回收银的量和光催化材料的用量之比高达 3：1；④直接用日光照射同样能析出银，只是比人工光源照射时间要长些。

6.1.5 光催化化学合成

光催化反应将太阳光引入有机合成体系，无论从节能角度还是环保角度，都无疑是重大突破，主要原因有以下三点：①太阳能是一种完全可再生的资源；②光化学激发所需的条件比热催化所要求的条件要温和得多，在光催化选择性氧化反应中，氧气这种容易获得的环境友好型氧化剂取代传统的强腐蚀性氧化剂，是一种绿色的选择性氧化方法，而光催化选择性还原反应可以使用目前大气中过量的温室效应气体 CO_2 作为反应起始物，既为解决环境问题提供新的途径，又可以将 CO_2 还原成有用的有机化合物，在一定程度上满足合成及工业上所要达到的目标；③光催化选择性氧化还原反应打破传统有机合成的常规体系，为其开辟一条新的绿色道路。光化学激发为人们设计出更短的反应历程提供条件，从而将副反应的发生减小到最低程度。鉴于光催化氧化还原体系在有机合成方面展现出的强大发展潜力和广阔前景，研究人员对光催化在有机合成领域中的应用给予极大关注。

目前国内外将光催化应用于有机合成领域方面取得重要研究进展，主要包括光催化选择性氧化反应和光催化选择性还原反应。

6.1.5.1 氧化反应

目前，人们已对芳香族化合物的羟基化反应、醇类化合物的氧化反应、烯烃的环氧化反应等有机合成反应的光催化选择性氧化进行大量研究，研究表明光催化选择性氧化是可以实现上述有机合成目的。在化学工业中，芳香族化合物的羟基化作用尤为重要，在众多光催化芳香化合物氧化反应中，苯转化为苯酚是最重要的反应之一，研究表明 TiO_2 可以将苯选择性地光催化氧化成苯酚。烃类的氧化反应包括烷烃向醇、酮、醛和羧酸等用途更广泛的含氧有机物的直接转化，对于未来的化学工业来说意义重大。光催化选择性氧化对于上述转化具有巨大潜力，因此也得到广泛研究。研究表明：TiO_2 不仅对含苯环的芳香族化合物具有好的光催化选择性氧化活性，对饱和的烃类也展现出较理想的光催化活性。La 掺杂 WO_3 在367K 和光照的条件下能够将甲烷选择性催化氧化成甲醇。由于醛类衍生物在香料、糖果和饮料工业中都有广泛应用，因此，醇向醛的光催化选择性氧化转化反应得到越来越多的关注和研究。结果表明：在有氧气存在的条件下，463K 时，TiO_2 可以将脂肪醇和苯类醇光催化选择性氧化成相应醛，而且都有很高的选择性（＞95％）。如 TiO_2 将苯甲醇和甲醇光催化氧化成苯甲醛、甲醛。光催化体系在烯烃的环氧化反应中也表现出一定活性。

6.1.5.2 还原反应

传统还原反应通常都要使用氢气或一氧化碳等气体作为还原剂，与此相比，光催化还原反应因其绿色、安全等特性得到越来越多的关注。在众多光催化还原反应当中，光引发含硝基的芳香化合物还原反应得到更为广泛研究，如 TiO_2 可以将硝基苯选择性地光催化还原成苯胺。开发 CO_2 减排和转化技术对保护环境、推动经济和社会可持续发展具有重大而深远的意义。光催化还原 CO_2 不仅为温室气体减排提供新途径，而且可将 CO_2 转化为甲烷、甲醇或其他有机物质等，从而实现碳材料的再循环使用。

6.2 纳米半导体光催化的基本原理

6.2.1 带隙激发

当入射光的能量等于或超过半导体带隙（E_g）时，半导体材料价带上的电子吸收光子受激发从价带跃迁至导带，同时在价带上产生相应空穴，形成产生电子-空穴对（光生载流子）。光生载流子激发要求光催化材料具有合适能隙。目前多相光催化研究较多且活性较高的 TiO_2 等宽禁带半导体材料，仅能被紫外光所激发，而波长在 400nm 以下的紫外光部分不足太阳光总能量的 5％。太阳光能量主要集中在 400～700nm 的可见光范围，达总能量的43％。因此，研制可见光响应的光催化材料是提高太阳能利用率，最终实现光催化技术产业化应用的关键。目前，可见光响应光催化材料开发方法主要集中在以下两个方面。一是通过元素掺杂改性、半导体复合与光敏化等手段对紫外光响应型宽带隙半导体光催化材料（如 TiO_2 等）改性使其获得可见光响应。例如，2001 年，Asashi 首次将非金属 N 引入 TiO_2，成功获得可见光响应性能，非金属掺杂 TiO_2 迅速成为研究的新焦点。另一方面是从晶体结构、能带结构设计出发来设计和开发可见光响应型光催化材料。例如，2001 年，邹志刚等首次发现 $In_{0.9}Ni_{0.1}TaO_4$ 光催化材料并应用于光解水制氢，实现将太阳能转化为化学能，开发一种全新的具有可见光活性的新型复杂氧化物催化体系（$In_{1-x}Ni_xTaO_4$）。

对于纳米半导体材料体系，半导体材料的尺寸减小到一定值（通常只要等于或者小于相对应的体相材料的激子玻尔半径）以后，其载流子（电子-空穴对）的运动就会处于强受限的状态（类似在箱中运动的粒子），有效带隙增大，半导体材料的能带从体相的连续结构变成类似于分子的准分裂能级。纳米半导体材料的尺寸大小控制电子准分裂能级间距离以及动能增加的多少。其尺寸越小，能级间的距离就越大，动能增加越多，光吸收的能量也就越高。

由于电子在导带处于较高的能级，可以作为还原剂；价带中空穴有较高的氧化电位，可以作为氧化剂。根据价带和导带位置的不同，又可以把半导体分为三类，即氧化型、还原型、氧化还原型。氧化型半导体的价带边低于 O_2/H_2O 的氧化还原电位。在光照下可以氧化水放出氧气，如 WO_3、Fe_2O_3、MoS_2 等；还原型半导体的导带边高于 H^+/H_2 的氧化还原电位，在光照下能使水还原放出氢气，如 $CdSe$；氧化还原型半导体的导体边高于 H^+/H_2 的氧化还原电位，价带边低于 O_2/H_2O 的氧化还原电位，在光照下能够同时放出氧气和氢气，如 TiO_2、CdS 等。

6.2.2 去活化过程

半导体接受光照后产生光生载流子（电子-空穴对），本身处于并不稳定的激发态，如图 6-1 所示，半导体的能量松弛过程主要包括四个途径（Ⓐ、Ⓑ、Ⓒ和Ⓓ）：途径Ⓐ为光生电子迁移到半导体表面后与空穴相遇而表面复合失活；途径Ⓑ为光生电子与空穴在迁移过程中在体相的复合；途径Ⓒ为光生电子迁移到半导体表面与表面吸附的电子受体反应；途径Ⓓ为光生空穴迁移到半导体表面与半导体表面吸附的电子给体反应。在上述四种受激半导体的去活化过程中，Ⓒ和Ⓓ两种是光催化反应的目标反应；而Ⓐ和Ⓑ两种是光催化反应的竞争反应，是副反应，将导致光催化反应效率的降低，是需要抑制的反应过程。

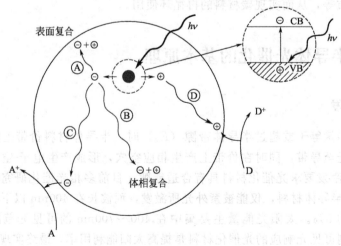

图 6-1 受激半导体的松弛过程

6.2.3 半导体光催化反应机理

如上所述，半导体光催化材料的催化能力来自光生载流子，即光诱导产生的电子-空穴对。电子转移的驱动力是半导体导带或价带电位与受体或给体的氧化还原电对之间的能级差。光催化还原反应的基本要求是半导体的导带电位比受体的电位更负；光催化氧化反应的基本要求是半导体的价带电位比给体的电位更正。也即半导体导带边的电位代表其还原能力；价带边缘所处能级代表半导体的氧化能力。实际上，半导体的光催化氧化或还原能力与电化学中物质的氧化还原反应的电势驱动原则是一致的。除了电位满足光催化氧化或还原反应要求外，半导体光催化反应至少还需要满足以下条件：光催化材料的电子结构与被吸收的光子能级匹配，即诱导反应发生的光的能量要等于或大于半导体的带隙；电子或空穴与受体或给体的反应速率要大于电子与空穴的复合速率；半导体表面对反应物有良好的吸附特性。

在反应动力学上，非均相光催化反应过程一般包括：光吸收反应的初级过程；光催化氧化和还原反应的次级过程。

6.2.3.1 初级过程

TiO_2 是最早被发现、光催化活性高、化学和光化学性质稳定、廉价的光催化材料，是目前使用最广泛、光催化效果最好的光催化材料之一。下面以 TiO_2 为例阐述光催化反应的初级过程，半导体吸收入射光的初级反应过程一般包括下面几个步骤。

(1) 半导体吸收光 产生光生载流子，即电子-空穴对：

$$TiO_2 + h\nu \longrightarrow h^+ + e^- \tag{6-1}$$

(2) 载流子俘获反应 电子和空穴分离后半导体表面移动，空穴被表面羟基（$Ti^{IV}OH$）俘获，形成表面俘获空穴（$[Ti^{IV}OH]^+$）；电子被表面羟基俘获，形成表面俘获电子（$[Ti^{III}OH]^-$）：

$$h_{VB}^+ + > Ti^{IV}OH \longrightarrow [>Ti^{IV}OH]^+ \tag{6-2}$$

$$e_{CB}^- + > Ti^{IV}OH \longrightarrow [>Ti^{III}OH]^- \tag{6-3}$$

$$e_{CB}^- + > Ti^{IV} \longrightarrow Ti^{III} \tag{6-4}$$

(3) 载流子复合

$$e_{CB}^- + [>Ti^{IV}OH]^+ \longrightarrow [>Ti^{IV}OH] \tag{6-5}$$

$$h_{VB}^+ + [>Ti^{III}OH]^- \longrightarrow Ti^{IV}OH \tag{6-6}$$

(4) 界面电荷转移

$$[>Ti^{IV}OH\cdot]^+ + Red \longrightarrow Ti^{IV}OH + Red^+ \tag{6-7}$$

$$[>Ti^{III}OH]^- + O_x \longrightarrow O_x^- \tag{6-8}$$

式中　$TiOH$——TiO_2 表面羟基；

　　　h_{VB}^+——价带空穴；

　　　e_{CB}^-——导带电子；

　　　Red——电子给体（还原剂）；

　　　O_x——电子受体（氧化剂）。

6.2.3.2 次级过程

在半导体表面被俘获的电子和空穴分别与表面吸附的电子受体和给体进行电荷转移的表面反应，也即光催化还原和氧化反应（如图 6-2 所示）：①在光催化反应体系中，被表面俘获的电子容易与体系中的氧反应，使氧还原，形成氧负离子（O_2^-），氧负离子（O_2^-）与水或质子反应，形成氧自由基（$O_2^{\cdot}$）和 HO_2。之后，这些物种继续与氧和水反应，形成一系列反应中间体和中间物种，最后形成羟基和羟基自由基。上面物种还可以与体系中的有机物发生一系列的复杂反应，形成活性氧自由基；②表面俘获的空穴可以直接与体系中的给体反应生成自由基，或者与水反应，是水中的羟基氧化，形成各种活性氧自由基；③正空穴和在光催化过程中产生的各种自由基具有非常强的氧化能力，几乎可以氧化所有的有机物，使有机物氧化分解，直至完全矿化为二氧化碳和水。

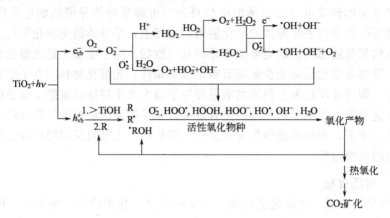

图 6-2　TiO_2 光催化的次级反应过程

6.2.4　反应过程动力学

如上所述，在半导体光催化反应过程中，参与有机物氧化反应的是空穴、羟基自由基、各种活性氧物种，其中具有代表性的是羟基自由基。对大多数有机分子而言，尽管不能排除体系中羟基自由基参与均相反应的可能性，但它对整个光催化反应的贡献是很有限的，而表面反应是主要的。有机物在光催化材料表面反应，要经过扩散、吸附、表面反应、产物脱附等步骤。在悬浮相催化反应体系中，悬浮颗粒之间的距离在微米级，传质速率对反应的影响很小。当传质作用很小，反应物的吸附和产物的解吸速率很快，反应的每一步之间都建立吸附和解吸平衡，多相催化反应的速率将由表面反应所决定。因此，为了简化讨论，在推导非均相光催化反应速率时假设：参与有机物反应的主要是羟基自由基；表面反应是主要的，传质作用对反应的影响很小；反应物吸附与产物的解吸速率很快，可以达到平衡；光催化反应速率由表面反应所决定。

影响光催化降解反应动力学的因素除前面提到的初始浓度、溶液 pH 值和氧外，还有许多其他因素如光强、温度等。既然有机物在光催化材料表面上的吸附是实际存在并且与光催化降解动力学又有直接关系，以界面吸附为基础来推导得到有机物光催化降解的动力学方程如下：

$$r = -\frac{\mathrm{d}c}{\mathrm{d}t}\Big|_{t=0} = K_r \frac{K_a C_0}{1 + K_a C_0} \tag{6-9}$$

式中　C_0——初始有机物浓度；

　　　K_r——光催化表面反应的速率常数；

　　　K_a——吸附平衡常数。

吸附在光催化反应降解动力学方程式中也有所体现，吸附平衡常数 K_a 的大小对方程的形式有明显影响。

① 如果 K_a 的数值较小并引起 K_a 同 C_0 的乘积也较小，同 1 相比可以忽略，在这种弱

吸附条件下，对式（6-9）积分，则得到一级反应方程式：

$$\ln \frac{C_0}{C} = K_a K_r t \tag{6-10}$$

从式（6-10）可以看出，反应速率常数 $K_a K_r$ 由两部分组成。其中 K_r 表示光催化表面反应的速率常数，主要决定于光强和光催化材料本身的性质；K_a 表示吸附平衡常数，主要决定于有机物在光催化材料表面的吸附强度。吸附平衡常数越大，有机物降解反应越快。

② 如果 K_a 的数值较大，并引起 K_a 同 C_0 的乘积也较大，同 1 相比相差不大，不能忽略，在这种中等吸附条件下，对式（6-9）积分，则得到零级和一级之间：

$$\ln \frac{C_0}{C} + K_a(C_0 - C) = K_a K_r t \tag{6-11}$$

从式（6-11）可以看出，当有机物在光催化材料表面为中等强度的吸附时，吸附平衡常数越大，有机物降解反应越快。

③ 如果 K_a 的数值较大并引起 K_a 同 C_0 的乘积也较大，同 1 相比远大于 1，则 1 可以忽略，在这种强吸附条件下，对式（6-9）积分，则得到零级反应方程式：

$$C = -K_r t \tag{6-12}$$

从式（6-12）可以看出，当有机物在光催化材料表面为强烈吸附时，吸附平衡常数的变化对有机物降解没有影响，其原因是当有机物吸附比较强烈时，吸附速率也比较快，吸附步骤不是光催化多相反应的速率控制步骤。所以，吸附平衡常数的变化对有机物的降解反应（表面反应）没有影响。在这种情况下，不能通过加快有机物吸附速率来提高整个光催化反应的速率。

6.3　TiO₂ 微纳米空心球

空心微米球的制备方法很多，主要分为两大类：模板法和非模板法。模板法制备空心微球的原理是：基于模板粒子形成聚合物壳，然后再移去模板粒子而获得具有中空结构的聚合物微球。非模板法制备空心球的成球原理是：液体通过表面张力分散成小液滴，小液滴在加热过程中表面水分蒸发，当液滴温度升高，水分迅速蒸发完全，而固体扩散返回液滴内部的速率滞后时，就会在液滴中心形成空隙。与模板法相比，非模板法不能制备多壳层空心球，且空心球内表面不如模板法规则和光滑。

6.3.1　模板法制备中空 TiO₂ 微球

模板法是制备无机空心微球的典型而有效的方法。首先控制前驱体在模板表面进行沉积或反应，进行表面包覆，形成核-壳结构；然后通过加热、煅烧或溶剂溶解去除模板，即得到无机空心球结构。常用的模板如聚苯乙烯球、二氧化硅粒子、树脂球及它们的晶体阵列、液滴、囊泡、微乳液滴、气泡、生物模板等。根据模板自身的特点和限域能力的不同可分为软模板和硬模板两种。

6.3.1.1　硬模板法

硬模板主要是指一些具有相对刚性结构的模板如单分散硅球、高分子微球及胶体碳球等。硬模板具有较高的稳定性和良好的空间限域作用，能严格控制纳米材料的大小和形貌。不过该法进行包覆前通常需要表面修饰，存在包覆效率低、易产生游离壳层粒子等缺点。

(1) 单分散聚苯乙烯（PS）球模板　对于合成单分散 TiO_2 空心球而言，在各种高分子微球模板中，单分散聚苯乙烯（PS）球成球性好、大小可控且单分散性好，使用最为广泛。单分散 PS 球是由苯乙烯在一定反应条件下得到的高分子共聚化合物。制备 PS 微球的方法有乳液聚合法、悬浮聚合法和分散聚合法等，其中分散聚合也是一种特殊类型的沉淀聚合，能一步获得微米级尺寸且粒度均匀的聚合物微球（粒径在 $0.5 \sim 20\mu m$），适用于不同类型单体的聚合反应且工艺简单。

Xiaofang Li 等首先以 PVP 作为稳定剂、AIBN（偶氮二异丁腈）作为聚合反应的引发剂制备表面光滑单分散的 PS 球，随后用硫酸对 PS 球进行处理得到磺化的具有核-壳结构的凝胶；之后将钛酸四丁酯加入到含 PS 球的乙醇溶液中进行反应，将反应后溶液过滤后在 $500℃$ 焙烧 2h 除去模版，得到直径约为 $1\mu m$ 的 TiO_2 空心球（如图 6-3）；对比试验中不添加 PS 球模板制备 TiO_2 纳米颗粒。将 TiO_2 空心球及纳米颗粒用于降解活性艳红 X3B 染料，相应的光催化降解曲线见图 6-4。TiO_2 空心球对 X3B 染料的吸附量是纳米颗粒的 3.74 倍，光催化活性是后者的 3.41 倍。空心球与纳米颗粒相比，吸附量的增加对光催化活性增强起到重要作用。

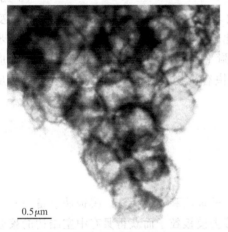

图 6-3　TiO_2 空心球的 TEM 图

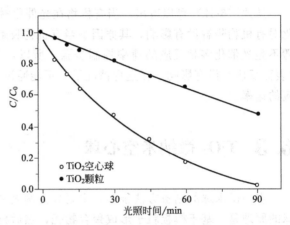

图 6-4　TiO_2 空心球和纳米颗粒对
X3B 染料的光催化降解曲线

Subagio 等首先以苯乙烯为单体、过硫酸钾为引发剂、十二烷基硫酸钠为表面活性剂通过乳化聚合法制备平均直径约为 400nm 的 PS 球。随后通过异丙醇钛水解制备 TiO_2 溶胶，向其中加入一定量的氨水和硝酸，经室温老化及随后的焙烧除模板过程制备 N 掺杂的 TiO_2 空心球（NhT），相应电镜图示在图 6-5 中。可知焙烧后，N 掺杂的空心球平均直径约为360nm，与焙烧前包覆 TiO_2 溶胶的 PS 直径（直径约为 430nm）相比，直径约收缩 15%。从图 6-5（a）可看出空心球的形貌均一性好，图 6-5（b）中可看到破损的空心球，从图 6-5（d）的插图可看出，空心球的球壳厚度约为 20nm，球壳由尺寸在 $10 \sim 20nm$ 之间聚集的 TiO_2 晶粒构成。作为比较，在上述工艺基础上，通过不加入氨水和/或 PS 球，制备 TiO_2 空心球（hT）及 TiO_2 粉体（PT）。三种催化剂对双酚 A 的降解过程的对比图见图 6-6。降解时间为 2h 时，N 掺杂的 TiO_2 空心球对双酚 A 的降解率为 90%，而 TiO_2 空心球（hT）及 TiO_2 粉体（PT）的降解率仅为 40% 及 35%。与 TiO_2 空心球相比，经过 N 掺杂后，轻微地减小比表面积和孔容，因此，光催化性能的提高源于 N 掺杂。经 N 掺杂后，样品出现额外的肩部吸收，吸收阈值扩展至 550nm（$E_g = 2.26eV$）。

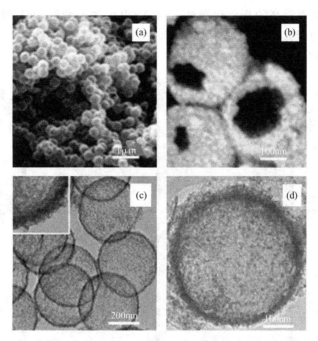

图 6-5　N 掺杂的 TiO₂ 空心球的 （a）低倍 SEM 图，（b）高倍 SEM 图，
（c）低倍 TEM 图，（d）高倍 TEM 图

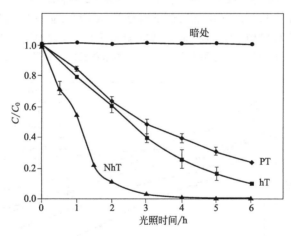

图 6-6　蓝光照射下的 N 掺杂的 TiO₂ 空心球（NhT）、TiO₂ 空心球（hT）
及 TiO₂ 粉体（PT）对双酚 A 的光催化降解曲线

　　Zhao Wei 等首先通过苯乙烯的乳液聚合反应制备 PVP 功能化的单分散 PS 球，随后用二氧化硅对 PS 球表面进行包覆，接着通过水热法制备 SiO₂/TiO₂ 混合包覆的 PS 球，最后向混合包覆的 PS 球中加入不同量 AgNO₃。在 550℃ 焙烧 1.5h，制备不同 Ag 修饰量的 SiO₂/TiO₂ 混合空心微球，相应电镜图见图 6-7。从图 6-7（a）、（c）中可观察到无明显的 Ag 纳米颗粒，但是从图 6-7（b）的暗场像中可以看到许多亮点，表明 Ag 纳米颗粒的存在。当 AgNO₃ 用量增加至 4ml 后，可从图 6-7（e）中可看出 Ag 纳米颗粒均匀包覆在 SiO₂/TiO₂ 空心球表面且尺寸分布窄。从图 6-7（f）～（h）的 HRETM 可进一步确认 Ag 纳米颗粒的存在，且可知 TiO₂ 和 Ag 纳米颗粒的尺寸均在 10nm 以下。不同样品在可见光下对罗丹明 B 染料的光催化降解曲线见图 6-8。可知当 AgNO₃ 加入量为 2mL 制备的 Ag 修饰

SiO₂/TiO₂ 空心球具有最高的光催化活性。当 AgNO₃ 加入量至 4mL 时，制备的样品光催化活性最差。这是由于其比表面积相对较低以及 Ag 纳米颗粒在空心球表面的吸附阻碍空心球对染料的吸附所致。

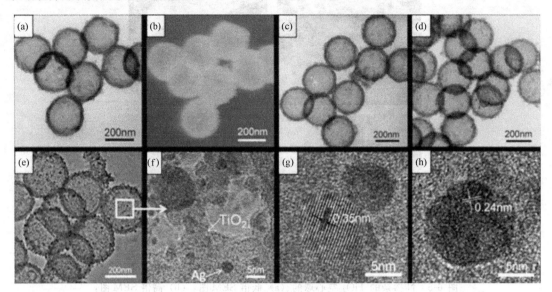

图 6-7　不同 Ag 修饰量的 SiO₂/TiO₂ 混合空心微球的电镜图 (a) 为 AgNO₃ 加入量为 1mL 的样品的 TEM 图，(b) 为 AgNO₃ 加入量为 1mL 的样品的暗场像，(c) 为 AgNO₃ 加入量 2mL 的样品的 TEM 图，(d) 和 (e) 分别为 AgNO₃ 加入量 4mL 的样品的低倍和高倍 TEM 图，(f) 为 AgNO₃ 加入量 4mL 的样品的 HRTEM 图，(g) 和 (h) 分别为 TiO₂ 和 Ag 纳米颗粒的 HRTEM 图

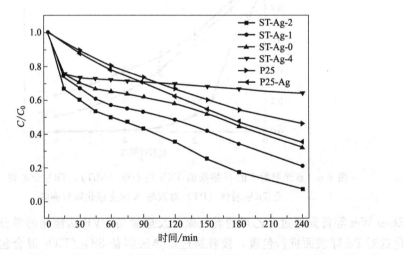

图 6-8　不同样品在可见光下对罗丹明 B 染料的光催化降解曲线，P25-Ag 为 AgNO₃ 加入量 2mL 制备的 Ag 修饰的 P25 样品，ST-Ag-0、ST-Ag-1、ST-Ag-2、ST-Ag-4 分别为 AgNO₃ 加入量为 0、1mL、2mL、4mL 制备的 Ag 修饰的 SiO₂/TiO₂ 混合空心微球样品

(2) 碳球模板　Haiqiang Wang 等以 (NH₄)₂TiF₆ 作为钛源，加入葡萄糖，通过简单的水热法，结合焙烧工艺制备 C 掺杂的 TiO₂ 空心球，其中葡萄糖的作用除了水解后产生含碳的多糖微球模板外，还可以作为碳源，通过焙烧除去模板过程实现 C 的掺杂。图 6-9 为 500℃ 煅烧 1h 所得样品的 SEM 图和 TEM 图。从图 6-9 可知，该空心球平均直径为 0.5~3.0μm，平

均壁厚 50～100nm。通过控制水热时间、温度以及 TiO_2 前驱体的浓度，可以调节产物的直径和壁厚。他们还研究不同焙烧温度对样品性能的影响。不同焙烧温度制备的 C 掺杂 TiO_2 空心球的 UV-vis DRS 光谱如图 6-10。由于 300℃和 400℃焙烧的样品含有游离碳，这会影响其光吸收特征。500℃和 600℃焙烧的样品直接禁带宽度分别为 2.80eV 和 2.90eV，吸收边分别为 420nm 和 410nm。不同焙烧温度的 C 掺杂的 TiO_2 空心球在可见光下对气相的甲苯的光降解曲线表示在图 6-11 中，300℃焙烧的样品由于是非晶态结构及样品中残留大量游离碳，故没有光催化活性。P25 及 400℃、500℃和 600℃焙烧样品对甲苯降解的表观速率常数分别为 $0.0008min^{-1}$、$0.0025min^{-1}$、$0.0037min^{-1}$ 和 $0.0014min^{-1}$。由图 6-11 可知，焙烧温度对样品的光催化活性有较大影响，500℃时所得样品光催化活性最高，其对甲苯气体的降解率约是 P25 的 4.6 倍，高的催化活性是由于其好的结晶性、介孔空心结构及可见光区的强吸收。

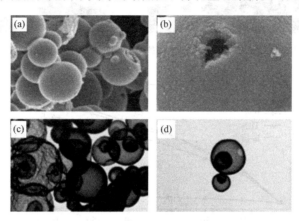

图 6-9　500℃煅烧 1h 所得 C 掺杂 TiO_2 空心球的 SEM［(a)、(b)］和 TEM 图［(c)、(d)］

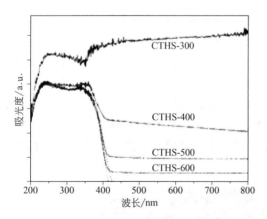

图 6-10　不同焙烧温度制备的 C 掺杂的 TiO_2 空心球的 UV-vis DRS 光谱图，其中 CTHS-300、CTHS-400、CTHS-500、CTHS-600 分别代表焙烧温度为 300℃、400℃、500℃、600℃时制备的 C 掺杂 TiO_2 空心球样品

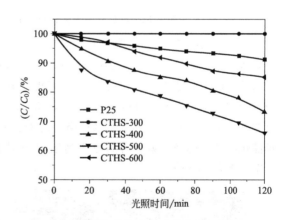

图 6-11　不同焙烧温度的 C 掺杂的 TiO_2 空心球在可见光下对气相的甲苯的光降解曲线，其中 CTHS-300、CTHS-400、CTHS-500、CTHS-600 分别代表焙烧温度为 300℃、400℃、500℃、600℃时制备的 C 掺杂 TiO_2 空心球样品

　　Jian Zheng 等以 $(NH_4)_2TiF_6$ 为钛源、以 H_3BO_3 为硼源、以葡萄糖水解生成的碳球为模板采用水热法制备 B 掺杂的 TiO_2 空心球（电镜图如图 6-12）。图 6-12 表明，B 掺杂的 TiO_2 空心球直径在 $0.5\sim2\mu m$ 之间，TEM 图中的中心和边缘处的亮暗差异则可确认空心结构的存在。TiO_2 空心球在可见光下光催化对 10mg/L 的亚甲基蓝的光催化降解曲线表示在

图 6-13 中。可见当无催化剂加入时，无明显降解发生；掺杂 B 后，TiO_2 空心球的降解率从 72.9% 提升至 84.1%，但稍低于 P25 的降解率。B 掺杂后替换晶格氧的位置，促进锐钛矿的结晶性并且增加表面羟基的数目。

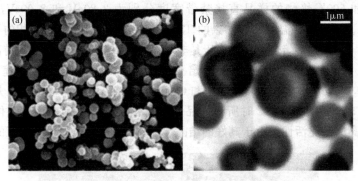

图 6-12　B 掺杂 TiO_2 空心球的 SEM 图（a）及 TEM 图（b）

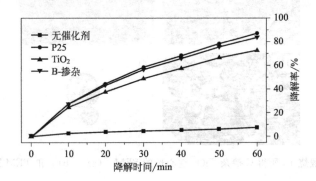

图 6-13　可见光下光催化对 10mg/L 的亚甲基蓝的光催化降解曲线

Xiaoxia Lin 等以碳球为模板、以 Ti(OBu)$_4$ 和 Fe(NO$_3$)$_3$ 为钛源和铁源采用溶胶-凝胶法制备 Fe 掺杂的 TiO_2 空心球。其中，碳球模板和 Fe 掺杂量为 0.5%（质量）TiO_2 空心球样品的 TEM 图见图 6-14，可知碳球模板的直径在 200～350nm 之间；Fe 掺杂量为 0.5%（质量）TiO_2 空心球样品的直径在 200～300nm 之间，且球壳厚度约为 30nm。5 个循环周期内的 0.5%（质量）Fe 掺杂 TiO_2 空心球对活性艳红 X-3B 染料的降解表明，在 5 个循环后光催化活性仍保持很好，降解率仍高达 90% 以上；经 5 个循环后对活性艳红 X-3B 染料的降解率仅下降 6.36%。

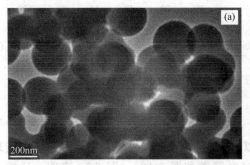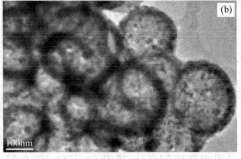

图 6-14　碳球模板（a）和 Fe 掺杂量为 0.5%（质量）TiO_2 空心球样品（b）的 TEM 图

Kezhen Lv 等首先用水热法以葡萄糖为反应物制备直径为 180～250nm 碳球［图 6-15

（a）］，以 Ti(OC₄H₉)₄ 和 （NH₄)₆W₇O₂₄ 为钛源和钨源制备 WO_3/TiO_2 复合的空心球 ［图 6-15 （b）］，空心球的直径约为 320nm，球壳厚度约为 50nm。与只加入 Ti(OC₄H₉)₄ 制备的 TiO_2 空心球相比，WO_3/TiO_2 复合的空心球主要吸收边发生红移，红移至 477nm，扩展对可见光的吸收。TiO_2 空心球及 WO_3/TiO_2 复合空心球在可见光下对亚甲基蓝的光催化降解曲线见图 6-16。对于 TiO_2 空心球，在可见光下照射 80min 后对亚甲基蓝的降解率仅为 24%，而 WO_3/TiO_2 复合空心球的降解率为 78%，后者光催化活性是前者的 3.25 倍；TiO_2 空心球和 WO_3/TiO_2 复合空心球的表观速率常数分别为 $0.00524min^{-1}$ 及 $0.0184min^{-1}$，后者表观速率常数是前者的 3.5 倍。WO_3/TiO_2 复合空心球的光催化活性的提升归因于光生电子和空穴的有效分离及扩展光激发的波长范围。

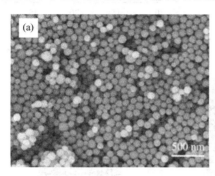

图 6-15　（a）碳球模板的 SEM 图，（b）为 WO_3/TiO_2 空心球的 SEM 图

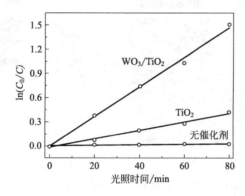

图 6-16　TiO_2 空心球及 WO_3/TiO_2 复合空心球在可见光下降解亚甲基蓝动力学曲线

　　Peifang Wang 等以碳球作为模板在真空 75℃ 低温下成功制备 Sn 掺杂 TiO_2 空心微球。根据 Sn 掺杂量的不同，依次将样品标记为 Sn-H-TiO_2-1（2%Sn）、Sn-H-TiO_2-2（5%Sn）、Sn-H-TiO_2-3（10%Sn）。图 6-17 为 Sn-H-TiO_2-2 的 TEM 图，从图中显著像差可以看出合成产物为空心结构。在可见光照射下研究不同光催化剂降解 X-3B 的光催化活性，如图 6-18 所示，从图中得到 Sn-H-TiO_2-1、Sn-H-TiO_2-2、Sn-H-TiO_2-3 的光降解反应速率常数 K_{app} 分别为 $0.013min^{-1}$、$0.017min^{-1}$、$0.010min^{-1}$。上述结果表明 Sn 掺杂 TiO_2 空心微球的光催化活性要比 TiO_2 空心微球高，且当 Sn 的掺杂量为 5% 时活性最高。

　　（3）二氧化硅微球模板　H. L. Meng 等首先制备平均直径约为 400nm 的 SiO_2 球，再以此为模板，TiO_2 包覆 SiO_2 的核-壳结构微球 （$SiO_2@TiO_2$）及 CdS 包覆 SiO_2 的核-壳结构微球 （$SiO_2@CdS$），再次分别以上述两种核-壳结构微球作为模板，进一步分别包覆 CdS 和 TiO_2，将得到的多层核-壳结构在 1mol/L NaOH 溶液中进行水热反应，除去 SiO_2 模板，制备 CdS 包覆 TiO_2 的双壳空心球 （$TiO_2@CdS$ DHS）和 TiO_2 包覆 CdS 的双壳空心球

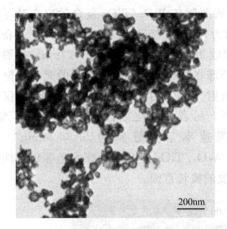

图 6-17 5%Sn 掺杂 TiO₂ 空心微球的 TEM 图

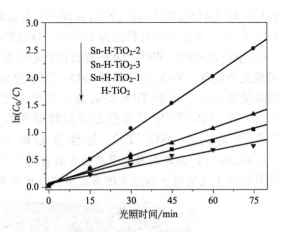

图 6-18 不同样品光催化 X-3B 性能图

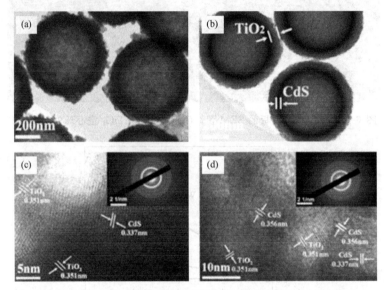

图 6-19 （a）和（c）分别为 CdS 包覆 TiO₂ 的双壳空心球的 TEM 图和 HRTEM 图，（b）和（d）分别
为 TiO₂ 包覆 CdS 的双壳空心球的 TEM 图和 HRTEM 图，其中（c）和（d）中的插图均为 SAED 图

（CdS@TiO₂ DHS），相应的 TEM 和 HRTEM 图见图 6-19。可知，两种双壳空心球的直径均约为 540nm，TiO₂ 的壳层厚度约为 50nm，CdS 的壳层厚度约为 20nm。TiO₂@CdS DHS 和 CdS@TiO₂ DHS 均具有高的比表面积，分别为 $138.3m^2/g$ 和 $102.4m^2/g$，且均具有窄的孔径分布（3~7nm）。他们还用上述模板法制备 TiO₂ 空心球和 CdS 空心球作为比较。4 种样品的 UV-vis DRS 谱见图 6-20。可知，TiO₂@CdS DHS 和 CdS@TiO₂ DHS 具有强烈的可见光吸收，吸收边分别为 515nm 和 540nm，对应的禁带宽度分别为 2.4eV 及 2.3eV。4 种样品在可见光下对 50mL 的 2×10^{-5} mol/L 罗丹明 B 的降解曲线见图 6-21。可知，4 种样品的光催化活性顺序为：TiO₂@CdS DHS＞CdS 空心球＞CdS@TiO₂ DHS＞TiO₂ 空心球，降解 60min 后，TiO₂ 空心球的降解率仅为 5%；而 TiO₂@CdS DHS 的降解率接近 100%。两种双壳空心球均增强光催化活性，这可解释为：CdS 的导带比 TiO₂ 高 0.5eV，CdS 价带中的电子激发到 CdS 的导带后，在可见光的照射下可快速转移至 TiO₂ 的导带中，因此实现电荷的有效分离。此外，TiO₂@CdS DHS 和 CdS@TiO₂ DHS 两种双壳空心球具有不同的光催

　纳米半导体材料与器件

化活性是源于它们结构上的差异。首先，CdS@TiO$_2$ DHS 中的 TiO$_2$ 外壳对光的散射减少 CdS 内壳对光的捕获，因此，与 TiO$_2$@CdS DHS 相比，CdS@TiO$_2$ DHS 中生成的电子空穴对数目将变少。其次，CdS@TiO$_2$ DHS 结构中的 CdS 既存在立方相又存在六方相，在两相界面处的晶体缺陷能够促进光生电子和空穴的复合，这将降低光催化活性，而 TiO$_2$@CdS DHS 中仅存在立方相 CdS。再次，CdS@TiO$_2$ DHS 的比表面积比 TiO$_2$@CdS DHS 要小。

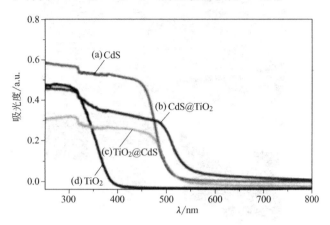

图 6-20 (a) CdS 空心球，(b) CdS@TiO$_2$ DHS，(c) TiO$_2$@CdS DHS，
(d) TiO$_2$ 空心球的 UV-vis DRS 谱

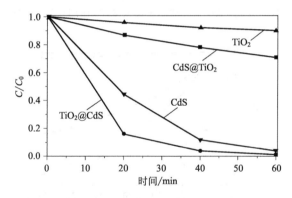

图 6-21 TiO$_2$ 空心球、CdS 空心球、CdS@TiO$_2$ DHS、TiO$_2$@CdS DHS
4 个样品对罗丹明 B 的降解曲线

6.3.1.2 软模板法

(1) 气泡模板法 气泡模板法合成微纳米空心结构的原理主要是在合成反应过程中有气体产生，从而在溶液环境中形成微纳米大小的气泡。目标生成物在微纳米气泡上沉积，从而形成空心结构。

Xie 等发展一种利用气泡作为模板来制备 TiO$_2$ 空心球的方法。他们利用草酸氧钛钾作为前驱体，加入 H$_2$O$_2$ 为配体，以其分解所产生的 O$_2$ 气泡作为软模板，成功地制备出具有三维有序结构的 TiO$_2$ 空心球（如图 6-22 所示）。由图 6-22（a）可知，该空心球直径约 1μm，表面粗糙。高倍图 [图 6-22（b），(c)] 显示，该空心球是由菱形状的单元体自组装成的多层结构，壁厚约 100nm。TEM 图 [图 6-23（d）] 显示菱形状的单元体结晶性良好，且沿 [001] 晶轴方向生长。图 6-23 是采用合成的 TiO$_2$ 空心微球光催化降解 RhB 的结果。光催化试验是采用 10mg TiO$_2$ 空心微球催化 100mL 的 RhB（1.0×10^{-5}）。不同光催化时间后 RhB 的 UV-Vis 吸收谱表明，随着光催化时间的延长，在 TiO₂ 空心微球作用下，RhB 被快速降解，60min 后，RhB 完全降解。对比性试验结果说明 TiO₂ 空心微球光催化效率远高于 TiO₂ 纳米棒。

图 6-22　（a）气泡模板法制备 TiO₂ 空心球的 SEM 图；（b）单个空心球的 HRSEM 图；
（c）不同角度的 TiO₂ 空心球的 SEM 图；（d）气泡模板法制备 TiO₂ 空心球的 TEM 图；
（e）组成 TiO₂ 空心球的表面尖端结构的 HRTEM 图

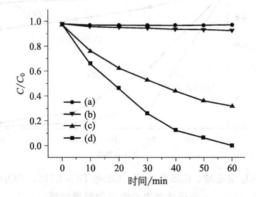

图 6-23　不同 TiO₂ 空心微球的光催化性能
（a）未经紫外光照射的样品；（b）未经催化剂处理得到的样品；
（c）金红石相 TiO₂ 纳米棒；（d）金红石相 TiO₂ 空心球

(2) 胶束模板法　Jiandong Zhuang 等以十二胺胶束作为模板，采用低温溶剂热法制备具有多层孔结构的 TiO₂@C 空心微球。图 6-24 为其所制备的 TiO₂@C 空心微球的 SEM 图。由图 6-24（a）可知，该空心球粒径分布较均匀，直径约 $0.6 \sim 1\mu m$。高倍图 ［图 6-24（b），（c）］显示，该空心球壁厚约 100nm，表面粗糙，是由大量直径几纳米的颗粒组成。他们考察该空心球对 RhB 的可见光催化效果，结果如图 6-25 所示。由图 6-25 可知，与 TiO₂@C 实心微球（TCMs）和纯 TiO₂ 空心微球（THMs）相比，TiO₂@C 空心微球（TCHMs）表现出最高的分解率（97.1%），他们将此归因为 TiO₂@C 空心微球的独特结构，认为样品的多层介孔结构能够提高反应分子转移到球壳上活性位点的效率；同时中空结构使入射光可在空腔内多次反射，提高光利用率。

　纳米半导体材料与器件

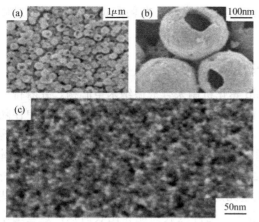

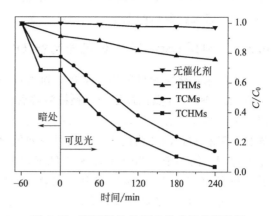

图 6-24　TiO$_2$@C 空心微球的 SEM 图　　　　图 6-25　不同样品对 RhB 的光催化降解图

(3) 微乳状液模板法　Yuzhu Jiao 等利用钛酸四丁酯作为前驱体,以甲酰胺和十八烯作为水相和油相,采用微乳液法制备具有〈116〉晶面取向的 TiO$_2$ 空心球。图 6-26 为其所制备的空心球 SEM 图和 TEM 图。由 SEM 图可清晰地看出,该法所制备的空心球表面光滑,粒径分布范围很宽,大约为 50nm～5μm。从 TEM 图可以看出,该空心球壁由大量 5～10nm 的微晶组成,表面分布有很多规则的纳米孔,壁的厚度只有约 10nm。他们比较了这种粒径分布宽的 TiO$_2$ 空心球和具有规则粒径(450nm)的 TiO$_2$ 空心球对苯酚的催化活性,发现该空心球的催化活性几乎是粒径规则的空心球的 2 倍。

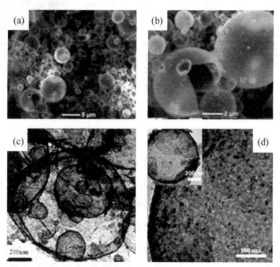

图 6-26　TiO$_2$ 空心球的 SEM［(a),(b)］和 TEM 图［(c),(d)］

6.3.2　在离子液体中制备 TiO$_2$ 空心球

Kiwon Hong 等在不同种类离子液体中成功制备出 TiO$_2$ 空心球。不同种类离子制备出的 TiO$_2$ 空心球形状和尺寸不同,这主要是由于有机溶剂和离子液体间的界面作用所导致。二元离子液体［Bmim］［BF$_4$］+［Omim］［PF$_6$］、［Bmim］［B-F$_4$］+［Omim］［PF$_6$］和［Bmim］［PF$_6$］+［Hmim］［PF$_6$］均能有效制备出高比表面积和锐钛矿的 TiO$_2$ 空心球。在这三种二元离子液体中,［Bmim］［B-F$_4$］+［Omim］［PF$_6$］制备出的锐钛矿的 TiO$_2$ 空心球性能最好。Kimizuka 等发展了一种在离子液体中制备 TiO$_2$ 空心球的方法。他们利用苯和离子液体 1-甲基-3-丁基-六氟磷酸盐（[C₄mim]PF₆）之间小的互溶性，在剧烈搅拌情况下形成微小液滴，进而控制钛酸四丁酯在微球表面水解，形成 TiO₂ 空心球。

6.3.3 利用 Ostwald 生长机理制备 TiO₂ 空心球

近年来，化学和材料科学家开始利用 Ostwald 熟化机制来合成微纳米空心构，并获得一定进展。Ostwald 熟化过程是小颗粒溶解后在大颗粒表面重新结晶生长的过程，过程中伴随质点的迁移往往容易导致内部空心结构的形成。最近，基于原位内外溶解-再晶化的化学诱导自转变和 Ostwald 熟化方法，发展一种化学诱导自转变方法制备 TiO₂ 空心微球方法。其基本原理：第一步，Ti(SO₄)₂ 和 NH₄F 溶解在纯水中，形成清澈的水溶液，在水热釜中将其加热到 160℃，Ti(SO₄)₂ 被强制水解，产生大量无定形态 TiO₂ 纳米颗粒；第二步，这些无定形态 TiO₂ 纳米颗粒具有大的表面能，很不稳定，为降低表面能和比表面积，这些纳米颗粒将自发团聚形成无定形固体微球；第三步，在水热条件下，无定形固体微球表面将首先晶化，即从无定形相向锐钛矿相转换，形成核-壳结构，即颗粒外部为锐钛矿相，颗粒内部为无定形相；第四步，在老化过程中，颗粒内部的无定形核具有更大的溶解度，将优先溶解。当溶液中离子的过饱和度高于外部锐钛矿相溶度积时，外部晶化层将逐渐生长变厚，而内部核将逐渐溶解变小，直到完全消失，最终形成锐钛矿相空心微球而外形基本保持不变。

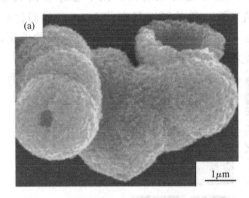 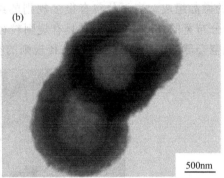

图 6-27 TFA 与 Ti(SO₄)₂ 的摩尔比为 2 时，TiO₂ 空心微球的 SEM 图（a），TEM 图（b）

Jiaguo Yu 等采用一步水热法合成了修饰的 TiO₂ 空心微球，研究了三氟乙酸（TFA）的作用，发现不同 R 值 [R 为 TFA 与 Ti(SO₄)₂ 的摩尔比] 对 TiO₂ 空心微球的微结构和光催化活性都有很重要影响。在没有 TFA 的条件下（纯水），所得的样品为实心球。相反的是，在 TFA 存在的情况下，能够获得直径在 500~800nm 之间的 TiO₂ 空心微球，随着 R 增大，TiO₂ 空心微球的直径也会随之增大。这表明 TFA 的浓度对空心球的尺寸有积极作用。图 6-27 为 $R=2$ 时 TFA 修饰的 TiO₂ 空心微球 SEM 图与 TEM 图。在 TFA 存在的条件下，样品的直径在 500~800nm 之间，从图中我们可以明显看出产物为空心结构。图6-28为在紫外光照射下不同 R 值情况下制备的样品及 P25 光催化降解丙酮的反应速率常数，由此图可知，在没有添加 TFA（$R=0$）时所制备的纯 TiO₂ 样品也具有较好的光催化活性，反应速率常

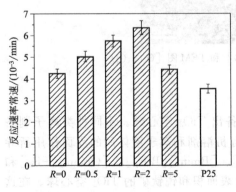

图 6-28 不同 R 值的样品及 P25 光催化降解丙酮的性能比较

数为 $4.24 \times 10^{-3}/\mathrm{min}$。这主要是由于其较大的比表面积、双峰介孔分布和锐钛矿的相结构。随着 R 的增大，TiO_2 空心球的光催化活性明显增加，高于纯的 TiO_2 实心球。这主要是由于 TiO_2 晶化的加强、空心结构的形成及通过 TFA 和 F 离子所产生的表面氟化几个方面因素。在 $R=2$ 时，样品拥有最高的光催化反应速率常数和最好的光催化活性，其反应速率常数为 $6.58 \times 10^{-3}/\mathrm{min}$。这种很好的光催化活性归因于表面吸附的 CF_3COO^- 和 F^- 达到最理想浓度。

Shengwei Liu 等进一步采用水热法合成多孔 TiO_2 空心微球，研究氟化铵和尿素对空心微球的微结构和光催化活性的影响。图 6-29 为 TiO_2 空心微球的 SEM、TEM 图，由图 6-29（a）、（c）可知得到的产物是形貌均一、尺寸约为 $1\mu m$ 的空心球。粗略看来，微球外表面比较光滑，如图 6-29（a）所示，这可能是因为其一次组装纳米基元的尺寸大小较均一细小。图 6-29（b）为一个有破裂开口的空心微球放大图，从中可以看出，空心球外壳是由大量纳米粒子密集堆积而成的，空心球的壁呈多孔结构。另外，这些空心微球之间相互串联起来，形成链状的超结构，这与对应的 TEM 图 ［图 6-29（c）］相吻合，大量空心微球的内腔相互贯通，呈现肠状超级结构。从图 6-29（c）也可以看出，每个微球的空心结构非常明显，空心微球的壁厚一般为 300nm 左右，内腔的大小为 400nm 左右。图 6-29（d）为对外壳壁的进一步放大，可以看出其组装基元多为多面体的形状，尺寸大概在 $10 \sim 20\mathrm{nm}$ 之间，组装基元之间形成大量介孔。图 6-29（c）插图中的一张典型选区电子衍射花样表明，空心二氧化钛的外壳是锐钛矿相纳米晶的多晶团聚体；晶面间距及晶面指数分别为 0.351(101)，0.238(004)，0.189(200)，0.169(105) 和 0.166nm(211)。与之对应的，单个纳米晶的高分辨 TEM 图像图 6-29（d）也证明其锐钛矿晶相结构，晶格条纹中晶面间距约为 0.35nm，与锐钛矿相二氧化钛的（101）晶面间距比较接近。光催化活性研究结果（如图 6-30）表明，多孔 TiO_2 空心微球表现出比实心微球和离散纳米晶（P25）更好的光催化活性，这主要是因为多孔空心微球结构有利于对污染物的捕获与表面吸附，有利于对光的捕获与吸收。

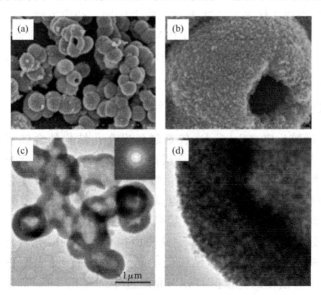

图 6-29　TiO_2 空心微球的 SEM 图（a），（b）；TEM 图（c），（d），
（c）插图为对应的选区电子衍射花样，
（d）插图对应的高分辨 TEM 图像

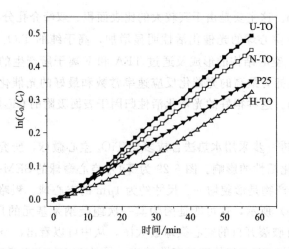

图 6-30　不同光催化材料条件下制备的 TiO₂ 样品降解气相丙酮的光催化活性及其与 P25 的
比较：H-TO 为 TiO₂ 实心微球，U-TO 为 TiO₂ 空心微球（添加三氟乙酸），N-TO 为 TiO₂
空心微球（同时添加三氟乙酸和尿素），P25 为商品 TiO₂ 纳米颗粒

6.4　TiO₂ 介孔材料

TiO₂ 是一种稳定、无毒的半导体材料，具有优异的光催化活性和光电转换能力，被认为是最有应用潜力的光催化材料和太阳能电池材料，并在光催化材料载体和化学传感器等方面有重要应用。由于介孔 TiO₂ 具有大的比表面积和孔体积，故可增强对空气或水中有机污染物的吸附能力，所以其光催化活性也得到增强。本节主要介绍介孔 TiO₂ 纳米材料的几种合成方法以及光催化研究进展。合成介孔 TiO₂ 有多种方法，不同的方法在表面活性剂、钛源、合成路线及除掉表面活性剂的方法上都有较大区别。合成方法主要有溶胶-凝胶法、超声合成法、水热法、溶剂蒸发自组装法（EISA）、沉淀法等。在不同合成过程中除掉表面活性剂的方法也有所不同。最常用的方法为焙烧法。此外，还有溶剂萃取法和微波法。下面对目前介孔 TiO₂ 的主要合成方法进行介绍。

6.4.1　溶胶-凝胶法制备介孔 TiO₂ 纳米材料

利用普通溶胶-凝胶反应（Sol-Gel）较难制备出介孔结构的含钛光催化材料，但在溶胶-凝胶反应过程中加入模板剂就可以显著提高所制含钛介孔光催化材料的物化性能。除了加入模板剂或改性剂能对含钛介孔光催化材料的物化性能进行优化以外，改变反应溶液的 pH 值或反应媒介的类型等反应环境也是改善溶胶-凝胶法的有效手段。各种模板剂合成的产品各有不同的织构特点。有机铵盐模板剂和胺类模板剂合成的 TiO₂ 比表面积和孔径都比较大，高分子聚合物合成的 TiO₂ 比表面积较大，同时孔径比较均匀；而小分子非表面活性剂作为模板剂时虽然成本比较低，但是合成的产品表面积比较小同时孔径较大。下面根据所使用的模板剂为依据，分别介绍近年来介孔 TiO₂ 光催化剂的合成工艺及其取得的成果。

Q. Dai 等用不同长链的烷基磷酸盐和烷基胺表面活性剂作为模板剂分别合成介孔二氧化钛 Ti-TMS1（十二烷基磷酸盐和十六烷基磷酸盐作为模板剂）和 Ti-TMS2（十二烷基胺作

为模板剂），不经过煅烧，而是用 EtOH/H₂O/KOH 溶液来去除模板。图 6-31 为样品的低角 XRD 图。由图 6-31 知，这样制得的介孔 TiO₂ Ti-TMS1 是六方排列的，其四个衍射峰分别对应（100）、（110）、（200）、（210）面；Ti-TMS2 只有一个衍射峰，其介孔有序度较 Ti-TMS1 明显降低。其研究显示，改变烷基磷酸盐的碳链长度可以改变介孔 TiO₂ 的孔径大小，提高烷基链长度能够改善孔径结构的均匀性。采用 2,4,6-三氯苯酚（TCP）作为模拟的污水溶液来研究样品 Ti-TMS1 的光催化活性，结果如图 6-32 所示。由图 6-32 可知，Ti-TMS1 的光催化活性高于 P25 且其光催化活性随着模板移除量的增加而显著增加。

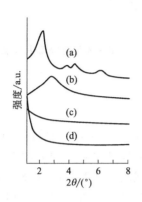

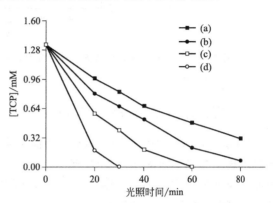

图 6-31　以不同模板合成的 TiO₂
低角 XRD 图

（a）为十六烷基磷酸盐；（b）为十二烷基胺；
（c）无模板；（d）为十六烷基三甲基溴化铵

图 6-32　Ti-TMS1 光催化降解 2,4,6-三氯苯酚

（a）为 P25；（b）为移除 13% 模板的 Ti-TMS1；
（c）为移除 30% 模板的 Ti-TMS1；
（d）为移除 100% 模板的 Ti-TMS1

Wang. Y 等利用非离子表面活性剂 TritonX-100 作为模板剂制备介孔 TiO₂ 粉末；用水和乙醇洗去模板剂，得到锐钛矿相结构的样品，TEM 测试表明此 TiO₂ 具有纳米级的孔洞。图 6-33 为样品的 N₂ 吸附脱附曲线 [图 6-33（A）] 及孔径分布曲线 [图 6-33（B）]。从图 6-33（A）可看出，未煅烧的样品的等温曲线为Ⅳ型，在相对压力为 0.5～0.7 之间有迟滞环，表明样品具有介孔结构。BJH 计算结果显示，样品的孔径分布窄，集中在 4.9nm [如图 6-33（B）]，BET 比表面积为 241m²/g。在紫外光照射下，样品对甲基橙的光催化降解作用优于 P25（如图 6-34）。

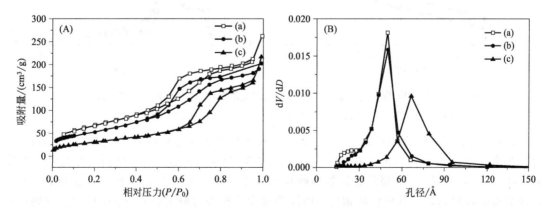

图 6-33　以非离子表面活性剂 TritonX-100 为模板剂制备的介孔 TiO₂ N₂ 吸附脱附曲线（A）
及孔径分布曲线（B）；（a）为未煅烧样品，（b）为 350℃ 煅烧 4h 样品，（c）为 450℃ 煅烧 4h 样品

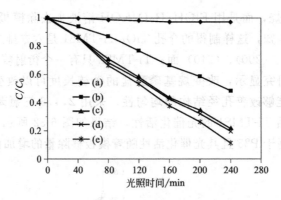

图 6-34　以非离子表面活性剂 TritonX-100 为模板剂制备的介孔 TiO_2 光催化降解甲基橙
(a) 为空白样；(b) 为 P25；(c) 为未煅烧样品；(d) 为 350℃煅烧 4h 样品；(e) 为 450℃煅烧 4h 样品

6.4.2　超声水解法制备介孔 TiO_2 纳米材料

Minghua Zhou 等以 $Ti(OC_4O_9)_4$ 为前驱体，以 $Fe(NO_3)_3 \cdot 9H_2O$ 作为铁源，通过超声诱导水热反应成功制备介孔 TiO_2 纳米晶。图 6-35 为不同 Fe 掺杂量合成样品的 N_2 吸附脱附曲线及孔径分布曲线。由图 6-35 可知，所有样品的等温线均为 Ⅳ 型，孔径分布在 1.5～10nm 之间；随着 Fe 掺杂量的增加，孔径有轻微的收缩。当掺杂量为 0.25%（原子）时，样品的 BET 比表面积最大，为 185.4m^2/g，平均孔径为 6.9nm。他们将样品用于丙酮的光催化氧化，并以表观动力学常数的大小来表征不同样品光催化活性的强弱，结果如图 6-36 所示。从图 6-36 中可以看出，少量 Fe 掺杂对样品的光催化活性有明显增强作用；当 Fe 掺杂量为 0.25% 时，样品光催化活性最大，是 P25 的近 2 倍。

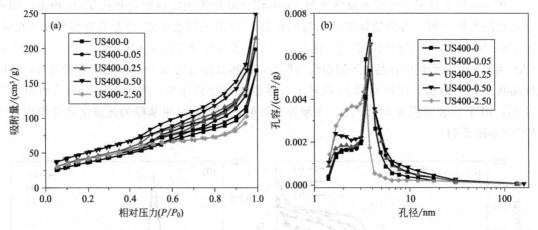

图 6-35　不同 Fe 掺杂量合成的 TiO_2 N_2 吸附脱附曲线 (a) 及孔径分布曲线 (b)，
图中样品 US400-x（x＝0、0.05、0.25、0.50、2.50）中的 x 表示 Fe/Ti 摩尔比

Miao 等分别以番茄、洋葱、葡萄、大蒜 4 种植物的表皮为模板剂，以异丙醇钛为钛源，通过超声化学法成功制备出介孔二氧化钛。图 6-37 为 4 种样品的 N_2 吸附脱附曲线。由图 6-37 可知，4 种样品的 N_2 吸附脱附等温线均为 Ⅳ 型，表明 4 种样品均具有介孔结构。BJH 孔径分布曲线显示，与其他样品相比，以洋葱表皮为模板合成的介孔 TiO_2 具有更规则的孔道。他们以龙胆紫的紫外光催化降解来考察 4 种样品的光催化活性，结果如图 6-38 所示。以葡萄表皮为模板合成的样品 4h 内对龙胆紫的紫外光催化降解率达到 98%，高于 P25

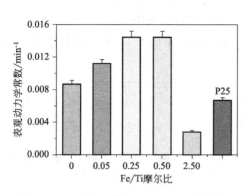

图 6-36 不同 Fe 掺杂量的 TiO₂ 光催化
氧化丙酮的表观动力学常数比较

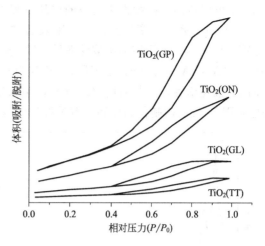

图 6-37 不同生物模板合成的介孔 TiO₂
的 N₂ 吸附脱附曲线

GP—葡萄；ON—洋葱；GL—大蒜；TT—番茄

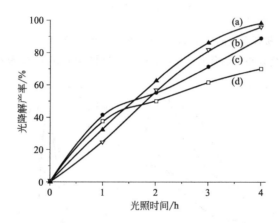

图 6-38 不同生物模板合成的介孔 TiO₂ 光催化降解龙胆紫

(a) 葡萄模板；(b) P25；(c) 洋葱模板；(d) 番茄模板

（96%），表现出最好的光催化活性。

6.4.3 水热法制备介孔 TiO₂ 纳米材料

6.4.3.1 水热模板法

（1）有机大分子模板法 C. Y. Liu 等以钛酸四正丁酯为钛源，P123 为模板剂，乙酰丙酮和 HCl 为抑制剂，采用水热法制备同时具有六方有序孔道结构和锐钛矿相孔壁的介孔 TiO₂。他们分别采用溶剂萃取法和煅烧脱除 P123 模板剂，比较不同处理方式对孔道结构的影响。图 6-39 为样品的低角和广角 XRD 图。由图 6-39（a）知，两种方法制备的样品在低角范围均有衍射峰出现，表明两种样品均具有介孔结构。与煅烧相比，采用溶剂萃取法脱除 P123 模板剂制备的样品衍射峰更尖锐，强度更高，表明该样品孔的有序度和结晶性更好，说明采用溶剂萃取法脱除 P123 模板剂可以降低对孔结构的破坏。图 6-39（b）则表明，采用溶剂萃取法脱除 P123 模板剂，样品呈现很纯的锐钛矿相，而煅烧所得样品同时含锐钛矿相和金红石相。样品的 N₂ 吸附脱附曲线及 BJH 孔径分布曲线如图 6-40 所示。从图 6-40

（a）中可以看出，两种方法制备的样品在相对高的压力下均有很大的 H1 型回滞环，表明产物 TiO₂ 具有孔道，窄的孔径分布则表明样品具有规则的介孔孔道，如图 6-40（b）所示。计算结果显示，采用溶剂萃取法脱除 P123 模板剂制备的样品 BET 比表面积为 $201m^2/g$，孔径为 $64Å$（$1Å=0.1nm$，全书同），孔容为 $0.46cm^3/g$。他们以亚甲基蓝的催化降解考察样品的光催化活性，并与商用 P25 比较，结果如图 6-41 所示。由图 6-41 知，采用溶剂萃取法脱除 P123 模板剂制备的样品具有最好的光催化活性。

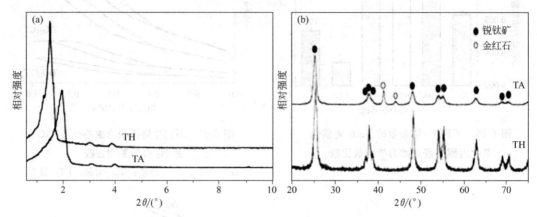

图 6-39　以 P123 为模板剂合成的介孔 TiO₂ 的低角（a）和广角（b）XRD 图，TH 表示采用溶剂萃取法脱除 P123 模板剂制备的样品，TA 表示采用煅烧脱除 P123 模板剂制备的样品

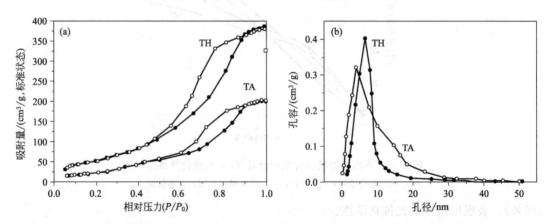

图 6-40　以 P123 为模板剂合成的介孔 TiO₂ 的 N₂ 吸附脱附曲线（a）及 BJH 孔径分布曲线（b）

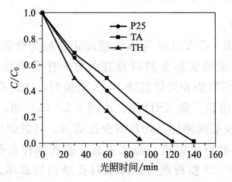

图 6-41　以 P123 为模板剂合成的介孔 TiO₂ 光催化降解亚甲基蓝，TH 表示采用溶剂萃取法脱除 P123 模板剂制备的样品，TA 表示采用煅烧脱除 P123 模板剂制备的样品

（2）有机小分子模板法 T. C. Hsu 等利用带正电荷的表面活性剂（S^+）和带负电荷的无机钛源骨架（I^-）之间的自组装（S^+I^-）制备具有锐钛矿结晶孔壁的介孔二氧化钛。图 6-42 为不同水热时间合成的样品煅烧前后的低角 XRD 图。从图 6-42（a）可以看出，煅烧前的样品（2d）在 $d=36.7\text{Å}$，26.2Å，16.7Å 和 14.8Å 处出现衍射峰，分别对应六方介孔结构的（100）、（110）、（200）和（210）面；煅烧后，样品的有序结构被破坏〔图 6-42（b）〕。图 6-43 为煅烧后样品（6d）的 TEM 及选区电子衍射图。从图 6-43（a）可知，样品具有蠕虫状的孔结构。图 6-43（b）说明样品孔壁为锐钛矿型的 TiO_2。该样品对亚甲基蓝的光催化降解如图 6-44 所示。由图 6-44 知，在开始的 10min 内，P25 降解亚甲基蓝不到 7%，而实验合成的样品（6d）对亚甲基蓝的降解达到 63%，因此实验所合成的样品具有更高的光催化活性。

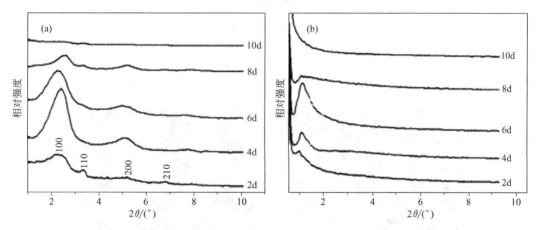

图 6-42 不同水热时间合成的样品煅烧前（a）和煅烧后（b）的低角 XRD 图

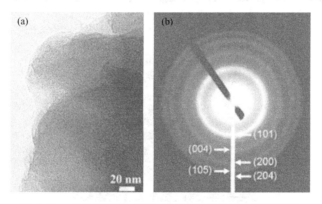

图 6-43 煅烧后样品（6d）的 TEM 及选区电子衍射图

6.4.3.2 水热自组装法

Jiaguo Yu 等以钛酸四丁酯为钛源，采用水热法合成海绵状的大孔/介孔 TiO_2。他们研究了水热时间对样品的相组成、多孔性及光催化性能的影响。当水热时间为 1h 时，样品中仅有锐钛矿；水热时间超过 3h，样品中出现少量的板钛矿物相。水热时间为 24h 时，制备的样品为海绵状的大孔/介孔 TiO_2，其 SEM 图及 TEM 图如图 6-45。由 SEM 图可知，样品中存在蠕虫状的无序大孔骨架，该骨架具有连续的孔壁结构，孔壁是由 TiO_2 纳米晶团聚体紧密堆积构成。三维连续大孔尺寸及壁厚分别在 $0.5\sim3\mu m$ 及 $0.5\sim1.5\mu m$ 之间。TEM 图显示，样品的晶粒尺寸约为 9nm，大量晶粒团聚在一起形成介孔结构。不同水热时间制备的 TiO_2 样品的 N_2 吸附-脱附曲线及孔径分布曲线如图 6-46。当水热时间为 0 h 时，样品的

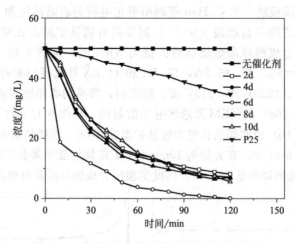

图 6-44　介孔 TiO₂ 光催化降解亚甲基蓝结果

2d、4d、6d、8d、10d 分别表示水热时间为 2 天、4 天、6 天、8 天、10 天制备的二氧化钛样品

图 6-45　水热时间为 24h 时制备的 TiO₂ 样品的 SEM 图 [(a)、(b)] 及 TEM 图（c）

等温线为 Ⅰ 型和 Ⅳ 型，在低压处 N₂ 吸附量大，表明有微孔存在（Ⅰ型）；在高压处存在小的滞回环，表明有介孔存在（Ⅳ型）。当水热时间为 1h 时，样品的等温线为 Ⅳ 型，且存在两个滞回环，表明在介孔和大孔区域存在双模式的孔径分布。相对压力为 0.4～0.7 的压力区域，滞回环为 H2 型，表明存在墨水瓶状孔，这是团聚体内的原始颗粒间形成的孔；相对压力为 0.8～1.0 的压力区域，滞回环为 H3 型，这是片状颗粒聚集成的狭缝孔，也是二次颗粒团聚体间形成的孔。这种双模式的孔在孔径分布曲线中得到进一步证实，其小的介孔峰值孔径约为 3.7nm，大的介孔的峰值孔径约为 39nm。随着水热时间进一步增加至 10h 和 24h，等温线的形状有两点明显变化。一是在高压处表现出更高的 N₂ 吸附量，这表明形成大孔。

　纳米半导体材料与器件

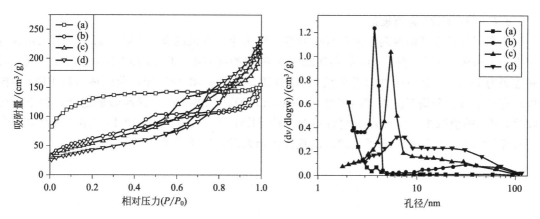

图 6-46　不同水热时间的样品的 N_2 吸附-脱附曲线和孔径分布曲线
（a）、（b）、（c）、（d）的水热时间分别为 0、1h、10h、24h

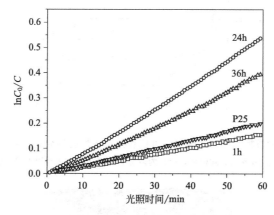

图 6-47　水热时间为 1h、24h、36h 制备的样品及 P25 的 $\ln(C_0/C)$ 与光照时间的关系图

二是两个独立的滞回环逐渐聚合为一个，表明团聚体内的孔与团聚体间的孔出现重叠。这是由于晶粒的长大及团聚体收缩引起，因此，团聚体内的峰值孔径从 3.7nm 移至 6.9nm，团聚体间的峰值孔径从 39nm 移至 23nm。此外，随着水热时间的延长，样品的比表面积逐渐下降，水热 24h 的样品的比表面积为 156.2m²/g。不同水热时间制备的 TiO_2 样品及 P25 的光催化氧化降解丙酮的测试结果如图 6-47。从图 6-47 可知，水热时间为 0h 时，由于样品为无定形相，基本无光催化活性。随着水热时间的增加，由于样品结晶型的增加，光催化活性提高；水热时间为 24h 时，样品的光催化活性最高，其活性是 P25 的 3 倍；高的光催化活性归因于样品的锐钛矿和板钛矿的混合结构、高的比表面积及分等级的大孔/介孔结构。进一步增加水热时间，由于样品比表面积的减小及板钛矿含量的降低导致光催化活性下降。

6.4.4　蒸发诱导自组装法制备介孔 TiO_2 纳米材料

采用溶剂挥发诱导自组装（EISA）法合成介孔材料时，无机材料的介孔结构和模板剂胶束形态密切相关。模板剂主要有三个作用。①在形成无机物骨架过程中作为空间填充剂，起支撑稳定骨架作用。②满足与无机物骨架之间的电荷匹配，即电荷匹配原理。③结构导向作用。下面重点介绍以两亲性的三嵌段共聚物 P123 和 F127 为模板剂，叙述溶剂挥发诱导自组装制备的介孔 TiO_2 材料光催化性能。

6.4.4.1 P123为模板剂

赵东元等开发"酸碱对"方法快速合成孔壁为半结晶态的有序介孔二氧化钛，采用钛醇盐作为无机源，$TiCl_4$作为pH值和钛源水解-缩聚的调节剂，P123和F108为模板，制备时间缩短为$1\sim2d$。图6-48为样品的低角XRD图。从图6-48（a）知，前驱体（以P123为模板）有三个峰，分别对应六方结构的（100）、（110）、（200）面。样品煅烧之后，由于结构收缩，d_{100}的值减小。图6-49为样品煅烧后的TEM图。从图6-49中可以看出，样品具有高度有序的六方介孔结构。电子衍射图出现几种衍射环，表明孔壁为半结晶态。

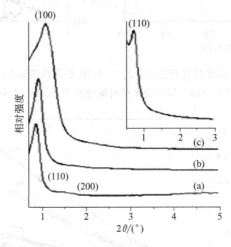

图6-48 以P123为模板采用"酸碱对"方法快速合成的有序介孔二氧化钛的低角XRD图
（a）为前驱体；（b）为微波法去除模板；（c）为煅烧去除模板，插图以F108为模板煅烧去除模板

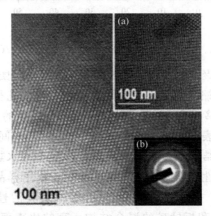

图6-49 以P123为模板采用"酸碱对"方法快速合成的有序介孔二氧化钛的TEM图
右上角插图（a）为以F108为模板合成的样品的TEM图，右下角插图（b）为电子衍射图

Zhenfeng Bian等以P123为模板剂、异丙醇钛为钛源、$Bi(NO_3)_3 \cdot 5H_2O$为铋源，采用溶剂挥发诱导自组装法制备有序介孔Bi_2O_3/TiO_2催化剂，350℃焙烧的Bi/Ti摩尔比为1%的Bi_2O_3/TiO_2样品的TEM（a）和HRTEM（b）图示于图6-50。可知Bi_2O_3/TiO_2样品具有平均孔径约为7.0nm的有序介孔结构，HRTEM图表明孔壁的平均厚度约为4nm。不同Bi/Ti摩尔比的Bi_2O_3/TiO_2样品的N_2吸附-脱附测试结果如图6-51所示。Bi/Ti摩尔比在$0\sim5.0\%$之间的Bi_2O_3/TiO_2样品均为具有H1滞回环的Ⅳ型等温线，插图中的孔径分布曲线表明不同Bi/Ti摩尔比的样品均具有窄的孔径分布。此外，Bi_2O_3/TiO_2样品的比表面积

纳米半导体材料与器件

和孔容均随 Bi/Ti 摩尔比的增加而降低。这是由于 Bi/Ti 摩尔比的增加造成 Bi_2O_3 对孔道堵塞；Bi/Ti 摩尔比为 1% 的 Bi_2O_3/TiO_2 样品的比表面积为 167m^2/g，孔容为 0.29cm^3/g。Bi/Ti 摩尔比为 0、0.20%、1.0%、2.0%、5.0% 的样品对 50mL、1.0×10^{-4}mol/L p-氯酚的降解率分别为 3%、26%、49%、39%、21%。可见，添加 Bi_2O_3 后光催化活性均提高，Bi/Ti 摩尔比为 1.0% 的介孔 Bi_2O_3/TiO_2 样品具有最高的光催化活性。该样品的 10 次循环测试图如图 6-52。催化剂经过 10 次循环使用后，光催化活性没有明显降低，样品具有很好的稳定性。

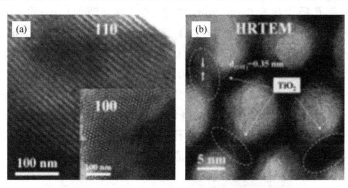

图 6-50　350℃焙烧的 Bi/Ti 摩尔比为 1% 的 Bi_2O_3/TiO_2 样品的 TEM（a）和 HRTEM（b）图

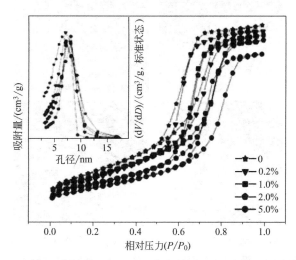

图 6-51　350℃焙烧的不同 Bi/Ti 摩尔比的 Bi_2O_3/TiO_2 样品的 N_2
吸附-脱附等温线（插图为相应的孔径分布曲线）

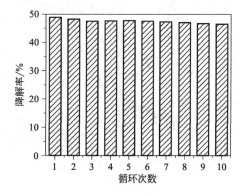

图 6-52　350℃焙烧的 Bi/Ti 摩尔比为 1% 的 Bi_2O_3/TiO_2 样品循环测试图

Hexing Li 等将 P123、TiCl₄、Ti(OBu)₄、AuCl₃ 混合在乙醇中，随后将得到的溶胶铸造到培养皿中形成薄的凝胶层。经老化后，将凝胶在 350℃ 焙烧 4h，得到不同 Au 含量的介孔 Au/TiO₂ 纳米复合物（图 6-53）。从图 6-53（c）可知，对于 1.0%（摩尔）和 2.0%（摩尔）的 Au/TiO₂ 材料，Au 纳米颗粒形成在孔道中；而 0.5%（摩尔）Au/TiO₂ 材料无此现象，确认 0.5%（摩尔）Au/TiO₂ 材料中 Au 纳米颗粒的尺寸很小。非掺杂 TiO₂ 和 Au/TiO₂ 纳米复合物的 N₂ 吸附-脱附等温线如图 6-54。从图 6-54 插图可看出，所有样品均具有窄的孔径分布，峰值孔径均在 6.0～6.8nm 之间。0.5%（摩尔）Au/TiO₂ 材料的比表面积为 157m²/g，孔容为 0.30mL/g。非掺杂 TiO₂ 和 Au 含量在 0～5% 的 Au/TiO₂ 纳米复合物的对苯酚氧化和铬（Ⅵ）还原的光催化活性比较见图 6-55。除 5%（摩尔）Au/TiO₂ 材料外，介孔 Au/TiO₂ 纳米复合物对苯酚氧化和铬（Ⅵ）还原的光催化活性均高于纯的介孔 TiO₂ 材料，0.5%（摩尔）Au/TiO₂ 材料的光催化活性最高。与纯的介孔 TiO₂ 材料相比，0.5%（摩尔）Au/TiO₂ 材料对苯酚氧化的降解率从 22% 增加到 78%。Au 纳米颗粒并入介孔骨架可作为电子导体促进光生电子转移至孔表面，减少电荷复合的可能性。Au/TiO₂ 纳米复合物光催化活性的显著增加主要是由于促进光吸收及增加量子效率。

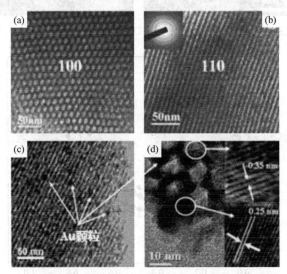

图 6-53 （a）和（b）分别为 0.5%（摩尔）Au/TiO₂ 沿 [100] 和 [110] 面的 TEM 图，
（c）为 1.0%（摩尔）Au/TiO₂ 沿 [110] 面的 TEM 图，（d）为 2.0%（摩尔）Au/TiO₂ 的 HRTEM 图

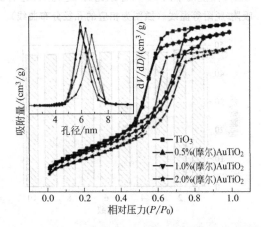

图 6-54 非掺杂 TiO₂ 和 Au/TiO₂ 纳米复合物的 N₂ 吸附-脱附等温线（插图为相应的孔径分布曲线）

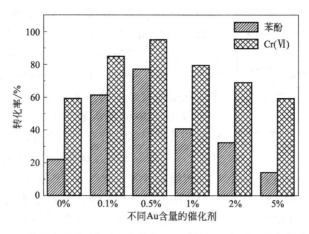

图 6-55　非掺杂 TiO₂ 和 Au 含量在 0～5％的 Au/TiO₂ 纳米复合物的
对苯酚氧化和铬（Ⅵ）还原的光催化活性比较

6.4.4.2　F127 为模板剂

Guisheng Li 等以 F-127 为模板剂及 TiCl₄ 和 Ce(NO₃)₃·6H₂O 分别为钛源及铈源 (Ce/Ti 摩尔比为 0.05) 通过蒸发溶剂诱导自组装的方法制备热稳定的有序介孔 CeO₂/TiO₂ 光催化剂。其中不添加铈源经 400℃和 500℃焙烧的样品分别标记为 TiO₂-400 和 TiO₂-500，

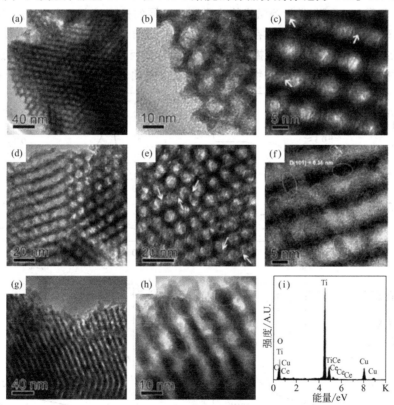

图 6-56　(a)、(b)、(c) 为 Ce/TiO₂-400 样品的 TEM 及 HRTEM 图，(d)、(e)、(f) 为 Ce/TiO₂-500、
样品的 TEM 及 HRTEM 图，(g)、(h) 为 Ce/TiO₂-600 样品的 TEM 及 HRTEM 图，其中 (a)、(b)、
(c)、(e) 沿 [100] 方向，(f)、(g)、(h) 沿 [110] 方向，(i) 为 Ce/TiO₂-500
样品样品的能谱图（Cu 和 C 来自用于支撑的碳包覆铜网）

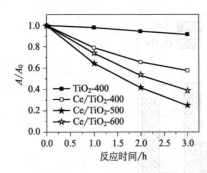

图 6-57 TiO₂-400、Ce/TiO₂-400、
Ce/TiO₂-500、Ce/TiO₂-600
样品在可见光下对亚甲
基蓝的降解图

添加铈源分别经 400℃、500℃、600℃焙烧的有序介孔 CeO₂/TiO₂ 光催化剂分别标记为 Ce/TiO₂-400、Ce/TiO₂-500、Ce/TiO₂-600，其 TEM、HRTEM 图如图 6-56。Ce/TiO₂-400、Ce/TiO₂-500、Ce/TiO₂-600 样品的平均孔壁厚度分别约为 3.0nm、4.0nm、8.0nm。图 6-56 (c) 和 (e) 中的箭头表明 Ce/TiO₂-400 和 Ce/TiO₂-500 样品的孔壁上随机分布一些介孔通道，由此形成三维的孔通道。Ce/TiO₂-500 具有最高的光催化活性，由于其具有高的比表面积（为 153m²/g）、好的结晶性。此外，有序介孔 CeO₂/TiO₂ 复合物具有三维相互连接的孔通道，可为光催化反应物和产物提供有效的扩散通道。Ce/TiO₂-400 样品虽然比表面积最大（为 225m²/g），但是其结晶性差，故光催化活性不高（如图 6-57）。

Hui Li 等以 F127 作为模板剂，Ti(OBuⁿ)₄ 为无机前驱体，以硫脲为掺杂的 S 源和 N 源，结合溶胶-凝胶法及溶剂挥发诱导自组装工艺制备 S、N 共掺杂的介孔 TiO₂ 薄膜。当硫脲/Ti(OBuⁿ)₄ 的摩尔比分别为 0、2.5%、5%、7.5% 时制备的样品分别标记为 SN-1、SN-2、SN-3、SN-4，4 种样品的 N₂ 吸附-脱附等温线如图 6-58。可知，不同 S、N 掺杂量的介孔 TiO₂ 薄膜 N₂ 吸附-脱附等温线均为Ⅳ型，不同的是不掺杂 S 和 N 时，样品的滞回环介于 H1 与 H2 之间，表明样品中存在笼状孔；而共掺杂 S 和 N 后，样品的滞回环均为 H1 型，表明样品中存在圆柱形孔。共掺杂的样品的峰值孔径均大于未掺杂样品，这是由于加入硫脲后，在酸溶液中的硫脲水解产物减小 F127 胶束的曲率，因此共掺杂的介孔 TiO₂ 薄膜

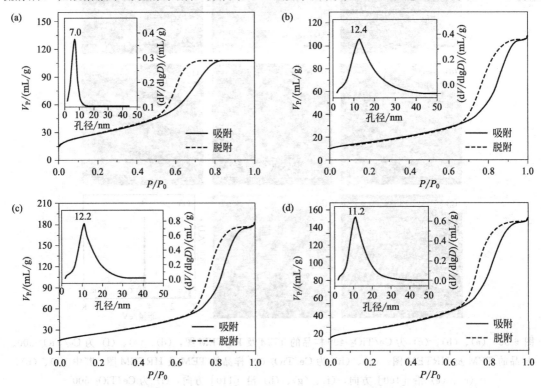

图 6-58 SN-1、SN-2、SN-3、SN-4 样品的 N₂ 吸附-脱附等温线（插图为孔径分布曲线）

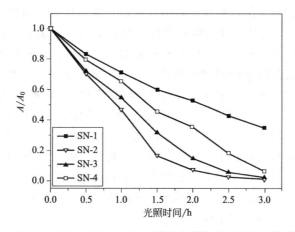

图 6-59　SN-1、SN-2、SN-3、SN-4 样品在紫外光下对甲基橙的降解图

介孔尺寸较大。不同 S、N 掺杂量的介孔 TiO_2 薄膜对 200mL、5mg/L 的甲基橙降解曲线如图 6-59。可知，SN-2 样品具有最高的光催化活性，这是由于该样品的孔隙率最高（51.28%）及孔容最大（0.2756cm³/g）。

6.5　分级纳米结构半导体光催化材料

就光催化材料而言，光催化材料本身的形貌、尺寸、织构等微结构特征很大程度上影响光催化材料本身对光的捕获，光生电子-空穴的产生、分离与转移，待降解污染物在光催化材料表面的吸附等。尽管对于半导体光催化材料形貌与尺寸控制合成已经开展大量工作，包括纳米晶、一维纳米结构（纳米棒、纳米管、纳米线、纳米带）、纳米片等，但在实际的光催化过程中，光催化材料纳米粉体存在易团聚、不利于重复利用等缺点。而三维分级纳米结构的整体尺寸较大，但组成基元仍保持纳米尺度，具有大的表面积和孔隙结构，有利于光催化反应中有机物的扩散和反应，可以提升材料的光催化活性，而且光催化材料也容易回收和重复利用。因此，制备分等级结构，特别是三维分等级结构的光催化材料非常具有现实意义。由于篇幅有限，不能一一罗列各种三维分级纳米结构光催化材料以及制备方法的研究状况，因此现重点论述水热法制备几种新型可见光响应型分级纳米结构半导体光催化材料。

6.5.1　分级结构钨酸铋纳米材料

目前，一些学者在光催化分解水的研究中发现一系列包含 TiO_6、NbO_6 或 WO_6 八面体单元的钙钛矿类复合氧化物具有较高的光催化活性。其中一部分能被可见光激发且光量子效率远高于 TiO_2，它们能被可见光激发且具有良好的光催化活性。Bi_2WO_6 是目前研究较多的一种新型可见光响应型光催化材料之一，在新能源与环境污染治理方面的应用都有不错前景。1999 年，Kudo 等最先报道 Bi_2WO_6 的可见光催化活性。在可见光的照射下，Bi_2WO_6 能够促使 $AgNO_3$ 溶液分解出 O_2。随后，2004 年，Ye 等进一步将 Bi_2WO_6 拓展应用到有机污染物的光催化降解上，实现对 $CHCl_3$ 和 CH_3CHO 的有效深度降解。但是，由于它们采用的 Bi_2WO_6 光催化材料都是通过高温固相反应合成，颗粒大，比表面积小，活性不是太高。为了得到高比表面积、纳米尺寸、高活性的 Bi_2WO_6 光催化材料及各种液相合成方法相继被开发出来,并合成 Bi_2WO_6 纳米粉体,如纳米颗粒、纳米片等。例如,Yu 等用水热法合成 Bi_2WO_6 纳米粉体,并研究其对气相丙酮的可见光降解特性;随后,Zhu 等改进水热方法,合成具有 Bi_2WO_6 纳米片,研究其对染料罗丹明 B 溶液的可见光降解去色。Wang 等人通过超声化学的方法也获得片状结构的纳米粉体,并研究其对染料罗丹明 B 溶液的可见光降解去色。所有这些研究都表明,这些液相方法合成的纳米尺寸 Bi_2WO_6 光催化材料具有比固相反应合成的 Bi_2WO_6 光催化材料更好的光催化活性,并且 Bi_2WO_6 光催化材料的结构、尺寸、形貌与比表面积等物理化学参数都对其活性有明显影响。但在实际的光催化过程中,光催化材料纳米粉体存在易团聚、不利于重复利用等缺点。而三维分级纳米结构具有大的表面积和孔隙结构,有利于光催化反应中有机物的扩散和反应,可以提升材料的光催化活性,并且光催化材料也容易回收和重复利用。因此,分级结构 Bi_2WO_6 光催化材料的控制合成及结构与光催化活性研究已得到人们重视。

目前,对有关分级结构 Bi_2WO_6 光催化材料合成相关研究报道比较有限,还有待人们进一步探讨。目前文献报道主要集中于采用水热法合成分级结构 Bi_2WO_6,控制合成工艺参数包括:水热温度、水热时间、溶液 pH 值、有机添加剂(如 P123、PVP 等)、无机盐等。以下分别讨论下述三种情况:①无添加剂;②添加无机盐;③添加有机物。

Wang 等在没有任何有机添加剂的情况下,通过调节反应体系的 pH 值、水热时间工艺等参数得到分级结构 Bi_2WO_6 微球,并探讨其形成机制。微球形貌影响如图 6-60 所示。从图 6-60(a)可以看出,产品为比较均匀一致的单分散直径约 $4\sim6\mu m$ 的微球,微球由许多小薄片组成[图 6-60(b)和图 6-60(c)]。由图 6-60(c)中插图选区电子衍射(SAED)可知,清晰有序的电子衍射斑点显示出单个纳米片的单晶特性。图 6-60(d)是分级巢状结构纳米片的高分辨透射电子显微照片,高分辨照片中清晰可见的晶格条纹证明制得的样品是由具有高的结晶性单晶纳米片组装而成。从图 6-60 中可见,图中两个晶面间距是 0.273nm 和 0.272nm,分别对应于 Bi_2WO_6 的(200)面和(020)面,表明该纳米片暴露的晶面为(001)面;并研究其光催化降解染料罗丹明 B 溶液。结果表明:分级结构 Bi_2WO_6 微球的光催化活性远优于固相合成法制备的 Bi_2WO_6 颗粒。

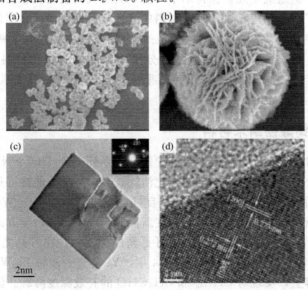

图 6-60　Bi_2WO_6 微球(a)、(b) SEM 照片;(c) 纳米片的 TEM 照片及选区电子衍射图谱(插图);(d) 纳米片边缘的高分辨 TEM 照片

Chen 等采用无机盐辅助水热法合成三维分级结构 Bi_2WO_6 微球，制备过程中避免烦琐的 pH 值调节过程以及模板或有机表面活性剂的使用，得到表面较为清洁的产物；还系统研究不同浓度的硝酸钠以及不同无机盐对产物影响，发现硝酸钠在分级结构钨酸铋微球的形成中起到重要作用。通过对反应历程的捕捉，初步研究 Bi_2WO_6 微球的形成机理；合成得到的 Bi_2WO_6 微球的形貌如图 6-61 所示。从图 6-61（a）可以看出，产品为大量单分散的直径约 $3\sim4\mu m$ 的微球，表明 Bi_2WO_6 微球可以通过此方法大规模制备。此外，微球表面粗糙，含有许多片状结构。高倍率 SEM 照片显示，这些微球像花儿一样，每一朵花，其实是由许多小薄片组成［图 6-61（b）］。这些薄片交织在一起，形成开放的多孔结构。这些不同直径的大小孔隙有可能会改变产物的理化性质，成为小分子的运输路径。图 6-61（c）TEM 照片清楚地显示，Bi_2WO_6 微球的边缘成锯齿形，其直径在 $3\sim4\mu m$。HRTEM 照片［图 6-61（d）］中的晶格条纹非常清晰，晶格间距大约为 0.193nm。与 Bi_2WO_6 晶体的（220）相对应，说明纳米片沿 [110] 方向生长。通过对选区电子衍射（SAED）分析，清晰有序的电子衍射斑点显示出单个纳米片的单晶特性。分级结构 Bi_2WO_6 微球在可见光下降解罗丹明 B 研究结果表明：所合成的 Bi_2WO_6 微球在可见光下表现出显著的光催化活性和较好的循环稳定性。图 6-62 为循环使用同一样品在可见光下降解罗丹明 B 降解曲线图。由图 6-62 可知，在 5 次循环使用中，对罗丹明 B 均有较好的降解效果。随着循环使用次数的增加，降解率略有下降，这可能是由于经离心分离、洗涤和干燥等工序，引起试样损耗。以上结果表明，盐辅助水热法合成的 Bi_2WO_6 微球光催化材料具有很好的循环使用稳定性。

图 6-61 Bi_2WO_6 微球

(a)、(b) SEM 照片；(c) TEM 照片；(d) 纳米片边缘的高分辨
TEM 照片及选区电子衍射图谱（插图）

Lisha zhang 等采用 P123 为表面活性剂，通过改变反应条件合成各种形貌的 Bi_2WO_6，如花状、轮胎状、片层堆积状及巢状结构。催化降解 RhB 实验表明，催化性能与样品的晶粒大小、形貌和结构有很大关联。吴菊等以硝酸铋 ［$Bi(NO_3)_3 \cdot 5H_2O$］ 和钨酸钠（$Na_2WO_4 \cdot 2H_2O$）作为起始反应物，用聚乙烯吡咯烷酮（PVP）作为表面修饰剂用水热法来合成分级巢状结构的纳米钨酸铋（如图 6-63 所示）。从图 6-63（a）可以看出产品全部为分级巢状结构，样品的直径约为 $0.8\sim1.4\mu m$。图 6-63（b）和（c）展示的是不同角度分级巢状结构钨

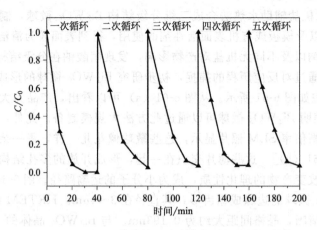

图 6-62 Bi_2WO_6 微球的可见光催化活性的循环实验

酸铋的放大扫描照片，从图中可以清楚地看到分级巢状结构钨酸铋空心半球边缘，还可以清楚看到钨酸铋巢状结构是由长度约为 50～100nm、厚度约为 10nm 的二维纳米片排列组装而成，纳米片有序而且定向排列形成空心半球。另外，样品形貌还可用 TEM 来观察。如图 6-63（d）所示，从透射照片中心和边界明显的明暗衬度对比可以进一步证明样品是空心结构。图 6-63（e）是分级巢状结构纳米片的高分辨透射电子显微照片，高分辨照片中清晰可见的晶格条纹证明制得的样品是由具有高结晶性的单晶纳米片组装而成。从图 6-63（e）中可见，图中两个晶面间距是 0.37nm 和 0.195nm，分别对应于 Bi_2WO_6 的（111）面和（220）面。另外，图 6-63（e）中插图所示的选区电子衍射（SAED）花样图可以看出组成分级巢状结构的纳米片为单晶，而且结晶性良好，这是与高分辨 TEM 结果是一致的。分级巢状结构纳米钨酸铋比表面积为 $24.68m^2/g$，而传统固态合成法合成的钨酸铋比表面积为 $0.64m^2/g$。由此可见，与传统钨酸铋材料相比，分级巢状结构大大提高材料的比表面。图 6-64 是在不同光催化材料条件下 RB 溶液的浓度随时间延长的变化曲线。还可以看出在相同条件下，钨酸铋分级巢状结构的光催化活性最优，而且优于钨酸铋纳米片，这表明分级结构有利于提高材料的光催化活性。

图 6-63 分级巢状结构 Bi_2WO_6 的典型的 FESEM 和 TEM 照片 （a）低倍的 SEM 照，
（b）、（c）高倍 FESEM 照片；（d）TEM；（e）HRTEM 照片
插入的图为样品对应的选区电子衍射花样图

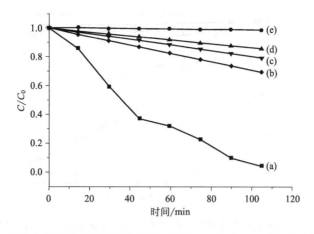

图 6-64　可见光照射下不同光催化材料时降解 RB 的浓度和时间关系的曲线图
（a）分级巢状钨酸铋结构作为光催化材料；（b）钨酸铋纳米片作为光催化材料；
（c）TiO₂ 作为光催化材料；（d）分级巢状结构钨酸铋作为光催化材料在黑暗的
情况下降解 RB；（e）没有光催化材料降 RB 溶液直接放置在可见光下

6.5.2　钛酸铋钠分级结构纳米材料

钛酸铋钠（$Bi_{0.5}Na_{0.5}TiO_3$，BNT）是一种典型的 ABO_3 型 A 位复合钙钛矿材料，具有良好的铁电压电性能，因此它是一种很有潜力的无铅替代品。一直以来科研工作者对其研究主要集中在铁电压电性能上，而对形貌多样的 BNT 复杂结构及其相关新物性研究较少。

李杰等用水热法成功合成出具有分级结构的钛酸铋钠（如图 6-65 所示）。从图 6-65（a）中可以看到产物全部具有分级结构，平均尺寸约为 1μm。图 6-65（b）为放大后的 SEM 图，发现分级结构是由厚约 20nm 的纳米片组装而成，且纳米片的长为 100nm，宽为 300nm。对产物结构进行分析，发现样品是实心结构。图 6-65（d）是分级结构纳米片的高分辨透射电子显微照片，高分辨照片中清晰可见的晶格条纹证明制得的样品是由具有高结晶性的单晶纳米片组装而成。由图 6-65 可知，图中两个晶面间距是 0.274nm 和 0.276nm，分别对应于 $Bi_{0.5}Na_{0.5}TiO_3$ 的（110）面和（1$\bar{1}$2）面。另外，图 6-65（d）中的单晶衍射图证明产物是结晶性非常好的单晶。不同形貌 BNT 加入 MO 溶液进行对比试验结果如图 6-66 所示，发现形

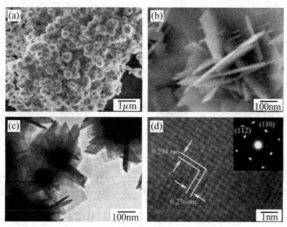

图 6-65　分级结构 $Bi_{0.5}Na_{0.5}TiO_3$ 的典型的 FESEM 和 TEM 照片；（a）低倍的 SEM 图，
（b）高倍的 SEM 图，（c）TEM 图，（d）HRTEM 图和插入的单晶衍射图

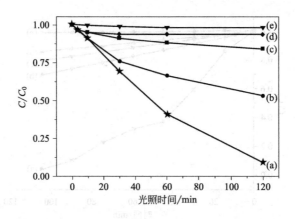

图 6-66　不同形貌的光催化材料在紫外光照下光催化降解 MO 溶液的试验，
MO 初始浓度 C_0 为 1×10^{-5} mol/L，光催化材料 20mg

（a）分级结构的 BNT；（b）球状的 BNT；（c）颗粒状的 BNT；（d）分级结构的 BNT
在没有紫外光照射的条件下；（e）既没有光催化材料也没有紫外光照射的条件下

貌对光催化活性的影响显著。光催化活性顺序依次为：分级结构的 BNT＞球状的 BNT＞颗粒状的 BNT，其中分级结构的 BNT 光催化活性最优，这与分级结构极大的比表面积分不开。

6.5.3　金属硫化物固溶体纳米棒自组装的分级纳米结构光催化材料

由于金属硫化物固溶体非常容易改变自身的禁带宽度以达到非常好的光催化效果，因此对于硫化物的光催化活性研究一直是国际上的热点。再加上目前通过对材料的形貌研究发现，自组装的分析纳米材料往往具有比较高的光催化活性，因此分级纳米金属硫化物研究对光催化技术有重要意义。

陈刚等成功制备由硫化物固溶体纳米棒自组装而成的分级纳米结构 $ZnIn_{0.25}Cu_{0.02}S_{1.395}$，并且没有加入任何模板以及表面活性剂。图 6-67（a）为样品的低倍 SEM 图，发现样品为尺寸均匀、单分散的纳米颗粒。将图 6-67（a）放大，发现颗粒都是大小均一的球状物，平均尺寸约为 200nm。对其中一个球放大观察，发现纳米球是由纳米棒自组装而成。图 6-67（c）为样

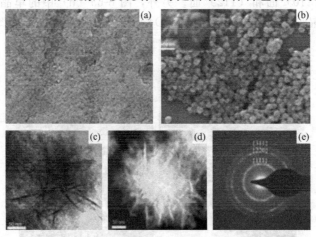

图 6-67　自组装的 $ZnIn_{0.25}Cu_{0.02}S_{1.395}$ FESEM 和 TEM 图
（a）低倍的 FESEM 图；（b）高倍的 FESEM 图；（c）TEM 图；
（d）高角环形暗场像；（e）一个纳米球的选区电子衍射图

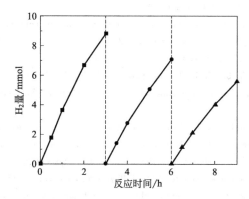

图 6-68　$ZnIn_{0.25}Cu_{0.02}S_{1.395}$ 在可见光下光催化分解水后氢气总量和反应时间关系

品的 TEM 图，证明分级结构是由不同大小的纳米棒和颗粒聚集而成。对单个球的选区电子衍射分析［图 6-67（e）］说明样品是 ZnS。图 6-68 为 $ZnIn_{0.25}Cu_{0.02}S_{1.395}$ 在可见光下光催化分解水后氢气总量和反应时间的关系图。由图 6-68 可知，三次循环中光催化材料都表现出不错的活性，虽然在循环中活性开始降低。相对于以前的光催化材料需要负载 Pt，金属硫化物固溶体已取得重要进步。

参 考 文 献

［1］高濂，郑珊，张青红. 纳米氧化钛光催化材料及应用［M］. 北京：化学工业出版社，2002.

［2］温福宇，杨金辉，宗旭，等. 太阳能光催化制氢研究进展［J］. 化学进展，2009，21（11）：2285-2302.

［3］韩兆慧，赵化侨. 半导体多相光催化应用研究进展［J］. 化学进展，1999，11（1）：1-10.

［4］张楠，张燕辉，潘晓阳，付贤智，徐艺军. 光催化选择性氧化还原体系在有机合成中的研究进展［J］. 中国科学：化学，2011，41（7）：1097-1111.

［5］吴聪萍，周勇，邹志刚. 光催化还原 CO_2 的研究现状和发展前景［J］. 催化学报，2011，32（10）：1565-1572.

［6］蔡伟明，龙明策. 环境光催化材料与光催化净化技术［M］. 上海：上海交通大学出版社，2011.

［7］Asahi R，Morikawa T，Ohwaki T，et al. Visible-light photocatalysis in nitrogen-doped titanium oxides［J］. Science，2001，293（5528）：269-271.

［8］Zou Z，Ye J，Sayama K，et al. Direct splitting of water under visible light irradiation with an oxide semiconductor photocatalyst［J］. Nature，2001，414（6864）：625-627.

［9］刘春燕. 纳米光催化及光催化环境净化材料［M］. 北京：化学工业出版社，2007.

［10］刘守新，刘鸿. 光催化及光电催化基础与应用［M］. 北京：化学工业出版社，2006.

［11］Li X F，Lv K，Deng K J，Tang J F. Synthesis and characterization of ZnO and TiO_2 hollow spheres with enhanced photoreactivity［J］. Mater. Sci. Eng. B-Adv. Funct. Solid-State Mater.，2009，158（1-3）：40-47.

［12］Subagio D P，Srinivasan M，Lim M，Lim T T. Photocatalytic degradation of bisphenol-A by nitrogen-doped TiO_2 hollow sphere in a vis-LED photoreactor［J］. Appl. Catal. B-Environ.，2010，95（3-4）：414-422.

［13］Zhao W，Feng L L，Yang R，Zheng J，Li X G. Synthesis，characterization，and photocatalytic properties of Ag modi? ed hollow SiO_2/TiO_2 hybrid microspheres［J］. Appl. Catal. B-Environ.，2011，103（1-2）：181-189.

［14］Wang H Q，Wu Z B，Liu Y. A simple two-step template approach for preparing carbon-doped mesoporous TiO_2 hollow microspheres［J］. J. Phys. Chem. C，2009，113（30）：13317-13324.

［15］Zheng J，Liu Z Q，Liu X，Yan X，Li D D，Chu W. Facile hydrothermal synthesis and characteristics of B-doped TiO_2 hybrid hollow microspheres with higher photo-catalytic activity［J］. J. Alloy. Compd.，2011，509（9）：3771-3776.

［16］Lin X X，Rong F，Ji X，Fu D G. Visible light photocatalytic activity and photoelectrochemical property of Fe-doped TiO_2 hollow spheres by sol-gel method［J］. J. Sol-Gel Sci. Technol.，2011，59（2）：283-289.

［17］Lv K Z，Li J，Qing X X，Li W Z，Chen Q Y. Synthesis and photo-degradation application of WO_3/TiO_2 hollow spheres [J]. J. Hazard. Mater., 2011, 189 (1-2): 329-335.

[18] Wang P F, Wu J C, Ao Y H, Wang C, Hou J, Qian J. Preparation and enhanced photocatalytic performance of Sn ion modified titania hollow spheres [J]. Mater. Lett., 2011, 65 (21-22): 3278-3280.

[19] Meng H L, Cui C, Shen H L, Liang D Y, Xue Y Z, Li P G, Tang W H. Synthesis and photocatalytic activity of TiO₂@CdS and CdS@TiO₂ double-shelled hollow spheres [J]. J. Alloy. Compd., 2012, 527: 30-35.

[20] Li X X, Xiong Y J, Li Z Q, Xie Y. Large-scale fabrication of TiO₂ hierarchical hollow spheres [J]. Inorg. Chem., 2006, 45 (9): 3493-3495.

[21] Zhuang J D, Tian Q F, Zhou H, et al. Hierarchical porous TiO₂@C hollow microspheres: one-pot synthesis and enhanced visible-light photocatalysis [J]. J. Mater. Chem., 2012, 22 (14): 7036-7042.

[22] Jiao Y Z, Peng C X, Guo F F, et al. Facile synthesis and photocatalysis of size-distributed TiO₂ hollow spheres consisting of {116} plane-oriented nanocrystallites [J]. J. Phys. Chem. C, 2011, 115 (14): 6405-6409.

[23] Hong K, Yoo K S. Synthesis of TiO₂ hollow spheres using binary ionic liquids as an electrocatalyst [J]. Res Chem. Intermed, 2011, 37 (9): 1325-1331.

[24] Nakashima T, Kimizuka N. Interfacial synthesis of hollow TiO₂ microspheres in ionic liquids [J]. J. Am. Chem. Soc., 2003, 125 (21): 6386-6387.

[25] Yu J G, Guo H T, Davis S A, Mann S. Fabrication of hollow inorganic microspheres by chemically induced self-transformation [J]. Adv. Funct. Mater., 2006, 16 (15): 2035-2041.

[26] Yu J G, Shi L. One-pot hydrothermal synthesis and enhanced photocatalytic activity of trifluoroacetic acid modified TiO₂ hollow microspheres [J]. J. Mol. Catal. A-Chem., 2010, 326 (1-2): 8-14.

[27] Liu S W, Yu J G, Mann S. Spontaneous construction of photoactive hollow TiO₂ microspheres and chains [J]. Nanotechnology, 2009, 20 (32): 325606.1-325606.7.

[28] Dai Q, Shi L Y, Luo G, et al. Effects of templates on the structure, stability and photocatalytic activity of meso-structured TiO₂ [J]. J. Photochem. Photobiol. A-Chem., 2002, 148 (1-3): 295-301.

[29] Wang Y, Jiang Z H, Yang F J. Preparation and photocatalytic activity of mesoporous TiO₂ derived from hydrolysis condensation with TX-100 as template [J]. Materials Science and Engineering B: Solid-State Materials for Advanced Technology, 2006, 128 (1-3): 229-233.

[30] Zhou M H, Yu J G, Cheng B. Effects of Fe-doping on the photocatalytic activity of mesoporous TiO₂ powders prepared by an ultrasonic method [J]. J. Hazard. Mater. B, 2006, 137 (3): 1838-1847.

[31] Miao Y C, Zhai Z B, et al. Synthesis characterizations and photocatalytic studies of mesoporous titania prepared by using four plant skins as templates [J]. Materials Science and Engineering C, 2010, 30 (6): 839-846.

[32] Wen B M, Liu C Y, Liu Y. Optimization of the preparation methods synthesis of mesostructured TiO₂ with high photocatalytic activities [J]. J. Photochem. Photobiol. A-Chem., 2005, 173 (1): 7-12.

[33] Kao L H, Hsu T C, Cheng K K. Novel synthesis of high-surface-area ordered mesoporous TiO₂ with anatase framework for photocatalytic applications [J]. J. Colloid. Interf. Sci., 2010, 341 (2): 359-365.

[34] Yu J G, Zhang L J, Cheng B, Su Y R. Hydrothermal preparation and photocatalytic activity of hierarchically sponge-like macro/mesoporous titania [J]. J. Phys. Chem. C, 2007, 111 (28): 10582-10589.

[35] Tian B Z, Liu X Y, Tu B, et al. Self-adjusted synthesis of ordered stable mesoporous minerals by acid-base pairs [J]. Nature Mater., 2003, 2 (3): 159-163.

[36] Bian Z F, Zhu J, Wang S H, Cao Y, Qian X F, Li H X. Self-assembly of active Bi₂O₃/TiO₂ visible photocatalyst with ordered mesoporous structure and highly crystallized anatase [J]. J. Phys. Chem. C, 2008, 112 (16): 6258-6262.

[37] Li H X, Bian Z F, Zhu J, Huo Y N, Li H, Lu Y F. Mesoporous Au/TiO₂ nanocomposites with enhanced photocatalytic activity [J]. J. Am. Chem. Soc., 2007, 129 (15): 4538-4539.

[38] Li G S, Zhang D Q, Yu J C. Thermally stable ordered mesoporous CeO₂/TiO₂ visible-light photocatalysts [J]. Phys. Chem. Chem. Phys., 2009, 11 (19): 3775-3782.

[39] Li H, Wang J S, Li H Y, Yin S, Sato T. Photocatalytic activity of (sulfur, nitrogen) -codoped mesoporous TiO₂ thin films [J]. Res Chem. Intermed, 2010, 36 (1): 27-37.

[40] Tan J W, Zou Z G, Ye J H. Photocatalytic decomposition of organic contaminants by Bi₂WO₆ under visible light irradiation [J]. Catal. Lett., 2004, 92 (1): 53-56.

［41］ Zhang S，Zhang C，Man Y，et al. Visible-light-driven photocatalyst of Bi_2WO_6 nanoparticles prepared via amorphous complex precursor and photocatalytic properties ［J］. J. Solid State Chem.，2006，179 (L)：62-69.

［42］ Yu J G，Xiong J F，Cheng B，et al. Hydrothermal preparation and visible-light photocatalytic activity of Bi_2WO_6 powders ［J］. J. Solid State Chem.，2005，178 (6)：1968-1972.

［43］ Zhang C，Zhu Y. Synthesis of square Bi_2WO_6 nanoplates as high-activity visible-light-driven photoeatalysts ［J］. Chem. Mater.，2005，17 (13)：3537-3545.

［44］ Zhou L，Wang W Z，Zhang L S，et al. Ultrasonic-assisted synthesis of visible light induced Bi_2MO_6 (M＝W，Mo) photocatalysts ［J］. J. Mol. Catal. A，2007，268 (1-2)：195-200.

［45］ Zhang L S，Wang W H，Chen Z G，et al. Fabrication of flower-like Bi_2WO_6 superstructures as high performance visible-light-driven photocatalysts ［J］. J. Mater. Chem.，2007，17 (24)：2526-2532.

［46］ Chen Z，Qian L W，Zhu J，Yuan Y P，Qian X F. Controlled synthesis of hierarchical Bi_2WO_6 microspheres with improved visible-light-driven photocatalytic activity ［J］. Crystengcomm，2010，12 (7)：2100-2106.

［47］ Zhang L S，Wang W Z，Zhou L，et al. Bi_2WO_6 nano-and microstructures：shape control and associated visible-light-driven photocatalytic activities ［J］. Small，2007，3 (9)：1618-1625.

［48］ Wu J，Duan F，Zheng Y，Xie Y. Synthesis of Bi_2WO_6 nanoplate-built hierarchical nest-like structures with visible-light-induced photocatalytic activity ［J］. J. Phys. Chem. C，2007，111 (34)：12866-12871.

［49］ Li J，Wang G Z，Wang H Q，et al. In situ self-assembly synthesis and photocatalytic performance of hierarchical $Bi_{0.5}Na_{0.5}TiO_3$ micro/nanostructures ［J］. J. Mater. Chem.，2009，19 (15)：2253-2258.

［50］ Li Y X，Chen G，et al. Hierarchical $ZnS-In_2S_3-CuS$ nanospheres with nanoporous structure：facile synthesis, growth mechanism，and excellent photocatalytic activity ［J］. Adv. Funct. Mater.，2010，20 (19)：3390-3398.

荧光量子点纳米探针及其在生物医学领域的应用

7.1 生物标记技术

生物标记技术或称为生物示踪，是分子生物学中最常用也是最重要的技术之一。生物标记技术可以为人们提供待测生物分子在生物体内或生物体外的存在、表达、分布等各种信息，这对于生物个体中的物质代谢过程研究具有重要意义。利用生物标记技术还可以揭示生物体内的细胞内生理过程奥秘，理解生命活动的物质基础，如蛋白质的生物合成，核酸的结构、表达、分布和代谢，基因的活性表达等一些生物学根本问题。生物标记技术和显微成像技术的结合使人们对生物器官、组织、细胞的精细结构有更深刻认识，极大促进医学研究从宏观向微观的转化。

7.1.1 生物标记和标记物

生物标记技术的原理是将具有标志性信号的材料，如不同颜色的染料分子、能发射强荧光的分子、具有磁性或放射性的分子等，通过化学键或非共价键和待识别的生物组织连接起来，从而直观地观察和分析被标记物的存在和变化。针对不同的标记物需要采用不同检测方法去读取标记物的检测信号。

按照检测信号的不同，目前通用的标记物可以分成放射性标记物、显色标记物、酶标记物、荧光标记物等。放射性标记物的应用最早并且发展较成熟，它的原理是将分子中的元素用具有放射性的同位素来替换，通过放射性信号的检测达到检测目的。这种方法检测灵敏度很高，可以达到 $10^{-12} \sim 10^{-9}\,mol/L$，是目前具有权威性的分析方法之一，但存在放射性污染的问题。酶标记物法是通过酶催化底物的反应来达到检测目的，操作安全简便，在一些疾病的临床检测中得到广泛应用。显色标记物如金纳米粒子和彩色乳胶粒子等具有肉眼可以分辨的颜色，标记后目测或利用光学显微镜即可观察，测试方法简便，在细胞或组织染色和一些临床定性检测中应用较广。荧光标记物是目前最受人们关注的一类标记材料，这是由于荧光标记的应用范围广，它既可以用于分子的定量检测，又能用于细胞和组织的成像研究；同时还具有操作简便、结果直观、无生物毒害等优点。荧光标记物研究的核心是寻找灵敏度高、稳定性好的荧光物质，目前常用的有机染料分子虽然荧光强度高，但其光稳定性较差，同时和生物分子的背景荧光难以区分，导致灵敏度下降。绿色荧光蛋白是近年来出现的一种新型荧光标记物，它具有优于普通有机染料的发光特性，它的应用是目前生物成像技术研究的热点之一。

7.1.2 免疫生物标记

除选择合适的标记物外，标记的实现还需要通过在标记物和目标分子间建立适当的偶联方式，使标记物能够牢固与被标记生物成分结合成一体，同时避免与体系内其他组分的非特异性结合。早先的标记技术一般通过形成化学键的方法，使得标记物和具有替代官能团的生物组分偶联在一起，但具有特定官能团的生物组分数量有限，大大限制生物标记技术的应用范围。因此，需要发展一种通用的能实现标记物与生物分子特异性结合的方法。

在人和脊椎动物体内，都存在具有免疫识别功能的组织结构，即免疫系统，包括淋巴组织、免疫活细胞和免疫活性介质。当称为"抗原"（antigen）的外源性物质入侵高等动物机体后，激活机体免疫系统，机体就会针对性地产生称为"抗体"（antibody）的一类蛋白质。抗体能特异性识别抗原并与之结合，这称为免疫反应。这种特异性识别的专一性可以超过酶对底物的识别水平，抗体-抗原复合物的稳定性也很好，稳定常数一般为 10^9，有时可以高达 10^{15}。因此，免疫系统可以看成是一部天然生产特异性试剂的合成机器。R. A. Lerner 认为，免疫系统能制造大约 10 亿种不同的抗体，这为人们提供应有尽有、取之不竭的特异性试剂库。

免疫生物标记技术就是将生物标记技术的高度灵敏性和免疫反应的高度特异性结合在一起而发展出的一种生物检测技术。这一分析不仅灵敏度高、特异性强、重复性好、准确性高，而且操作简单，易于商品化和自动化。它的应用范围极其广泛，可以测定内分泌激素、蛋白质、多肽、核酸、神经递质、受体、细胞因子、细胞表面抗原、肿瘤标志物等各种生物活性物质；已经深入到生物化学、生理学、病理学、药理学、酶学、病原微生物、病毒、寄生虫、免疫学、分子生物学、法医学等各个基础医学的分支；同时与临床各专科密切相关，如内分泌、血液、肿瘤、妇产科、儿科、心血管、消化、泌尿生殖、自身免疫病等，对基础医学研究和临床医学发展起到积极的促进作用。

免疫生物标记技术是一类技术系列的统称，按照不同标记物可以分为放射性免疫标记、酶免疫标记、荧光免疫标记、化学发光免疫标记等。酶免疫标记操作简便，使用成本低廉，目前在临场医学诊断中应用较多，而在生物学研究中荧光免疫标记则应用较广。如果按照反应体系的物理状态分类，又可以分为均相免疫标记分析和非均相免疫分析两类。均相免疫标记的特点是结合和未结合的抗原不需要物理分离过程，使标记免疫分析更易于实现自动化测量，但多数均相标记免疫分析中只能测定小分子的物质，结合与未结合的抗原之间差异较小，导致检测信号变化的局限性，从而限制该方法的应用范围。非均相标记免疫分析需要一个将结合与未结合游离的标记物分离步骤，有时可能是较复杂的步骤，但却可以有效地降低非特异结合的本底信号，从而提高检测的灵敏度。非均相标记免疫分析既适用于小分子，也可用于大分子物质测定。目前在临床诊断中广泛采用的酶联免疫分析技术（ELISA）就属于非均相分析方法。

7.1.3 纳米粒子和生物标记

纳米粒子用于生物标记，首先要求纳米粒子通过适合的功能团实现与生物分子的偶联。

目前各种纳米粒子标记物的制备方法和在生物标记中的应用研究报道层出不穷。由于目前免疫标记已经成为生物标记的主流方向，纳米粒子和生物分子的偶联也大多采用这一技术。量子点用于标记生物材料如细胞、蛋白质和核酸等，比使用有机荧光分子具有更好的荧光特性（表 7-1）。量子点的相关应用研究，将有助于超灵敏度、高稳定性以及长发光寿命生物检测技术的发展。

表 7-1 半导体量子点 ZnS/CdSe 与荧光染料的荧光特性比较

荧光物质	量子产率	半峰宽/nm	吸收波长/nm	发射波长/nm	光漂白时间/s	摩尔吸光系数/L/(mol·cm)
量子点（ZnS/CdSe）	0.5~0.85	12	300~620	480~630	960	约 10^8
异硫氰基荧光素	0.3~0.85	—	492	516~525	—	$7.2×10^4$
罗丹明 6G	—	35	525	555	10	

7.2 量子点荧光纳米探针的构建

理想的荧光生物探针应同时具备良好水分散性、优异光/化学稳定性、强荧光强度和优良生物相容性。荧光蛋白和荧光染料作为传统荧光探针被广泛应用于生物及生物医学研究，但严重的光漂白性质使其在进行长程、实时生物医学影像时受到很大限制。

荧光量子点由于其独特的光学性质被作为一类新型生物纳米探针，得到科学家广泛关注和研究。最早提出荧光量子点作为生物标记物这一思想的是美国加州伯克利大学的 Alivisatos 小组和印第安纳大学的 Nie 小组。1998 年他们同时在 Science 上发表相应的研究结果，其工作充分显示荧光量子点作为一种新型的生物标记试剂，完全可以取代传统的有机染料，其优异的荧光性能将为生物标记技术带来新突破，并由此拉开荧光量子点在生物技术中应用研究的序幕。

尽管荧光量子点在细胞与组织的标记、生物成像、生物传感、疾病诊断与检测等方面应用已有一些成功例子，但这种以荧光量子点为荧光探针而发展起来的纳米生物医学标记技术远未成熟，还有许多问题尚待进一步深入研究。目前面临的挑战主要表现在荧光纳米探针的构建和应用两个层面上。量子点荧光纳米探针构建方面：首先，必须解决高质量荧光量子点的大规模合成问题，由于量子点的研究时间较短，而目前工作都注重其性质和理论的建立，缺乏对合成工艺的系统研究；其次，必须解决量子点的水溶性问题，由于生物分子必须在生理条件下才能保持活性，所以标记过程要在水溶液中进行，因此必须通过表面修饰技术使荧光量子点分散在水中，同时还要保持其荧光特性不变；最后，需要建立一套量子点与生物分子偶联的方法，由于量子点的表面性质对其荧光影响较大，所以偶联过程必须保证量子点的表面不被破坏。

7.2.1 荧光量子点的基本特性

7.2.1.1 量子点的概念

什么是量子点？量子点（quantum dots，QDs）就是一种半径小于或者接近于激子玻尔半径而载流子受到三维限制的半导体纳米粒子，是介于分子和晶体之间的过渡态，其电子结构经历了从体相的连续结构变成类似于分子的准分裂能级，具有量子特性，从而显示出与体相材料完全不同的特性。荧光量子点是在受到光激发或加上电压后会产生强荧光发射的一类纳米材料，Ⅱ-Ⅵ族半导体（如 CdSe、CdS、ZnS 等）和Ⅲ-Ⅴ族（如 InP、InAs 等）的量子点都是常见的荧光量子点。正是由于量子点不同于体相材料的奇特性质，使其在太阳能电池、发光器件、光学生物标记等领域具有广泛的应用前景。现在，半导体量子点的研究已成为多学科的交叉点，并成为新的科学技术的生长点。不同学科在量子点研究领域的交汇，一方面丰富研究思想和方法，另一方面也开拓应用领域和潜在市场，在广阔范围内深刻改变人类生产和社会生活的状况，给人类带来新的机遇和挑战。

7.2.1.2 量子点研究发展的历史

半导体量子点材料研究的历史最早可追溯到作为光催化剂的半导体胶体。当时为了提高光催化活性而减小粒子的尺寸（增大其表面积）时，人们发现，随着粒子尺寸的减小，粒子的颜色发生变化。例如，体相呈橙色的 CdS 随着粒径减小而逐渐变成黄色、浅黄色，直至白色，但当时并未对这一现象进行深入研究。

1998 年，Alivisators 和 Nie 的研究小组相继在 Science 刊物上发表将量子点作为纳米生物荧光探针使用的具有重要意义的研究论文，之后量子点在生物医学中的应用研究便拉开序幕。近几年来，Nature 和 Science 等著名刊物均不断报道量子点在生物方面的应用，我国在此领域也开始起步工作。

最初，人们研究最多的是Ⅱ-Ⅵ族和Ⅲ-Ⅴ族元素组成的核结构量子点，但是单独的量子点颗粒易受到杂质和晶格缺陷的影响，荧光量子产率很低。如果以其为核心，用另一种半导体材料包覆形成核-壳（core-shell）结构，如 CdSe/ZnS，HgTe/CdS，ZnSe/CdSe 等，可将量子产率提高约 50% 甚至更高，有的可达到 70%，并在消光系数上也有数倍增加，因而有很强的荧光发射，可大大提高检测灵敏度，十分有利于信号检测。因此，近几年科学家们越来越热衷于对核-壳结构的量子点的研究，甚至是多层包覆的核-壳-壳结构量子点。

7.2.1.3 量子点的发光特性

由于受量子尺寸效应和介电限域效应影响，半导体量子点显示出独特发光特性。与传统的有机荧光染料或镧系配合物相比，量子点作为新型的荧光标记物，其光学特性更为突出，主要表现在以下几方面。

(1) 激发波长范围宽　量子点的激发谱为连续谱带，用高于带隙能量的光均可激发，而且发射谱较窄，通常大约在 20nm，而传统有机染料具有窄的激发谱和较宽的发射谱。单个波长可以同时激发一系列发射波长不同的荧光量子点，这样可以实现同时检测多种标记物，进行多通道检测，大大简化实际检测过程；同时也降低对激发光源的要求，对激发光选择的灵活性更大，在其连续的激发谱中可以选取更为合适的激发波长，使生物样本的自发荧光降到最低点，提高分辨率和灵敏度。而对于传统有机染料来说，它们的激发波谱狭窄，必须使用不同波段的激发光激发不同颜色的染料，这使得有机染料多通道分析变得复杂或无法实现多组分同时检测并导致检测灵敏度下降。

(2) 发射波长可调控　量子点的荧光发射行为与纳米颗粒的类型有关，也与纳米颗粒的尺寸大小密切相关。因此，通过控制量子点的化学组分和粒径大小，可对其荧光发射波长进行连续调谐，光谱范围覆盖从近紫外光（400nm）到近红外光（2000nm）（涵盖可见光）。量子点由于粒径很小，电子和空穴被量子限域，连续能带变成具有分子特性的分立能级结构，体现出较强的尺寸依赖性荧光发射，具体表现为直径大的量子点发射长波长的光；而直径小的量子点发射短波长的光。以 CdSe/ZnSe 核-壳型量子点为例，当 CdSe 核的直径为 2.1nm

时，发射蓝光；而当 CdSe 核的直径为 7.3nm 时，发射红光。不同尺寸的 CdSe 核所发射的荧光可以涵盖整个可见光区域。

不同种类量子点有不同的荧光荧光光谱。因此，通过调控量子点的化学组成，可以得到在紫外、可见、红外整个光区发光的量子点，如 ZnS、ZnSe 量子点在紫外至蓝光区发光，CdS、CdSe、CdTe 量子点在可见光区发光，CdS/HgS/CdS、InP、InAs 量子点在近红外光区发光。在有机荧光染料试剂中，只有极少数化合物发射波长可达 700nm 以上（如菁类荧光染料），而量子点通过改变其尺寸和化学组成可以使其荧光光谱覆盖远紫外到近红外的波长区域，从而可以弥补普通荧光分子在近红外光谱区品种少的不足。对于一些不便于在紫外或可见光区域进行检测的生物材料，可利用量子点在红外区域进行检测，避免紫外光对生物材料的伤害，特别有利于活体生物材料的检测，同时也可大幅度降低荧光背景对检测信号的干扰。

（3）荧光发射谱峰狭窄对称，斯托克斯位移（Stokes Shift）大 量子点具有较大的斯托克斯位移，能够避免荧光光谱与激发光谱的重叠，从而允许在低信号强度的情况下进行光谱学检测。生物医学样本通常有很强的自发荧光背景，有机荧光染料由于其斯托克斯位移小，检测信号通常会被强的组织自发荧光所淹没；而量子点的信号则能克服自发荧光背景的影响，从背景中清楚地显示出来。

（4）光稳定性好，抗光漂白能力强 所谓光漂白，是指由光激发引起发光物质分解而使荧光强度降低的现象。光稳定性是大多数荧光应用的重要指标，而光稳定性好是量子点的重要特点。与有机荧光染料相比，量子点的荧光比较稳定，荧光光谱受溶剂、pH 值、温度等环境因素的影响较小，可以经受反复多次激发而不易发生光漂白，其发光寿命比普通荧光标记染料高 1~2 个数量级，因此可采取时间分辨技术检测信号，并可大幅度降低背景荧光，获得较高的信噪比。因此，量子点可以对所标记的物体进行长时间观察，这为研究细胞中生物分子之间长期相互作用提供有力工具。

（5）荧光强度大，量子产率高 量子点具有非常高的激发重叠区（excitation cross-sections），这意味其能吸收大量激发光；量子点具有很高的量子产率，因此能发射大量所吸收的光。此外，量子点的摩尔消光系数比通常的有机荧光染料高出 10~50 倍。这些因素都导致量子点的亮度很高，单一量子点发射的荧光强度是有机染料的 10~20 倍。这就使得单个量子点也能很容易地被检测到，相对有机染料提高检测的灵敏度，这为考察单个生物分子的活动情况以及它们之间的相互作用提供了有利的工具。

（6）荧光寿命长 典型的有机荧光染料的荧光寿命仅为几纳秒（ns），这与很多生物样本自发荧光衰减的时间相当。而量子点的荧光寿命一般高达 20~40ns。这使得在光激发数纳秒以后，大多数自发荧光背景已经衰减，而量子点荧光仍然存在，此时可获得无背景干扰的荧光信号。量子点被激发后具有长的荧光寿命，这在时间分辨成像领域具有明显优势。有机染料的较短的激发成像（<5ns）与许多物种所具有的短期天然荧光背景光非常相近，这就降低信噪比。而在室温下量子点发射光的衰减时间为几十纳秒（30~100ns），这要慢于背景光的衰减，但是足够快到实现高电子返回率。在时间分辨分析中，认为在最开始几纳秒里通过电子撞击降低背景噪声和增加灵敏度。

7.2.2 荧光量子点的合成

荧光量子点的制备研究一直是相关研究的关键环节。成功的制备方法要求能够得到高品质的量子点，即在较大范围内实现尺寸可调、窄的尺寸分布，均匀、稳定、单分散的特性并具有晶体结构好、理想的表面性质及高的荧光量子产率等特点。所以，有关量子点的制备成为研究者首先要解决的问题。半导体量子点的合成方法有很多种。本文仅主要介绍有机金属高温热解法、水相法、水热/溶剂热法、两相法。

7.2.2.1 有机金属高温热解法

有机金属高温热解法是在高沸点的有机溶剂中利用金属有机化合物前驱体热分解制备量子点的方法。1993 年，Murray 和 Bawendi 等首次报道采用高温热解有机金属高温热解法合成出高质量的 CdE（E＝S，Se，Te）量子点，即将有机金属前驱体溶液注射进高温溶剂中。前驱体在绝对无水、无氧高温条件下迅速热解成高浓度单体成核，接着晶核缓慢生长，制备出高质量的量子点，其量子产率高达 90％。有机金属高温热解法合是制备高质量半导体量子点方法的一个质的飞跃，它解决在此之前的合成方法所一直没有解决的微粒尺寸分布较宽及由于表面缺陷发光所导致的发光效率较低等两大难题。该方法都可称为是当时最成功的合成方法，奠定高温有机相中合成 Ⅱ-Ⅵ 族量子点的基础，此后该方法得到深入研究。虽然上述有机金属高温热解法可以很好合成出高质量的半导体量子点，但是该方法采用的有机金属试剂［如 $Cd(CH_3)_2$，$Zn(CH_3)_2$ 等］是剧毒性化学试剂，易燃易爆，极不稳定，在空气中易与水和氧等作用。所以，采用它们作为反应前驱体时，要求实验操作要在无水、无氧条件下进行，这不仅带来很大不便，而且还增加反应成本，不适合大规模合成；还需要发展一种绿色环保、易于操作、具有一定经济性和规模性的合成高质量荧光量子点方法以满足生物标记应用的要求。

鉴于有机金属高温热解法的缺点，Peng 小组首先对有机金属高温热解法合成 CdSe 量子点的反应从机理上进行详细分析。研究发现结果如下。① 在有机金属高温热解法中，$Cd(CH_3)_2$ 不是直接参与量子点的生成反应，而是它分解后的产物与有机膦化合物形成比较稳定的配合物，这个稳定的配合物才是直接参加量子点生成反应的真正前驱体。这个稳定的前驱体，在量子点的成核阶段只是部分被消耗，余下了足够多的前驱体来保证量子点生长阶段的消耗。由于表面效应，小的量子点反应活性要比大的量子点活性高，所以在足够多的前驱体存在下，尺寸小的量子点生长得要比尺寸大的量子点快，这样就得到尺寸分布很窄的量子点。② 由于金属有机镉的不稳定性，它在高温（200～300℃）溶剂中不可能以 $Cd(CH_3)_2$ 形式存在，如果将 $Cd(CH_3)_2$ 和纯 TOPO 在高温下混合，只能得到 Cd 沉淀，而无法得到澄清的反应液。进一步对工业纯 TOPO 分析发现，其中含有的杂质十七烷胺（HDA）可以和 Cd 形成溶于 TOPO 的配合物，而这种配合物才是 CdSe 生长的稳定前驱体。在上述反应机理研究基础上，Peng 等提出了"绿色化学"合成法。该方法不再使用极其不稳定的有机金属前驱体，选用金属氧化物或盐［如 CdO、$Cd(Ac)_2$、$CdCO_3$ 等］，用长烷基链的酸、氨、磷酸、氧化磷作为配体，以高沸点有机溶剂为介质，合成高质量的 CdSe、CdTe、CdS、ZnO 等一系列 Ⅱ-Ⅵ 族半导体量子点及一系列的 Ⅲ-Ⅴ 族量子点。该方法降低成本及对设备要求，减少对环境的污染，并且该反应可以在比较温和的条件下进行，这使得该方法得以迅速推广。在此基础上，人们不仅对有机金属前驱体进行改进，而且对溶剂、配体都进行大量"绿色"改进研究。

（1）有机金属前驱体的"绿色"改进 2001 年，Peng 等对传统方法进行改进，提出新的量子点制备方法。他们选用 CdO（氧化镉）代替 $Cd(CH_3)_2$ 作为 Cd 前驱体，选用 HPA（己基膦酸）和 TDPA（十四烷基膦酸）作为强配体，在纯度为 90％的 TOPO 中一步合成出高质量、单分散的 CdSe 纳米晶，粒径可以小于 2nm，这是以往方法难于达到的。同样该方法也适用于合成单分散的 CdTe、CdS 纳米晶。由于不采用有机镉作为原料，反应不需要在严格的无水、无氧条件下进行，而且反应温度较低（＜300℃），反应温和，成核速度慢（几十秒），大大地简化制备工艺，减轻对环境的污染。随后，Peng 等又对在 TOPO-HDA（十六胺）混合体系中，对使用 CdO 作为 Cd 前驱体合成量子点的合成体系进行研究，发现 CdSe 量子点的荧光性能与反应中 Cd 前驱体与 Se 前驱体的初始比例有关。当反应中的 Se 前驱体的初始量为 Cd 前驱体初始量的 5～10 倍时，可以获得量子产率相对较高的 CdSe 量子点，其量子产率最高可以达到 85％；而与之对应的半峰宽仅有 24nm 左右。在此基础上，Peng 等又研究了不同的前驱体/溶剂/配体混合体系对合成的 CdSe 量子点性能的影响，发现 CdO 和 HDA 并非具有特殊作用，一些常见的镉盐如 $CdCO_3$、$Cd(AC)_2$ 等均有相同作用；而大部分长链脂肪酸、脂肪胺和其他种类的磷酸氧化物均可充当配体。由此可以产生上百种配体/溶剂/Cd 盐的搭配，从中可以挑选最适当的组合用于 CdSe 量子点的合成。由此出发，他们通过一步法成功得到 1.5～25nm 的单分散 CdSe 量子点，而不是像以往那样通过多次添加原料来获得大粒径量子点。

此外，Nie 等以 Se-TOP 和 Te-TOP 作为 Se、Te 前驱体，将一定比例的 Se、Te 混合前驱体溶液在 300℃下注入 CdO 在高温下溶解在 TOPO-HDA 混合体系中形成的 Cd 前驱体溶液中，合成 CdSeTe 三元量子点。与二元量子点相比，三元量子点可以通过调节其成分组成比，在粒径保持不变的条件下，获得不同的发射波长。因此可以通过调节 Se 与 Te 的比例合成 CdSeTe 三元量子点，最大发射波长可以达到 850nm，量子产率可以为 20％～60％。使得 Ⅱ-Ⅵ 族量子点的荧光发射波长不再局限在可见光的范围内，而达到了近红外区。然而这种 CdSeTe 量子点的分散性较差，半峰宽较大。随后，Jiang.W 等在 TOPO 中合成的 CdSeTe 量子点的表面包覆 CdS 层，使得合成的核-壳结构三元量子点的半峰宽都小于 50nm，量子产率则可以提高到 40％以上。另外，通过在 CdTe 前驱体内添加少量 Hg^{2+}，然后再添加少量 Cd^{2+}，得到的合金通过控制 Hg^{2+} 和 Cd^{2+} 的量就能改变晶体的荧光特性，发射峰位置可以为 600～1350nm。

由于 TOPO 具有较高的沸点和较好的稳定性，并且能通过配位作用阻止晶粒发生聚集，因此在过去的十几年中无论是在有机金属合成法或是其改进法中被一直用于量子点制备体系的溶剂，而 TOP 也常在制备体系中用来溶解 S、Se、Te。由于这些膦类有机化合物的价格昂贵，且在高温下不稳定，使量子点的制备被局限在很小的规模内。

(2) 有机溶剂的"绿色"改进　近些年来，量子点的合成工艺有了新的进展。制备体系中常用的 TOPO、TOP（三正辛基膦）等有机试剂也逐渐被其他价格低廉、"绿色"的试剂所代替。

为了降低量子点的制备成本，Asokan 等利用 DTA（联苯和联苯醚的低溶混合物）和 T66（氢化三联苯）这两种价格低廉的导热油代替 TOPO 和 ODE（十八烯）合成出尺寸分散均一的 CdSe 量子点（如图 7-1）。与使用 TOPO、ODE 相比，这两种导热油延长晶粒的生长时间，使量子点的尺寸更易于控制，并且荧光峰半高宽更窄（如图 7-2），进一步降低原料成本，但可惜的是合成出的量子点量子产率较低。此外，他们通过改变工艺条件，还制得 CdSe/CdS 核-壳结构量子点和 CdSe 棒状量子点。

与 TOPO 及 ODE 等有机溶剂相比，液体石蜡的价格更加低廉，而且在高温下性能稳定，不与空气发生反应，因此量子点的合成过程可以在空气中直接进行，不需要无水、无氧或氮气包覆的条件，而且反应在较低的温度下即可进行（200℃），从而进一步降低原料成本，简化实验工艺；而且将 CdSe 量子点从液体石蜡中分离出来后，仍然保持有一定的荧光性能，这一特性优于 TOPO 体系中合成的量子点。2005 年，唐芳琼研究组采用液体石蜡代

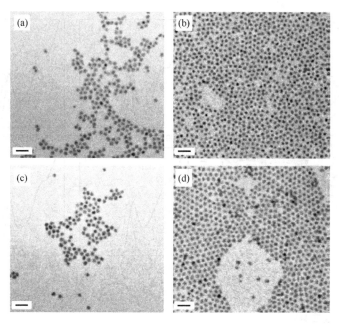

图 7-1　在不同溶剂中得到的 CdSe 量子点的 TEM 照片
(a) DTA；(b) T66；(c) ODE；(d) TOPO

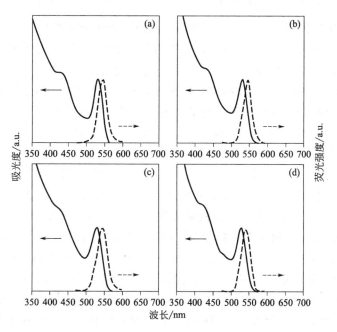

图 7-2　在不同溶剂中合成得到的 2.7nm CdSe 量子点的吸收光谱和荧光光谱
(a) DTA；(b) T66；(c) ODE；(d) TOPO

替传统溶剂 TOPO，以油酸作为配体，用石蜡和油酸溶解 CdO 作为镉源，石蜡直接溶解硒粉作为硒源，将 Cd 前驱体溶液快速注入 Se 前驱体溶液中反应，通过控制单体浓度，成功合成 2～5nm 的高质量 CdSe 量子点（图 7-3），量子产率可以达到 60%，并对其反应机理进行研究。这种方法不仅消除 TOPO 的使用，而且解决硒粉必须用有机膦（如 TOP、TBP）溶解的难题，使量子点的合成向"绿色化学"迈出有重要意义的一大步。

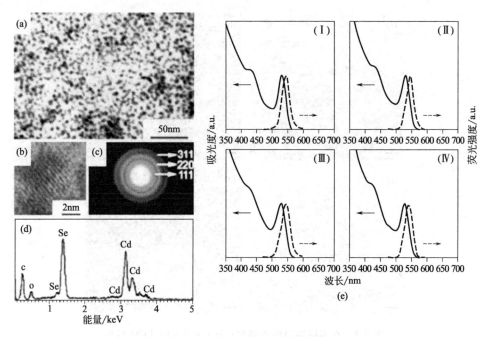

图 7-3　CdSe 量子点的（a）TEM 照片；（b）高分辨 TEM；（c）选区电子衍射图；
（d）能谱图；（e）不同粒径的 CdSe 量子点的吸收光谱和荧光光谱

　　B. Xing 等利用液体石蜡为高温反应溶剂，选用油酸作为镉源 CdO 的溶剂兼配体，并用少量三正辛基膦（TOP）作为碲源 Te 粉的溶剂兼配体，在相对较低的温度下（200～260℃），一步合成高质量的 CdTe 量子点，并研究反应条件对 CdTe 量子点性能的影响。图 7-4 为不同反应条件下制备的 CdTe 量子点的荧光光谱和紫外-可见吸收光谱图。由图7-4可见，随着反应时间的延长，CdTe 量子点的荧光发射峰和吸收峰均发生不同程度红移，说明 CdTe 量子点的粒径随着反应进行不断增大且增大速率不断减小。由于油酸与 TOP 的配位能力不强，因此 CdTe 量子点的生长速率要大于其在配位溶剂 TOPO 体系中的生长速率。由图 7-4 中还可以看出，反应温度、前驱体浓度和 TOP 的量均对 CdTe 量子点的生长有明显影响，因此可以通过调节反应条件来制得荧光发射波长从 570～720nm 不同粒径的 CdTe 量子点。图 7-5（a）是在 220℃下制得的荧光发射波长为 680nm 的 CdTe 量子点透射电镜照片。由图 7-5 可见，CdTe 量子点晶粒分散性很好，粒子尺寸分布比较集中，晶粒呈近球形。由尺寸分布图 [图 7-5（b）] 可知平均尺寸约为 418nm，与根据 CdTe 量子点的吸收峰位估算的粒径尺寸吻合。图 7-5（a）中的插图为其对应的选区的电子衍射图，图中的 3 个衍射环与图 7-5（c）中的 3 个衍射峰吻合。由图 7-5（c）可见，在较低的生长温度下（<300℃）生成的 CdTe 量子点倾向于形成立方闪锌矿结构。热稳定性是量子点在生物医学领域应用的重要性能，热稳定性好的量子点具有良好的使用性，可以满足不同使用环境的要求，而15～60℃则是生物医学领域应用中常用的温度范围。从图 7-6（a）可以看出，CdTe 量子点的吸收峰保持不变，而荧光峰的强度随着温度的上升逐渐减小，这可能是由于随着温度的升高，位于量子点表面深能级缺陷的载流子发生非辐射跃迁所致，而荧光峰位的微量红移是由量子点之间的偶极作用引起。由图 7-6（b）可以看出，荧光强度和量子产率下降幅度均小于 20%，变化平缓，而且随着温度的升高，变化趋势逐渐减小，在 50～60℃ 之间基本保持不变。

　纳米半导体材料与器件

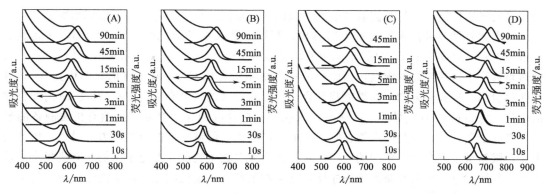

图 7-4 不同反应条件下制备的 CdTe 量子点的荧光光谱和紫外-可见吸收光谱图

(A) $t=200℃$，$[Cd]=9.6mmol/L$，$n(Te):n(TOP)=1:10$；
(B) $t=200℃$，$[Cd]=9.6mmol/L$，$n(Te):n(TOP)=1:15$；
(C) $t=240℃$，$[Cd]=9.6mmol/L$，$n(Te):n(TOP)=1:10$；
(D) $t=260℃$，$[Cd]=67.2mmol/L$，$n(Te):n(TOP)=1:10$

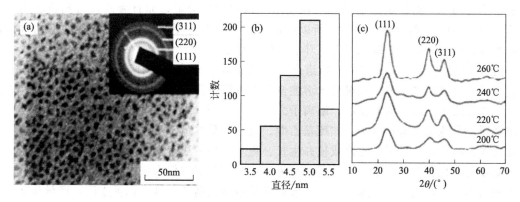

图 7-5 （a）在 220℃下制得的荧光发射波长为 680nm 的 CdTe 量子点的透射电镜照片，
图中的插图为对应的选区电子衍射图；（b）尺寸分布图；（c）XRD 图

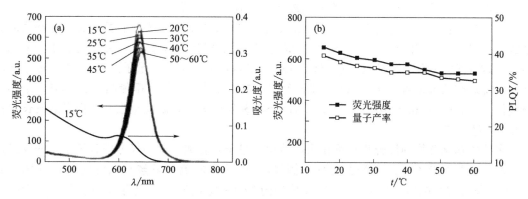

图 7-6 在 15～60℃温度范围内 CdTe 量子点的吸收光谱和荧光光谱
图（a），荧光强度和量子产率图（b）

2006 年，Sapra 等利用橄榄油同时作为溶剂和配体，制得高度单分散的 CdSe 量子点粒，但是量子产率偏低，只有 10%～15%。杨冬芝等选用长链不饱和酸-油酸作为反应配体和稳定剂，常见无机试剂为反应原料，合成出 CdS、CdSe/CdS 以及 Se 掺杂的 CdS 等三种纳米量子点。经光学性能表征，所制备的三种量子点均具有荧光产率较高、半峰宽窄、峰形对称等优良的光谱性能；结构性能表征表明合成的量子点尺寸分布均匀，为近似球形颗粒。

从上述几种改进技术的问世可以看出，利用一些长烷基链烷烃代替 TOPO，在高温下溶解 S、Se，形成 S 和 Se 的前驱体溶液，是制备 CdS、CdSe 的又一新突破。但是由于 Te 的熔点远高于这些烷烃的沸点，因此目前在有机相中合成 CdTe 量子点仍然要用到 TOP 等一些昂贵的有机膦化合物。如果能找到合适且价格低廉的试剂来溶解 Te，形成 Te 的配合物前驱体，将会是 Ⅱ-Ⅵ族量子点低成本"绿色"改进合成的又一突破。虽然有机法制备的量子点具有很多优点，但是因产物在空气中的不稳定性，限制它们的应用潜力。另外，该方法本身也限制量子点在生物学中的应用。这是因为大多数生物分子都是亲水的，有机相中的量子点必须通过进一步表面亲水修饰才能具备生物亲和性。遗憾的是，亲水修饰过程不但需要复杂的表面配体交换，而且会破坏量子点的发光性质。

7.2.2.2 水相法

半导体量子点在荧光标签等生物学领域有重要应用，但要求量子点必须是水溶性的。因此，改善量子点的水溶性就成为非常活跃的研究领域。通常水溶性量子点采取直接在水中合成的方法。用于生物领域的量子点不仅要求在水中均匀分散，而且表面包覆剂还必须带有—COOH，—NH$_2$ 等功能性基团，所以稳定剂的选择很重要。水相直接合成法使用水溶性的前驱体，直接在水中制备既经济又环境友好的量子点。

自从 1994 年 Weller 小组首次报道在水溶液中直接合成巯基甘油包覆的 CdTe 量子点，人们在设计合成巯基小分子包覆的水溶性量子点方面取得显著进步，产物具有极佳的空气稳定性。该方法选用离子型前驱体，阳离子为 Zn^{2+}，Cd^{2+} 或 Hg^{2+}；阴离子为 Se^{2-} 或 Te^{2-}；配体选用多官能团巯基小分子，如巯基乙醇、巯基乙酸、巯基乙胺等；介质为水。通过回流前驱体混合溶液，使量子点逐渐成核并生长。巯基水相方法有很多优点：它采用水为合成介质，更接近绿色化学的标准；以普通的盐为原料，制备成本仅为普通有机法的十分之一；合成方法简单，不需无氧、无水设备，一般的实验室就能制备；可大批量生产，产量是普通有机法的几十倍；不必进一步的表面亲水修饰即可应用于生物荧光探针研究；量子点表面的多官能团配体也有利于进一步的复合与组装。但该方法也有明显缺点，如发光效率较低、荧光半峰较宽（60～100nm）、制备红色荧光量子点的时间太长等。

为了减少量子点的生物毒性，近年来人们开始将某些具有生物相容性、含巯基基团的氨基酸二肽和多肽等用于 CdTe 量子点合成［如半胱氨酸（Cyseine）及谷胱甘肽（GSH）等］。例如，Qian 等采用谷胱甘肽（GSH）为配体合成的 CdTe 量子点具有很好的光学性能，其发射波长可覆盖 480～650nm 波长范围，量子点荧光量子产率最高可达 60%，最小半峰宽仅为 33nm。但由于温度接近 100℃时 GSH 易发生分解，因此很难合成出发射波长更长的 CdTe 量子点。

多种巯基化合物的混合物也可作为配体用于量子点合成，这不仅考虑到量子点的荧光量子产率，也兼顾量子点的生物相容性。例如，Ma 等采用硫代磷酸寡核苷酸链和谷胱甘肽（GSH）作为混合配体一步法合成 DNA 修饰的 CdTe 量子点。Liu 等采用谷胱甘肽（GSH）、硫普罗宁（TP）和巯基乙酸（TGA）为配体水相合成的 CdTe 量子点具有很好的荧光性能。Tian 等以谷胱甘肽和巯基乙酸混合物为配体在水相中合成高发光性能的 CdTe 量子点。尤其是采用摩尔比为 1:1 的谷胱甘肽和巯基乙酸为配体时制备的 CdTe 量子点的最高量子产率可达 63%。

传统的水相合成法具有重现性好、操作简单、合成成本低及易于大规模制备等优点，但合成速度相对较慢。钟新华课题组系统研究 Te 与 Cd 摩尔比、配体与 Cd 摩尔比、pH 值以及前驱体的浓度等因素对量子点的生长速率和荧光性能的影响，并发现高 pH 值和低 Te/Cd 摩尔比的条件能够显著加快 CdTe 量子点的生长速率。该方法与传统的水相合成法相比，生长速率提高近 100 倍。在优化的反应条件下可在 90min 内制备 520～800nm 的 CdTe 量子点，其量子产率最高可达 50%（如图 7-7）。

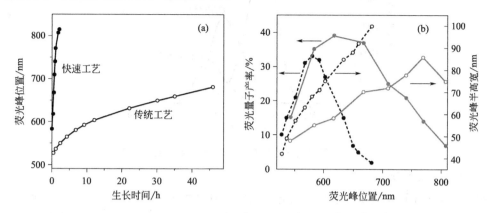

图 7-7 （a）两种合成工艺荧光峰位置与时间关系图；（b）两种合成工艺合成的量子点的荧光量子产率与荧光峰半高宽，其中黑色为传统合成工艺，红色为快速合成工艺

利用巯基水相方法，人们还合成蓝光的 ZnSe、$Zn_xCd_{1-x}Se$ 合金量子点（如图 7-8）和近红外区的 HgTe、CdHgTe 量子点（如图 7-9），弥补 CdTe、CdSe 量子点只能覆盖从绿光到红光光谱范围的局限，获得水相中的全色发光量子点。

水相中合成量子点不仅解决纳米粒子的水溶性问题，而且采用硫醇或巯基羧酸对其表面进行修饰，使得量子点能与生物分子上的氨基直接发生作用，因而可以直接用于生物医学检测。此外，水相合成法还具有操作简单、安全、反应条件温和、可重复性高、成本低等优点，是有机合成方法所无法比拟的。由于纳米粒子是直接在水相中合成，不仅解决纳米粒子的水溶性问题，而且大大提高量子点的稳定性，可以在暗处放置一年以上。但是该方法受水本身物理性质的限制（沸点 100℃），因此量子点形成的过程中温度低（≤100℃）、反应时间较长（几小时到几十小时），使得量子点没有明确的成核及生长界限，通过表面缺陷增多，从而导致量子点发光效率低（25%～40%）、荧光光谱半峰宽太宽（>35nm）。

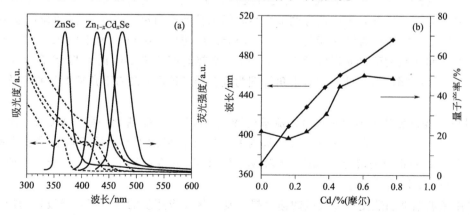

图 7-8 （a）不同化学组成 $Zn_{1-x}Cd_xSe$ 合金型量子点的吸收光谱和荧光光谱，其中 Cd 含量自左至右依次为 $x=0$，0.23，0.38，0.6；（b）$Zn_{1-x}Cd_xSe$ 合金型量子点的荧光发射波长和量子产率与 Cd 含量的关系图

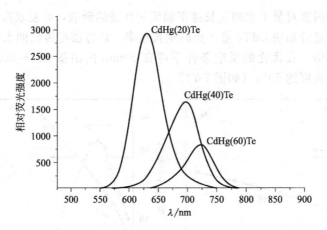

图 7-9   不同化学组成 CdHgTe 量子点的荧光光谱

7.2.2.3   水热法

2003 年，Bai 研究组发展水热方法合成高发光性能的 CdTe 量子点。首先，他们在室温下使用 $CdCl_2$ 和 NaHTe 作为反应前驱体，以硫醇作为表面活性剂，调节反应液的 pH 值为 9.0，反应得到 CdTe 量子点。之后将这些 CdTe 量子点转入高压釜内，在 160～180℃ 的温度下加热，通过控制加热时间，得到不同尺寸的 CdTe 量子点。开始时得到的量子点是在室温下生成的，没有荧光。但经过高压釜的水热处理后，发光效率得到很大提高，最高值超过 30%；同时通过调节加热时间可以控制量子点尺寸。后来，他们进一步对水热方法合成高发光性能的 CdTe 量子点进行较为系统的研究，对配体、反应物用量、反应温度以及介质的 pH 值等条件进行优化，所合成的量子点荧光量子产率最高可达到 38%；同时将合成时间缩短为几个小时。量子点的荧光量子产率提高的原因可能在于水热条件下部分 MPA 分解产生硫离子（S^{2-}），在量子点生长过程中硫离子掺入 CdTe 中形成合金量子点，从而有效地减少量子点的表面缺陷。2005 年，Guo 等进一步优化高温水热法制备量子点的条件（包括稳定剂的选择、前驱体各组分间的配比、反应温度、反应时间和溶液 pH 值等），制备得到荧光量子效率达到 50% 的水溶性 CdTe 量子点，并对量子点在水相中的形成机制进行较为系统的研究和讨论。Mao 等对水热合成法的工艺条件（如配体种类、配体与 Cd 离子比例以及前驱体浓度等）进行优化，一步合成荧光发射波长在近红外区域的量子产率最高可达 68% 的 CdTeS 合金量子点，并且可以通过调节水热时间来控制 CdTeS 合金量子点的粒径范围（2～5nm）以及荧光发射峰的波长范围（540～780nm）。图 7-10（a）为不同水热时间合成的 CdTeS 合金量子点的荧光光谱以及图 7-10（b）水热时间为 63min 时 CdTeS 合金量子点的 TEM 照片，其中图 7-10（b）中右上角插图为高分辨 TEM 以及右下角插图为相应选区电子衍射图。

Aldeek 等以巯基丙酸（MPA）、巯基己酸（MHA）和巯基十一酸（MUA）为不同配体合成 CdTe 量子点。结果发现，以巯基丙酸为配体合成的 CdTe 量子点的量子产率最高（可达 51%），并将原因解释为 MPA 相对 MHA 和 MUA 在高温下更易分解释放出硫离子从而形成 CdTe/CdS 合金量子点。

采用微波辅助加热使许多反应的速度提高到常规反应速度的数十倍，微波辅助加热主要有以下特点：加热均匀，温度梯度小；对物质选择性加热；无滞后效应；能量利用效率高，物质升温迅速。基于微波辅助加热的上述优点，近年来已被广泛应用于有机和无机材料的合成。Li 等于 2005 年首次提出了微波辅助加热水相合成量子点新方法，他们采用巯基丙酸为

纳米半导体材料与器件

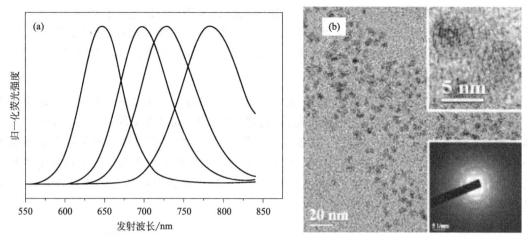

图 7-10　(a) 为不同水热时间合成的 CdTeS 合金量子点的荧光光谱，图中曲线对应水热时间自
左至右依次为 53min、57min、60min、63min；（b）水热时间为 63min 时 CdTeS 合金量子点的
TEM 照片，其中（b）中右上角插图为高分辨 TEM 以及右下角插图为相应选区电子衍射图

配体，在 pH＝8～9 的条件下通过微波辐射使得 Cd^{2+} 和 NaHTe 在水溶液中反应合成 CdTe
量子点。CdTe 量子点具有很高的量子产率（40％～60％），半峰宽很窄，可以与有机相合
成的 CdTe 量子点相媲美，而且合成时间缩短至几分钟到几十分钟。采用微波辅助水热法合
成的量子点发光范围覆盖绿色到近红外区域，大粒径 CdTe 量子点（605～750nm）依然保
持高达 30％的量子产率。这可能是因为在较高温度和微波辐射下，一定量硫离子从 MPA 中
分解出来，沉积于 CdTe 表面形成 CdTe(S) 合金层。

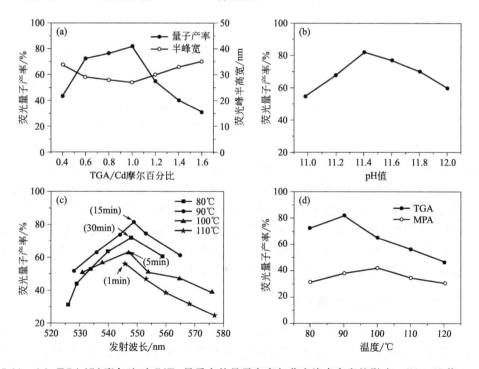

图 7-11　（a）TGA/Cd 摩尔比对 CdTe 量子点的量子产率与荧光峰半高宽的影响；（b）pH 值
对 CdTe 量子点的量子产率的影响；（c）水热温度对 CdTe 量子点的量子产率的影响；
（d）不同配体对 CdTe 量子点的量子产率的影响

He 等以巯基乙酸（TGA）为配体，采用微波辅助水热法，通过优化条件合成的 CdTe 量子点的量子产率最高可达 82％，半峰宽仅 27nm（如图 7-11 所示）；而且在室温下对 TGA 稳定的水溶性 CdTe 量子点进行光照处理，可将其荧光产率提高到 98％（如图 7-11 所示）。

7.2.2.4　两相法

李亚栋研究组提出一种"液体-固体-溶液"（LSS）相转移、相分离的机制，利用金属离子与表面活性剂分子间普遍存在的离子交换与相转移原理，通过对不同界面处化学反应的控制，成功实现小尺寸、单分散量子点的制备（如图 7-12）。此法可以作为制备各种量子点的一种通用方法。他们通过 Cd^{2+} 与 SeO_3^{2-} 在水、乙醇、亚油酸及亚油酸钠混合体系中各相间的转移和分离，以 N_2H_4 为 SeO_3^{2-} 的还原剂，在 180℃ 成功制得粒径只有几个纳米的 CdSe 量子点（图 7-13）。

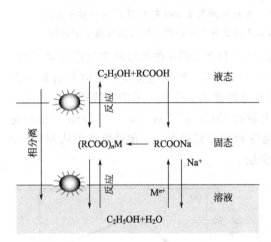

图 7-12　单分散量子点合成的通用
方法——LSS 法示意

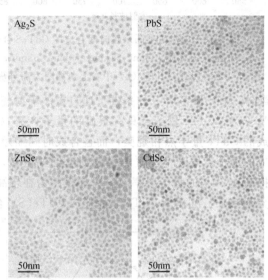

图 7-13　利用 LSS 法合成的几种
半导体量子点的 TEM 图

中国科学院长春应用化学研究所姬相玲小组开发一种新的合成量子点的方法——两相法。所谓两相法是指选择不溶于水的有机化合物和溶解于水的化合物作为两种反应前驱体，分别溶解在两种互不相溶的溶剂（通常指有机溶剂和水）中，使其在高压釜内形成两相体系，在无搅拌、加热条件下合成纳米材料的方法。图 7-14 是两相热法制备 CdS 量子点的反应示意图，图 7-15 为利用这种方法在不同条件下合成的 CdS 量子点的吸收和荧光光谱及 TEM 图。这种方法在不超过 180℃ 的温度下反应，采用毒性低且成本低廉的十四烷基羧酸镉、油酸和硫脲等为实验原料，合成出具有很高发光效率和较窄尺寸分布的半导体量子点。整个实验过程不对环境造成污染，而且重复性好，很值得推广。

7.2.3　荧光量子点的表面修饰

量子点具有易氧化、易聚沉和未知毒性等缺点，限制其在生物领域中的应用。因而随着水溶性量子点的制备成功，量子点表面的包覆和修饰的研究也随之不断发展起来。对荧光量子点进行表面修饰是其应用于生物标记中不可缺少的环节，进行修饰主要有以下两个目的。第一，表面效应是影响纳米粒子性质的不可忽视的因素，对于荧光量子点来说，表面缺陷往往充当电子和空穴的无辐射复合中心，导致荧光量子产率的降低，因此在合成中和用于生物

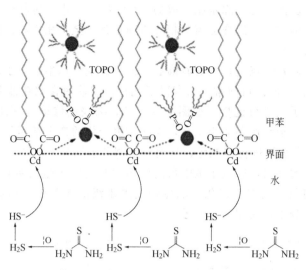

图 7-14　两相热法制备 CdS 量子点的反应示意

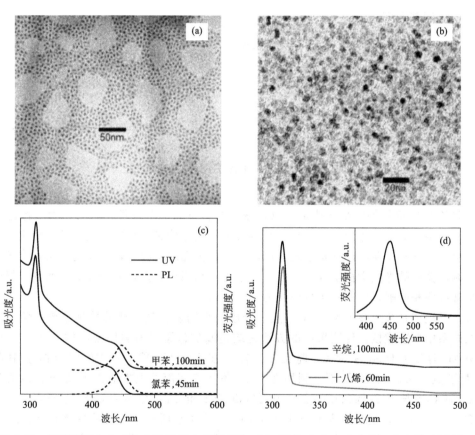

图 7-15　不同溶剂中合成的 CdS 量子点 TEM 图，（a）甲苯（toluene），（b）十八烯（ODE），
不同溶剂中合成的尺寸相似的 CdS 量子点吸收及荧光光谱图，（c）甲苯和
氯苯（chlorobenzene），（d）辛烷（octane）和十八烯（ODE）

标记的过程中必须保证量子点的表面不受到破坏，通过表面修饰在量子点表面形成包覆层，可以增强量子点的光稳定性和化学稳定性。具有核-壳结构量子点可大大提高荧光量子产率和光氧化稳定性，因此核-壳结构量子点的合成有望解决上述问题。第二，水溶性是量子点

用于生物标记必须解决的问题，除水相合成的 CdTe 量子点外，其余常用荧光量子点均只能在有机溶剂中分散，因此必须选择适当的相转移剂将其转至水相中，同时还必须保证量子点的稳定性和荧光性质不变。

按照特定的需求对量子点进行表面修饰后，便可标记目标生物分子。量子点标记生物分子的途径有多种（图 7-16）。目前常用的有以下几种：①使用含双功能基团的试剂，如巯基乙酸对生物分子和量子点进行连接，如图 7-16（a）；②表面修饰有 TOPO 的量子点先与双亲聚合物的疏水长链以疏水作用力相结合，再通过聚合物的亲水基团与生物分子连接，如图 7-16（b）；③对量子点表面进行硅烷化，从而与生物分子结合，如图 7-16（c）；④在量子点的表面修饰带负电荷的基团，通过正负电荷的作用力与基因重组后带正电的生物分子结合，如图 7-16（d）；⑤将量子点并入带孔隙的微珠或纳米级的微球中，形成胶囊，再通过双功能试剂将微球与生物分子连接起来，如图 7-16（e）。

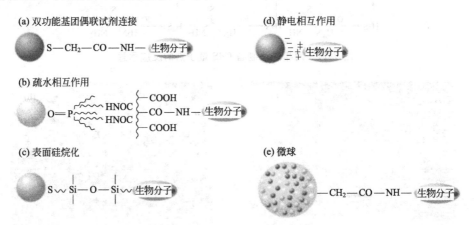

图 7-16　量子点与生物分子连接的几种途径

7.2.3.1 核-壳结构量子点

要制备出核-壳结构的半导体量子点，需要符合下面三个条件：第一，为了保证壳层的均匀生长，核层的半导体量子点微粒必须具有窄的尺寸分布；第二，壳层的禁带宽度要比相应的核层大，这样才能够保证核层表面的电子运动被壳层所限域，从而使核层被有效地钝化而提高纳米微粒的光化学稳定性；第三，对于壳层采用半导体晶体修饰时，两种半导体材料的晶格常数要相匹配，以便减少界面张力。

(1) 有机体系合成核-壳结构量子点　合成该结构复合量子点的关键是要避免包覆层半导体在体系中单独成核。传统采用的方法是缓慢滴加包覆层前驱体溶液的方法。例如 2003 年，Mekis 等以 $Cd(Ac)_2$ 为 Cd 前驱体，首先在 HAD-TOPO-TDPA 混合体系中合成出 CdSe 量子点，然后在 140℃下，利用在 CdSe 量子点溶液的上方通入 H_2S 气体的方法，合成出 CdSe/CdS 核-壳结构的量子点，表面包覆 CdS 和 ZnSe 层后的 CdSe 量子点的量子产率高达 80%～90%，这也是迄今为止 II-VI 族油溶性量子点所能达到的最高量子产率。

为了使一次实验可获得大量的核-壳结构量子点，2003 年 Peng 研究组借鉴分子束外延扩散中的原子层外延生长概念，提出连续离子层吸附与反应法（SILAR），实现一次制备出大量单分散的核-壳结构量子点。他们选用 ODE 同时作为核和壳生长的非配位溶剂，通过往已经制备好的 CdSe 量子点溶液中交替注入每层 CdS 生长所需要的 Cd 和 S 的前驱体溶液，可一次制备出大量、最多包覆 5 层 CdS 壳层的 CdSe/CdS 核壳结构量子点，量子产率为 20%～40%，而且半峰宽只有 23～26nm。利用这种方法一次制备出 2.5g CdSe/CdS 核-壳结构量子点。与传统方法相比，该方法可以精确地控制包覆层的厚度，而且可以得到粒径均匀的核-壳量子点。2005 年，Xie 等对 Peng 的技术进行改进，制得 $CdSe/CdS/Zn_{0.5}Cd_{0.5}S/ZnS$ 多壳结构的量子点（如图 7-17），其量子产率可达 $70\%\sim85\%$［如图 7-18（a）］，并具有更好的光化学稳定性［如图 7-18（b）］。

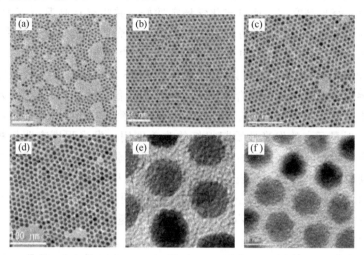

图 7-17 （a）CdSe 核；（b）CdSe/（2 层）CdS；（c）、（e）CdSe/（2 层）CdS/（3.5 层）$Zn_{0.5}Cd_{0.5}S$；（d）、（f）CdSe/（2 层）CdS/（3.5 层）$Zn_{0.5}Cd_{0.5}S$/（2 层）ZnS 量子点的 TEM 图

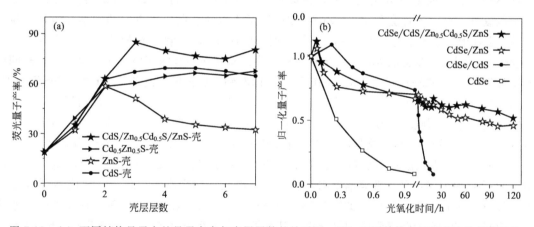

图 7-18 （a）不同结构量子点的量子产率与壳层层数的关系图；（b）不同结构的量子点光化学稳定性

2006 年，Cao 等报道合成了一种 CdS/ZnS 核-壳结构的量子点方法，在合成此量子点的过程中精确控制 Mn 在晶粒中的掺杂位置，来研究荧光量子产率与 Mn 在晶粒中径向位置的关系。合成方法可以分为三步：①合成主体 CdS 或 CdS/ZnS 晶粒；②Mn 在晶粒表面掺杂；③在掺杂层表面继续生长 ZnS 或 CdS/ZnS。通过这三步可以将 Mn 的掺杂位置分别控制在 CdS 内、CdS/ZnS 界面上、ZnS 内。

上述制备核-壳结构量子点均采用有机相合成方法，尽管有机相合成的核-壳结构量子点荧光效率较高，但必须通过表面修饰转移至水相才能适合生物应用，这种相转移会降低其荧光效率，而相转移过程中如何保持荧光特性和稳定性仍然是个未解决的难题。水相直接合成的核-壳结构量子点能避免这种相转移而直接应用于生物标记。相比于有机相合成，在水溶液中合成核-壳结构量子点的方法具有制备方法简单、成本低廉、环境污染少等优点，特别是水溶液中直接合成的核-壳结构量子点，无需进一步表面亲水修饰即可应用于生命科学。因此，近年来水相合成高质量的核-壳结构量子点备受关注。

(2) 水相体系合成核-壳结构量子点　Zhao 等以 *N*-乙酰-L-半胱氨酸（*N*-Acetyl-L-Cysteine，NAC）为配体，采用水热合成方法合成近红外 CdTe/CdS 量子点，量子产率可达到 45%～62%，荧光峰半高宽窄，而且光化学稳定性好，并指出在高温下 NAC 配体易分解产生硫离子从而有利于在 CdTe 内核的表面生成 CdS 钝化壳层，减少量子点的表面缺陷。

肖奇等在水相体系中首次采用成核掺杂技术成功地制备出发光效率较高且稳定的 Mn^{2+}：ZnS/ZnS 核壳结构量子点，以 2nm 以下的 MnS 为内核，以 ZnS 为外壳，通过 MnS 与 ZnS 之间的界面上的离子扩散，合成发光效率高和光稳定性好的 Mn^{2+}：ZnS/ZnS 核壳结构量子点，具体过程如图 7-19 所示。由图 7-20 可以看到，在 Mn^{2+}：ZnS 量子点表面包覆一层 ZnS 外壳，对量子点的发光性质起很好的改善作用，发光强度有明显提高。量子点由于尺寸很小，在表面处的硫原子键的结构不同于内部硫原子键的结构，表面的硫原子可以看成是一个悬挂键和一个终端键，在表面形成缺陷，制备核-壳型量子点的主要目的是利用壳层钝化量子点的表面，抑制电子和空穴在表面缺陷处的复合过程，从而达到增强荧光的目的。对于成核掺杂制备的 Mn^{2+}：ZnS/ZnS 核-壳结构量子点，其外面所包覆的 ZnS 壳层，对量子点光学稳定性有非常重要的影响，将不同 ZnS 壳层厚度的 Mn^{2+}：ZnS/ZnS 核壳结构量子点，暴露于空气中，每隔一个月取样测其荧光，结果如图 7-21 所示。由图 7-21 可以看到 Mn^{2+}：ZnS/ZnS 核-壳结构量子点的 ZnS 壳层较厚时，在空气中暴露 4 个月后，其荧光下降不到 10%；而 ZnS 壳层较薄时，其荧光强度下降近 30%，这说明 ZnS 壳层较厚，更有利于包覆量子点，从而使 Mn^{2+}：ZnS/ZnS 核-壳结构量子点具有更好的光学稳定性。量子点首先必须十分稳定才能实际应用，将共沉淀掺杂（c-d-dots）制备的 Mn^{2+}：ZnS 量子点和成核掺杂（n-d-dots）制备的 Mn^{2+}：ZnS/ZnS 核-壳结构量子点暴露于空气中，每隔一定时间取样测其荧光，结果如图 7-22 所示。由图 7-22 可以看到，成核掺杂制备的 Mn^{2+}：ZnS/ZnS 核-壳结构量子点在空气中暴露 42 天后，其荧光下降不到 5%；而传统共沉淀掺杂制备的 Mn^{2+}：ZnS 量子点其荧光强度下降近 70%，这说明成核掺杂制备的 Mn^{2+}：ZnS/ZnS 核-壳结构量子点具有很好的光学稳定，这可能是由于外面所形成的 ZnS 壳层对量子点的包覆作用引起。

目前，量子点微波辅助水热法已成为水相合成量子点的重要手段之一。He 等以巯基乙酸（TGA）为配体，采用微波辅助水热法，通过优化条件合成的 CdTe/CdS 核-壳结构量子点的量子产率最高可达 75%［如图 7-23（a）所示］。在此基础上，He 等采用微波辅助水热法合成 CdTe/CdS/ZnS 多壳结构量子点，其量子产率最高可达 80%［如图 7-23（b）所示］。与 CdTe/CdS 核/壳结构量子点相比，CdTe/CdS/ZnS 多壳结构量子点的量子产率提高。

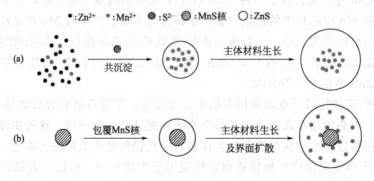

图 7-19　共沉淀掺杂（a）与成核掺杂（b）示意

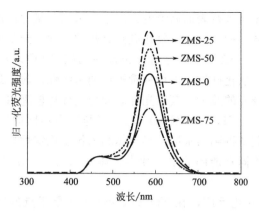

图 7-20　不同 ZnS 壳层厚度制备的 Mn^{2+}：ZnS/ZnS 核-壳结构量子点的荧光光谱图（$\lambda_{EX}=340nm$）：
ZMS-0、ZMS-25、ZMS-50、ZMS-75 的核层 ZnS 分别为 0 层、2.5 层、5 层和 7.5 层

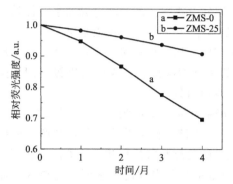

图 7-21　不同 ZnS 壳层厚度的 Mn^{2+}：ZnS/ZnS
核-壳结构量子点暴露在空气中荧光强度随
时间变化图：ZMS-0 和 ZMS-25 的
核层 ZnS 分别为 0 层和 2.5 层

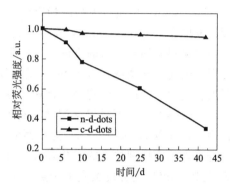

图 7-22　共沉淀掺杂制备的 Mn^{2+}：ZnS
量子点与成核掺杂制备的 Mn^{2+}：ZnS/ZnS
核-壳结构量子点暴露在空气中
荧光强度随时间变化

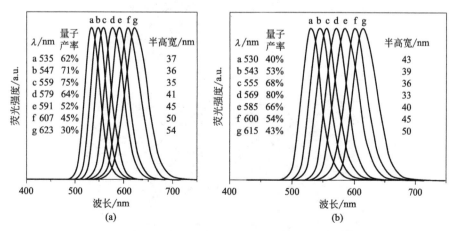

图 7-23　（a）不同发射波长 CdTe/CdS 核-壳结构量子点的荧光光谱；
（b）不同发射波长 CdTe/CdS/ZnS 核-壳结构量子点的荧光光谱

7.2.3.2　量子点表面 SiO₂ 修饰

采用胶体化学方法在有机溶剂中合成的量子点其光化学稳定性强，荧光效率高，合成方法成熟，但在用于生物标记时必须对量子点进行表面修饰使其具有一定的水溶性和生物相容

性。在采用无机物对量子点进行表面修饰的方法中，采用二氧化硅或硅氧烷作为修饰剂是最常见，也是相对较成熟的一种方法。二氧化硅具有化学惰性、光学透明性等优点，是一种理想的表面包覆材料。表面硅烷化法就是通过正硅酸乙酯（TEOS）等硅烷化试剂的水解反应，在量子点表面生成二氧化硅层，以增强量子点的水溶性。粒子最后的大小取决于最初使用的量子点的粒径以及硅壳的厚度，其荧光性质和稳定性比较理想，并且通过包覆的硅烷末端所带的基团（—NH$_2$，—SH，—COOH 等），可与许多不同的生物分子结合，进一步应用的空间很大。该方法制备得到的水溶性半导体纳米粒子稳定性好，粒径分布均匀，量子产率高且易于衍生得到带不同官能团的水溶性半导体纳米粒子，在核-壳型量子点外包覆一层硅烷。

Alivisatos 等使用硅烷化反应，在 TOPO-CdSe/ZnS 量子点的表面包覆一层 2～5nm 的亲水性的硅凝胶壳层，它还可以进一步反应，在表面连接巯基、氨基或磷酸基的官能团。在硅烷化反应前后，量子点的荧光性能近似保持不变，硅烷化后的荧光复合微球在缓冲溶液（pH＝5.4～8.6）中具有很高的稳定性，便于和生物分子偶联。该方法合成的水溶性量子点其荧光发射宽度为 32～35nm，得到从蓝光到红光的量子点，量子产率达到 18％。

在硅材料修饰量子点的方法中，还有一种较常用的方法，即将量子点与微米、纳米球复合，形成荧光复合微球。由于 SiO$_2$ 微球具有良好的生物相容性且其表面可以提供用于生物偶联的官能团，所以在生物医学检测领域有潜在的应用前景。

Selvan 等在室温下采用反相微乳液法合成以 CdSe 为核、SiO$_2$ 为壳的荧光微球，其工艺流程为：首先以 Igepal CO-520 为表面活性剂形成了微乳液，然后疏水量子点与微乳液搅拌混合进入表面活性剂构成的水相环境，最后利用正硅酸乙酯水解的反相微乳液法一步制备以 CdSe 为核、SiO$_2$ 为壳的荧光量子点，并且将多个 CdSe 量子点同时包进同一壳层内（如图 7-24），制备可与生物分子偶联的纳米粒子。与单个量子点相比，其发光强度和稳定性都有所增强。

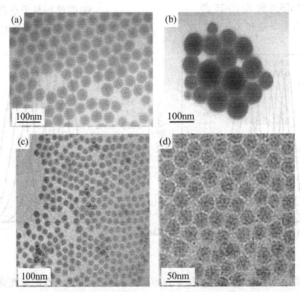

图 7-24　(a) 40nmSiO$_2$ 微球的 TEM 图；(b) SiO$_2$ 微球包覆单个 CdSe 量子点的 TEM 图；
(c)、(d) SiO$_2$ 微球包覆多个 CdSe 量子点的 TEM 图

Gao 等利用 TEOS 在由非离子型乳化剂 triton X100、环己烷、正己醇、水溶液形成的反相微乳液体系中合成 SiO$_2$ 微球中心，包含单个微粒的尺寸 30～100nm 的 CdTe/SiO$_2$ 核-

　　　　　　纳米半导体材料与器件

壳结构［如图 7-25（a）］，也可以制备出含多个 CdTe 微粒的 SiO₂ 微球［如图 7-25（b）］。其作用机理是通过 CdTe 纳米微粒表面和硅物种之间的静电作用形成的。

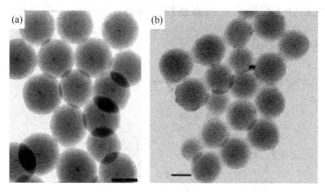

图 7-25　（a）单个 CdTe/SiO₂ 核-壳结构的 TEM 照片；（b）多个 CdTe
微粒的 SiO₂ 微球的 TEM 照片（标尺：50nm）

Bawendi 等借鉴在二氧化硅壳层复合有机染料的方法，一方面通过由氨基戊醇和氨基硅氧烷对油溶性 CdSe@ZnS、CdS@ZnS 核-壳结构微粒进行表面修饰；先合成一定尺寸的 SiO₂ 微球作为核，然后巧妙地在 SiO₂ 核表面继续生长 SiO₂ 或 TiO₂ 壳层时将预先表面修饰过的上述纳米微粒引入 SiO₂ 或 TiO₂ 壳层，最终形成发光性质稳定、尺寸分布均匀的复合荧光微球，微球的荧光效率达到 13％。

7.2.3.3　量子点表面有机小分子修饰

采用胶体化学方法在有机溶剂中合成的量子点其光化学稳定性强，荧光效率高，合成方法成熟，但在用于生物标记时必须对量子点进行表面修饰使其具有一定的水溶性和生物相容性。一种普遍使用的表面配体方法是直接用巯基乙酸或巯基丙酸取代量子点表面的 TOPO 等长链分子，其工艺过程为：利用 Zn、Cd 等ⅡB族原子与硫原子之间有效的键合作用，以巯基双功能分子取代半导体纳米粒子表面的有机分子，可以使其从疏水性转变为亲水性。另一端的功能基团如羧基、氨基可以用来与生物大分子连接。该方法原料易得，操作简单方便，重现性好，已经成为量子点水溶性化研究领域中最主要的一种修饰手段。例如，Nie 等将在有机溶剂（TOPO）中合成的 CdSe/ZnS 核-壳结构量子点的表面连接上巯基乙酸（图 7-26），从而使量子点不仅具有水溶性，同时又能与生物分子相结合，其与转铁蛋白通过酰胺键结合后，这些纳米大小的生物结合体的荧光强度比有机染料，如罗丹明高 20 倍，漂白速率低 100 倍，荧光光谱宽度压窄 3 倍，而且仍具有水溶性和生物相容性。另外，还可以将量子点先与巯基丙酸结合，再与 4-(二甲基氨基)-吡啶配合，使其亲水性大幅度增加。利用双功能基团配体的方法简单、快速、重现性好，但由于巯基羧酸与量子点的结合并不稳定，容易从其表面脱落，从而导致其稳定性的降低。

除此之外，还有许多双功能分子，比如半胱

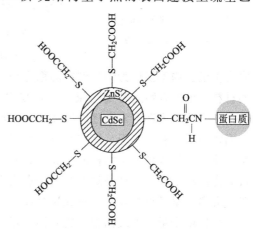

图 7-26　CdSe/ZnS 核-壳结构量子点
表面连接巯基乙酸示意

氨酸（HSCH$_2$CHNH$_2$COOH）、巯基乙胺（HSCH$_2$CH$_2$NH$_2$）、巯基磺酸（HSCH$_2$CH$_2$SO$_3$H）以及巯基琥珀酸（HOOCCHSHCHCOOH）都可以借助巯基与量子点结合，再基于其外端的氨基或羧基，可与生物分子相结合，从而达到直接标记生物分子的目的（图7-27）。

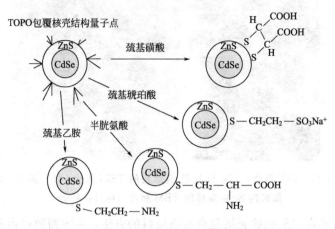

图 7-27 基于巯基化合物对量子点进行修饰

单巯基化合物修饰简便、快速，但稳定性不好，因此有研究人员采用含有多个巯基分子对量子点表面进行修饰。例如，Medintz 等用 6,8-二巯基辛酸对 CdSe/ZnS 量子点表面进行处理。因为有两个巯基，双巯基同时与量子点表面的金属原子键合时具有一定的螯合作用

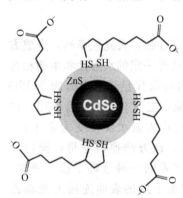

图 7-28 二巯基辛酸修饰
CdSe/ZnS 量子点

（图7-28），这种作用比单巯基与金属的键合要强得多，这就使得包覆更为紧密，形成的水溶性量子点比单个巯基试剂包覆更为稳定。据文献报道，单巯基基团修饰的量子点稳定周期一般少于 1 周，而二巯基辛酸修饰的量子点可存放 1～2 年之久。同时二巯基辛酸的分子较长，为量子点与生物材料的连接提供较长的连接臂，两者偶联更加容易，且对所标记生物材料的活性影响也较小。此外，还采用带羧基的双巯基配体二巯基二乙醇（DTT）作为修饰剂，用 DTT 和 N,N'-羰基二咪唑（CDI）两步反应将量子点变成水溶性，并且末端带上羧基，所得量子点稳定性比单巯基化合物修饰的量子点好。

7.2.3.4 量子点表面有机聚合物修饰

聚合物与无机纳米粒子能够结合形成纳米复合材料，其中有机聚合物不仅作为纳米颗粒的稳定剂，而且和无机组分产生偶合作用可形成具有新性能的材料。该聚合物通常是三维、高枝权以及单分散的高分子聚合物，具有核-壳纳米结构，包括一个核、内部空穴和逐级增加的表面功能团。聚合物的每一个分子可以提供多个连接部位同时与纳米粒子作用，能非常有效地固定纳米粒子，通过共价结合、静电、氢键、电荷转移等作用进行各种纳米结构的组装，其发光强度得到显著提高。根据聚合物修饰方式不同，可分为两种情况：一种是对单个量子点表面进行聚合物修饰；另一种情况是一个聚合物微球里包含多个量子点颗粒，即荧光聚合物微球。

(1) 单个量子点表面聚合物修饰　根据用于修饰的功能聚合物的不同，以下介绍三种关于聚合物表面修饰量子点的方法。

① 双亲分子表面修饰量子点　为了避免多余的配体转换反应步骤，已经开发一些方法

　　　　　　　　　纳米半导体材料与器件

来获得水溶、功能化的量子点。水溶聚合物包裹的量子点可以通过选用合适的双亲分子来获得，例如同时具有憎水和亲水部分的聚合物。双亲分子（通常含有辛基链）的憎水部分与量子点表面配体的憎水链相互作用形成疏水链，而亲水部分（通常是羧酸和聚乙烯醇链）提供水溶性和化学功能性。但是，涂覆后量子点的尺寸会因涂覆而增大 5~10nm。然而，利用疏水基团反应形成疏水键的方法最大优点就在于不需要进行配体交换反应。虽然这一优势很吸引人，但是相关的报道还是很少。

Dubertret 等首次报道了利用疏水链实现聚合物对量子点修饰，他们将量子点胶封到含 40%N-甲氧基聚乙烯乙二醇基磷脂酰乙醇胺和 60% 的二棕榈酸磷脂酰胆碱胶束的疏水中心。含有以上两个化合物的复杂共混物具有特殊的相行为，其主要取决于脂质聚合物在混合物中的比例。在含有 40% 脂质聚合物存在条件下，可以制备含有憎水中心和亲水聚合链的聚合物接枝胶束。当把含有两个烷基的表面活性剂与聚乙二醇化合就可得到稳定胶束。该胶束提供能与纳米粒子反应的憎水界面，同时聚乙二醇的引入有利于保持很好的胶体稳定性。相比单独量子点修饰后的量子点，在稳定性和水溶性方面都获得很大提高。

Jańczewski 等合成了带有不同官能团的聚合物，利用憎水的辛基链与量子点的作用修饰到量子点表面，同时可聚合的侧链和 COO—官能团保证量子点具有水溶性，使修饰后的量子点的应用拓展到生物学领域。国内的研究者也做了类似工作，即利用疏基乙酸稳定的 CdTe 量子点与双亲嵌段聚合物（聚乙烯醇-b-聚 N,N-二甲基乙基丙烯酸酯）的静电作用，成功在水相直接合成生物相容的量子点胶束。通过调整量子点和双亲聚合物的比例，可以获得不同形态的胶束进而可以得到与生态环境相容性很好的材料。由于嵌段聚合物的链端和量子点位于胶束内部，所以降低其毒性。另外，实验表明胶束在系列浓度盐溶液中均能保持稳定性，光学性质也不因自由基的存在而降低，从而更具有生物学应用的前景。

Gao 等用三嵌段两亲共聚物通过自组装方法封装并使之分散（两亲共聚物由聚丙烯酸丁酯、聚丙烯酸乙酯、聚甲基丙烯酸和一个疏水烷烃侧链组成），由于 TOPO 和聚合物间强烈的疏水作用使这两层相互结合，在量子点周围形成疏水包覆结构，即使在复杂的有机体环境中也能抵抗水解和酶解，荧光稳定而明亮；同时，聚合物外层进一步修饰聚乙二醇，可以增强其水溶性，并且实现与生物分子的偶联。

吴战宇等利用乳液聚合和成酰胺反应合成的梳状两亲性共聚物为聚（甲基丙烯酸-co-甲基丙烯酸十八酯）-(乙醇胺-乙二胺叶酸)(PSM-EEFA)，并利用聚合物的相转移作用，将油溶性的 CdSe/ZnS 量子点变为水溶性靶向量子点，实现量子点的水溶性靶向转化。水溶性量子点 PM-EE-FA-QDs 的合成过程（如图 7-29 所示）为：在 100mL 圆底烧瓶中，将 0.020g PSM-EE-FA 溶解在 2.0mL THF-水混合溶剂中（体积比 1:1），滴加 1.0mL CdSe/ZnS 量子点 QDs 溶液，再加入 1.0mL THF，调节混合液 pH=10，磁力搅拌 2h，这个过程使两亲聚合物上的疏水长碳链通过疏水作用力穿插到量子点表面的十八胺配体中。然后向体系中加 2.0mL 水，增加混合溶剂中水的比例。再经过旋转蒸发除去 THF，使体系完成相转移作用，从而使聚合物的亲水部分，如乙醇胺及叶酸部分等暴露在体系中，而疏水部分则包裹量子点隐藏在内。最后用水透析 2d，经 0.45μm 滤膜过滤透析液得到橙红色澄清水溶性量子点 PSM-EE-FA-QDs。该量子点很好地保持原量子点的光学特性，粒子分散较好（如图 7-30）。总之，利用多功能梳状两亲共聚物包埋荧光量子点制备水溶性双功能纳米粒子，有望在肿瘤靶向成像及生物探针等医学领域得到广泛应用。

② 多基配体包裹的量子点　小分子有机膦、胺或疏基涂敷的量子点已经获得，但是其在复杂环境中的稳定性有限。这主要是由于量子点表面的配体与游离的配体在介质中存在平

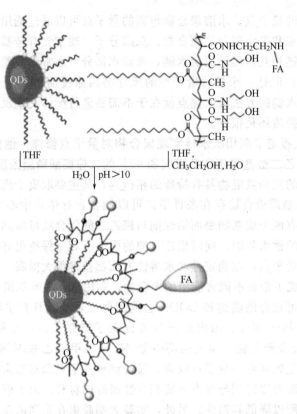

图 7-29 水溶性量子点 PSM-EE-FA-QDs 的合成

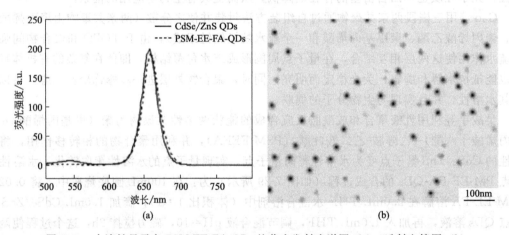

图 7-30 水溶性量子点 PSM-EE-FA-QDs 的荧光发射光谱图 (a),透射电镜图 (b)

衡关系。配体从量子点表面解离会导致量子点功能的丧失和量子点的团聚。这种稳定性的降低,限制量子点的应用范围,而解决方法就是用具有大量结合位点配体的聚合物对量子点进行修饰,从而改善量子点在复杂环境中的稳定性。

含有氨基的聚合物是一种有效的多基配体。含有季铵盐的聚合物,例如聚甲基丙烯酸二甲氨乙酯(PDMAEM)可以取代 CdSe/ZnS 和 CdSe 表面的 TOPO。聚合物钝化后的量子点不仅能稳定存在于甲苯等疏水性溶剂中,而且还可以溶于乙醇等极性、质子化溶剂中,从而保证量子点不仅可以应用在非水体系,还可以应用在水相,避免因为相转移带来的麻烦。虽然钝化后的量子点的半径从 3nm 增大到 6nm,但是没有发生聚集现象。而且,修饰后的纳米晶保留其原有 70％左右的光学特性。聚合物涂层的定量分析可以通过测定荧光示踪试剂芘标定的 PDMAEM 多基配体的量来确定或通过尺寸分布色谱来确定。通常情况下，尺寸为 4nm 的 CdSe 表面可以结合 12 个聚合物链，而尺寸为 3.4nm 的 CdSe 表面可以结合 5 个聚合物链，而且聚合物的厚度直接与聚合物的链长成正比。

具有双亲性的树枝状聚合物，例如高度支化的聚乙烯亚胺（PEI）可以使被修饰的量子点从非极性溶剂相转移到缓冲水溶液中。分子量分别为 800g/mol 和 25×10^3 g/mol PEI 修饰的量子点的平均粒径在 $10.7\sim17.5$nm。经 PEI 涂覆后量子点在氯仿和水中均表现较好的抗氧化能力，避免因溶剂不同而导致量子点的光褪色。

此外，含有多基配体和末端连接聚合物链的一个例子就是二基巯基配体修饰的 PEG 末端功能化的量子点，这样的基团能牢固地绑定在 CdSe/ZnS 纳米晶的表面，同时 PEG 能产生亲水的聚合物涂层。经过特殊处理，在很宽的 pH 值范围内，都具有较好的水溶性。最小 PEG 链长是 400g/mol。

Mei 等把含有各种链长的聚乙烯醇偶联到巯基酸上，再利用 1,2-二巯基烷的开链反应在量子点表面生成两个巯基基团，从而增加 CdSe/ZnS 量子点在水溶液中的分散度，同时增强量子点对于环境变化的抗敏感度，使其更容易应用在生物测试和活细胞成像。

③ 将末端功能化的聚合物连接到量子点的表面　通常情况下，可采用两种方法将聚合物链单点连接到量子点表面，即"接枝到"和"接枝从"的方法。在"接枝到"的方法中，功能化聚合物链端可直接与纳米粒子表面反应。"接枝从"的方法是通过引发剂在量子点表面进行聚合实现功能化。下面分别介绍这两种方法。

聚合物"接枝到"方法修饰实现量子点的功能化焦点集中在如何将功能化线性聚合物或高度支化聚合物上的官能团引入到量子点表面。各种各样的末端功能化，例如嘧啶、巯基或磷酸已经被采用。对于有机配体来说，这些功能性被证明可以实现对纳米晶表面的有效绑定。通过在量子点表面接枝水溶性的聚合物，例如链末端含有吡啶基团的 PEG 修饰的量子点在极性溶剂中具有较好的溶解性，用 4-乙烯基吡啶（4-VPy）成功包覆到巯基乙酸修饰合成的 CdSe 量子点的表面，形成的核-壳结构材料拥有较好的水溶性，有效提高量子点的稳定性。"接枝到"的方法可以很方便将高分子引入到量子点表面，由于聚合物分子暴露在环境外，因此可能与溶液中的分子发生各种化学反应。

吴战宇等先利用修饰在聚丙烯酸侧链上的辛胺和油相量子点表面的配体通过疏水性相互作用将量子点从油相转移到水相，然后通过戊二醛的交联作用把量子点表面的氨基和蛋白分子表面的氨基连接在一起形成复合物，从而实现量子点对人免疫球蛋白 IgG 的偶联，偶联反应过程如图 7-31；同时研究偶联过程对量子点荧光性质的影响。

树形分子因具有很高的分散性、具有空腔结构以及多官能团而成为量子点修饰的良好载体。高度支化的聚合物可以提高系统的稳定性。此外，由于它的存在能在量子点外围引入大量的功能化基团。例如，Peng 等设计一种含有巯基的树枝状（dendrimer）配体，这种配体可以在纳米晶表面形成 $1\sim2$nm 的致密保护层，而且通过对外露基团的聚合反应可以完全将纳米晶包裹起来，形成所谓的 Dendron box。这种包裹的量子点比巯基配体包裹的量子点稳定性更好，也不容易被氧化，避免量子点的光褪色。配体的交联可以进一步改善扇形分子

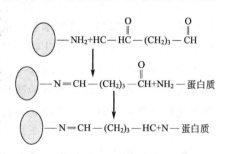

图 7-31　人 IgG 通过戊二醛交联法
连接到量子点表面的示意

壳层的稳定性，例如末端为乙烯基的功能化扇形分子可发生闭环交换。与单一扇形分子涂覆的量子点比较，这样球形交联的"盒状纳米晶"具有更好的热学、化学和光化学稳定性。但是，这种材料在水中不溶，同时需要使用催化剂才能反应。将末端为 OH 的扇形分子与第二代末端氨基树状分子接枝可以解决这个问题。这里，扇形分子交联的同时可以保证盒状量子点的形成和量子点表面的功能性。通过这样的方法制备的量子点稳定性不仅优于单一巯基配体修饰的量子点，而且优于通过 RCM 方法制备的盒式纳米晶，同时可以保证修饰后量子点的水溶性。

聚合物"接枝从"的方法实现功能化量子点也取得一些进展。将量子点/硅核-壳纳米粒子表面的甲基丙烯酸甲酯进行原子转移自由基聚合（ATRP）成功获得聚合物功能化的量子点。然而，聚合反应的引发剂是连接在量子点表面硅胶涂层的而不是直接到量子点上。事实上，最令人期待的方法是在量子点表面发生聚合反应。无论是纳米晶作为接受体还是给予体，该方法对于量子点电荷转移的研究应用非常重要。通过控制氮氧自由基聚合条件，能够实现在 CdSe 量子点使表面含有氮氧的配体引发聚苯乙烯和聚（苯乙烯-甲基丙烯酸）发生共聚反应。氮氧功能化的膦配体可以通过配体交换连接到量子点表面，其过程是利用嘧啶分子的中间体来完成的。

除了简单的乙烯基单体，环烯也可以直接在 CdSe 量子点表面发生聚合反应。可采用以钌作催化剂的开环易位聚合（ROMP）的方法使环烯发生聚合反应。首先，需要用功能膦氧化物配体涂覆量子点。量子点最初的光学性质提供 ROMP 引发功能的配体保存，这种情况类似于 TOPO 作为配体的情况。ROMP 的方法非常普遍，环辛烯、二环戊二烯和氧杂降冰片烯衍生物都可以通过此法在量子点表面聚合而获得各种功能化的材料。例如，二环戊二烯由于单体的双功能性从而发生聚合反应生成交联网络。氧杂降冰片烯衍生物由于可以提供酐或酰亚胺，所以可能合成很难直接连接到量子点表面的功能聚合物涂层，从而提供一种新的合成路径。

如果想要保护量子点的光学性质或获得洁净、没有残留金属的材料以便于生物应用，过渡金属催化的方法并不合适。可逆加成-断裂链转移（RAFT）聚合可以解决上述问题，因为在这种方法中不需要使用过渡金属作为催化剂。在使用 RAFT 方法时，含膦的三硫代碳酸盐可以直接连接到量子点的表面，单体苯乙烯和丙烯酸酯的线性聚合、无规共聚以及嵌段共聚都可以发生。聚合物的物质的量为 $9 \sim 50 kg/mol$ 且具有 $1.17 \sim 1.32$ 的分散度。更为重要的是，经聚合修饰后的纳米粒子依然保持原有发光特性，同时又能很好地分散在聚合物介质中。此外，还可以采用催化链转移聚合（CCTP）和裂片加成-断裂反应的方法获得聚甲基丙烯酸-聚丙烯酸丁酯嵌段共聚物，在通过其上的羧基与锌配位形成 ZnS 纳米晶，从而实现聚合物对量子点的修饰，有效地防止量子点和聚合物之间的相分离，从而避免荧光猝灭，提高荧光稳定性，有利于制备杂化材料。

(2) 荧光聚合物微球 在生物应用中，通常将量子点与微米、纳米球复合，形成荧光复合微球，它可用于药物传输、靶向治疗、药物筛选、荧光标记、多色编码等。可用于制备荧光复合微球的聚合物，包括 PS、PNIPAm、多糖等。荧光复合微球的合成方法，可分为原位聚合法、直接分散法、自组装法、化学偶联法等。

① 溶胀法制备聚合物复合荧光微球 Nie 等采用 TOPO 方法合成的油溶性 CdSe@ZnS 纳米微粒，使聚苯乙烯在有机溶剂中溶胀，利用微粒表面和微球之间强的疏水作用将微粒溶胀在聚苯乙烯微球形成荧光微球。该方法可分别将单一颜色和不同颜色微粒集成到聚苯乙烯

微球中，通过调变吸附在微球中的微粒尺寸和不同尺寸的纳米微粒的比例，很容易调变微球的发光颜色及发光强度，由此建立分析生物分子的多元荧光编码库。基于上述方法，采用具有丰富的纳米多孔网络和尺寸均匀的聚苯乙烯微球，能够更快速地将纳米微粒吸附并固定在微球内部，大大提高微球中吸附的荧光纳米微粒的数量，从而得到更高亮度的复合荧光微球，而且纳米微粒在微球中分布更均匀。这种微球不仅在生物分子的高速检测方面得到应用，而且微球的大小从 150nm 到 $10\mu m$。选用不同颜色的量子点，调节微球中的量子点的浓度，可以实现多色编码，应用于医学诊断、靶向治疗、药物筛选等方面。Zhang 等通过乳液聚合聚苯乙烯形成包覆有 CdSe 纳米微粒的、尺寸为微米或纳米级的聚苯乙烯微球，并尝试在聚苯乙烯微球表面进行羧基官能化或包覆 SiO_2 壳层，改善其生物相容性并有利于生物偶联。

② 静电吸附法制备复合荧光微球　Chen 等报道一种聚糖苷荧光微球的制备，主要是利用负电荷的 CdSe/ZnS 核-壳结构微粒和带正电荷的聚电解质以及功能化的多糖分子之间静电相互作用形成的。首先，通过 TOP/TOPO 法制备油溶性的 CdSe 纳米微粒，其次制备 CdSe/ZnS 荧光纳米微粒核-壳结构，进一步利用巯基乙酸对 CdSe/ZnS 微粒表面进行置换使微粒表面带有负电性并体现出高的水溶性。该制备过程复杂而且势必导致微粒荧光效率降低。这种方法很难避免纳米微粒的聚集，也很难控制微球中所复合的不同尺寸纳米微粒比例及复合微球的粒径分布。利用量子点和聚合物微球的静电相互作用，可以采用层层自组装方法制备荧光复合微球。Zhang 等以带正电荷的壳聚糖为基质，包覆带负电荷的 CdSe/ZnS 量子点和磁性的 Gd-DTPA，形成自组装的双功能性微球，可用于荧光和磁性的标记物，它的合成路线及微观结构如图 7-32 所示。

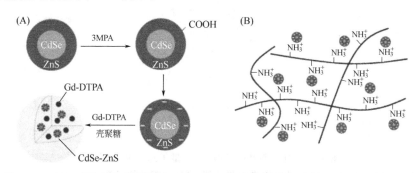

图 7-32　(A) 壳聚糖包覆量子点和 Gd-DTPA 的微球制备及其 (B) 微观结构示意

③ 原位聚合法制备荧光复合微球　采用原位聚合法制备的荧光复合微球，以亲水溶性或双亲性的分子包覆量子点后，引发单体的聚合，使聚合物层包覆量子点。原位聚合法合成的微球由于反应时体系中的量子点易于受损，荧光强度较低。GaO 等选择聚合 N-异丙基丙烯酰胺 (PNIPAm) 水凝胶微球作为基体，调变 CdTe 荧光纳米微粒表面的官能团性质，通过氢键作用将巯基化合物稳定的 CdTe 荧光纳米微粒复合在 PNIPAm 微球中，成功得到尺寸为 200~800nm 的复合荧光微球。复合微球的发光性质取决于被复合的 CdTe 纳米微粒；在此基础上，将不同尺寸的 CdTe 纳米微粒复合在微球中，得到具有温度响应的多重荧光编码微球。微球的荧光颜色可以通过控制加入不同尺寸的纳米微粒摩尔比进行控制。微球中纳米微粒之间的平均距离可以通过改变温度进行调变，使不同尺寸的纳米微粒发生能量迁移，从而调变荧光微球的发光颜色。他们还制备了 N-异丙基丙烯酰胺和 4-乙烯基吡啶单体共聚水凝胶微球 (PNIPVP)，由于吡啶基团的作用，该微球体现出 pH 值响应。因此，通过微

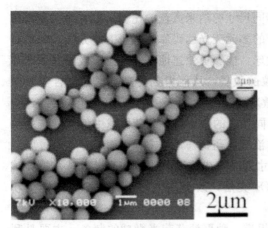

图 7-33 CdSe 聚苯乙烯复合
微球的 SEM 照片

粒和聚合物微球之间的静电作用将巯基水溶液法合成的 CdTe 荧光微粒在 PNIVP 微球中可控吸入和释放；在一定条件下，以同一个微球中吸入不同尺寸的 CdTe 纳米微粒制备多重颜色荧光编码微球。Bawendi 等利用特殊设计的有机膦配体对有机相合成的核-壳结构 CdSe 纳米微粒进行官能化，然后在微粒表面与苯乙烯进行原位自由基聚合，成功地使 CdSe 纳米微粒通过化学键合的方式复合在聚苯乙烯微球中，微球的尺寸为 600～1000nm 左右（图 7-33）。这样 CdSe 纳米微粒均匀复合在微球中且保持其光学性质和高度的化学和物理稳定，只适于复合低浓度的 CdSe 纳米微粒。

④ 自组装胶束法制备荧光复合微球 利用嵌段共聚物之间的疏水作用，也可以自组装形成纳米微球。Moffitt 等在表面修饰 PS 长链的 CdS 量子点和双亲性嵌段共聚物 PS-b-PAA 的 DMF 溶液中，逐滴加入去离子水，使疏水性的量子点和共聚物的疏水端相互缔合，自组装形成纳米微球。Park 等使用 PAA-b-PS 嵌段共聚物自组装形成胶束微球（图 7-34），同时量子点借助表面修饰的疏水性 TOPO 分子链参与自组装过程，形成微球后量子点处于微球的中间层（图 7-35）。

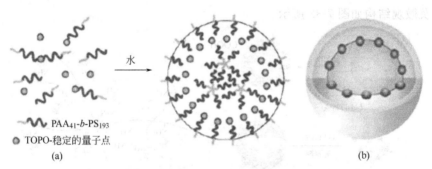

图 7-34 （a）TOPO-CdSe/ZnS 量子点和 PAA-b-PS
嵌段共聚物自组装及其（b）内部结构示意

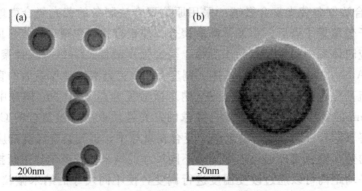

图 7-35 CdSe/ZnS 量子点和 PAA-b-PS 嵌段共聚物
复合微球的（a）低倍和（b）高倍 TEM 照片

7.3 量子点在生物医学领域的应用

7.3.1 量子点应用于细胞成像及活细胞动态过程的实时示踪

1998 年，Nie 小组首次成功实现量子点应用于离体活细胞实验，他们利用巯基乙酸修饰的量子点和转铁蛋白间的共价键生物偶联，与 Hela 细胞孵育后，在受体介导下发生内吞作用，成功标记 Hela 细胞。该项工作不仅证明经量子点标记的转铁蛋白仍然具有生物活性，而且证明了量子点的大小能够自然地通过吞噬作用进入细胞，量子点的存在对于配体和受体的结合以及胞吞作用并无明显影响，为量子点实时监测配体-受体、活细胞的分子运动开辟了道路。同一年，A. P. Alivisatos 小组首次实现了双色量子点同时标记单个细胞，他们采用两种大小不同的量子点标记 3T3 小鼠的成纤维细胞，一种发绿色荧光，一种发红色荧光。发绿色荧光的量子点与尿素及乙酸作用后，对细胞核具有很强的亲和力；发红色荧光的量子点与生物素连接，利用生物素与亲和素之间的特异性相互作用，生物素标记的量子点特异性连接到亲和素标记的 3T3 小鼠的肌动蛋白细丝上，这样在细胞中可同时观察到两种颜色的荧光。该研究同时还表明量子点与传统的有机荧光染料相比有明显的光稳定性。这是量子点作为生物探针用于细胞成像研究的首篇报道。但作者所用荧光探针的荧光信号较弱，且该探针在核膜处有一定程度的非特异性结合。

美国量子点公司的 Wu 研究小组改进量子点的修饰方法利用抗原/抗体及生物素与亲和素特异性结合成功实现了 3T3 鼠纤维原细胞及人乳腺癌 SK-BR-3 细胞的双色量子点标记：利用偶联链霉亲和素的绿色量子点与生物素抗鼠 IgG 的特异性结合标记 3T3 鼠纤维原细胞骨架纤维微管，用偶联了链霉亲和素的红色量子点与生物素-IgG 及抗核抗体结合标记 3T3 鼠纤维原细胞核。SK-BR-3 细胞膜上的 Her2 则用偶联了 IgG 的绿色量子点标记；并用有机荧光染料 Alexa488 同样对细胞支架蛋白和细胞核内的蛋白质进行标记，比较量子点和 Alexa488 的光稳定性。尽管 Alexa 染料在已知的有机染料中光稳定性是最高的，但在高强度激发光的照射下，标记于同一细胞的 QD 630-strepavidin（红）很稳定，而 Alexa488（绿）很快被漂白，由此可见量子点的光稳定性明显强于有机荧光染料的稳定性。鉴于这种耐光漂白的稳定性，量子点可用于研究细胞中不同生物分子之间的长期相互作用，药物在人体细胞中的代谢和药理特性，以及对不同深度层面的细胞和生物组织进行长时间共聚焦显微成像等。此外，量子点的双光子吸收截面也比有机染料大，特别适用于多光子激发的显微成像应用。他们还证明量子点标记抗体能特异识别亚细胞水平的分子靶点；用量子点标记的羊抗鼠 lgG 作为二抗，结合抗乳腺癌人表皮生长因子受体 a 的单克隆抗体（anti-Her2），观察到乳腺癌细胞表面的 Her2。

Jaiswal 等用量子点对活细胞进行标记，进入细胞的量子点探针不影响细胞形态和繁殖过程中信号传递以及运动情况，培育 12d 后仍然可看到细胞内的量子点荧光。利用这些进展，人们可以达到长期观察和追踪被不同颜色量子点标记活细胞的目的。

量子点颜色的可调性，使其可实现同一细胞的多色标记。如图 7-36 所示，可同时用发青色荧光的量子点标记细胞核；发洋红色荧光的量子点标记 Ki-67 蛋白；发橙色荧光的量子点标记线粒体；发绿色荧光的量子点标记微管；发红色荧光的量子点标记肌动蛋白。经单一波长的光激发后，五种颜色同时显现，这是常用的标记物和荧光染料无法做到的，足以可见量子点生物应用的广阔前景。

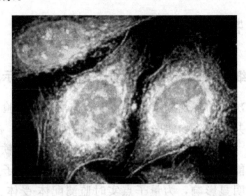

图 7-36　量子点标记人上皮细胞的多色成像：青色荧光的量子点（655nm）标记细胞核；发洋红色
荧光的量子点（605nm）标记 Ki-67 蛋白；发橙色荧光的量子点（525nm）标记线粒体；发绿色
荧光的量子点（565nm）标记微管；发红色荧光的量子点（705nm）标记肌动蛋白

2008 年，Chan 等报道了用于活细胞标记和细胞质中不同靶点成像的可生物降解量子点，提供无创伤地对活细胞中的亚细胞结构进行标记和成像的新方法，即通过将连接抗体的量子点装进生物可降解的聚合物纳米微球中，设计生物敏感输送体系。当聚合物微球进入细胞质后即因水解而释放出量子点探针。这种方法有利于可以在无需细胞固定和细胞膜透化的情况下实现细胞内亚细胞结构的多元同时标记。与传统方法相比，这种方法能在最小细胞毒性或损伤的情况下实现高通量的胞浆 QDs 输送。

量子点活细胞标记成像技术不仅可以应用于动物细胞和组织，还可用于植物细胞。Ravindran 等将与花粉黏着素（SCA，一种花粉黏着蛋白质）结合的量子点加入到已发芽的百合花花粉颗粒中，在共聚焦显微镜下对这种蛋白质进行定位观察。这是首次将纳米量子点用于植物系统的实时生物成像研究，为量子点的应用开拓新的领域。

7.3.2　量子点应用于活体动物标记成像

在医学上将活体内的生物过程在细胞和分子水平上进行特征显示，有利于疾病的无创诊断，从而有助于制定出更为合适的治疗方案。量子点极强的荧光稳定性使其在活体动物研究方面展现出明显优越性。水溶性量子点、量子点标记的细胞和量子点标记探针可通过注射进入体内，再经过血液循环系统及淋巴循环系统等到达组织和器官，进而实现活体的荧光标记成像。

2003 年，Larson 等将水溶性的 CdSe/ZnS 量子点通过静脉注入活小鼠体内进行深层多光子成像，如图 7-37 所示。他们研究皮肤和脂肪这两种最具挑战性的组织内的多光子成像，通过对小鼠皮肤组织的成像发现含有 QDs 的脉管系统清晰可见，且 QDs 比常规荧光物质更易获得生物样本的深层成像；对肌肉组织的成像可看到 250 脚深处的脉管结构，用 780mn 激发光，肌肉细胞自身发蓝色荧光，血液中的 QDs 发黄色荧光。尽管镉是有毒的，但实验中所用小鼠并未表现出明显的中毒迹象，所以他们推测在包覆性聚合物包覆层破坏前，QDs 就从小鼠体内清除掉了。这是继 Akerman 等在小鼠体内用量子点标记肺血管及肿瘤血管后的又一次动物体内量子点荧光显像。这种高分辨率和高信噪比的量子点标记图像采用多光子显微镜观察，论文发表后曾引起巨大轰动。

尽管已有很多关于利用 QDs 进行高灵敏生物诊断和细胞成像的报道，但一般有不同程度的荧光损失。Gao 等研究认为，QDs 表面配体和包覆物在体液内慢慢降解，导致表面缺陷和荧光猝灭。他们根据药物靶向传送原理设计出一类用于活有机体内癌细胞靶向和成像研究的聚合物包覆、生物键连 QDs 探针，它在有机体中稳定而明亮，较之以前有重大突破。他们测定了这种 QDs 探针在细胞和动物体内的生物分布、非特异性吸附、对细胞的毒性和药物代谢动力学。在有机体内的肿瘤靶向研究表明，它可通过被动及主动靶向机理到达肿瘤部位，特异性标记前列腺癌细胞靶点，但被动靶向比主动靶向速度慢且效率低。将它由尾部注入活小鼠体内，观测到癌细胞的高灵敏多色成像，且 QDs 对细胞无毒。他们在改进量子点的表面功能化修饰后，将标记有抗体的量子点通过尾部静脉分别注入肿瘤小鼠和正常小鼠（作为参比）体内，进而寻找特定的肿瘤位点。结果表明，在正常小鼠体内观察不到量子点的荧光［图 7-37（a）］，而在肿瘤小鼠体内则观察到了较强的荧光信号［图 7-37（b）］。同时，利用不同发光颜色的量子点可被同一波长的光激发这一性质，还可实现对细胞的多色标记（图 7-38）。

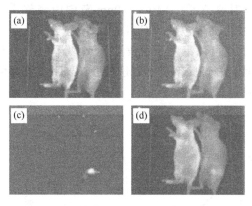

图 7-37　活鼠体内量子点的光谱扫描成像
（a）原始图像；（b）去混合处理后老鼠的自发荧光；
（c）去混合处理后量子点的荧光成像；
（d）去除背景干扰后的成像效果

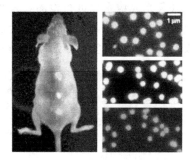

图 7-38　采用多色荧光量子点
探针标记的活鼠体内细胞的
荧光显微镜照片

随着分子生物学、医学诊断学等学科的发展以及各种荧光标记和检测技术的应用，荧光成像技术在生物医学领域中得到迅速发展。其中，近红外荧光成像技术在生物活体成像领域中已展现出巨大潜力。在可见光区（400～700nm）成像存在诸多问题，如会受到生物组织中内源性物质（黑色素、有氧/无氧血红蛋白、胆红素和水等）的吸收、散射等对光学成像的影响；而在近红外区域（700～900nm），组织的散射、吸收和自发荧光背景都较低。近红外光源能够在生物组织内获得最大穿透深度，并进行深层组织成像，因而通常称此波段范围为"近红外组织透明窗口"。研究者对近红外荧光可用于体内无损监测生物组织的特点产生极大兴趣，并逐步将其引入到肿瘤诊断、治疗和预后推断中。选择合适的荧光探针是近红外成像技术研究中的关键之一。有机荧光染料是迄今应用最为广泛的近红外荧光探针，但适合在近红外区域使用的仅有少数几种且存在一系列缺点，如激发光谱狭窄而发射光谱较宽、成像时不易被分辨、对生物化学反应和代谢的抵抗力弱、抗光漂白能力低、成像发光时间短、操作复杂、水溶性较差等，使其应用受到限制。近几年的研究表明，新型的纳米荧光探针-近红外量子点（near-infrared quantum dots）能克服有机荧光染料的上述缺点。近红外量子点是指峰值发射波长范围在近红外区域，由Ⅱ-Ⅵ族元素（CdHgTe、CdTeSe、CdTeSe/CdS）或Ⅲ-Ⅴ族元素（InAs、$InAs_xP_{1-x}$）组成的半导体纳米晶体。与可见光量子点相比，近红外量子点具有独特优势，如组织穿透深度较大，能克服可见光量子点进行深层组织成像时易受干扰的缺陷等，因此在分子生物学、细胞生物学及医学诊断学等方面引起广泛关注。近红外量子点在活体成像方面的研究还处于起步阶段，其在活体肿瘤模型研究中的相关报道也较少。近几年，研究者成功制备各种近红外量子点并从溶解性、光学特性、安全性等方面对其进行优化，而后通过将近红外量子点与各种靶向性配体连接，实现对肿瘤组织的定位，推动活体无损荧光成像技术在肿瘤诊断、治疗和监测中的发展。

肿瘤的淋巴结转移、肿瘤的进展和病人的预后有极大的关联，对肿瘤患者淋巴结进行准确定位对肿瘤的诊断和治疗具有指导性意义。纳米粒子，包括近红外量子点可被 RES 系统的器官如肝脏、脾脏、淋巴结等中的吞噬细胞非特异性地摄取，因为淋巴结是 RES 系统的一部分，这种非特异性摄取反而更有利于近红外量子点靶向于淋巴结，因此近红外量子点非常适用于淋巴结的定位成像。目前在动物试验中，近红外量子点已被用于多种肿瘤如乳腺癌、非小细胞肺癌等的前哨淋巴结（SLN）的定位成像。Kim 等首先合成了 10nm 的单分散 CdTe/CdSe 量子点［如图 7-39（a）］，其荧光发射波长可在 840～860nm 范围内调节［如图 7-39（b）］，然后分别在小鼠前肢和猪腹股沟的皮下注射包裹的 CdTe/CdSe 量子点，而后用近红外荧光成像系统进行检测，发现近红外量子点可以集中于距皮肤 1cm 以下的前哨淋巴结及周围的淋巴管，成像快速、定位精确。并且，在试验剂量下，这种近红外量子点对生物体没有损伤，成功实现了对动物前哨淋巴结的活体监测。

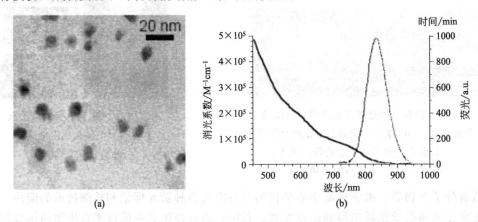

(a)   (b)

图 7-39 CdTe/CdSe 量子点的 TEM 图（a）；吸收和荧光光谱图（b）

近红外量子点可以作为血管造影剂用于对心血管系统的成像。Lim 等考察组织吸收、散射、水流红蛋白比例和组织厚度等对量子点性质的影响。结果表明，在生物体内环境中，量子点的激发波长会受到限制，所以需要选出激发波长和发射波长适于进行生物分析和成像的量子点。他们选用近红外量子点作为血管造影对比试剂，成功地对活体大鼠心脏的冠脉血管进行定位成像，为近红外量子点应用于肿瘤血管成像提供了基础。

肿瘤组织通常需要大量的新生血管为其生长提供营养，因此对人体内血管变化的检测可为肿瘤的诊断提供依据。在多种肿瘤细胞及肿瘤血管上皮细胞中有 αvβ3 整合蛋白的大量表达，而在正常组织中则没有，因此 αvβ3 整合蛋白可作为近红外量子点的靶点。Cai 等将 RGD 多肽与 CdTe/ZnS 量子点的连接产物经尾静脉注射到成胶质细胞瘤模型裸鼠的体内，对照组的同种肿瘤模型鼠则注射 CdTe/ZnS 量子点。由于 RES 的非特异性摄取，开始一段时间内，两种量子点在裸鼠肝脏、脾脏、淋巴结、骨髓等脏器中均出现不同程度的积累，但注射 6h 后，CdTe/ZnS 量子点 RGD 在肿瘤部位积累，有较强荧光信号（图 7-40）；而注射 CdTe/ZnS 量子点的对照组裸鼠肿瘤部位无荧光信号。该法实现 RGD 偶联的近红外量子点作为荧光探针在成胶质细胞瘤模型动物中的靶向定位，使对多种癌症模型中肿瘤血管的动态监测成为可能，从而为肿瘤的早期诊断、协助治疗及预后评价提供新的方法。

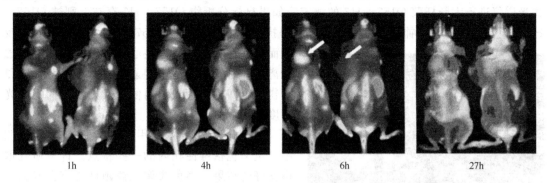

图 7-40　注射量子点的模型鼠在注射不同时间阶段的荧光显微镜照片：模型裸鼠注射（左边）和对照组的同种肿瘤模型鼠注射 CdTe/ZnS 量子点（右边）

最近，Gao 等使用近红外 QD800-MPA 荧光探针来研究体内荧光成像。QD800-MPA 粒径非常小，发近红外荧光并且不含镉。QD800-MPA 通过静脉注射进入患有癌症（22B 和 LS174T）的小鼠体内，在癌细胞中荧光信号非常强、QD800-MPA 含量特别高，而在其他正常细胞或者组织中摄取的量子点特别少（图 7-41）。

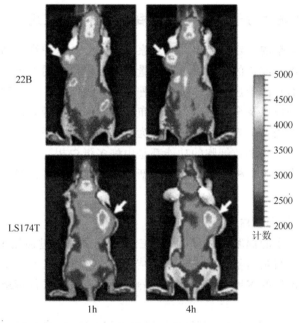

图 7-41　QD800-MPA 通过静脉注射进入患有癌症（22B 和 LS174T）的小鼠体内后 1h 和 4h 的荧光显微镜照片

7.3.3　量子点在微生物检测中的应用

近年来，利用量子点标记、免疫学原理的方法也成功地用于细菌的检测。Dwarakanat H S 等发现 CdSe/ZnS 核-壳型量子点结合细菌表面的抗体或 DNA 时，量子点荧光会发生蓝移，移动波峰的强度随细菌数目增多而增强，波峰将稳定移动 440～460nm。这与量子点的自发荧光光谱明显不同，即量子点在接近细菌表面时化学微环境的改变及量子点的物理变形造成了波峰移动。通过观察波峰的变化可以提示量子点与受体的结合过程。用量子点作荧光标记物，结合免疫磁分离技术，采用蓝色发光二极管 LED 激发光源、CCD 为检测器的便携式光谱仪进行大肠杆菌 O157：H7 的测定。如果目标分析物 O157：H7 存在，则被 O157：H7 单抗涂层的磁微球捕获，之后 O157：H7 抗原与生物素化的 O157：H7 抗体发生免疫反应而结合，形成双抗体夹心式的复合物，经过磁分离后，靠亲和力使亲和素化的量子点与免疫复合物结合即标记荧光，用便携式光谱仪测定荧光强度。

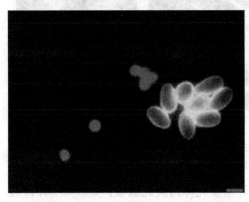

图 7-42　QD605 和 QD565 的双色成像

QDs 还可以实际应用到病原体和毒素监测中，定义包括毒性在内的一些特点。许多研究取得良好的结果，多色成像在该领域具有良好的应用前景。目前为止，已经识别了包括隐孢子虫和贾第鞭毛虫、大肠杆菌 O157：H7 和伤寒杆菌和单核细胞增生性李斯特菌在内的多种病原体。量子点的荧光免疫着色法（图 7-42），多色同时标记 C. 孢子虫和 G. 鞭毛虫产生较好的信噪比为 17，与以往所采用两种商用着色剂相比具有更好的耐光性和亮度。不过研究也表明，QDs 检测的灵敏度低于 ELISA 技术。

7.3.4　量子点在生物大分子相互作用及相互识别中的应用

生物体系是非常复杂的，经常需要同时观察几种成分。这种观测相当困难，因为每种有机体染色都需要一种不同波长的光激发。不过量子点可以用不同大小和颜色的晶体来标注各种不同的生物分子，而且由于这些晶体可由一种光源提供能量，可同时对它们进行监测。随着人类基因组计划的完成以及全基因序列的公布，生物和生化研究都集中在细胞内成百上千种蛋白的功能和相互作用。荧光显微镜的使用为解决小分子水平和小细胞水平的问题提供一种非常敏感的方法。因为大多数细胞的功能都是由许多蛋白相互作用来完成的，这就需要同时研究同一细胞中的多种生物标志物。这使得新的能同时标记多种细胞标志物的荧光探针应运而生。

7.3.4.1　量子点标记蛋白质

量子点与蛋白质分子的偶联方法可以分为三类。第一，通过使用 EDC 作为催化剂，使量子点表面配体的羧基与蛋白质分子的氨基相结合形成肽键，从而实现偶联。第二，直接在量子点表面接合含有硫醇的多肽。第三，通过静电吸附或者非共价键结合的方式与蛋白分子偶联。

Lacoest 等将分别发出 540nm、575nm、588nm 和 620nm 的 4 种不同波长的半导体量子点作为多色彩样品扫描共聚焦显微镜的生物材料荧光探针，用来观察被疟疾感染后的红细胞膜中的疟疾寄生虫蛋白，并与常用的能量转换染料荧光球（直径 40nm）进行对比。由于采用一种激发光源，各光路之间的相互干扰可完全消除。在同样激发条件下，前者比后者更亮，荧光寿命更长，尽管后者每个小球中包含成百个染料分子，但是，经过仅几分钟的连续照射，会观察到明显的光漂白现象。

7.3.4.2　量子点标记 DNA

量子点修饰的 DNA 分子，可作为寡核苷酸的荧光探针，特异性地与其互补配对的寡核苷酸杂交。标记量子点的 DNA 分子与其互补配对的 DNA 配对后量子点的荧光光谱会发生变化，量子点排列方式的改变是导致其荧光变化的原因。有些量子点的荧光特性对环境的变化很敏感，可以利用量子点的这一特性来判定 DNA 链是直的、弯曲的，还是扭绞在一起。随着 DNA 分子非线性程度的增加，量子点的荧光强度将不断减小。这样，通过量子点荧光强度的变化可判定同属 DNA 与蛋白之间的作用。

7.3.4.3　量子点标记其他生物分子

Yuan 等将量子点对表面敏感的特点与酶反应体系结合，建立基于量子点荧光猝灭检测酚类化合物和过氧化氢的方法。利用苯酚对量子点荧光的猝灭作用和酶的特异性反应，建立了灵敏简单的酚类化合物和过氧化氢的方法。2008 年，Wang 等用 p-sulfonatocalix(n)arene〔SFCA(n)，$n=4$ 或 6〕取代传统的 TOPO 包覆 CdSe 量子点来定量检测蛋氨酸和苯基丙氨酸，这 2 种氨基酸浓度的增加能使量子点荧光强度增强，它的基本原理是蛋氨酸和苯基丙氨酸的尺寸能够镶嵌到 SFCA(n) 的洞穴里，形成稳定的内含物复合体。2009 年，Huang 等合成了巯基乙酸修饰的 CdSe/ZnS 量子点，并实现了对 L-半胱氨酸的检测，检测限为 3.8nmol/L。

7.3.4.4　基于量子点能量共振转移的应用

荧光共振能量转移（FRET）是在纳米尺度上研究分子间距离的有效方法之一。由于具有高分辨率、高灵敏度、适用范围广、受环境因素干扰少等特点，越来越广泛应用于核酸检测、免疫分析以及生物大分子相互作用的研究中。量子点由于其优异的光学性质，与有机染料相比，其在共振能量转移传感器中的应用更有优势。

参 考 文 献

[1] 杨文胜，高明远，白玉白. 纳米材料与生物技术〔M〕. 北京：化学工业出版社，2005：3-8.

[2] Jaiswal J K, Mattoussi H, Mauro J M. Long-term multiple color imaging of live cells using quantum dot bioconjugates〔J〕. Nat. Biotechnol., 2003, 21 (1)：47-51.

[3] Bruchez M J, Moronne M, Gin P, et al. Semiconductor nanocrystals as fluorescent biological labels〔J〕. Science, 1998, 281 (5385)：2013-2015.

[4] Chan W C W, Nie S. Quantum dot bioconjugates for ultrasensitive nonisotopic detection〔J〕. Science, 1998, 281 (5385)：2016-2018.

[5] Gao X, Yang L, Petros J A, et al. In vivo molecular and cellular imaging with quantum dots〔J〕. Curr. Opin. Biotechnol., 2005, 16 (1)：63-72.

[6] Murray C B, Norris D J, Bawendi M G. Synthesis and characterization of nearly monodisperse CdE（E＝S, Se, Te）semiconductor nanocrystallites〔J〕. J. Am. Chem. Soc., 1993, 115 (19)：8706-8715.

[7] Peng X G. Green chemical approaches toward high-quality semiconductor nanocrystals〔J〕. Chem. Eur. J., 2002, 8 (2)：334-339.

[8] Yu W W, Peng X. Formation of high-quality CdS and other Ⅱ-Ⅵ semiconductor nanocrystals in noncoordinating solvents：tunable reactivity of monomers〔J〕. Angew Chem. Int. Ed., 2002, 41 (13)：2368-2371.

[9] Battaglia D, Peng X. Formation of high quality InP and InAs nanocrystals in a noncoordinating solvent〔J〕. Nano. Lett., 2002, 2 (9)：1027-1030.

[10] Qu L H, Peng X G. Control of photoluminescence properties of CdSe nanocrystals in growth〔J〕. J. Am. Chem. Soc., 2001, 124：2049-2055.

[11] Qu L H, Peng Z A, Peng X G. Alternative routes toward high quality CdSe nanocrystals〔J〕. Nano. Lett., 2001, 1 (6)：333-337.

[12] Bailey R E, Nie S. Alloyed semiconductor quantum dots：tuning the optical properties without changing the particle size〔J〕. J. Am. Chem. Soc., 2003, 125 (23)：7100-7106.

［13］ Jiang W, Singhal A, Chan W C W, et al. Optimizing the synthesis of red-to near-IR-emitting CdS-capped CdTe$_x$Se$_{1-x}$ alloyed quantum dots for biomedical imaging ［J］. Chem. Mater. , 2006, 18 (20): 4845-4854.

［14］ Dai Q, Li D, Kan S, et al. Colloidal CdSe nanocrystals synthesized in noncoordinating solvents with the addition of a secondary ligand: exceptional growth kinetics ［J］. J. Phys. Chem. B, 2006, 110 (33): 16508-16513.

［15］ Asokan S, Krueger K M, Alkhawaldeh A, et al. The use of heat transfer fluids in the synthesis of high-quality CdSe quantum dots, core/shell quantum dots, and quantum rods ［J］. Nanotechno-logy, 2005, 16 (10): 2000-2011.

［16］ Deng Z T, Cao L, Tang F Q, Zou B S. A new route to zinc-blende CdSe nanocrystals: mechanism and synthesis ［J］. J. Phys. Chem. B, 2005, 109 (35): 16671-16675.

［17］ 邢滨, 李万万, 窦红静, 孙康. CdTe 量子点在液体石蜡体系的制备 ［J］. 高等学校化学学报, 2008, 29 (2): 230-234.

［18］ Sapra S, Rogach A L, Feldmann J. Phosphine-free synthesis of monodisperse CdSe nanocrystals in olive oil ［J］. J. Mater. Chem. , 2006, 16 (33), 3391-3395.

［19］ Eychmueller A, Weller H, Et. Al. CdS nanoclusters: synthesis, characterization, size dependent oscillator strength, temperature shift of the excitonic transition energy, and reversible absorbance shift ［J］. J. Phys. Chem. , 1994, 98 (31): 7665-7673.

［20］ Gao M, Kirstein S, Rogach A L, et al. Strongly photoluminescent CdTe nanocrystals by proper surface modification ［J］. J. Phys. Chem. B, 1998, 102 (43): 8360-8363.

［21］ Gaponik N, Talapin D V, Rogach a L. et al. Thiol-capping of CdTe nanocrystals: an alternative to organometallic synthetic routes ［J］. J. Phys. Chem. B, 2002, 106 (29): 7177-7185.

［22］ Li L, Qian H F, Fang N H, Ren J. Significant enhancement of the quantum yield of CdTe nanocrystals synthesized in aqueous phase by controlling the pH and concentrations of precursor solutions ［J］. J. Lumin. , 2006, 116 (1-2): 59-66.

［23］ Qian H F, Dong C Q, Weng J F, Ren J C. Facile one-pot synthesis of luminescent, water-soluble, and biocompati-ble glutathione-coated CdTe nanocrystals ［J］. Small, 2006, 2 (6): 747-751.

［24］ Ma N, Sargent E H, Kelley S O. One-step DNA-programmed growth of luminescent and bio-functionalized nanocrys-tals ［J］. Nat. Nanotechnol. , 2009, 4 (2): 121-125.

［25］ Liu Y F, Yu J S. Selective Synthesis of CdTe and high luminescence CdTe/CdS quantum dots: the effect of ligands ［J］. J. Colloid. Interf. Sci. , 2009, 333 (2): 690-698.

［26］ Tian J N, Liu R J, Zhao Y C, et al. Controllable synthesis and cell-imaging studies on CdTe quantum dots together capped by glutathione and thioglycolic acid ［J］. J. Colloid. Interf. Sci. , 2009, 336 (2): 504-509.

［27］ Zou L, Gu Z Y, Zhang N, et al. Ultrafast synthesis of highly luminescent green-to near infrared-emitting CdTe nano-crystals in aqueous phase ［J］. J. Mater. Chem. , 2008, 18 (24): 2807-2815.

［28］ Zheng Y, Yang Z, Ying J Y. Aqueous synthesis of glutathione-capped ZnSe and Zn$_{1-x}$Cd$_x$Se alloyed quantum dots ［J］. Adv. Mater. , 2007, 19 (11): 1475-1479.

［29］ Mei F, He X W, Li W Y, et al. Preparation and characterization of CdHgTe and their application on the determina-tion of proteins ［J］. J. Fluoresce, 2008, 18 (5): 883-890.

［30］ Zhang H, Wang L, Xiong H M, et al. Hydrothermal synthesis for high-quality CdTe nanocrystals ［J］. Adv. Mater. , 2003, 15 (20): 1712-1718.

［31］ Guo J, Yang W L, Wang C C. Systematic study of the photoluminescence dependence of thiol-capped CdTe nanocrys-tals on the reaction conditions ［J］. J. Phys. Chem. B, 2005, 109 (37): 17467-17473.

［32］ Mao W Y, Guo J, Yang W, et al. Synthesis of high-quality near-infrared-emitting CdTeS alloyed quantum dots via the hydrothermal method ［J］. Nanotechnology, 2007, 18 (48): 1-7.

［33］ Aldeek F, Balan L, Lambert J, Schneider R. The influence of capping thioalkyl acid on the growth and photolumines-cence efficiency of CdTe and CdSe quantum dots ［J］. Nanotechnology, 2008, 19 (47): 1-9.

［34］ Li L, Qian H, Ren J C. Rapid synthesis of highly luminescent CdTe nanocrystals in aqueous phase by microwave irra-diation with controllable temperature. ［J］. Chem. Commun. , 2005, 28 (4): 528-530.

［35］ He Y, Sai L M, Lu H T, et al. Microwave-assisted synthesis of water-dispersed CdTe nanocrystals with high lumi-nescent efficiency and narrow size distribution ［J］. Chem. Mater. , 2007, 19 (3): 359-365.

［36］ Wang X, Zhuang J, Peng Q, Li Y D. A general strategy for nanocrystal synthesis ［J］. Nature, 2005, 437

(7055): 121-124.

[37] Pan D C, Ji X L, An L J, Lu Y F. Observation of nucleation and growth of CdS nanocrystals in a two-phase system [J]. Chem. Mater., 2008, 20 (11): 3560-3566.

[38] Chan W C W, Maxwell D J, Gao X, et al. Luminescent quantum dots for multiplexed biological detection and imaging [J]. Curr. Opin. Biotechnol., 2002, 13 (1): 40-46.

[39] Mekis I, Talapin D V, Weller H, et al. One-pot synthesis of highly luminescent CdSe/CdS core-shell nanocrystals via organometallic and "greener" chemical approaches [J]. J. Phys. Chem. B., 2003, 107 (30): 7454-7462.

[40] Li J J, Wang Y A, Guo W Z, et al. Large-scale synthesis of nearly monodisperse CdSe/CdS core/shell nanocrystals using air-stable reagents via successive Ion layer adsorption and reaction [J]. J. Am. Chem. Soc., 2003, 125 (41): 12567-12575.

[41] Xie R, Kolb U, Mews A, et al. Synthesis and characterization of highly luminescent CdSe-core CdS/Zn$_{0.5}$Cd$_{0.5}$S/ZnS multishell nanocrystals [J]. J. Am. Chem. Soc., 2005, 127 (20): 7480-7488.

[42] Yang Y, Chen O, Angerhofer A, Cao Y. Radial-position-controlled doping in CdS/ZnS core/shell nanocrystals [J]. J. Am. Chem. Soc., 2006, 128 (38): 12428-12429.

[43] Zhao D, He Z K, Chan W H, Choi M M F. Synthesis and characterization of high-quality water-soluble near-infrared-emitting CdTe/CdS quantum dots capped by N-acetyl-L-cysteine via hydrothermal method [J]. J. Phys. Chem. C., 2009, 113 (4): 1293-1300.

[44] Xiao Q, Xiao C. Synthesis and photoluminescence of water-soluble Mn^{2+}: ZnS/ZnS core/shell quantum dots using nucleation-doping strategy [J]. Opt. Mater., 2008, 31, 455-460.

[45] He Y, Lu H T, Sai L M, et al. Microwave-assisted growth and characterization of water-dispersed CdTe/CdS core-shell nanocrystals with high photoluminescence [J]. J. Phys. Chem. B., 2006, 110 (27): 13370-13374.

[46] He Y, Lu H T, Sai L M, et al. Microwave synthesis of water-dispersed CdTe/CdS/ZnS core-shell-shell quantum dots with excellent photostability and biocompatibility [J]. Adv. Mater., 2008, 20 (18): 3416-3421.

[47] Gerion D, Pinaud F, Williams S C, et al. Synthesis and properties of biocompatible water-soluble silica coated CdSe/ZnS semiconductor quantum dots [J]. J. Phys. Chem. B, 2001, 105 (37): 8861-8871.

[48] Selvan S T, Tan T T, Ying J Y. Robust, non-cytotoxic, silica-coated CdSe quantum dots with efficient photoluminescence [J]. Adv. Mater., 2005, 17 (13): 1620-1625.

[49] Yang Y H, Gao M Y. Preparation of fluorescent SiO2 particles with single CdTe nanocrstal cores by the reverse microemulsion method [J]. Adv. Mater., 2005, 17 (19): 2354-2357.

[50] Chan Y, Zimmer J P, Bawendi M G, et al. Incorporation of luminescent nanocrystals into monodisperse core-shell silica microspheres [J]. Adv. Mater., 2004, 16 (23-24): 2092-2097.

[51] Medintz L L, Uyeda H T, Goldman E R, et al. Quantum dot bioconjugates for imaging, labeling and sensing [J]. Nat. Mater., 2005, 4 (6), 435-446.

[52] Dubertret B, Skourides P, Norris D J, et al. In vivo imaging of quantum dots encapsulated in phospholipids micelles [J]. Science, 2002, 298 (5599): 1759-1762.

[53] Jańczewski D, Tomczak N, Han M Y, Vancso G. Introduction of quantum dots into pnipam microspheres by precipitation polymerization above lcst [J]. Euro. Poly. J., 2009, 45 (7): 1912-1917.

[54] 来守军, 关晓琳. 量子点的聚合物表面修饰及其应用 [J]. 化学进展, 2011, 23 (5): 941-950.

[55] Gao X, Cui Y, Levenson R M, et al. In vivo cancer targeting and imaging with semiconductor quantum dots [J]. Nat. Biotechnol., 2004, 22 (8): 969-976.

[56] 吴战, 撒宗朋, 邱芳萍, 等. 多功能两亲梳状聚合物的合成及包覆荧光量子点 [J]. 高分子学报 (Acta Polymerica Sinica), 2010, (5): 516-521.

[57] Nann T. Phase-transfer of CdSe @ ZnS quantum dots using amphiphilic hyperbranched polyethylenimine [J]. Chem. Commun., 2005, (13): 1735-1736.

[58] Uyeda H T, Medintz I L, Jaiswal J K, et al. Synthesis of compact multidentate ligands to prepare stable hydrophilic quantum dot fluorophores [J]. J. Am. Chem. Soc., 2005, 127 (11): 3870-3878.

[59] Mei B C, Susumu K, Medintz I L, Mattoussi H. Polyethylene glycol-based bidentate ligands to enhance quantum dot and gold nanoparticle stability in biological media [J]. Nat. Protoc., 2009, 4 (3): 412-423.

[60] 张友林, 曾庆辉, 孔祥贵. 生物偶联过程对于聚合物包覆的水溶性 CdSe/ZnS 核壳量子点发光的影响 [J]. 发光学

报，2010，31（1）：101-104.

[61] Guo W，Li J J，Wang A，Peng X. Luminescent CdSe/CdS core/shell nanocrystals in dendron boxes: superior chemical, photochemical and thermal stability [J]．J. Am. Chem. Soc.，2003，125（13）：3901-3909.

[62] Sill K，Emrick T. Nitroxide-mediated radical polymerization from CdSe [J]．Chem. Mater.，2004，16（7）：1240-1243.

[63] Skaff H，Ilker M F，Coughlin E B，Emrick T. Preparation of cadmium selenide-polyolefin composites from functional phosphine oxides and ruthenium-based metathesis [J]．J. Am. Chem. Soc.，2002，124（20）：5729-5733.

[64] Rutot-Houzé D，Fris W，Degée P，Dubois P. Controlled ring-opening (co) polymerization of lactones initiated from cadmium sulfide nanoparticles [J]．J. Macromol. Sci. A，2004，41（6）：697-711.

[65] Han M Y，Gao X H，Su J Z，Nie S M. Quantum-dot-tagged microbeads for multi-plexed optical coding of biomolecules [J]．Nature Biotech.，2001，19（7）：631-635.

[66] Yang X T，Zhang Y. Encapsulation of quantum nanodots in polystyrene and silica micro-/nanoparticles [J]．Langmuir，2004，20（14）：6071-6073.

[67] Chen Y F，Ji T H，Rosenzweig Z. Synthesis of glyconanospheres containing luminescent CdSe－ZnS quantum dots [J]．Nano. Lett.，2003，3（5）：581-584.

[68] Tan W B，Zhang Y. Multifunctional quantum-dot-based magnetic chitosan nanobeads [J]．Adv. Mater.，2005，17（19）：2375-2380.

[69] Gong Yj，Gao My，Wang D Y，M? hwald H. Toward fluorescent microspheres with temperature-responsive properties [J]．Chem. Mater.，2005，17（10）：2648-2653.

[70] Kuang M，Wang D Y，Bao H B，et al. Fabrication of multicolor-encoded microspheres by tagging semiconductor nanocrystals to hydrogel spheres [J]．Adv. Mater.，2005，17（3）：267-270.

[71] Sheng W C，Kim S，Lee J，et al. In-situ encapsulation of quantum dots into polymer microspheres [J]．Langmuir，2006，22（8）：3782-3790.

[72] Yusuf H，Kim W G，Lee D H，et al. Size control of mesoscale aqueous assemblies of quantum dots and block copolymers [J]．Langmuir，2007，23（2）：868-878.

[73] Sanchez-Gaytan B L，Cui W，Kim Y，et al. Interfacial assembly of in discrete block-copolymer aggregates [J]．Angew Chem. Int. Ed.，2007，46（48）：9235-9238.

[74] Wu X Y，Liu H J，Liu J Q，et al. Immunofluorescent labeling of cancer marker Her2 and other cellular targets with semiconductor quantum dots [J]．Nat. Biotechnol.，2003，21（1）：41-46.

[75] Chen F Q，Gerion D. Fluorescent ZnS/CdSe nanocrystal-peptide conjugates for long-term，nontoxic imaging and nuclear targeting in living cells [J]．Nano. Lett.，2004，4（10）：1827-1832.

[76] Gao J H，Xu B. Applications of Nanomaterials inside Cells [J]．Nano Today，2009，4（3）：37-51.

[77] 宋强，赵川莉，李丽珍，等．无机纳米晶体发光颗粒-量子点对小鼠骨髓造血细胞的标记成像 [J]．山东大学学报·医学版，2005，43（8）：753-755.

[78] Kim B，Jiang W，Oreopoulos J，et al. Biodegradable quantum dot nanocomposites enable live cell labeling and imaging of cytoplasmic targets [J]．Nano. Lett.，2008，8（11）：3887-3892.

[79] Zhang J，Jia X，Lv X J，et al. Fluorescent quantum dot-labeled aptamer bioprobes specifically targeting mouse liver cancer cells [J]．Talanta，2010，81（1-2）：505-509.

[80] Ravindran S，Kim S，Martin R，et al. Quantum dots as bio-labels for the localization of a small plant adhesion protein [J]．Nanotechnology，2005，16（1）：1-4.

[81] Hanaki K I，Momo A，Oku T，et al. Semiconductor quantum dot/albumin complex is a long-life and highly photostable endosome marker [J]．Biochem. Bioph. Res. Co.，2003，302（3）：496-501.

[82] Matsuno A，Itoh J，Takekoshi S，et al. Three-dimensional imagings of the intracellular localization of growth hormone and prolactin and their mrna using nanocrystal (quantum dot) and confocal laser scanning microscopy techniques [J]．J. Histochem. Cytochem.，53（7）：833-838.

[83] Lidke D S，Nagy P，Heintzmann R，et al. Quantum dot ligands provide new insights into erbb/her receptor-mediated signal transduction [J]．Nat. Biotechnology，2004，22（2）：198-203.

[84] Seitz A，Surrey T. Processive movement of single kinesins on crowded microtubules visualized using quantum dots [J]．The Embo Journal，2006，25（2）：267-277.

[85] Akerman M E, Chan W C W, Laakkonen P, et al. Nanocrystal targeting in vivo [J]. Proc. Natl. Acad. Sci. U. S. A., 2002, 99 (20): 12617-12621.

[86] Larson D R., Zipfel W R, Williams R M, et al. Water-soluble quantum dots for multiphoton fluorescence imaging in vivo [J]. Science, 2003, 300 (5624): 1434-1436.

[87] Kim S, Lim Y T, Soltesz E G, et al. Near-infrared fluorescent type II quantum dots for sentinel lymph node mapping [J]. Nat. Biotechnol., 2004, 22 (1): 93-97.

[88] Tanaka E, Choi H S, Fu J H, et al. Image guided oncologic surgery using invisible light: completed pre-clinical development for sentinel lymph node mapping [J]. Ann. Surg. Oncol., 2006, 13 (12): 1671-1681.

[89] Hoshion A, Hanaki K, Suzuki K, Yamamoto K. Applications of T-lymphoma labeled with fluorescent quantum dots to cell tracing markers in mouse body [J]. Biochem. Biophys. Res. Commun., 2004, 314 (1): 46-53.

[90] Emilie Pic, Thomas Pons. Fluorescence imaging and whole-body biodistribution of near-infrared-emitting quantum dots after subcutaneous injection for regional lymph node mapping in mice [J]. Mol. Imaging. Biol., 2010, 12 (4): 394-405.

[91] Linm Y T, Kin S, Nakayama A, et al. Selection of quantum dot wavelengths for biomedical assays and imaging [J]. Mol. Imaging, 2003, 2 (1): 50-64.

[92] Morgan N Y, Englishi S, Chen W, et al. Real time in vivo non-invasive optical imaging using near-infrared fluorescent quantum dots [J]. Acad. Radiol., 2005, 12 (3): 313-323.

[93] Cai W B, Shin D W, Chen K, et al. Peptide-labeled near-infrared quantum dots for imagine tum or vasculature in living subjects [J]. Nano. Lett., 2006, 6 (4): 669-674.

[94] Gao J H. Ultrasmall near-infrared non-cadmium quantum dots for in vivo tumor imaging [J]. Small, 2010, 6 (2): 256-261.

[95] Parungo C P, Ohnishi S, Kim S W, et al. Intraoperative identification of esophageal sentinel lymph nodes with near-infrared fluorescence imaging [J]. J. Thorac: Cardiovasc Surg., 2005, 129 (4): 844-850.

[96] Dwarakanat H S, Bruno J G, Shastry A, et al. Quantum dot-antibody and aptamer conjugates shift fluorescence upon binding bacteria [J]. Biochem. Biophys. Res. Commun., 2004, 325 (3): 739-743.

[97] Su X L, Li Y B. Quantum dot biolabeling coupled with immunomagnetic separation for detection of escherichia coli O157: H7 [J]. Anal. Chem., 2004, 76 (16): 4806-4810.

[98] Hang M A, Tabb J S, Krauss T D. Detection of single bacterial pathogens with semiconductor quantum dots [J]. Anal. Chem., 2005, 77 (15): 4861-4869.

[99] Yang L J, Li Y B. Simultaneous detection of escherichia coli O157: H7 and salmonella typhimurium using quantum dots as fluorescence labels [J]. Analyst, 2006, 131 (3): 394-401.

[100] Tully E, Hearty S, Leonard P, Kóennedy R. The development of rapid fluorescence-based immunoassays, using quantum dot-labeled antibodies for the detection of listeria monocytogenes cell surface proteins [J]. Int. J. Biol. Macromol., 2006, 39 (1-3): 127-134.

[101] Gerion D, Chen F Q, Kannan B, et al. Room-temperature single-nucleotide polymorphism and multiallele DNA detection using fluorescent nanocrystals and microarrays [J]. Anal. Chem., 2003, 75 (18): 4766-4772.

[102] Goldman E R, Clapp A R, Anderson G P, et al. Multiplexed toxin analysis using four colors of quantum dot fluororeagents [J]. Anal. Chem., 2004, 76 (3): 684-688.

[103] Xiao Y, Barker P E. Semiconductor nanocrystal probes for human metaphase chromosomes [J]. Nucleic. Acids. Res., 2004, 32 (3): 28-32.

[104] Yuan J P, Guo W W, Wang E K. Utilizing a CdTe quantum dots-enzyme hybrid system for the determination of both phenolic compounds and hydrogen peroxide [J]. Anal. Chem., 2008, 80 (4): 1141-1145.

[105] Wang X Q, Wu J F, Li F Y, et al. Synthesis of water-soluble CdSe quantum dots by ligand exchange with P-sulfonatocalix (N) arene $(N=4,6)$ as fluorescent probes for amino acids [J]. Nanotechnology, 2008, 19 (20): 205501.1-205501.8.

[106] Huang S, Xiao Q, Li R, et al. A simple and sensitive method for L-cysteine detection based on the fluorescence intensity increment of quantum dots [J]. Anal. Chim. Acta, 2009, 645 (1-2): 73-78.

[107] Kim J H, Morikis D, Ozkan M. Adaptation of inorganic quantum dots for stable molecular beacons [J]. Sens. Actuator B-Chem., 2004, 102 (2): 315-319.

[108] Wang S P, Mamedova N, Kotov N A, et al. Antigen/antibody immunocomplex from CdTe nanoparticle bioconjugates [J]. Nano. Lett., 2002, 2 (8): 817-822.

[109] Wargnier R, Baranov A V, Nabiev I, et al. Energy transfer in aqueous solutions of oppositely charged CdSe/ZnS Core/Shell quantum dots and in quantum dot-nanogold assemblies [J]. Nano. Lett., 2004, 4 (3): 451-457.

[110] Medintz I, Clapp A R, Mattoussi H, et al. Self-assembled nanoscale biosensors based on quantum dot fret donors [J]. Nat. Mater., 2003, 2 (9): 630-638.

[111] Medintz I L, Trammell S A, Mattoussi H, et al. Reversible modulation of quantum dot photoluminescence using a protein-bound photochromic fluorescence resonance energy transfer acceptor [J]. J. Am. Chem. Soc., 2004, 126 (1): 30-31.